安装工程职业技能岗位培训教材

管 道 工

建设部人事教育司组织编写

中国建筑工业出版社

图书在版编目(CIP)数据

管道工/建设部人事教育司组织编写 —北京:中国
建筑工业出版社,2002
安装工程职业技能岗位培训教材
ISBN 978-7-112-05460-2

Ⅰ.管… Ⅱ.建… Ⅲ.管道施工-技术培训-教
材 Ⅳ.TU81

中国版本图书馆 CIP 数据核字(2002)第 078780 号

安装工程职业技能岗位培训教材

管 道 工

建设部人事教育司组织编写

*

中国建筑工业出版社出版、发行(北京西郊百万庄)

各地新华书店、建筑书店经销

北京云浩印刷有限责任公司印刷

*

开本:850×1168毫米 1/32 印张:16 字数:429千字
2002 年 11 月第一版 2015 年 10 月第十九次印刷

定价:**24.00**元

ISBN 978-7-112-05460-2
(17254)

本书主要内容有：常用资料；识图知识；流体力学基础知识；传热及水、蒸汽基本知识；力学基本知识与常用强度计算；材料基本知识；钢管件的现场制作；管道的主要连接方式和敷设方式；给水排水及采暖管道安装；工业管道安装技术；制冷技术及管道安装；锅炉、水泵及热工仪表安装；管道的试验、吹洗和防腐、绝热；管道工相关知识；施工管理知识简介等内容。

　　本书可作为安装工人技术等级培训教材使用，也可作为技术工人学习和指导施工的依据。

＊　　　＊　　　＊

责任编辑　胡明安　姚荣华

出 版 说 明

为深入贯彻全国职业教育工作会议精神，落实建设部、劳动和社会保障部《关于建设行业生产操作人员实行职业资格证书制度的有关问题的通知》（建人教[2002] 73号）精神，全面提高建设职工队伍整体素质，我司在总结全国建设职业技能岗位培训与鉴定工作经验的基础上，根据建设部颁发的《职业技能标准》、《职业技能岗位鉴定规范》和建设部与劳动和社会保障部共同审定的管工等《国家职业标准》，组织编写了本套"安装工程职业技能岗位培训教材"。

本套教材包括管道工、安装起重工、工程安装钳工、通风工等4个职业（岗位）。各职业（岗位）培训教材将原教材初、中、高级单行本合为一本。全套教材共计4本。

本套教材注重结合建设行业实际，体现建筑业安装企业用工特点，理论以够用为度，重点突出操作技能的训练要求，注重实用与实效，力求文字深入浅出，通俗易懂，图文并茂，问题引导留有余地。本套教材符合现行规范、标准、工艺和新技术推广要求，是安装工程生产操作人员进行职业技能岗位培训的必备教材。

本套教材经安装工程职业技能岗位培训教材编审委员会审定，由中国建筑工业出版社出版。

本套教材作为全国建设职业技能岗位培训教学用

书，可供高、中等职业院校实践教学使用。在使用过程中如有问题和建议，请及时函告我们。

建设部人事教育司

二〇〇二年十一月八日

安装工程职业技能岗位培训教材
编审委员会

前　　言

　　为了适应建设行业职工培训和建设劳动力市场职业技能培训和鉴定的需要，我们编写了《管道工》、《通风工》、《工程安装钳工》、《安装起重工》等4本培训教材。

　　本套教材根据建设部颁发的管道工、通风工、工程安装钳工、安装起重工4个工种的《职业技能标准》、《职业技能岗位鉴定规范》，由建设部人事教育司组织编写。

　　本套教材的主要特点是，每个工种只有一本书，不再分为初级工、中级工和高级工三本书，内容上基本覆盖了"岗位鉴定规范"对初、中、高级工的知识要求，对"试题库"（即"习题集"）中涉及到的各类习题的内容。本套教材注重突出职业技能教材的实用性，对基本知识、专业知识和相关知识有适当的比重，尽量做到简明扼要，避免教科书式的理论阐述和公式推导、演算。由于全国地区差异、行业差异较大，使用本套教材时可以根据本地区、本行业、本单位的具体情况，适当增加一些必要的内容。

　　本套教材的编写得到了建设部人事教育司、中国建筑工业出版社和有关企业、专业学校的大力支持，在编写过程中参照了中国安装协会组织编写的部分培训教材和国家有关规范、标准。由于编者水平有限，书中可能存在若干不足甚至失误之处，希望读者在使用过程中提出宝贵意见，以便不断改进完善。

编　者

目 录

一、常 用 资 料

（一）常用计量单位

作为一个技术工人，熟悉和正确使用计量单位是很重要的。我国实行法定计量单位已近二十年了，在各种技术标准和设计文件中，一般都不再使用过去的工程计量单位和英制单位。但是，在改革开放形势下，与国外和台、港、澳经济往来日益发展的情况下，仅仅懂得现行的法定计量单位是不够的，因为国外和境外不少地方仍使用工程计量单位或英制单位，因此，我们还应当知道以上三种常用计量单位的换算关系。

常用计量单位中，长度的基本单位是米，符号是 m，米以下的单位依次是分米（dm）、厘米（cm）、毫米（mm）、微米（μm）。把分米、厘米、毫米分别称为公寸、公分、公厘是过去的习惯叫法，现在来说是不规范的。千米（km）仍可以称为公里。以上长度单位的符号只能采用小写字母，不能使用大写字母。

英制单位中较常用到的是英寸、英尺和码。过去曾把英寸写作吋，把英尺写作呎。英寸的符号是 in，英尺的符号是 ft。管子螺纹只能用英寸标准，而不能将英制尺寸换算为米制尺寸标注，如 2 英寸的螺纹，可在数值的右上角用""表示英寸，写为 2″。

1.长度单位

2.面积单位

3.体积（容积）单位

长度单位及其换算关系

表 1-1

制别	单位名称	单位符号及换算关系	不同制别的主要换算关系
米制	米 分米 厘米 毫米 微米	m（1m＝10dm） dm（1dm＝10cm） cm（1cm＝10mm） mm（1mm＝1000μm） μm	1m＝1.094yd 1m＝3.281ft 1yd＝0.9144m 1ft＝30.48cm 1in＝25.4mm
英制	码 英尺 英寸	yd（1yd＝3ft） ft（1ft＝12in） in	1m＝1.094yd 1m＝3.281ft 1yd＝0.9144m 1ft＝30.48cm 1in＝25.4mm

面积单位及其换算关系

表 1-2

制别	单位名称	单位符号及换算关系	不同制别的主要换算关系
米制	平方千米（平方公里） 平方米 平方分米 平方厘米 平方毫米	km^2（$1km^2＝1\times10^6m^2$） m^2（$1m^2＝100dm^2$） dm^2（$1dm^2＝100cm^2$） cm^2（$1cm^2＝100mm^2$） mm^2	$1m^2＝1.196yd^2$ $1m^2＝10.764ft^2$ $1ft^2＝0.0929m^2$ $1in^2＝6.45cm^2$ 1 市亩＝666.67m^2
英制	平方码 平方英尺 平方英寸	yd^2（$1yd^2＝9ft^2$） ft^2（$1ft^2＝144in^2$） in^2	
市制	市亩 平方市丈	1 市亩＝60 市丈^2	

体积（容积）单位及其换算关系

表 1-3

制别	单位名称	单位符号及换算关系	不同制别的主要换算关系
米制	立方米 升 毫升	m^3（$1m^3＝1000L$） L，1（1L＝1000mL） mL	$1m^3＝35.315ft^3$ 1L＝0.220UKgal 1L＝0.2642USgal
英制	立方英尺 立方英寸 英加仑 美加仑	ft^3（$1ft^3＝1728in^3$） in^3 UKgal（$1UKgal＝277.42in^3$） USgal（$1USgal＝231in^3$）	$1ft^3＝28.32L$ $1ft^3＝1728in^3$ $1in^3＝16.39mL$ 1UKgal＝4.546L 1USgal＝3.785L

4．质量（重量）单位

制别	单位名称	单位符号及换算关系	不同制别的主要换算关系
米制	吨 千克（公斤） 克 毫克	t（1t=1000kg） kg（1kg=1000g） g（1g=1000mg） mg	1t=0.9842ton 1t=1.1023shtn 1kg=2.2046lb 1g=0.0353oz
英制	英吨 美吨 磅 盎司	ton（1ton=2240lb） shtn（1shtn=2000lb） lb（1lb=16oz） oz	1ton=1.12shtn 1lb=453.6g 1oz=28.35g

（二）力和重力

力和重力的单位是牛顿，简称牛，符号是 N。1N 是使质量为 1kg 的物体产生 1m 二次方秒（$1m/s^2$）加速度所需要的力，即：

$$1N=1kg \cdot 1m/s^2 = 1kg \cdot m/s^2$$

在工程单位制中，力和重力的基本单位是千克力（即公斤力）。1 千克力等于质量为 1 千克的物体，在北纬 45°海平面上所受的重力。千克力的符号是 kgf。

牛顿与千克力的换算关系是：

$$1N=0.102kgf$$

$$1kgf=9.8N$$

（三）压力、压强和应力

压力、压强和应力的单位是帕斯卡，简称帕，符号是 Pa。1Pa 是在 $1m^2$ 面积上均匀的垂直作用 1N 的力所产生的压力，即：

$$1Pa=1N/m^2$$

1000Pa 即为 1kPa；1000kPa 即为 1MPa。由此，可以推算出工程中最常用的换算关系：

$$1N/mm^2 = 1MPa$$

下面介绍几种技术工人应当了解和掌握的压力、压强单位。

1. 标准大气压

标准大气压也就是物理大气压，符号是 atm，它相当于 760mm 汞柱所产生的压力。标准大气压与帕斯卡的换算关系是：

$$1atm = 0.101MPa$$

$$1MPa = 9.87atm$$

2. 工程大气压

工程大气压的单位是 kgf/cm^2，至今不少国家仍使用这个单位，它与帕斯卡、物理大气压的换算关系是：

$$1kgf/cm^2 = 0.098MPa$$

$$1MPa = 10.2kgf/cm^2$$

$$1kgf/cm^2 = 0.968atm$$

$$1atm = 1.033kgf/cm^2$$

3. 毫米水柱和米水柱

毫米水柱的符号是 mmH_2O，是指 1mm 高的水柱所产生的压力；米水柱的符号是 mH_2O，是指 1m 高的水柱所产生的压力。毫米水柱、米水柱与帕斯卡的换算关系是：

$$1mmH_2O = 9.8Pa$$

$$1mH_2O = 9.8kPa \quad (1mH_2O = 0.1kgf/cm^2)$$

$$1Pa = 0.102mmH_2O$$

作用在单位面积上的流体静压力，称为单位静压力。

在液面以下，某处的单位静压力的大小决定于液体的密度和深度。对同一种液体来说，液面以下任何一处的静压力均与深度成正比。

例如，在水面以下 10m 处的静压力 P 为：

$$P = \gamma \cdot h = 9.8kN/m^3 \cdot 10m = 98kN/m^2 = 98kPa$$

γ 采用水的重力密度（$1000kg/m^3 = 9.8kN/m^3$）。

如果水面以上有压力存在（例如在压力容器中），那么水面以下某处的压力应为水面压力与水面以下的静压力之和。在进行涉及管道内压力的计算时，如果管道内有液柱作用，且液柱静压力超过工作压力的2.5%时，则应考虑液柱静压力。

4. 巴

在现行的有关管道元件压力分级和法兰技术标准中，还使用巴（符号为 bar）作为压力单位，1bar 等于 10^5Pa，也就是 1.02kgf/cm²，与工程大气压十分接近。

5. 毫米汞柱

毫米汞柱是指1mm高的汞（水银）柱所产生的压力，符号是 mmHg，它与帕斯卡的换算关系是：

$$1mmHg = 133.3Pa$$
$$1Pa = 7.5 \times 10^{-3}mmHg$$

（四）绝对压力和相对压力

地球表面有几十公里厚稠密的大气层。大气对地面产生的压力称为大气压力。在同一地点，大气压力随着季节、气候的变化而变化，大气压力随着海拔高度的增加而减小，通常以空气温度为0℃时，北纬45°海平面上的平均压力760mmHg，作为一个标准大气压。

各种管道、容器上压力表指示的压力是相对压力，也称为表压力。相对压力加上外部的大气压力（一般取标准大气压，大体相当于0.1MPa），即为绝对压力。因此也可以说，相对压力就是绝对压力减去大气压力。

当管道或容器内的绝对压力小于周围环境的大气压力时，称为真空状态。

（五）温度和热量

1. 温度

温度表示物体冷热的程度。温度有不同的标准，称为温标。

最常用的是摄氏温标和热力学温度。摄氏温标把水在一个标准大气压下的冰点作为零度，把水的沸点作为 100 度，摄氏度用符号℃表示。热力学温度过去也称为绝对温标或国际温标，单位为开尔文，简称开，用 K 表示。它以宇宙间的最低温度作为零度（相当于 −273℃），其分度值与摄氏度是一样的，这样 0℃便相当于 273K，100℃便相当于 373K，也就是说：

$$开尔文 = 摄氏度 + 273$$

此外，在英、美等国还使用华氏度，符号是℉。摄氏度、华氏度及开尔文的换算关系见表 1-5。

温度单位换算　　　　　　　　　表 1-5

温度	摄氏度 t（℃）	华氏度 t_1（℉）	开尔文 t_3（K）
摄氏度 t（℃）	t	$\dfrac{9}{5}t + 32$	$t + 273$
华氏度 t_1（℉）	$\dfrac{5}{9}(t_1 - 32)$	t_1	$\dfrac{5}{9}(t_1 - 32) + 273$
开尔文 t_2（K）	$t_3 - 273$	$\dfrac{9}{5}(t_3 - 273) + 32$	t_3
水的冰点	0	32	273
水的沸点	100	212	373

2．热量

热量的法定计量单位是焦耳，简称焦，符号用 J 表示。常用单位还有千焦（kJ）、兆焦（MJ）等。由实验可以知道，1kg 水温度升高或降低 1K 时，吸收或放出的热量是 4.18×10^3J。

单位质量的某种物质，温度升高或降低 1K（也可以理解为 1℃）时，吸收或放出的热量，称为这种物质的比热容，比热容的单位是 J／（kg·K）。表 1-6 为几种常见物质的比热容，从中可以知道，水的比热容最大，是很好的载热体。

几种物质的比热容 表 1-6

名 称	比热容（J／（kg·K））	名 称	比热容（J／（kg·K））
水	4.18×10^3	砂石	9.2×10^2
冰	2.09×10^3	钢铁	4.6×10^2
酒精	2.42×10^3	铜	3.89×10^2
煤油	2.13×10^3	铝	8.78×10^2
干泥土	8.37×10^2	铅	1.3×10^2

（六）管子及管道附件标准化

1. 管道元件的公称通径

管道和管道附件的公称通径，也称为公称直径，代号是 *DN*（过去采用 D_g），尺寸单位采用毫米，但不标注出来，例如公称直径 50mm，即写为 *DN*50。公称直径是名义直径，既不等于管道的内径，也不等于管道的外径，但对于阀门来说，则是指其与管道连接处的内径。管道元件的公称直径见表 1-7。

管道元件的公称直径（mm） 表 1-7

10	65	**200**	375	**550**	850
15	**80**	225	**400**	575	**900**
20	90	**250**	425	**600**	950
25	**100**	275	**450**	650	**1000**
32	125	**300**	475	**700**	1050
40	**150**	325	**500**	750	**1100**
50	175	**350**	525	**800**	**1200**

注：黑体为常用规格；*DN*＜10 及 *DN*＞1200 未列入。

管道工程中使用的无缝钢管，应采用外径乘壁厚的形式标注，而不应采用公称直径或公称直径乘壁厚标注。

2. 管道元件的公称压力

公称压力是指与管道元件的机械强度有关的设计给定压力，

用代号 PN（过去用 P_g）表示。金属管道元件的压力分级见表 1-8。

金属管道元件压力分级［MPa（bar）］ 表 1-8

0.05（0.5）	2.0（20.0）	20.0（200.0）	100.0（1000.0）
0.1（1.0）	2.5（25.0）	25.0（250.0）	125.0（1250.0）
0.25（2.5）	4.0（40.0）	28.0（280.0）	160.0（1600.0）
0.4（4.0）	5.0（50.0）	32.0（320.0）	200.0（2000.0）
0.6（6.0）	6.3（63.0）	42.0（420.0）	250.0（2500.0）
0.8（8.0）	10.0（100.0）	50.0（500.0）	335.0（3350.0）
1.0（10.0）	15.0（150.0）	63.0（630.0）	
1.6（16.0）	16.0（160.0）	80.0（800.0）	

注：$1bar = 10^5Pa = 1.02kgf/cm^2$。

由于材料的机械强度与温度有关，温度越高，机械强度越低。因此，管道元件的公称压力和温度也有关，对于碳素钢和优质碳素钢，其基准温度为 200℃。当工作温度在基准温度以下时，最大工作压力可以等于其公称压力，如果工作温度超过 200℃，其最大工作压力必须按表 1-9 计算。

优质碳素钢制件公称压力与工作压力的关系 表 1-9

温度等级	温度范围（℃）	最大工作压力	温度等级	温度范围（℃）	最大工作压力
1	0～200	$1PN$	7	351～375	$0.67PN$
2	201～250	$0.92PN$	8	376～400	$0.64PN$
3	251～275	$0.86PN$	9	401～425	$0.55PN$
4	276～300	$0.81PN$	10	426～435	$0.50PN$
5	301～325	$0.75PN$	11	436～450	$0.45PN$
6	326～350	$0.71PN$			

对于合金钢管、铸铁制件、铜制件等，其基准温度都是不一样的，要根据有关技术资料确定。

3. 试验压力

试验压力不像公称压力那样有一个特定的概念，要视具体情

8

况而定。对于管道安装工程来说，试验压力是指按设计要求或施工验收规范的规定，对整个管道系统的强度和严密性进行试验的压力。当管材或阀件安装前需要进行压力试验时，应根据有关规定确定试验方法、试验用介质和试验压力。

对于制造厂家来说，管材或阀门出厂前要按产品技术标准的规定，全部或抽样进行压力试验。

4. 关于管子表号

对于工业管道，尤其是石油化工管道，在设计过程中需要计算管壁厚度时，可以采用国外按管子表号确定管子壁厚的方法，管子表号以设计压力 p 与管材的许用应力 $[\sigma]$ 的比值表示，由于这不是管道工人应当掌握的内容，故不再做进一步介绍。

（七）面积、体积（容积）及常用三角函数

1. 面积

（1）矩形

矩形的面积 F，等于长边 a 与短边 b 的乘积：

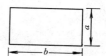

$$F = a \cdot b$$

（2）三角形

三角形的面积 F，等于底边 b 乘以高 h，再除以 2：

图 1-1　矩形

$$F = \frac{bh}{2}$$

（3）梯形

图 1-2　三角形

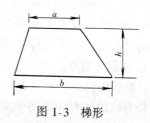

图 1-3　梯形

梯形的面积 F，等于上底边 a 加下底边 b，除以 2，再乘以高 h。

$$F = \frac{a+b}{2} \cdot h$$

（4）圆形

圆形的面积 F，等于 π 乘以半径 r 的平方或 π 与直径 d 的平方的乘积除以 4：

$$F = \pi r^2 \text{ 或 } F = \frac{\pi d^2}{4}$$

图 1-4　圆形　　　　　　　图 1-5　环形

（5）圆环

根据圆形面积的计算公式，可以推导出圆环形面积 F 的计算公式为：

$$F = \pi (R^2 - r^2)$$

$$\text{或 } F = \frac{\pi}{4} (D^2 - d^2)$$

式中　R——外半径；

　　　r——内半径；

　　　D——外直径；

　　　d——内直径；

　　　π——圆周率，取 3.14。

管子的横截面就是圆环形，可以根据管子的实际外径和内径，用以上公式计算出管子材料的截面积。

2. 体积（容积）

（1）长方体

长方体的体积 V，等于底面积 F 乘以高 h：

10

$$V = F \cdot h = a \cdot b \cdot h$$

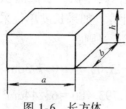

图 1-6　长方体

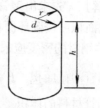

图 1-7　圆柱体

（2）圆柱体

圆柱体的体积 V，等于底面积 F 乘以高：

$$V = F \cdot h = \pi r^2 h = \frac{\pi d^2}{4} \cdot h$$

（3）球体

球体的体积公式为：

$$V = \frac{\pi d^3}{6} = \frac{4}{3} \pi r^3$$

图 1-8　球体

式中　　V——球体的体积；

d——球体的直径；

π——圆周率，取 3.14。

3. 重量的计算

要计算物体的重量，先要求出物体的体积，再乘以该物体的密度。严格的讲，这样计算出来的是物体的质量，但在一般工程技术和日常生活中，可以将质量作为重量使用，这符合人们的习惯，也不会造成什么差错。

物质的密度是指单位体积中该物质的质量。这里的"质量"是指物质的多少，是一个物理概念，与工程中质量的优劣中的"质量"是两回事。密度的单位有两种，一种是传统上的至今人们仍然习惯使用的质量密度，如水的质量密度一般采用 1000kg/m^3；另一种是重力密度，水的重力密度则采用 9.80kN/ m^3。在"3.1 流体及流体的力学性质"中还要讲到这方面的问题。

【例】　一根 $\phi 325 \times 8$ 的无缝钢管，长度为 8m，求其重量。

【解】　先求出钢管材料的体积，其体积等于截面积乘以长度。截面积可按圆环面积计算方法计算。如果长度单位采用分米（dm），钢材的密度应采用 7.85kg/dm^3，则：

钢管的截面积　$F = \dfrac{\pi}{4}(3.25^2 - 3.09^2) = 0.793 \text{dm}^2$

钢管材料的体积　$V = F \cdot L = 0.793 \times 80 = 63.44 \text{dm}^3$

钢管的重量　$Q = V \cdot \gamma = 63.44 \times 7.85 = 498 \text{kg}$

（八）常用三角函数

图 1-9 所示的直角三角形 ABC 中，$\angle C$ 是直角，$\angle A$、$\angle B$ 是锐角。

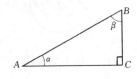

图 1-9　直角三角形

正弦的写法为 sin，$\angle A$ 的正弦 $\sin\alpha$ 等于其对边长度 BC 和斜边长度 AB 的比值，是一个没有单位的数值，$\sin\alpha$ 之值可以使用计算器或数学用表得到。因此，也可以说，只要知道 $\angle A$ 的角度是多少，其正弦 $\sin\alpha$ 便是固定的数值。$\angle A$ 的对边长度为 BC，邻边长度为 AC，斜边长度为 AB，那么 $\angle A$ 的正弦就是：

$$\sin\alpha = \frac{BC}{AB}$$

也就是说，只要知道 $\angle A$ 的角度和 BC、AB 的长度这三个数值中的任意两个数值，就可以求出另外一个数值。

同理，$\angle A$ 的余弦（cos）、正切（tan）、余切（cot）为：

$$\cos\alpha = \frac{AC}{AB}$$

$$\tan\alpha = \frac{BC}{AC}$$

$$\cot\alpha = \frac{AC}{BC}$$

如果求∠B 的正弦、余弦、正切、余切，则图1-9中 AC 为对边，BC 为邻边、AB 仍为斜边，计算方法仍和∠A 一样，∠B 的正弦、余弦、正切、余切分别为：

$$\sin\beta = \frac{AC}{AB}$$

$$\cos\beta = \frac{BC}{AB}$$

$$\tan\beta = \frac{AC}{BC}$$

$$\cot\beta = \frac{BC}{AC}$$

常用特殊角度三角函数值见表1-10。

特殊角度的三角函数值　　　　表 1-10

α 三角函数	0°	30°	45°	60°	90°
sinα（正弦）	0	$\frac{1}{2}=0.5$	$\frac{\sqrt{2}}{2}=0.707$	$\frac{\sqrt{3}}{2}=0.866$	1
cosα（余弦）	1	$\frac{\sqrt{3}}{2}=0.866$	$\frac{\sqrt{2}}{2}=0.707$	$\frac{1}{2}=0.5$	0
tgα（正切）	0	$\frac{\sqrt{3}}{3}=0.577$	1	$\sqrt{3}=1.732$	∞
ctgα（余切）	∞	$\sqrt{3}=1.732$	1	$\frac{\sqrt{3}}{3}=0.577$	0

二、识图知识

（一）投影与视图基础知识

1. 正投影

与机械图和建筑图一样，管道工程图也是用正投影方法画出来的。把一个平板放在灯光下向地面进行投影，平板的投影则比实物大。如果假设光源无限远（例如在直射的阳光下），投影线则相互平行，这种利用平行投影线进行投影的方法，称为平行投影法。在平行投影中，投影线垂直投影面，物体在投影面上所得到的投影称为正投影。正投影也就是人们口头说的"正面对着"物体去看的投影方法。

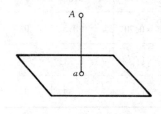

图 2-1　点的正投影

（1）点、直线和平面的正投影

1）点的正投影

假设在点 A 的下面有一个投影面，从点 A 上方对其进行投影，在投影面上得到的投影点 a，见图 2-1。由此可知，无论从哪一个方向对一个点进行投影，所得到的投影仍然是一个点。

2）直线的正投影

如图 2-2 所示，将直棒 AB 分别按平行于投影面、垂直于投影面和倾斜于投影面三种方式放置，其投影分别有三种情况：（a）投影线 ab 与 AB 一样长；（b）投影是一个小圆点；（c）投影线段 ab 比 AB 短。

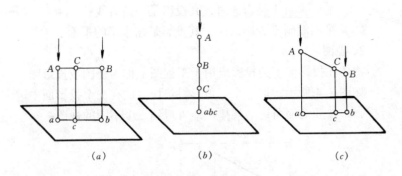

图 2-2 直线的正投影

由此可知：

(A) 直线平行于投影面时，其投影仍为直线，且与实长相等；

(B) 直线垂直于投影面时，其投影为一个点；

(C) 直线倾斜于投影面时，其投影为缩短了的直线。

3）平面的正投影

如图 2-3 所示，将一个正方形平板 ABCD 分别按平行于投影面、垂直于投影面和倾斜于投影面放置，其投影类似于直线的投影，也产生三种结果：（a）投影 abcd 仍为正方形，其大小与平板 ABCD 完全一样；（b）投影成为 da—cb 一条直线；（c）投影成为矩形 abcd，其面积比平板 ABCD 缩小了。

由此可知：

(A) 平面平行于投影面时，其投影反映平面的真实形状和大小；

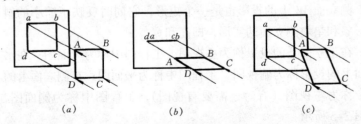

图 2-3 平面的正投影

（B）平面垂直于投影面时，其投影是一条直线；

（C）平面倾斜于投影面时，其投影是缩小了的平面。

2．视图

物体在投影面上的投影应用于工程图上称为视图或投影图。

如图2-4所示，取一个三角形斜垫块，放在三个投影面中进行投影，按照前面所讲的规律，即可得到三个不图的视图：

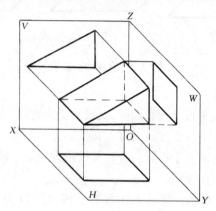

图 2-4　三角形斜垫块三面投影

正立面 V 上的投影是一个直角三角形，它反映了斜垫块前后立面的实际形状，即长和高。

水平面 H 上的投影是一个矩形。由于垫块的顶面倾斜于水平面，故水平面上的矩形反映的是缩小了的顶面的实形，即长和宽，同时也是底面的实形。

侧立面 W 上的投影也是一个矩形，它同时反映了缩小的斜面形象和垫块侧立面的实形，即高和宽。

在正立面上的投影称为主视图，工程图中称为立面图；在水平面上的投影称为俯视图，工程图中称为平面图；在侧立面上的投影称为左视图（有时还需要右视图），工程图中称为侧面图，见图2-5所示。

在实际工作中，三个投影面的边框不必画出来，如图2-6所

16

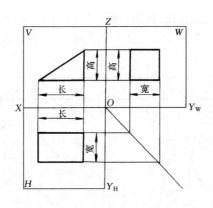

图 2-5　斜垫块的三视图

示就可以了。三个视图中，每个视图都可以反映视图两个方面的
尺寸。三个视图之间存在以下投影关系：

　　主视图与俯视图：长对正；

　　主视图与左视图：高平齐；

　　俯视图与左视图：宽相等。

　　总之，三面视图上具有：长对
正（等长），高平齐（等高），宽相
等（等宽）的三等关系，这是绘制
和识读工程图的基本规律。

3. 直线和平面在三投影面体系中的投影

图 2-6　斜垫块三视
图的位置关系

　　在学习了点、线、面的正投影
和关于视图的知识以后，接下来应当了解直线和平面在三投影面
体系中的投影，这是掌握制图与识图知识的关键。

　　（1）直线在三投影面体系中的投影

　　直线在三投影面体系中的位置可分为以下三种情况：

　　1）一般位置线

　　一般位置线也就是直线 AB 处于同三个投影面都不平行的倾
斜位置。从前面讲过的直线投影的知识可以知道，它在三个投影面上的投影都是倾斜的直线，其长度均短于 AB 的实长，并且与三个投影轴（OX、OY、OZ）既不平行也不垂直，见表 2-1。

一般位置线的投影　　　　　　　表 2-1

空　间　位　置	投　影　图
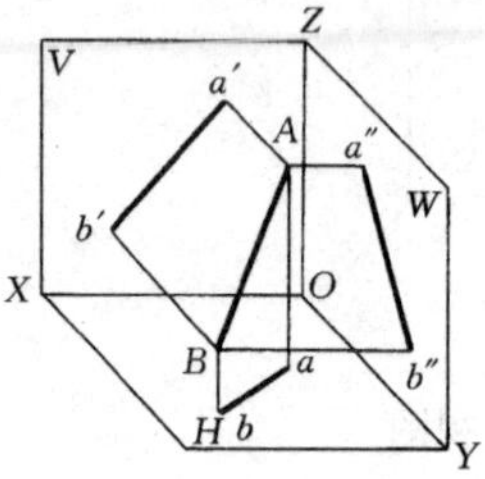	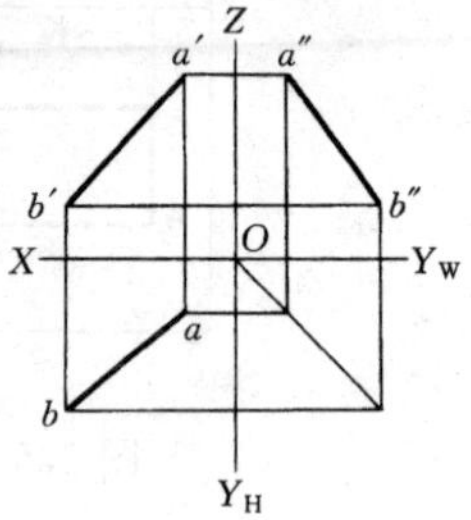

2）投影面平行线

平行于一个投影面，而对另两个投影面处于倾斜位置的直线，称为投影面平行线。投影面平行线有三种位置：

正平线——直线平行于立面；

水平线——直线平行于水平面；

侧平线——直线平行于侧面。

投影面平行线的投影见表 2-2，它的特点是：在与它平行的投影面上的投影是倾斜的，但反映实长，而在另两个投影面上的投影是水平线或铅垂线，但长度缩短，小于实长。

投影面平行线的投影　　　　　　表 2-2

名称	空　间　位　置	投　影　图
正平线	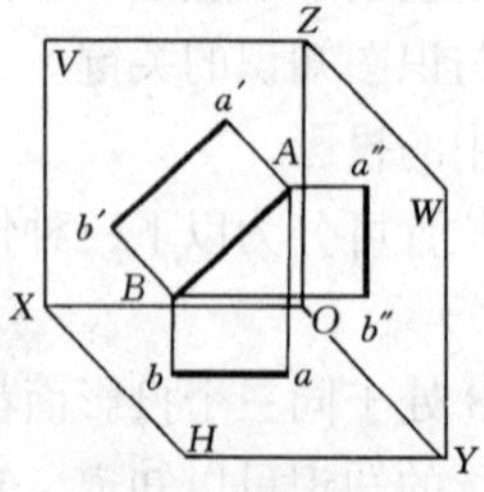	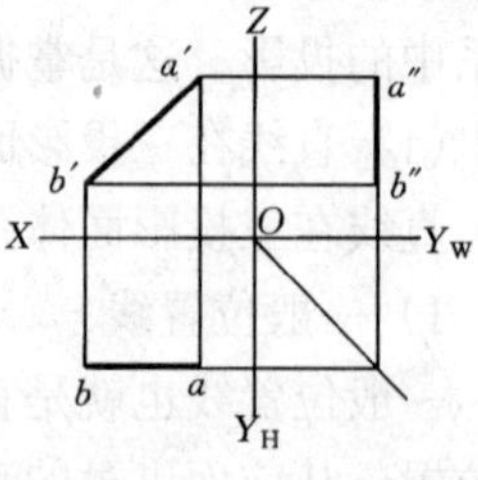

名称	空 间 位 置	投 影 图
水平线	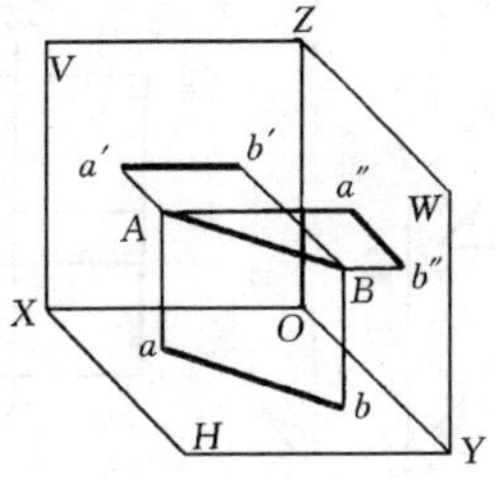	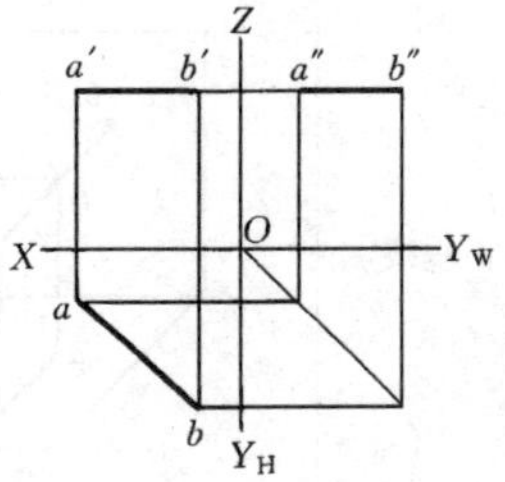
侧平线	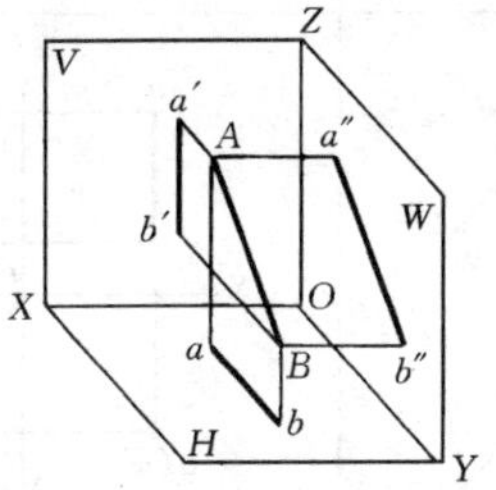	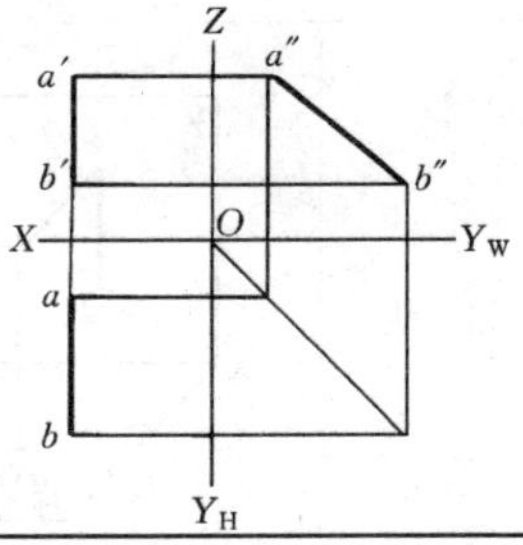

3）投影面垂直线

垂直于某一投影面，而对另两个投影面处于平行位置的直线，称为投影面垂直线。投影面垂直线有三种位置：

正垂线——直线垂直于正立面；

铅垂线——直线垂直于水平面；

侧垂线——直线垂直于侧面。

投影面垂直线的投影见表 2-3，它的特点是：在与它垂直的投影面上的投影聚为一个点，而在另两个投影面上的投影则反映实长。

（2）平面在三投影面体系中的投影

平面在三投影面体系中的位置可分为以下三种情况：

1）一般位置面

所谓一般位置面是指平面在空间处于与三个投影面都不平行的倾斜位置。从前面讲过的"平面的正投影"可以知道，一般位置平面在三个投影面上的投影仍然是平面图形，但形状缩小，见表 2-4。

名称	空间位置	投影图
正垂线	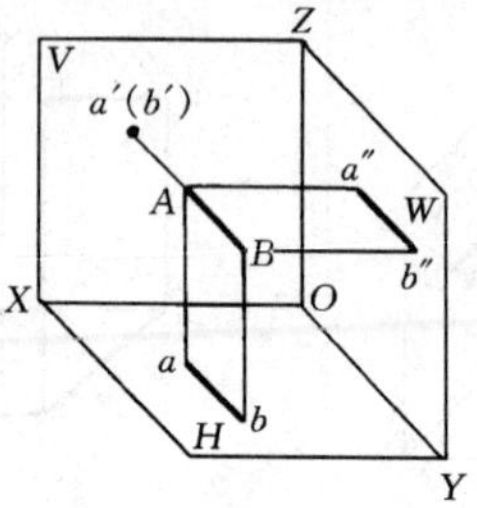	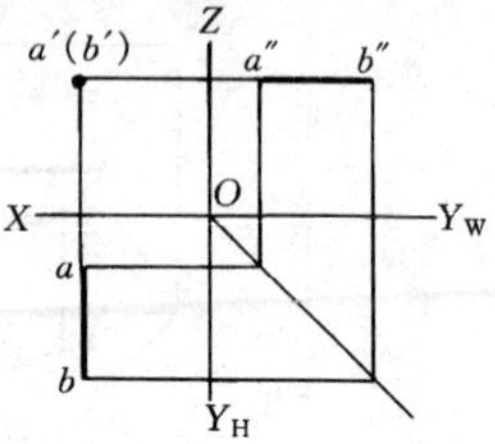
铅垂线	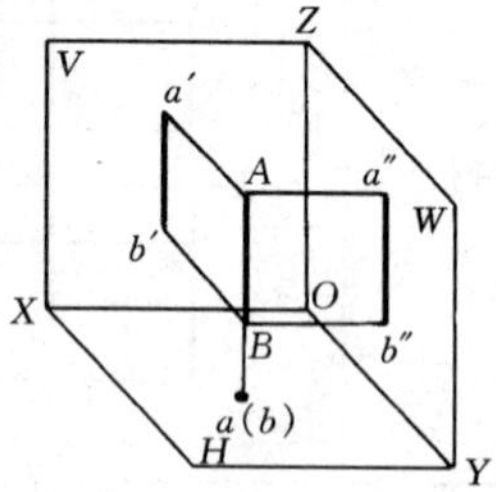	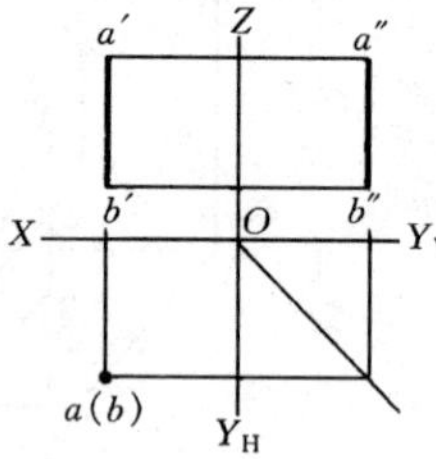
侧垂线	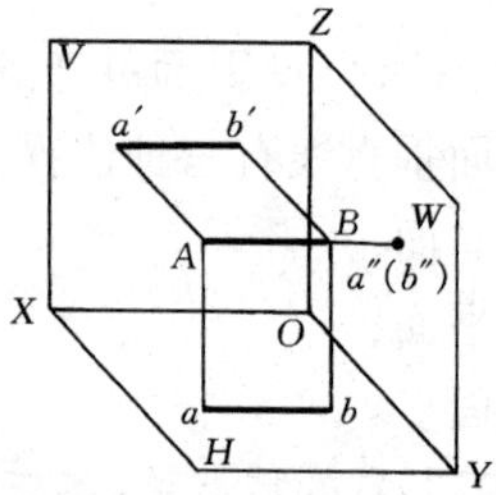	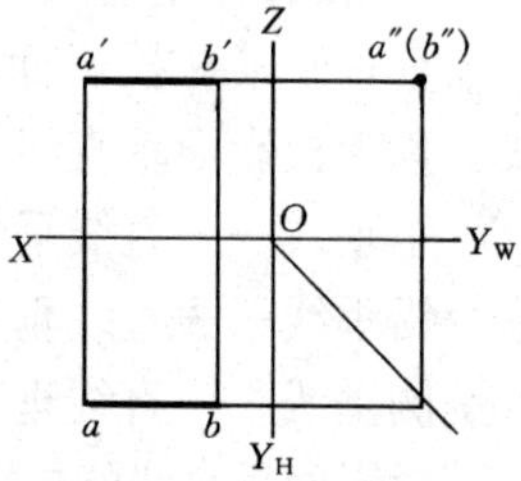

投影面垂直线的投影　　　　　　　　　　　　　表 2-3

2) 投影面平行面

平行于一个投影面，而对另两个投影面处于垂直位置的平面，称为投影面平行面。投影面平行面有三种位置：

正平面——平面平行于正立面；

水平面——平面平行于水平面；

侧平面——平面平行于侧面。

20

名　称	空　间　位　置	投　影　图
一般位置面		

　　投影面平行面的投影见表 2-5，它的特点是：与平面平行的投影面上的投影，反映实长，其余两个投影面上的投影，聚为水平线或铅垂线。

名　称	空　间　位　置	投　影　图
正平面		
水平面		

名称	空间位置	投影图
侧平面	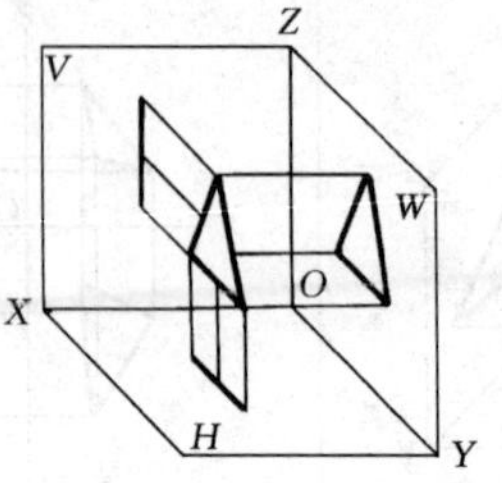	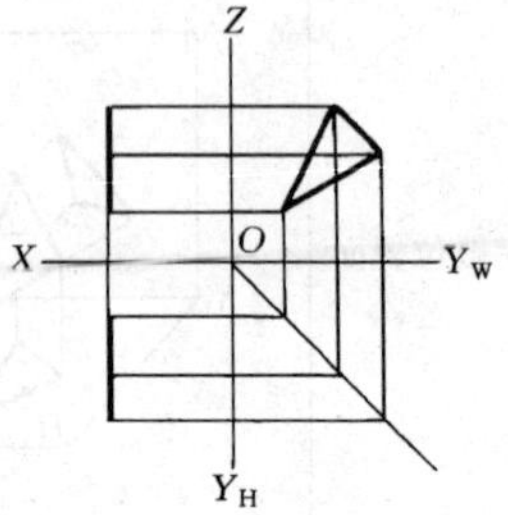

3) 投影面垂直面

垂直于某一个投影面，而对另两个投影面处于倾斜位置的平面，称为投影面垂直面。投影面垂直面有三种位置：

正垂面——平面垂直于正立面；

铅垂面——平面垂直于水平面；

侧垂面——平面垂直于侧面。

投影面垂直面的投影见表 2-6，它的特点是：在与平面垂直的投影面上的投影，聚为倾斜的直线，而在其余两个投影面上的投影，仍然是平面图形，但形状缩小。

投影面垂直面的投影　　　　　　　　表 2-6

名称	空间位置	投影图
正垂面	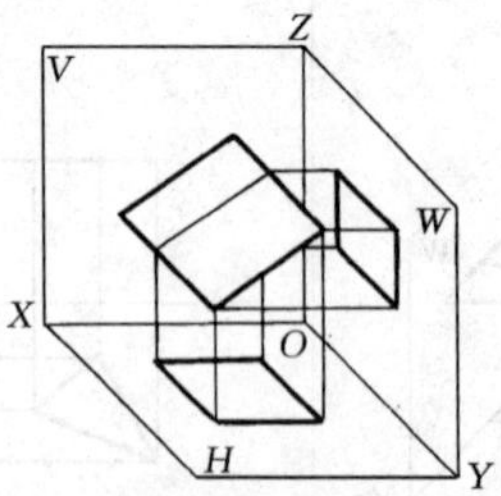	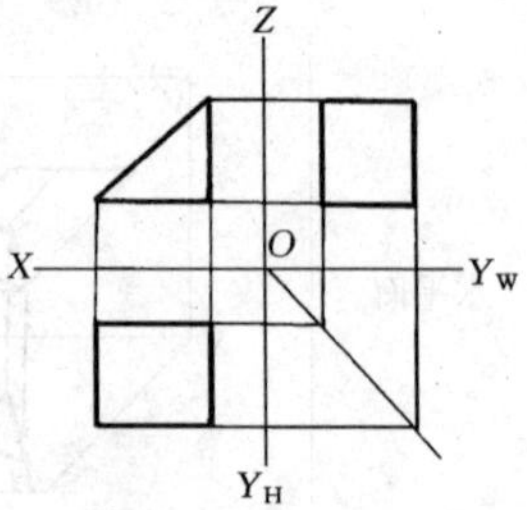

名称	空 间 位 置	投 影 图
铅垂面		
侧垂面		

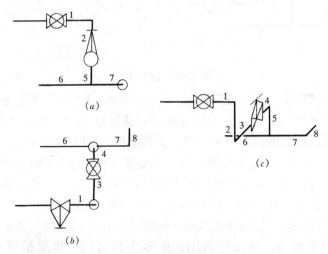

图 2-7　【例 1】图

4. 根据已知视图画出其他视图和轴测图的示例

下面的几个画图示例，涉及到管道单线图和轴测图的画法，可以结合学习"二、（二）1. 基本知识"和"二、（二）3. 管道轴测图"来理解以下示图的画法。

【**例 1**】　运用投影原理，根据图 2-7 （*a*）所示立面图，可以画出图 2-7 （*b*）所示平面图（前后管段长度 3、4 自行确定）。再根据图 2-7 （*a*）、（*b*），画出其轴测图，见图 2-7 （*c*）。

【**例 2**】　运用投影原理，根据图 2-8 （*a*）所示立面图，画出图 2-8 （*b*）所示平面图（前后管段长度 2、6 自定）。再根据图 2-8 （*a*）、（*b*），画出其轴测图，见图 2-8 （*c*）。

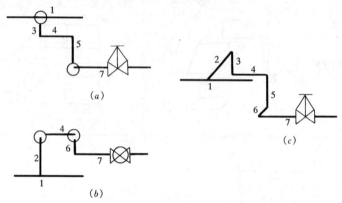

图 2-8　【例 2】图

【**例 3**】　运用投影原理，根据图 2-9 （*b*）所示平面图，画出图 2-9 （*a*）所示立面图（垂直管段长度 2、5、7、9 自定）。再根据图 2-9 （*a*）、（*b*），画出其轴测图，见图 2-9 （*c*）。

【**例 4**】　运用投影原理，根据图 2-10 （*b*）所示平面图，画出图 2-10 （*a*）所示立面图（垂直管段长度 3、5 自行确定）。再根据图 2-10 （*a*）、（*b*），画出其轴测图，见图 2-10 （*c*）。

【**例 5**】　运用投影原理，根据图 2-11 （*a*）、（*b*）所示立面图和平面图，画出侧面图，见图 2-11 （*c*）。再根据图 2-11

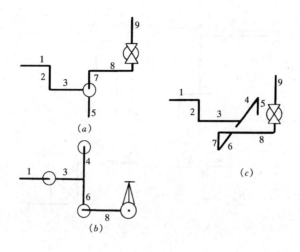

图 2-9 【例3】图

（a）、（b）、（c），画出其轴测图，见图 2-11（d）。

【例6】 运用投影原理，根据图 2-12（a）、（b）所示立面图和平面图，画出侧面图，见图 2-12（c）。再根据图 2-12（a）、（b）、（c），画出其轴测图，见图 2-12（d）。

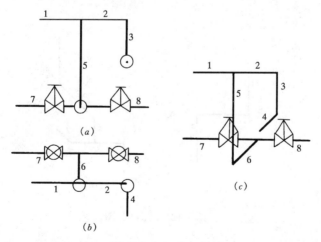

图 2-10 【例4】图

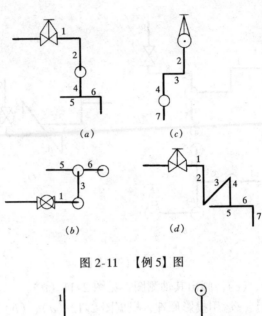

图 2-11 【例 5】图

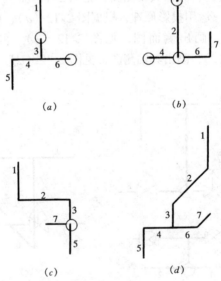

图 2-12 【例 6】图

（二）管道施工图的识读

1. 基本知识

（1）管道双线图和单线图

机械制图是许多门类工程制图的基础。按照机械制图原理的要求，一根短管可用三面视图中的立面图和平面图就可以表达出来，见图 2-13，立面图中的虚线表示看不到的管子内壁，平面图中，外圆表示管子外壁，内圆表示管子内壁。

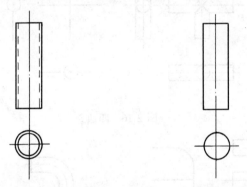

图 2-13　用三视图形式表示的短管　图 2-14　用双线图形式表示的短管

但是,在管道工程的各种施工图中,往往不采用图 2-13 的表

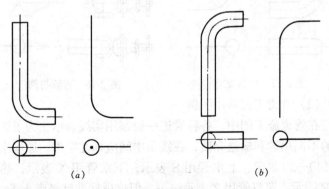

（a）　　　　　　　　　（b）

图 2-15　弯管

示方法,更多的是使用单线图,在大样图或详图中,则使用双线图。所谓双线图,就是用双线表示管道的轮廓,将管壁画成一条线,而不再用虚线表示其内壁,见图 2-14。单线图则干脆用一根线条表示管道,这种方法广泛应用于各行各业的管道施工图中。

现将几种情况下的双线图和单线图画法用图 2-15~图 2-18 表示,读者可以从中领悟管道施工图的表达方法。

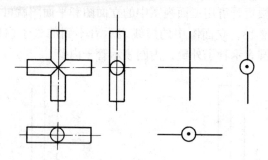

图 2-16　四通

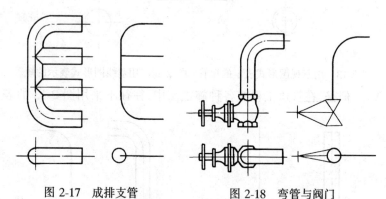

图 2-17　成排支管　　　　　图 2-18　弯管与阀门

（2）管道工程常用图例

在管道施工图中,各种管道一般都用实线表示,为了区别管道的不同用途和输送介质,在线条中间应标注字母。原国家标准 GB140—59 规定,上水管用 S 表示,下水管用 X 表示,热水管用 R 表示,蒸汽管用 Z 表示……,但这项标准已经废止了。

根据现行国家标准 GB6567.1～6567.5—87 的规定（该标准等效采用国际标准 ISO4067/1—84《卫生、采暖、通风及管路用符号》），管道介质的类别代号用相应英文名称的第一个大写字母或字母组合表示，现行最常用的代号列于表 2-7，管道的常用图形符号见表 2-8。

管 道 代 号 表 2-7

名　称	代　号	名　称	代　号
饱和蒸汽管	S	排水管	D
采暖蒸汽管	HS	压缩空气管	A
采暖热水供水管	H	氧气管	OX
采暖热水回水管	HR	乙炔管	AC
生活热水供水管	DH	天然气管	NG
生活热水回水管	DHR	供油管（不分类型）	O
给水管	W	回油管（不分类型）	OR

管道常用图形符号 表 2-8

序号	名　称	图形符号	序号	名　称	图形符号
1	截止阀		7	旋启式止回阀（流向自左向右）	
2	闸阀		8	底阀	
3	节流阀		9	隔膜阀	
4	球阀		10	旋塞阀	
5	蝶阀		11	弹簧式安全阀	
6	升降式止回阀（流向自左向右）		12	重锤式安全阀	

序号	名 称	图形符号	序号	名 称	图形符号
13	减压阀（左高右低）		24	浮子式调节阀	
14	疏水阀		25	保护管	
15	角阀		26	保温管	
16	三通阀		27	夹套管	
17	四通阀		28	蒸汽伴热管	
18	手动调节阀		29	螺纹堵头	
19	自动调节阀		30	法兰盖	
20	电动阀		31	盲板	
21	电磁阀		32	爆破膜	
22	水封疏水器		33	水表	
23	水封阀		34	波形补偿器	
			35	套管补偿器	
			36	方形补偿器	

序号	名　称	图形符号	序号	名　称	图形符号
37	活接头		45	活动管架 (一般形式)	
38	内外螺纹 接头		46	导向支架 (一般形式)	
39	同心异径 管接头		47	导向支架	
40	同底偏心 异径管接头		48	导向吊架	
41	同顶偏心 异径管接头		49	法兰连接	
42	固定支架 (一般型式)		50	螺纹连接	
43	固定支 (托)架		51	承插连接	
44	固定吊架		52	焊接连接	

另外，我国还有几个专业图例标准，如《给水排水制图标准》GB/T 50106—2001、《暖通空调制图标准》GB/T 50114—2001、《供热工程制图标准》CJJ/T78—97 等。前两个专业性图例将在"2.2.4 管道施工图和有关建筑施工图的识读"中介绍。当前对图例的使用不是很规范，识读施工图还是应以具体的工程设计为准。

(3) 管道施工图的标注

1) 比例

图纸上的长短与实际长短的相比关系，称为比例，比例用M表示，如 M1:100，就是图纸上 10cm 长度表示实际长度为10m。管道施工图常用的比例有 1:50、1:100、1:200 等，大样图则采用 1:10 或 1:20 等较小的比例，区域性平面图也采用1:500、1:1000 等较大比例。

2）管径

焊接钢管、给水铸铁管、排水铸铁管、预应力混凝土输水管及阀门，均以公称直径（DN）标注管径。硬聚氯乙烯塑料排水管（即 UPVC 管）、ABS 工程塑料管、PP 管等塑料管及铝塑复合管，由于发展较快，相关国标或行业标准有些滞后或不协调，因此在管径标注方面不大一致，分别采用标准公称直径、公称外径、外径、公称内径、内径等多种标注方式。施工中应以供货产家的产品样本为准。

无缝钢管及有色金属管道则采用"外径×壁厚"的标注方式。

焊接钢管（即低压流体输送用焊接钢管）最小的常用规格为 $DN15$，最大规格为 $DN150$。也可以用焊接钢管上的管螺纹来表示管径，上述规格则分别为 $\frac{1}{2}''$ 和 $6''$。$6''$ 是管螺纹的最大规格，因此，凡是直径大于 $DN150$ 的管子，如果必须用英制尺寸标注直径，只能标相当多少英寸，而不能用相当多少英寸"管螺纹"的形式来标注管径。焊接钢管与常用小直径无缝钢管有如表 2-9 所列的对应关系。

焊接钢管与无缝钢管的对应关系　　　　　表 2-9

焊接钢管	公称直径 DN	(mm)	15	20	25	32	40	50	65	80	100	125	150
		(in)	1/2	3/4	1	1¼	1½	2	2½	3	4	5	6
无缝钢管	外径×壁厚 (mm)		20×2	25×2.5	32×3	38×3	45×3	57×3	76×3.5	89×4	108×4	133×4.5	159×4.5

3）标高

管道在建筑物内的安装高度用标高表示。一般以建筑物底层室内地坪作为正负零（±0.000），比该基准高时作正号（+）表示，但也可以不写正号；比该基准低时必须用负号（－）表示。标高的单位以米计算，但不需标注 m。《房屋建筑制图统一标准》规定，标高数值标注到小数点后三位，即精确到毫米，在总平面图中，可精确到厘米，即标注到小数点后两位。标高符号及标注见图 2-19，标高符号尖端的水平线即为需要标注部位的引出线。化工管道中，也用局部涂黑标高三角形符号的方法来表示管中心标高、管底标高和管顶标高。

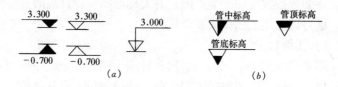

图 2-19 标高符号及注法

室外管道的标高用绝对标高表示，绝对标高也称为海拔标高或海拔高程。每个施工现场都有绝对标高控制点，土建施工单位掌握这方面的资料。

中、小直径管道一般标注管道中心的标高，排水管等重力流管道通常标注管底标高。所谓重力流管道，是指管道介质在没有压力的情况下，靠重力作用沿坡度来流动的管道。大直径管道较多地采用标注管底标高，有的采用"埋深不小于……"的提法，确定管顶的最小埋设深度。

除标高以米计以外，施工图中的其他尺寸均以毫米计。

4）坡度和坡向

水平管道往往需要按一定的坡度敷设。室外管道和室内干管的坡度一般为 2/1000～5/1000，室内管道的坡度差异较大，一般在 3/1000～2/100 之间。坡度常用 i 表示，如 $i = 0.005$ 或 $i0.005$，即表示坡度为 5/1000，其他类推。坡向则用箭头标注在管道线条旁边，箭头指向低的方向。

2. 管道施工图的识读方法

在民用和一般工业建筑中，按专业划分，管道施工图有给水排水施工图、采暖施工图、通风空调施工图、动力管道施工图（热力管道、空压管道、燃气管道等）、工艺管道施工图、仪表管道施工图等多种专业施工图。

（1）施工图的分类

按施工图的图形和作用，管道施工图分为基本图和详图两部分。基本图主要指设计蓝图，包括图纸目录、施工说明、设备材料表、工艺流程图或系统图、平面图、立（剖）面图、轴测图等。详图包括大样图、节点图、有关标准图及设计院的重复使用图。现对以上施工图作简要介绍：

1）图纸目录

图纸目录把一个工程项目的各种施工图按一定顺序排列，从中不仅可以知道该工程的工程名称、建设单位、设计单位，更主要的是知道图纸的名称编号、张数。当拿到一个工程项目的图纸时，应首先按图纸目录进行清点，以保证取得完整的设计资料。

2）施工说明

凡是在施工图中无法表达或不便表达，而又必须让施工单位知道的内容，可以用施工说明（有的也写为设计说明）的形式用文字阐述出来，如设计依据、与施工有关的技术数据、特殊要求，采用的施工验收规范和应遵循的技术标准等。

3）设备材料表

设备材料表一般应列出工程项目所需的设备和主要材料的型号、规格、数量，以供建设单位和施工单位参考。

4）流程图也就是工艺流程图，也称为系统图，一般用于生产工艺比较复杂的工艺管道系统（如化工管道）和公用工程中的管道系统，通过流程图可以知道生产工艺是如何通过管道系统来实现的，生产设备在生产工艺中的位置和作用、仪表控制点的分布、介质流向等方面的内容，以便对生产工艺有较全面的理解，使施工活动更好地贯彻设计意图。

5）平面图

平面图表达建筑物的平面轮廓、设备位置、管道分布及其与建筑物、设备的平面关系，此外还要标注管径、标高、坡向、坡度和立管编号。平面图是施工中最基本的图纸。

6）立面图和剖面图

立面图和剖面图是和平面图配套的，平面图中无法表达的管道垂直走向、分布及其与建筑物或设备的关系，都通过不同方向的剖面图表达出来。立面图和剖面图中标注有标高、管径和立管编号。立面图是按照投影原理，根据工程设计表达需要画出的立面视图；剖面图是从一定位置剖切平面图或立面图时，从剖切处按剖切的指示方向看到的立面图。剖切位置线用断开的两段粗实线表示。剖面图的编号一般采用数字或英文字母，按顺序编号。半剖面图一般适用于内外形状对称，其视图和剖面图均为对称图形的管件或阀件。

7）轴测图

轴测图过去也称为透视图，它是一种立体图，能反映管道系统的空间布置形式。看轴测图时对照平面图、立面图或剖面图，就会建立起管道系统的立体概念。轴测图除标注管径、立管编号和主要位置的标高外，还示意性的标明管道穿越建筑物基础、地面、楼板、屋面。对一般民用建筑和高层建筑的地上部分的给水排水、雨水、采暖、消防、空调水等管道，由于平面布置比较简单，有时设计单位只提供平面图和轴测图或系统图，只在设备层的机房配管设计中提供局部的剖面图或立面图。

关于轴测图的画法，也是本工种"职业技术岗位鉴定规范"要求掌握的内容，将在"2.2.3管道轴测图"中进行介绍。

8）大样图和节点图

大样图和接点图都是用于表示管道密集部位的连接方法和相互关系的局部详图，是对前面所介绍的几种图纸的补充和局部细化。大样图和节点图常常采用标准图或设计院的重复使用图。

9）标准图

标准图是由国家有关部委批准颁发的具有通用性质的详图，用以表示管道与设备、附件连接或安装的详细尺寸和具体要求。工程中采用的标准图图号会在设计图中说明。

（2）施工图的识读步骤

1）清点图纸

当拿到一套工程项目的施工图后，应首先按图纸目录进行清点，保证图纸齐全。有的设计院有本院的重复使用图，它的作用和国家标准图是一样的，但只限于该设计院设计的工程，这类图纸也应由建设单位提供。

2）识读步骤

管道施工图的识图顺序为：首先看图纸目录，以了解工程设计的整体情况，其次看施工说明书、材料设备表等文字资料，然后再按照流程图、平面图、立（剖）面图、轴测图及详图的顺序仔细识读。在识读过程中，一般应遵循从整体到局部、从大到小，从大直径主干管到小直径立、支管的原则。因此，在识读室内排水系统的施工图时，应当按排出管、立管、排水横管、器具排水管、存水弯的顺序进行，而不是相反。

识读施工图时应以平面图为主，同时对照立面图、剖面图、轴测图，弄清管道系统的立体布置情况。对于生产工艺管道，还应当对照流程图，了解生产工艺过程，求得对工艺管道系统的理性认识。对局部细节的了解则要看大样图、节点图、标准图、重复使用图等。

识读施工图过程中要弄清几个要素：即介质、管道材料、连接方式、关键位置标高、坡向及坡度、防腐及绝热要求、阀门型号及规格，管道系统试验压力等。

工艺流程图的识读，不能按三视图的规则来理解，它只表示工艺流程是如何通过设备和管道组成的，无法区分管道的立体走向和长短。

3. 管道轴测图

管道轴测图是根据平行投影原理绘制的管道系统在长、宽、高三个方向布置形状的立体图。常用的轴测图可分为正等测图和斜等测图两种。

（1）正等测图

如图 2-20，先画出 OZ、OY、OX 三个轴，它们之间构成的夹角均为 120°，且 OZ 轴必须是垂直的，这样 OY、OX 轴与水平面的夹角也是固定的，并且相等。

绘制正等测图时，垂直走向的立管与 OZ 轴方向一致，也就是平行关系；前后走向的管道可以取 OX 方向，此时左右走向的管道要取 OY 方向。由于 OX 和 OY 可以换位，所以前后走向的管道如果取 OY 方向，则左右走向的管道要取 OX 方向，但 OZ 表示垂直方向是固定不变的。

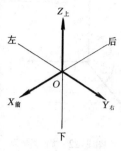

图 2-20　正等测图的选定

为了画图方便起见，OZ、OY、OX 三个轴的缩短率均采用 1:1，也就是说，管道各个方向的长度是多少，在相应测轴上的长度都按同样的比例画出。画轴测图时，可以根据需要在图 2-20 所示的三个轴箭头的相反方向延长，如图 2-21 中的 3 号管段。

在图 2-21 中，立面图中的立管 1、4 在正等测轴中与 OZ 方向一致，平面图中前后走向的管段 2、5 与 OX 方向一致，左右走向的管段 3、6 与 OY 方向一致。

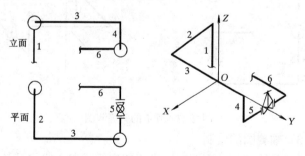

图 2-21　管道的正等测图

（2）斜等测图

管道的斜等测图，一般把 OZ、OX、OY 布置成图 2-22 所示的形式。

画斜等测图时，凡是垂直走向的立管均与 OZ 轴平行，左右

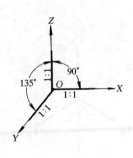

图 2-22　斜等测
图的选定

走向的水平管均与 OX 轴平行，而前后走的水平管则与 OY 轴平行，见图2-23。与正等测图一样，OZ、OX、OY 三个轴的缩短率均为 1:1。

上面已经简要地介绍了正等测图和斜等测图的画法，可从图 2-21 与图 2-23 的对比中了解正等测图与斜等测图的差异。在实际工作中画正等测图或斜等测图时，OZ、OX、OY 三个轴线是不需要画出来的，只要把等测图布置到图纸上的适当位置就可以了。当图中管道线条发生交叉时，其表示方法的基本原则是，先看到的管道全部画出来，后看到的管道在交叉处要断开，如图 2-23 中的立管 1 在与水平管段 3 交叉时，就要断开。

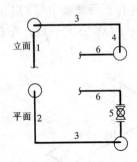
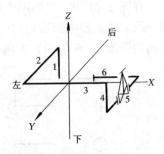

图 2-23　管道的斜等测图

（3）轴测图的绘制

画工艺管道的轴测图时，可用细实线或双点线将设备外形示意性的用轴测图画出。如果设备较为密集，也可以不再画设备，只用粗实线画出设备与管道的接口，以达到简化图面，突出识读管道图的目的。

在轴测图中画阀门时，一般用细实线按其图例符号的样式画出，并注意正确运用阀杆和手轮的不同画法表达其安装方向。管道图中常用的阀门画法见表 2-10。

管道图中常用阀门画法　　　　　表 2-10

名称	俯视	仰视	主视	侧视	轴测投影
截止阀	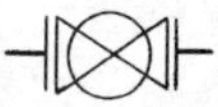		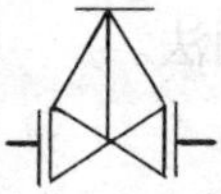		
闸阀	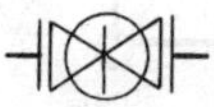	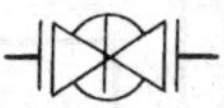	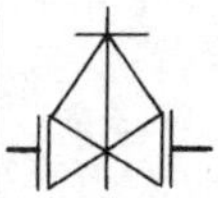		
蝶阀			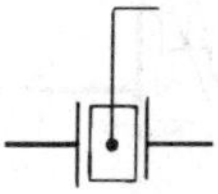		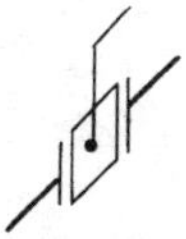
弹簧式 安全阀					

注：本表以阀门与管道法兰连接为例编制。

在化工管道施工中，由于要求较高，往往需要先绘制单根管线的轴测图，也称为管段图，以便于进行预制加工后运输到现场进行组装。管线分段要考虑到运输和现场安装的实际情况，管段的焊缝分为制作焊缝和安装焊缝，制作焊缝是预制加工阶段完成的焊缝，安装焊缝是管段运到现场后组对安装时完成的焊缝，两种焊缝都要用规定的形式标出焊工的代号和流水（作业）号，以便于进行质量控制监督。一套完整的管线轴测图由轴测图、材料表、主要设计技术参数和制作安装技术要求组成。这种管线轴测图一般是由工程技术人员和高级技工根据设计和现场实测结果来绘制的，要求测绘人员具有较高的理论计算知识和丰富的实践经验，因受篇幅限制，不便作详细介绍。

绘制轴测图的方法只有通过实践才能掌握，下面图 2-24～图 2-29，都是在已知平面图和立面图的前提下，绘制轴测图的实例。另外，也可以参照"2.1 投影与视图基础知识"中的"示例 1～示例 6 中轴测图的画法。

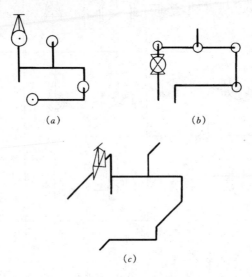

图 2-24　实例一
(*a*) 立面；(*b*) 平面；(*c*) 轴测

4. 管道施工图和有关建筑施工图的识读

（1）室内给水排水施工图

室内给水排水管道施工图中，最重要的是平面图和轴测图，立面图和剖面图用得较少，卫生设备安装大多采用标准图。室内给水排水施工图的识读要点如下：

1）先了解给水与排水系统的分布和组成情况。如给水系统有几个进口，是否与消火栓给水合设为一个管道系统；排水系统有几个，如何与室外排水检查井连通。

2）给水系统进水管的位置，水表井位置，管道材质，各用水点（如卫生设备、开水炉等）的接管定位尺寸，设备（水泵、

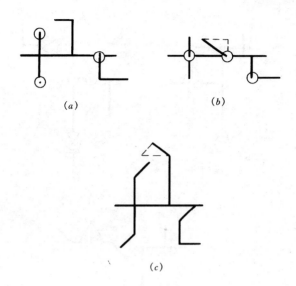

图 2-25 实例二

(a) 立面；(b) 平面；(c) 轴测

水加热器、水箱等）的型号规格及定位尺寸。给水管道一般采用斜等测图，卫生设备不画出来，只须画出龙头、冲洗水箱、冲洗阀、淋浴莲蓬头、角阀等符号。识读给水管道施工图时，一般按引入管、干管、立管、支管及用水设备的顺序进行。

3）排水系统的管材及连接方式，卫生设备的分布及型号规格，卫生设备排水口与排水管的连接口径是否配套，位置是否准确。排水管道的轴测图一般采用斜等测图，卫生设备不画出来，只画出存水弯和器具排水管。排水管道系统的每个受水点都要有水封，以保证管道内的不洁气体不扩散到室内，一般安装 S 型或 P 型存水弯形成水封，坐式大便器和地漏本身有水封，不需要在排水管上再设水封。

4）注意正确运用标准图。给水排水施工中，尤其是卫生设备安装，使用标准图较多，要注意标准图中的设备是否与实际一致，不能生搬硬套，要结合已到货设备的实际情况，核对与施工有关的位置、尺寸。

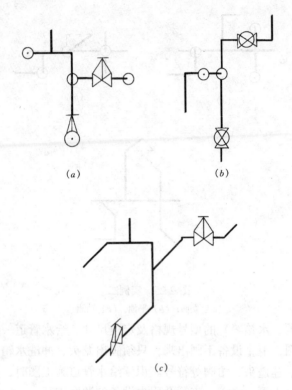

(c)

图 2-26 实例三

(a) 立面；(b) 平面；(c) 轴测

5）给水排水管道常用图例

按照新标准《给水排水制图标准》GB/T 50106—2001 的规定，给水排水制图常用图例见表 2-11。

（2）室内采暖及空调水管道施工图

在我国北方地区，绝大多数建筑物都有采暖，民用建筑中一般为热水采暖，工业建筑中还使用蒸汽采暖或高温热水采暖。

在我国南方地区，情况就不同了，民用住宅不设采暖系统，在公用建筑和宾馆、饭店里，使用风机盘管相当普遍，用一个管道系统，冬季供热水用以采暖，夏季供冷冻水（约 5～8℃）用以降温。传统的采暖系统是靠室内空气经散热器加热后的自然循

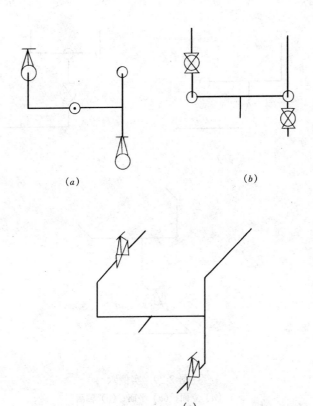

图 2-27　实例四

(a) 立面；(b) 平面；(c) 轴测

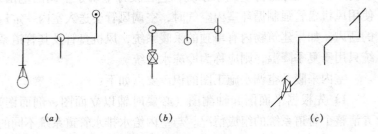

图 2-28　实例五

(a) 立面；(b) 平面；(c) 轴测

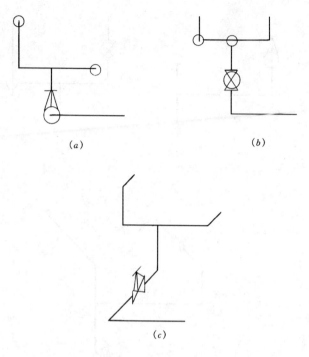

图 2-29　实例六

(a) 立面；(b) 平面；(c) 轴测

环来使室内升温的，而使用风机盘管则是靠机械动力进行室内空气的循环来调节室内温度的。由于这种管道系统冬季和夏季都可以使用，可以称之为空调水系统，它在设计上属于空调的范围，使用风机盘管强制循环室内空气时，空调风管会送入室内一定量的新风。如果建筑物内有单独的采暖系统，风机盘管及其管道系统只用于夏季降温，则应称为冷冻水系统。

室内采暖及空调水施工图的识读要点如下：

1）先根据平面图和轴测图（必要时辅以立面图、剖面图）弄清整个管道系统的组成情况。与室内给水排水管道系统不同的是，室内采暖和空调水管道系统是一个封闭的系统，其管道布置有多种不同的形式，冬季采暖用的热水可来自热水锅炉、水加热器或区域性热水管网，夏季降温用的冷冻水可来自建筑物配备的冷水机组或室外冷冻水管网。热水和冷冻水都是靠水泵来循环的。由于管道系统内的水温是变化的，尤其是在系统启动或停止运行时，水温变化更大，因此在管道系统的最高处设有膨胀水箱。为了及时排放运行过程中析出的气体，在管道系统的特定部位，还应装设集气罐或自动排气阀。

给水排水制图常用图例 　　　　表 2-11

序号	名　称	图　例	备　注
1	生活给水管	—— J ——	
2	热水给水管	—— RJ ——	
3	热水回水管	—— RH ——	
4	蒸汽管	—— Z ——	
5	凝结水管	—— N ——	
6	污水管	—— W ——	
7	雨水管	—— Y ——	
8	保温管		
9	多孔管		
10	刚性防水套管		
11	柔性防水套管		
12	可曲挠橡胶接头		
13	管道固定支架		
14	管道滑动支架		

序号	名　称	图　例	备　注
15	立管检查口		
16	清扫口	平面　　　系统	
17	通气帽	成品　　低碳钢丝球	
18	圆形地漏		通用。如为无水封，地漏应加存水弯
19	方形地漏		
20	减压孔板		
21	Y形除污器		
22	存水弯		
23	法兰连接		
24	承插连接		
25	活接头		

序号	名　称	图　例	备　注
26	管堵		
27	法兰堵盖		
28	闸阀		
29	角阀		
30	截止阀	$DN{\geqslant}50$　　$DN{<}50$	
31	减压阀		左侧为高压端
32	旋塞阀	平面　　系统	
33	球阀		
34	止回阀		
35	消声止回阀		
36	蝶阀		
37	弹簧安全阀		左为通用
38	平衡锤安全阀		
39	浮球阀	平面　　系统	

序号	名　称	图　例	备　注
40	延时自闭冲洗阀		
41	疏水器		
42	消火栓给水管	—— XH ——	
43	自动喷水灭火 给水管	—— ZP ——	
44	室外消火栓		
45	室内消火栓 （单口）	平面　　　　系统	白色为开启面
46	室内消火栓 （双口）	平面　　　　系统	
47	水泵接合器		
48	立式洗脸盆		
49	台式洗脸盆		
50	浴盆		
51	污水池		

序号	名 称	图 例	备 注
52	妇女卫生盆		
53	立式小便器		
54	壁挂式小便器		
55	蹲式大便器		
56	坐式大便器		
57	小便槽		
58	淋浴喷头		
59	阀门井 检查井		
60	水表井		
61	水泵	平面　　　系统	
62	潜水泵		
63	管道泵		
64	温度计		
65	压力表		
66	水表		

识读施工图时应先查明建筑物内散热器或风机盘管的位置、型号及规格，了解干管的布置方式，干管上的阀门、固定支架、补偿器的位置。采暖及空调水施工图上的立管都进行编号，编号写在直径为 8~10mm 的圆圈内。

采暖施工图的详图包括标准图和详图。标准图是室内采暖管道施工图的主要组成部分，供、回水立管与散热器之间的具体连接形式和尺寸要求，一般都由标准图反映出来。

2）采暖系统和冬夏两用的空调水系统，应注意施工图中是如何解决管道热胀冷缩问题的，要弄清补偿器的型式和管道固定支架的位置。管道的绝热层设计也很重要，尤其是对于冷介质管道，其绝热层的设计要求比热介质管道高，必须具有严密的隔气层，以免夏季热空气渗入而结露。

3）对于蒸汽采暖系统，要注意疏水阀和凝结水管道的设计布置。对于空调冷冻水系统，由于运行时在风机盘管内产生冷凝水，因此要注意冷凝水管道的敷设要求。

4）按照新标准《暖通空调制图标准》GB/T 50114—2001 的要求，采暖空调的常用图例见表 2-12。

暖通空调制图常用标准　　　　　　　　　　表 2-12

序号	代号	管道名称或图例	备　　注
1	R	（供暖、生活、工艺用）热水管	1．用粗实线、粗虚线区分供水、回水时，可省略代号 2．可附加阿拉伯数字 1、2 区分供水、回水 3．可附加阿拉伯数字 1、2、3……表示一个代号、不同参数的多种管道
2	Z	蒸汽管	需要区分饱和、过热、自用蒸汽时，可在代号前分别附加 B、G、Z
3	N	凝结水管	
4	P	膨胀水管、排污管、排气管、旁通管	需要区分时，可在代号后附加一位小写拼音字母，即 Pz、Pw、Pq、Pt

序号	代号	管道名称或图例	备　注
5	G	补给水管	
6	X	泄水管	
7	XH	循环管、信号管	循环管为粗实线,信号管为细虚线。不致引起误解时,循环管也可为"X"
8	Y	溢排管	
9	L	空调冷水管	
10	LR	空调冷/热水管	
11	LQ	空调冷却水管	
12	n	空调冷凝水管	
13	阀门(通用)、截止阀		1.没有说明时,表示螺纹连接 法兰连接时 焊接时 2.轴测图画法 阀杆为垂直 阀杆为水平
14	闸阀		
15	手动调节阀		
16	球阀、转心阀		
17	蝶阀		
18	角阀	或	
19	节流阀		

51

序号	代号	管道名称或图例	备 注
20	膨胀阀	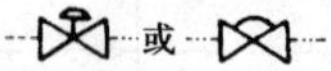	也称"隔膜阀"
21	止回阀	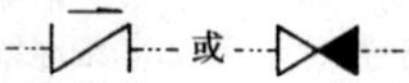	左图为通用，右图为升降式止回阀，流向同左。其余同阀门类推
22	减压阀	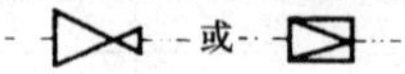	左图小三角为高压端，右图右侧为高压端。其余同阀门类推
23	安全阀		左图为通用，中为弹簧安全阀，右为重锤安全阀
24	弧形补偿器		
25	球形补偿器		
26	变径管异径管		左图为同心异径管，右图为偏心异径管
27	活接头	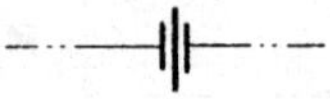	
28	法兰	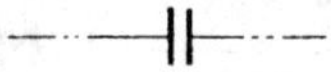	
29	法兰盖	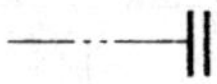	
30	丝堵		也可表示为：——·——｜ 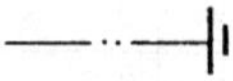
31	可屈挠橡胶软接头		
32	金属软管		也可表示为： 
33	绝热管	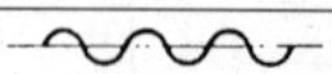	

序号	代号	管道名称或图例	备 注
34	固定支架	✳— ✕╎╎ ✕	
35	介质流向	→或 ⇨	在管道断开处时，流向符号宜标注在管道中心线上，其余可同管径标注位置
36	坡度及坡向	$\underset{\longrightarrow}{i=0.003}$ 或 $\longrightarrow i=0.003$	坡度数值不宜与管道起、止点标高同时标注。标注位置同管径标注位置

（3）其他有关施工图

1）建筑施工图

建筑施工图包括总平面图、平面图、立面图、剖面图和详图。

总平面图表示新建或原有需保留的建筑物的平面形状、位置、标高，还要画出附近相关的街道、道路、河流以及与建设地段和工程有关的地形地貌特征。总平面图与室外管道有密切的关系。

建筑平面图是建筑物施工最主要的图纸，它是假想把建筑物从水平方向剖切后，由上向下观察而得到的图样，凡被剖切到的部分（如墙、柱）的轮廓线在图纸画成粗实线，没有剖切到但能看到的部分，画成细实线。识读建筑平面图的同时，要对照立面图、剖面图，必要时还要查看构造详图。

建筑物内管道施工图是在建筑施工图的基础上绘制的，二者有密切的关系。在管道施工过程中不能对建筑物造成结构性的损害。

根据《房屋建筑制图统一标准》GBJ 1—86 的规定，常用建筑材料的图例见表 2-13，这些图例对建筑给水排水和采暖专业都是适用的。

常用建筑材料图例　　　　　　　　表 2-13

序号	名　称	图　　例	说　　明
1	自然土壤		包括各种自然土壤
2	夯实土壤		
3	毛石		
4	普通砖		（1）包括砌体、砌块 （2）断面较窄，不易画出图例线时，可涂黑
5	耐火砖		包括耐酸砖等
6	混凝土		（1）本图例仅适用于能承重的混凝土及钢筋混凝土 （2）包括各种强度等级、骨料、添加剂的混凝土
7	钢筋混凝土		（3）在剖面图上画出钢筋时，不画图例线 （4）断面较窄，不易画出图例线时，可涂黑
8	金属		（1）包括各种金属 （2）图形小时，可涂黑
9	网状材料		（1）包括金属、塑料等网状材料 （2）注明材料

序号	名 称	图 例	说 明
10	液体		注明液体名称
11	玻璃		包括平板玻璃、磨砂玻璃、夹丝玻璃、钢化玻璃等
12	防水材料		构造层次多或比例较大时，采用上面图例
13	粉刷		本图例点比较稀的点

2）公用辅助设施

一个工厂或区域共同使用的水厂、水泵房、锅炉房、冷冻站、空压站及其管网，统称为公用辅助设施。上述站房内部的工艺管道流程比较复杂，因此，在识读其工艺流程图时，要掌握以下主要内容和注意事项：（1）弄清主要设备和附属设备的情况；（2）弄清各设备之间连接管道的材质、管径、介质种类、介质流向、阀件种类及型号规格等情况；（3）流程图还要标示出仪表安装位置、仪表种类和编号，以便安装仪表和仪表管道时核查。

3）化工工艺管道

在各种工业管道中，以化工管道涉及的生产工艺最复杂。按照生产工艺流程的要求，用多种管道输送物料，把生产设备和车间连成一个完整的生产工艺系统，从而使原材料变为成品的管道图，称为化工工艺管道图，它包括工艺流程图、设备平面图和管道布置图三个主要部分。管道工应当掌握工艺流程图和管道布置图的识读方法。

4）管架图

室外架空管道的安装需要钢筋混凝土或钢材制作的管架。管架图属于建筑施工图的范畴，它是表达管架具体结构和制作安装尺寸的详图，但不属于管道施工的范围。

三、流体力学基础知识

（一）流体及流体的力学性质

1. 流体和流体力学的研究对象

流体包括液体和气体。人们日常生活中接触得最多的流体是水和空气。

液体没有固定的形状，但有一定的体积，并且可以认为是不可压缩的，在重力（地球引力）作用下，液体具有自由表面；气体没有固定的形状和体积，在重力作用下也没有自由表面，总是充满所在的空间，并且容易压缩或膨胀。

流体力学分为流体静力学和流体动力学两大部分。流体静力学主要研究静止状态的流体内部的压力分布规律和流体对固体壁的作用力问题；流体动力学主要研究运动流体的技术参数变化规律和流体对固体壁的作用力问题。

2. 流体的力学性质

1）流体的质量和重力

流体虽然不具有一定的形状，但却具有一定的质量（此处的"质量"，是指物质的多少），因此，它像其他物体一样受到地心的吸引力，这种力称为重力。物体的质量不同，其重力也不一样。物体的质量大，其重力也大；物体的质量小，其重力也小。同样质量的物体，在地球赤道位置的重力要小一些，因为赤道处地面距地心较远，而在南、北极位置的重力要大一些，因为南、北极地面距地心较近。重力具有方向性，总是垂直地指向地心。

在流体力学中，单位体积流体的质量和重力常用密度和重力密度表示。单位体积流体的质量称为密度，通常采用 kg/m^3 为计量单位，如水的质量密度为 $1000kg/m^3$，空气为 $1.29kg/m^3$；作用于单位体积流体的重力称为重力密度，用公式表达即为：

$$\gamma = \frac{G}{V} \tag{3-1}$$

式中 γ——流体的重力密度，N/m^3；

G——流体的重力，N；

V——流体的体积，m^3。

要注意领会密度和相对密度的区别：密度是指单位体积物质的质量，可采用 t/m^3、kg/m^3、kg/dm^3、g/cm^3 等计量单位；相对密度则是指物质的密度与4℃时水的密度的比值，是一个没有单位的数值，作为物质的一个物理参数。相对密度过去称为比重，现在"比重"这个词已经较少使用了。

如何根据物质的密度来求得它的重力密度呢？这里我们省略计算推导过程，只把计算公式介绍如下：

$$\gamma = \rho \cdot g \tag{3-2}$$

式中 γ——流体的重力密度，N/m^3；

ρ——流体的密度，kg/m^3；

g——重力加速度，一般取 $g = 9.81m/s^2$。

常见流体的密度及重力密度见表3-1。

常见流体的密度和重力密度　　　　　表 3-1

液 体			气 体		
物质	密度 （kg/m^3）	重力密度 （N/m^3）	物质	密度 （kg/m^3）	重力密度 （N/m^3）
水	1000	9810	空气	1.29	12.6
柴油	850	8330	氧气	1.43	14.0
硫酸	1840	18050	氢气	0.09	0.88
钢	7850	77000	二氧化碳	1.98	19.4
水银	1360	13340	氯气	3.21	31.5

2）流体的压缩性和膨胀性

流体的压缩性，是指在温度不变的情况下，流体所受压力增大时，体积会缩小的性质。

流体的膨胀性，是指当流体温度升高时，体积会膨胀的性质。

（A）液体的压缩性和膨胀性

液体的压缩性是极小的。以水为例，在常温下，当压力从 1 个大气压增加到 100 个大气压时，其体积缩小不到 0.5%。因此，在工程技术中，一般可以认为液体是不可压缩的。

液体都具有膨胀性，当温度变化不大时，膨胀性不大明显，但若温度变化大，其膨胀性则是不可忽视的。例如热水采暖系统在常温下充满水后启动时，由于水温不断升高，水的体积就会明显膨胀，因此，必须设置膨胀水箱来容纳多余的水。如果没有膨胀水箱，水的膨胀将会在系统中产生很高的压力，给热水锅炉和管道系统带来爆裂的危险。

为了避免液体的膨胀性带来的危害，在密闭容器中装盛任何液体时，都不能完全装满，要在容器上部留出一定的空间，以便当环境温度变化液体温度上升时，仍有膨胀余地，以免容器内压力过高而爆裂。

（B）气体的压缩性和膨胀性

气体具有显著的压缩性和膨胀性，要认识气体的压缩性和膨胀性，就必须知道气体的温度、压强和密度三者之间的变化关系：

在温度不变（即等温）条件下，压力与密度成正比；

在压力不变（即等压）条件下，温度与密度成反比。

以上，也是物理学中关于气体的基本定律，没有必要做进一步的阐述了。

3）流体的黏滞性

流体的黏滞性是指流体内部质点之间或流层之间因相对运动而产生的摩擦力，从而阻碍相对运动的性质。流体的黏滞性只有在流体流动时才能显示出来。

有哪些因素影响到液体的黏滞性呢？液体的黏滞性与流体的种类和温度有关。从经验可以知道，油的黏滞性比水大；对于同一种液体来说，温度高时黏滞性小，温度低时黏滞性大，对于气体来说则恰好相反，温度高时黏滞性大，温度低时黏滞性小。

4）流体的浮力

放置在液体中的物体所受到的向上的托力称为浮力。根据物理学的有关定律可以知道，浸在液体中的物体所受到的浮力的大小等于被物体排开的液体的重量。当物体只有一部分浸在液体中时，它所受到的浮力就等于浸在液体中的那一部分物体所排开的液体的重量。以上规律同样适用于气体。

如果设物体的重力为 G，物体在液体中受到的浮力为 P，那么物体的沉浮会有三种情况：

①当 $G > P$ 时，物体会下沉到液体的底部；

②当 $G = P$ 时，物体可悬浮在液体中的任意位置；

③当 $G < P$ 时，物体会浮在液面。此时物体浸在液体中的那一部分体积所排开的液体的重力等于物体自重，即达到平衡状态，物体不再继续上浮或下沉。

在施工现场，较大直径的管道会因管道沟槽进水而漂浮起来，为施工造成很多麻烦；当管道穿越河流时，有时可以使用漂浮法使其到达预定位置，然后再沉下去。可见，浮力既可能给施工造成麻烦，也可以设法加以利用。现举例说明与浮力有关的计算。

【例1】　有一根 $\phi 325 \times 8$，长度为 50m 的无缝钢管，已敷设在沟槽里，两端管口已封闭，如此时有雨水灌入，钢管是否会浮起？怎样才能使管道保持原来的位置（钢的重力密度采用 $7.71 \times 10^4 \mathrm{N/m}^3$，水的重力密度为 $9.81 \times 10^3 \mathrm{N/m}^3$）？

【解】　钢管的重力为：

$$G_{管} = \frac{3.14\,(0.325^2 - 0.309^2)}{4} \times 7.71 \times 10^4 \times 50 = 30698 \mathrm{N}$$

与钢管相同体积的水的重力为：

$$G_{水} = \frac{3.14 \times 0.325^2}{4} \times 9.81 \times 10^3 \times 50 = 40670\text{N}$$

由于 $\qquad\qquad\qquad G_{水} > G_{管}$

故钢管会浮出水面。要使钢管保持原来的位置（即沉于沟底），需要在钢管上附加的最小重力为：

$$G_{水} - G_{管} = 40670 - 30698 = 9972\text{N}$$

【例2】 有一个直径为 0.6m 的空心钢球浮标，一半浮在水面上，试求这个圆球所受到的重力是多少牛顿？（水的重力密度为 $9.81 \times 10^3 \text{N}/\text{m}^3$）

【解】 根据阿基米德定律，当物体浮在水面上时，它所排开的水的重力等于该物体的重力。圆球的自重就是它的重力，其值与浮力相等，即圆球所排开的水的重力。

圆球的体积为：$\dfrac{\pi 0.6^3}{6}$

圆球受到的重力为：

$$G = 9.81 \times 10^3 \times \frac{\pi 0.6^3}{6} \times \frac{1}{2} = 554.46\text{N}$$

（二）流体静力学简介

流体静力学是研究流体（主要是液体）在静止状态下的平衡规律及其在实践中应用的科学。这里仅介绍关于液体静压力的基础知识。

1. 液体的压强

液体之所以能处于静止状态，一定是受到了外界条件的约束，例如容器中的水能静止不动，是因为受到了容器底部和筒壁的约束力，根据作用力和反作用力的原理，水对容器底部和筒壁也有一个反作用力，这就是水的静压力。

液体单位面积上的静压力称为静压强，用公式表示则为：

$$p = \frac{P}{F} \qquad\qquad\qquad (3\text{-}3)$$

式中　p——液体的静压强，Pa；

　　P——液体在面积 F 上的总压力，N；

　　F——液体产生静压力的总面积，m^2。

液体静压强的特点是：

液体内部到处都存在静压强；

在液体内同一深度的不同位置、不同方向的静压强都是相等的；

当液体深度增加或减小时，静压强也随之增加或减小；

静压强的大小和液体的种类有关，在深度相同时，重力密度大的液体，静压强也大。

2. 液体静压强的计算

为了说明液体静压强的计算方法，现画出一个开口容器和一个密闭容器，见图 3-1。

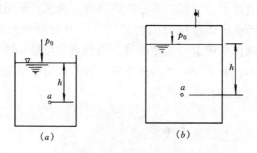

图 3-1　液体的静压强

(a) 开口容器；(b) 密闭容器

如以 h 表示深度，在以上两种容器中，相同的 h 深度处的静压强计算公式为：

$$p = p_0 + h \cdot \gamma \tag{3-4}$$

式中　p——液体某深度处的静压强，Pa；

　　p_0——加在液体表面上的压强，Pa；

　　h——液体内某处的深度，m；

　　γ——液体的重力密度，N/m^3。

61

由以上计算液体内部静压强的公式可以知道：液体内部任何一点的静压强，等于液面上的压强与该点的深度与液体重力密度的乘积之和。在图 3-1（a）中，由于是敞口容器，p_0 的相对压强为零，而在（b）图中，p_0 如果等于 2kPa，那么 a 点的静压强即为 $2000 + h \cdot \gamma$（Pa）。要注意计算静压强时采用的深度是指垂直深（高）度，而与容器的形状无关，例如从高位水池引出的给水管，到用水点可能要延绵几百米或数千米，且管径越来越小，但各个用水点的静压强均等于高位水池的水平面与用水点的垂直高差与水的重力密度的乘积。

（三）流体动力学简介

1. 流速和流量

运动流体单位时间内通过的距离称为流速，流速的常用单位为 m/s。运动流体单位时间内通过任一有效断面的数量称为流量。流量有体积流量和质量流量（俗称重量流量）两种。体积流量的常用单位有 m³/h、L/s；质量流量的常用单位有 t/h、kg/s。

体积流量的计算公式为：

$$Q = F \cdot v \tag{3-5}$$

质量流量的计算公式为：

$$m = \rho \cdot Q = \rho \cdot F \cdot v \tag{3-6}$$

以上两式中：

    Q——体积流量，m^3/s；

    F——管道的过流断面积，m^2；

    v——流体的流速，m/s；

    m——质量流量，kg/s；

    ρ——流体的密度，kg/m^3。

由式（3-5）和式（3-6）可以知道，当管道的断面积不变时（也就是直径不变），流速与流量成正比，流速提高几倍，流量也增大几倍。但实际上管道所输送的流体是多种多样的，流速并不是可以任意选定的，这一点后面还要介绍。

2. 阻力

流体在运动时会遇到阻力。阻力分为沿程阻力和局部阻力两种。研究阻力的目的之一是为了解决流体输送过程中能量消耗的计算方法。

沿程阻力是指流体在运动时，由于与管壁的摩擦和流体内部的摩擦，造成流体本身能量的逐渐减少（表现为压力不断降低）；局部阻力是指流体在管道中流动时，由于边界条件的改变（如三通、弯头、阀门等）造成的流速改变和产生的涡流所造成的阻力。

沿程阻力的大小与管道长度成正比，与管径的大小成反比，而与流速的平方成正比；局部阻力的大小除了与流速的平方成正比以外，与管道附件的多少和边界条件的变化有关，附件越多、边界条件变化越剧烈，局部阻力也越大。流速是影响阻力的重要因素，就沿程阻力来说，如果管径和管道长度都不变，流速若提高 2 倍，阻力则提高 4 倍，流速若提高 3 倍，阻力则提高 9 倍，而阻力的提高意味着管道系统运行所消耗的能量的相应增加。因此，采用过高的流速对长期运行来说是很不经济的。

如果既考虑到长期运行的经济性，又考虑到基本建设投资不致过高，流速就要选用经济流速。经济流速具有技术上的先进性和经济上的合理性。

四、传热及水、蒸汽基本知识

（一）传　　热

传热讲的是热量的传递问题。热量的传递是工程技术中经常遇到的问题，在自然界和人们的日常生活中，也经常遇到热量的传递问题。热量总是由温度高的物体传向温度低的物体。同一个物体，如果各部分的温度不同，热量也会由高温部分向低温部分传递。

工程技术中应用热量传递规律来解决的实际问题可以归纳为两类：一是设法增强热量的传递，如锅炉、热交换器；二是设法减弱热量的传递，如管道、设备的绝热层。

热量的基本传递形式有三种：

1. 热传导

热传导也就是导热，它是指热量从物体的这一部分传递到另一部分的传热方式。当两个温度不同的物体接触时，热量由较高温的物体向较低温的物体传递，而不发生物体的相对位移的传热过程，也属于导热过程。

纯粹的导热现象只能发生在密实的固体中。液体和气体对固体的热量传递，一般是导热和对流（指液体、气体本身在传热过程中产生的对流）并存。

2. 对流

对流是指依靠流体的流动，把热量由高温部分传到低温部分的过程。采暖和空调系统对室内温度的调节，主要是靠空气对流来实现的。

工程中遇到的传热现象,多数是导热与对流并存的过程,例如在锅炉中,既存在锅炉受热面的导热,也存在锅炉内部水的对流,在热交换器中也是这样。

3. 热辐射

热辐射主要是指热射线的辐射来传递热量的方式。热射线是指波长为 $0.8 \sim 40 \mu m$ 的红外线和可见光,但以红外线为主,其实质属于电磁波。

热辐射与导热和对流不同,它不需要任何中间媒介物都能进行传递,而导热和对流都必须借助物体的直接接触和流体的流动来实现。

(二) 水 和 蒸 汽

水是自然界中最常见的物质,在管道系统的施工和运行中,经常接触到水和蒸汽,因此,对它们的性质必须有一个基本的了解。

1. 水

一般物质具有热胀冷缩的性质,但水却有自己的特点。水在 4℃ 时的密度最大,若温度升高或者降低,水的体积都将发生膨胀。在 1 个标准大气压下,4℃ 的水的密度是 $1000 kg/m^3$,0℃ 时的密度是 $999.87 kg/m^3$,50℃ 时的密度则是 $988.07 kg/m^3$。在 0℃ 时,冰的密度为 $916.8 kg/m^3$,也就是说,一定数量的水结成冰以后,体积膨胀率达 8.3%。如果水在管道中结冰,管壁将承受相当大的压力,其数值可高达 200MPa 以上,对于普通管材来说是无法抗拒的,管壁往往被胀破。由于冰的密度大体上只有水的 90%,因此,当冰块漂浮在水中的时候,在水面以上露出的体积仅为其整块体积的 1/10,还有 9/10 在水面以下。因此,人们便常用"冰山一角"来表达尚未暴露出来的问题的严重性或重要性。

2. 蒸汽

水由液态变为汽态的过程称为汽化；由汽态变为液态的过程称为液化，也就是冷凝。汽化是吸热过程，而液化是放热过程。蒸汽锅炉就是将水进行汽化的装置，在运行过程中要消耗大量的燃料；蒸汽—水热交换器则是液化装置，蒸汽在热交换器中冷凝为水，同时放出大量的热能，将经过热交换器的循环水加热。

（1）蒸发和沸腾

当水的表面以上是自由空间时，水分子会吸收水体中的热量而飞逸到水面以上的自由空间中去，这样在水体表面进行的汽化过程称为蒸发。

如果对水进行加热，水温就会升高，蒸发也会相应加快，当水温升高到沸点时，就会沸腾。沸腾是水体内部和表面同时进行剧烈汽化的过程。沸腾现象不仅用加热的方法可以实现，而且用减压的方法也可以实现。如果对过热水或热水进行减压，就会产生大量蒸汽。在蒸汽锅炉房里，就有根据减压沸腾的原理制造的设备，以便对锅炉排污时排出的过热水的余热加以利用。

蒸发和沸腾是汽化的两种形式。前者发生在水的表面，并且在任何温度下都能进行；后者则发生在水的内部，只有水温达到相应压力下的沸点时才能发生。

（2）饱和蒸汽和过热蒸汽

如果在密闭容器中对水进行加热，水的分子由水面逸出成为蒸汽分子，当这种蒸发达到一定极限时，蒸汽分子的浓度就不会再增加了，此时由水变为蒸汽的分子数量和从蒸汽中返回水体的分子数量达到平衡状态，也就是汽、液两相处于动态平衡，称为饱和状态。饱和状态下的水称为饱和水，蒸汽称为饱和蒸汽。饱和状态下的压力称为饱和压力，温度称为饱和温度（即沸点）。

饱和压力和饱和温度是密切相关的。对应于一定的压力，就有一个确定的饱和温度，与此相反，对应一定的温度，就有一个确定的饱和压力。因此，也可以说，饱和温度随着压力的增大而升高，饱和压力随着温度的升高而增大。通过以下饱和蒸汽简表（表4-1），饱和压力（表中采用绝对压力）和饱和温度的对应关系就看得更清楚了。

按绝对压力 10^5Pa 排列的饱和蒸汽简表   表 4-1

绝对压力 P (10^5Pa)	饱和温度 t (℃)	蒸汽密度 γ'' (kg/m³)	焓（kJ/kg）		汽化热 r (kJ/kg)
			饱和水 h'	蒸汽 h''	
1.0	99.63	0.5901	417.51	2675.7	2258.2
1.2	104.81	0.6998	439.36	2683.8	2244.4
1.4	109.32	0.8084	458.42	2690.8	2232.4
1.6	113.32	0.9160	475.38	2696.8	2221.4
1.8	116.93	1.0228	490.70	2702.1	2211.4
2.0	120.23	1.1288	504.7	2706.9	2202.2
2.5	127.43	1.3912	535.4	2717.2	2181.8
3.0	133.54	1.6505	561.4	2725.5	2164.1
3.5	138.88	1.9075	584.3	2732.5	2148.2
4.0	143.62	2.1625	604.7	2738.5	2133.8
4.5	147.92	2.4159	623.2	2743.8	2120.6
5.0	151.85	2.6680	640.1	2748.5	2108.4
6.0	158.84	3.1765	670.4	2756.4	2086.0
7.0	164.96	3.6665	697.1	2762.9	2065.8
8.0	170.42	4.1615	720.9	2768.4	2047.5
9.0	175.36	4.6546	742.6	2773.0	2030.4
10.0	179.88	5.1567	752.6	2777.0	2014.4
11.0	184.06	5.6373	781.1	2780.4	1999.3
12.0	187.96	6.1275	798.4	2783.4	1985.0
13.0	191.60	6.6173	814.7	2786.0	1971.3
14.0	195.04	7.1063	830.1	2788.4	1958.3
15.0	198.28	7.5959	844.7	2790.4	1945.7
16.0	201.37	8.0854	858.6	2792.2	1933.6
17.0	204.30	8.5756	871.8	2793.8	1922.0
18.0	207.10	9.0654	884.6	2795.1	1910.5

饱和蒸汽有湿饱和蒸汽和干饱和蒸汽之分。所谓湿饱和蒸汽是指含有水分的饱和蒸汽，例如锅炉上汽包内部，由于剧烈的沸

腾，其上部的蒸汽中含有不少水分，蒸汽经过汽水分离器输出以后，水分明显减少，接近干饱和蒸汽状态。干饱和蒸汽是指蒸汽中不含水分，水分子完全成为汽态的蒸汽。在压力不变（即定压）条件下，对干饱和蒸汽进行加热，便成为过热蒸汽，过热蒸汽脱离了饱和状态，它能够吸收或放出比饱和蒸汽更多的热量。

平时生产和生活中使用的饱和蒸汽，实际上属于湿饱和蒸汽。只有当湿饱和蒸汽从汽包进入过热器刚刚开始加热时，蒸汽中所带的水分完全蒸发为蒸汽，而温度尚未提高的短暂时间里，才是真正的干饱和蒸汽。

饱和蒸汽在输送过程中会产生凝结水，当蒸汽变为同温度的凝结水时，会释放出大量的热能。过热蒸汽在输送过程中不产生凝结水，只是温度的逐渐降低，当温度降低到对应压力的饱和温度以后，才产生凝结水。

五、力学基本知识与常用强度计算

（一）力学基本知识

1. 力的三要素

力对物体的作用效果决定于力的大小、方向和作用点，这三个因素称为力的三要素。这三个要素中，任何一个要素发生变化时，都会改变力对物体的作用效果。

力的基本计量单位是牛顿，简称牛，符号为 N，较大的力用千牛（kN）表示，牛与公斤力的换算关系在"一、（二）力和重力"中已经介绍过了。

力是具有方向和大小的物理量，称为矢量。力的三要素可以用有向线段（即带有箭头的一定长度的线段）表示。箭头的指向表示力的方向，线段的长度按一定比例画出，表示力的大小，线段的起点或终点表示力的作用点。通过力的作用点，沿力的方向所画的直线称为力的作用线。

2. 静力学法则

静力学主要研究物体受力的分析方法和物体在力系作用下处于平衡的条件。所谓力系，是指作用于同一物体的一群力。静力学中的平衡，是指物体对于地面保持静止或做匀速直线运动的状态。实际上，任何物体都在永恒地运动着，平衡只是相对的。

法则也称为公理，是从实践中总结出来的客观规律，静力学的全部理论，就是建立在这些法则基础之上的。

（1）力的平行四边形法则

作用于物体上同一点的两个力，可以合成为一个合力，合力也作用于该点上。合力的大小和方向，由这两个力为邻近所构成的平行四边形的对角线来表示。这就是力的平行四边形法则。如图 5-1 所示，F_1、F_2 为作用于物体 O 点的两个力，以这两个力为邻边做出平行四边形 $OABC$，则对角线 OB 就是 F_1、F_2 的合力 R。

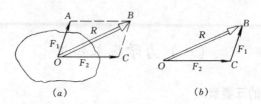

图 5-1　力的平行四边形法则

（2）二力平衡法则

作用在刚体上的两个力，使刚体处于平衡状态的必要和充分条件是：这两个力的大小相等，方向相反，并且作用在同一直线上。这一法则可以简称为：二力等值、反向、共线。如图 5-2 所示。

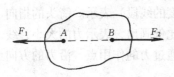

图 5-2　二力平衡法则

所谓刚体，是指在任何外力作用下，其大小和形状都不会改变的物体，是一种理想化的力学模型，是研究静力规律的先决条件。必须注意，二力平衡条件只对刚体平衡来说才是必要、充分条件。但对于非刚体，二力平衡条件是不充分的。例如起重绳索，当其两端受等值、反向、共线的拉力作用时可以平衡，但受等值、反向、共线的两个压力作用时，就不能平衡了。

（3）作用力与反作用力法则

两个物体间的作用力和反作用力总是成对出现，且大小相等，方向相反，沿着同一条直线分别作用在这两个物体上。

要注意二力平衡法则与作用力与反作用力法则的区别，前者是作用在同一刚体上的两个力的平衡条件，后者是指两个物体间的相互作用关系，作用力与反作用力是分别作用在两个不同的物体上的，不可混为一谈。

3．力系

如果有三个或三个以上力的作用线都在同一个平面，而且力的方向都相交于一点的力系，称为平面汇交力系。这种力系是各种力系中最基本且较为简单的力系，在安装工程施工中，经常会遇到平面汇交力系，如图 5-3 所示，作用在起重吊钩上的柔性约束力系，即属此类。

物体在力系作用下处于平衡状态，这样的力系称为平衡力系。

这里顺便用图 5-3 介绍一下约束反力。物体受的力可分为主动力和约束反力。约束力作用于研究对象上，而阻碍其运动的力称为约束反作用力，即约束反力。约束反力的方向总是与该约束

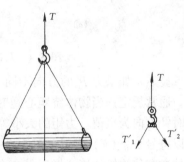

图 5-3 柔性约束下的平面汇交力系

所能阻碍的运动方向相反。工程中常见的约束有柔性约束、光滑面约束和铰链约束。在起重作业中，最常见的是柔性约束，如图 5-3。所谓柔性约束是指由绳索胶带、链条等构成的约束，只能承受拉伸，而不能承受压缩和弯曲，其约束反力作用于连接点，方向沿着绳索而背离物体，如图 5-3 中的约束反力 T、T'_1、T'_2。

4．力矩与力偶

（1）力矩

为了度量力使物体围绕固定点转动的效果，力学中引入力对点的矩，即力矩的概念。用扳手拧紧螺栓，用管钳旋紧管件都是力矩的应用实例。图 5-4 所示为使用扳手拧紧螺栓时的力矩。F

表示出力的大小、方向和作用点，h 表示从矩心 O 到力 F 作用线的垂直距离、称为力臂。力和力臂是使物体发生转动的必要条件。

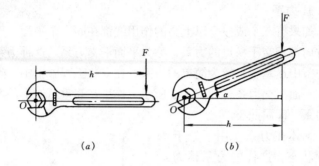

图 5-4　力对点之矩

显然，如果力 F 的方向不同，对螺栓产生的转动方向也不同，通常规定：当物体绕矩心逆时针方向转动时，力矩为正值，顺时针方向为负值。力矩的大小等于力的大小与力臂的乘积。力矩以符号 m_0（F）表示，图 5-4 中的力矩为 $m_0 = \pm F \cdot h$（根据力的方向使物体绕矩心顺时针方向转动的规定，应取负值）。力的大小用牛（N）或千牛（kN）单位，力臂用长度单位米（m），故力矩的单位为牛·米（N·m）或千牛·米（kN·m）。

力矩在下列两种情况下等于零：（1）力等于零；（2）力的作用线通过矩心，即力臂等于零。

（2）力偶

由大小相等、方向相反、作用线平行的两个力组成的力系，称为力偶。例如两个人用手工丝扳在钢管上套丝、双手旋转阀门手轮，都是力偶的典型实例，见图 5-5。

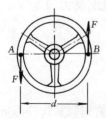

图 5-5　力偶一例

力偶中两个力之间的垂直距离 d，称为力偶臂；力偶所在的平面，称为力偶的作用面。力偶不可能合成一个力，或用一个力来代替，也不能用一个力去平衡。

力偶对物体的作用效果的大小，与力 F 的大小和力偶臂 d 的距离成正比，二者的乘积 Fd 称为力偶矩。以符号 m 表示力偶矩，则 $m = \pm F \cdot d$。

与力矩一样，由于力偶可能使物体有不同的转向，可用力偶矩的正、负号来表示，即逆时针转向为正值，顺时针转向为负值。力偶矩的单位与力矩一样，使用牛·米（N·m）或千牛·米（kN·m）。

（二）材料力学基本知识

1. 材料力学的任务

材料力学的任务是通过研究构件的强度、刚度、稳定性和材料的力学性能，在既安全又经济的前提下，为构件设计选择合适的材料、合理的截面尺寸提供理论基础和计算方法。

构件或材料在外力作用下抵抗塑性变形和破坏的能力，称为强度。工程中常用的金属材料的强度指标是屈服强度和抗拉强度。材料强度有高低之分，例如钢材比铜、铝的强度高，钢丝绳比麻绳的强度高。强度的计量单位采用兆帕（MPa）或牛平方毫米（N/mm^2）。

构件或材料抵抗变形的能力称为刚度。刚度有大小之分，刚度大是指在外力作用下不容易变形或变形很小，刚度小是指在外力作用下容易发生变形或变形较大。例如直径相同的杆件，越长越容易变形。在工程上，对于任何一个结构件，只有强度要求是不够的，必须具备一定的刚度，也就是说，在一定外力条件下，其变形必须在一定范围内，这就是刚度要求。

有些构件在外力作用下，原有的平衡状态可能丧失稳定性。例如竖直杆件承受的压力不大时，仍然能够稳定，但当压力达到一定值时，就会弯曲，这种现象称为失稳。在工程上，要求受压构件保持原有平衡状态的能力称为稳定性要求。

不同的构件对强度、刚度、稳定性三方面的要求程度不同。

任何一个构件，只有满足这三方面的要求，才能保证本身的正常工作。

2. 变形固体

一般固体在外力作用下，会发生一定的变形，这样的固体称为可变形固体，是材料力学研究的对象。变形固体除了受外力作用后发生变形以外，还有一种抵抗外力作用的能力。当作用在物体上的外力去掉以后，物体可以恢复原来的形状和尺寸，即消除变形，这样的物体称为弹性固体。弹性固体的变形称为弹性变形。与弹性变形不同，当作用在物体上的外力去掉以后，物体如果不能恢复原来的形状，即变形不能消除，而是留下残余变形，这种物体称为塑性体，其残余变形称为塑性变形，也称为残余变形。

固体具有弹性变形的性质称为弹性，具有塑性变形的性质称为塑性。一般变形固体既具有弹性，又具有塑性。一般情况下，金属材料在外力较小时表现出弹性，但当外力达到一定值时，会表现出塑性。

3. 杆件变形的基本形式

工程中构件的种类很多，如杆件、板、薄壳等，材料力学研究的只是其中的杆件。一个构件，如果它的长度远大于横向尺寸，则该构件便称为杆件。建筑物中的梁、柱，施工中用的拔杆，机器上的轴、销、螺栓等，都是杆件。

按照杆的轴线分，有直杆、曲杆和折杆；按照横截面来分，有等截面杆和变截面杆。

对于等截面直杆来说，在外力作用下有以下几种基本变形形式：

（1）拉伸及压缩

杆件两端在受到大小相等、方向相反、作用线与杆件重合的一对外力作用时，杆件的长度将会发生伸长或缩短，见图5-6。

设杆件的原长为 L，在轴向拉力（或压力）作用下，变形后的长度为 L_1，以 ΔL 表示杆件在轴向的伸长（或缩短）量，则

74

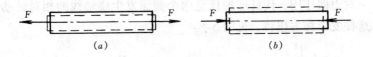

图 5-6 杆件的拉伸及压缩

（a）拉伸；（b）压缩

杆件的轴向长度变化为：

$$\Delta L = L_1 - L \tag{5-1}$$

ΔL 称为杆件的绝对变形。对于受拉杆件，ΔL 为正值；对于受压杆件，ΔL 为负值。

绝对变形只表示了杆件变形的大小，但不能表示杆件变形的程度。能表示杆件变形程度的量称为相对变形或称为应变，以 ε 表示：

$$\varepsilon = \frac{\Delta L}{L} \tag{5-2}$$

ε 是个比值，无单位，拉伸时为正值，压缩时为负值，有时也可用百分比表示。

当杆件在外力作用下发生变形时，其内部质点之间因相同位置的改变而产生的相互作用力，称为内力。

当材料不同时，其抗拉及抗压性能也不一样，如混凝土的抗压强度较好，而抗拉强度较差；而钢筋的抗拉强度较好，但钢筋较长时，在轴向压力作用下容易弯曲变形。如果制作成钢筋混凝土，根据受力情况布置钢筋，便能获得满意的力学性能。因此，钢筋混凝土广泛应用于工程建设中。

（2）剪切

杆件受到大小相等、方向相反，作用线很近的一对横向力作用时，杆件上两个力之间的截面将沿外力方向发生错动，这种变形称为剪切，见图 5-7。

（3）扭转

杆件两端受大小相等、方向相反、作用面垂直于杆件轴线的一对力偶作用，使杆件的任意两个截面发生绕轴线的相对转动，这种变形称为扭转，见图5-8。

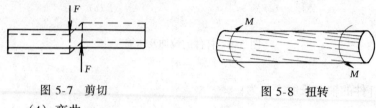

图 5-7　剪切　　　　　　　　　图 5-8　扭转

（4）弯曲

杆件在垂直于轴线的横向力或一对力偶的作用下，其轴线由原来的直线变成曲线，这种变形称为弯曲，见图5-9。

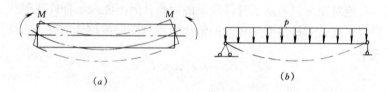

（a）　　　　　　　　　　　（b）

图 5-9　弯曲

（a）力偶作用下的弯曲；（b）横向力作用下的弯曲

4．材料的力学性能

材料的力学性能又称材料的机械性能，如应力、强度、弹性、塑性等。

当杆件受到外力（如拉伸或压缩）的作用时，必然在杆件上产生内力，内力分布在杆件的整个截面上，如果杆件的截面积不完全一样，那么单位面积上的内力大小也不一样，因此，必须引入应力的概念。

应力是指杆件单位横截面上的内力，基本单位是帕（Pa），实用单位为兆帕（MPa）。当杆件受拉或受压时，应力的大小按下式计算：

$$\sigma = \frac{P}{F} \tag{5-3}$$

式中　σ——杆件横截面上的正应力（拉伸时为正号，压缩时为负号），Pa；

　　P——杆件横截面上的轴力，N；

　　F——杆件的横截面积，m^2。

　　式（5-3）计算出来的应力是工作应力，在设计和计算杆件时，其应力绝不允许接近极限强度，而是规定一个能保证安全的许用应力，不同材料在不同使用条件下有各自的许用应力。许用应力的符号是 $[\sigma]$。杆件的实际使用应力应小于材料的许用应力，即：

$$\sigma = \frac{P}{F} \leqslant [\sigma] \tag{5-4}$$

式中　σ——杆件横截面上的实际使用应力，Pa；

　　　　P——杆件横截面上的轴力，N；

　　　　F——杆件横截面的面积，m^2；

　　$[\sigma]$——材料的许用应力（可以从有关技术资料中查到），

　　　　　　Pa。

　　从施工的实际需要出发，下面仅介绍金属材料的主要机械性能。

　　（1）强度

　　强度是指外力作用下金属材料抵抗塑性变形和破坏的能力。应力是指材料在外力作用下，在材料内部单位面积上所产生的内力。材料的强度可通过拉伸试验求得。

　　图 5-10 为低碳钢的拉伸曲线图。从图中可看出低碳钢的拉伸过程可分为三个阶段：

　　oab 为弹性变形阶段。a 点对应的应力叫做比例极限。比例极限就是材料的应变与应力成正比例的最大应力，用 σ_p 表示。可以认为 Q235 钢的比例极限 $\sigma_p = 235\text{MPa}$。当应力超过比例极限后，应变与应力不再成正比例关系，但只要应力不超过 b 点的对应值，材料的变形仍然是弹性的，即外力消除后，试件的变形会全部消失。b 点对应的应力叫做弹性极限，用 σ_e 表示。由于 a、b 两点非常接近，在工程上对比例极限和弹性极限不加严

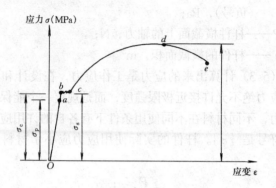

图 5-10 低碳钢的拉伸曲线

格区分，用屈服强度 σ_s 表示。实际工作中可认为 Q235 钢的 σ_p = σ_e = 235MPa，即屈服强度 σ_s = 235MPa。

bcd 为弹性—塑性变形阶段。当应力超过 b 点对应的值以后，应变增加很快，bc 称为屈服阶段，它表明材料失去了抵抗变形的能力，开始产生塑性变形。经过屈服阶段后，材料又恢复了抵抗变形的能力，这种现象称为材料的强化，强化阶段的最高点 d 所对应的应力是材料能够承受的最大应力，叫做强度极限，用 σ_b 表示（Q235 的强度极限 σ_b = 375～460MPa）。

de 为断裂阶段。经过 d 点以后，试件中部出现缩颈现象，使应变集中在缩颈处，试件的应力越来越小，很快就断裂，反映到曲线图上，就是曲线到 e 点突然终止。

（2）塑性

金属材料的塑性是指在外力作用下，产生变形而不被破坏，并在外力去除后仍能保持变形后的形状的能力。金属材料的塑性是以试件在拉伸试验中的延伸率和断面收缩率两项指标作标志的，数值大表示塑性好，Q235 钢的延伸率 δ_5 约为 26%，表明其塑性较好。

（3）硬度

金属材料的硬度是指抵抗比它硬的物体压入其表面的能力，或者说是金属表面抵抗变形的能力。常用的硬度测量方法很多，应用最多的是布氏硬度，此外还有洛氏硬度、维氏硬度及肖氏硬度，它们的应用对象有所不同，其测验方法均是由专业人员进行的。近年来，也有多种适于在施工现场进行硬度测试的专用仪表面市，为现场施工检测的开展提供了物质基础。

（4）韧性

金属材料的韧性是指在冲击力作用下而不被破坏的能力，因此也叫冲击韧性。冲击试验方法有冲击弯曲、冲击拉伸、冲击扭转等，以冲击弯曲应用最为普遍。冲击试验主要应用于评定金属材料的低温变脆倾向，反映材料的冶金质量和零件的热加工质量。

（5）疲劳

疲劳是指在交变载荷（如应力大小、方向的周期性变化）的作用下，金属材料发生断裂的现象。金属材料在经受交变载荷作用下，不致发生断裂的最大应力称为疲劳强度。如果一根钢管横梁在重物的长期作用下，慢慢地弯曲了，这种现象不叫疲劳，因为它承受的不是交变载荷，但人们往往把这种现象称为疲劳，这是理论知识上的误解。

（6）铸造性

铸造性是指金属能否用铸造方法获得合格铸件的能力，这决定于金属液态的流动性、冷却时的收缩率和偏析倾向等方面。

（7）锻压性

锻压性是指金属承受锻压后，可以改变形状而不产生破坏的性能，一般与材料的塑性和塑性变形抗力有关，如低碳钢比高碳钢的锻压性好，铸铁是脆性材料，不能进行锻压加工。

（8）焊接性

焊接性也称可焊性，是指金属材料能否用一定的焊接方法焊成优良接头的性能，可焊性好的金属能获得没有裂纹、气孔等缺陷的焊缝，并且具有较好的机械性能。

（9）可切削性

可切削性是指金属材料容易被刀具切削的性能。可切削性好的金属对刀具的磨损量小，加工表面比较光洁。

（10）冲压性

冲压性是指金属材料在冷态或热态下，受压力加工而产生塑性变化形成需要形状的性能，其成型过程往往要在冲压设备和胎具的协助动作下完成。

以上介绍的十种机械性能中，强度、塑性、硬度、韧性和疲劳属于金属材料的力学性能，它们指的是材料抵抗不同形式外力的能力；铸造性、锻压性、焊接性、可切削性、冲压性属于金属材料的工艺性能，它们指的是材料通过不同的加工方法易于加工成型的性能。

另外，根据建设部职业技能岗位鉴定指导委员会组织编写的《职业技能标准、岗位鉴定规范及职业技能鉴定习题集》的要求，我们还要介绍一些金属材料的蠕变方面的知识。在常温下，金属材料的性能是稳定的，但在高温下，机械性能便会发生变化。当然，钢材和铜、铝等不同的材料对高温的承受能力是不同的。金属材料在高温及小于其屈服强度的固定应力作用下，逐渐产生塑性变形的现象，称为蠕变，也称徐变，是不可恢复的变形。例如在电厂输送高压高温蒸汽的钢管，由于长期在高温条件下工作，即使工作压力小于投入使用前的试验压力，随着时间的推移，也会产生蠕变，最终在薄弱环节形成爆管。不同材料产生蠕变的温度是不同的，蠕变温度与材料的熔点有关，高熔点材料在高温下才会产生蠕变。

材料的蠕变，可以看做是缓慢的屈服，由于蠕变的作用，材料的塑性变形不断增加，弹性变形不断减小，因而内部的应力不断降低。这种由于蠕变逐渐增加及弹性变形逐渐减小而引起的应力降低现象，称为应力松弛或松弛现象。例如，高压高温蒸汽管道的法兰连接螺栓，由于蠕变使装配应力降低，从而造成法兰的泄漏。

（三）常用强度计算

1. 管道本体强度计算

管壁强度计算

压力管道内有均匀分布的压力，在管壁的任何一点，都存在因内压力而产生的三个互相垂直的应力，其受力方向如图 5-11所示；第一个是沿管壁圆周切线方向的应力，称为周向应力（σ_{zx}），有的技术书籍中也称为切向应力或环向应力；第二个是平行于管子轴线的轴向应力（σ_{zh}）；第三个是沿管壁直径方向的径向应力（σ_{jx}）。如果从材料力学角度分析归纳上述三种应力，要使用高等数学的计算方法，但这不是本书的任务。这里还是从技术工人的施工实践出发，用通常的简明方法阐述径向应力和轴向应力。

1）径向应力

管道承受内压力时，就必然产生径向应力，其计算公式为：

$$\sigma = \frac{pD}{2\delta} \qquad (5\text{-}5)$$

式中 　σ——径向应力，MPa；

　　　p——管道内压力，MPa；

　　　D——管道内径，mm；

　　　δ——管壁厚度，mm。

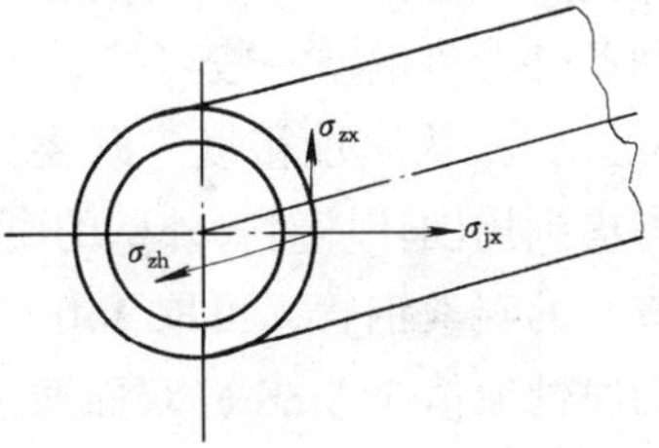

图 5-11　管子承受内压
力时的应力状态

下面介绍的碳钢和合金钢管的计算公式（5-6），就是在式（5-5）的基础上转化而来的。为了节约篇幅，我们不再介绍式（5-6）的转化、完善过程，而是把已经被大部分技术书籍认可的这一计算方法介绍如下：

$$\delta = \frac{pD_w}{2\,[\sigma]_t\phi} + C \tag{5-6}$$

式中　δ——管壁厚度，mm；

　　　p——内压力，MPa；

　　　D_w——管子外径，mm；

　　　$[\sigma]_t$——计算温度下管材的许用应力，N/mm^2 或 MPa；

　　　ϕ——焊缝系数，对无缝钢管取 1.0，有缝钢管取 0.7～0.8；

　　　C——厚度附加值，一般取 1.5～2.5mm。

　　厚度附加值 C，也可按下式确定：

$$C = c_1 + c_2 + c_3 \tag{5-7}$$

　　式（5-7）中，c_1 为管材厚度负偏差，这是因为钢管的实际壁厚不可能绝对等于设计壁厚，总是出现一定的正偏差或负偏差，而对于选择管材壁厚来说，正偏差是有利条件，而负偏差是不利条件，负偏差一般可按设计壁厚的 15% 考虑，但不得小于 0.5mm；c_2 为腐蚀裕度，既要考虑到介质对管内壁的腐蚀，又要考虑到周围环境对管外壁的腐蚀，对于输送低腐蚀性介质（如蒸汽）的碳素钢管，可取 1.0～1.5mm。石油化工类管道规定，单面腐蚀取值 1.5mm，双面腐蚀取值 2～2.5mm；c_3 为管子减薄量，如管子上不车制螺纹时，此值为零，如车制螺纹时，按螺纹深度考虑。在施工现场用管子制作弯管时，由于弯曲半径一般都在 3.5～4 倍管径以上，故 c_3 值也可取为零，而在工厂制作小弯曲半径的管头或弯管时，要考虑到管壁的实际减薄值而选用适当加厚的管材。

　　式（5-6）中计算温度下的许用应力 $[\sigma]_t$，随着温度的升高而降低，在选用许用应力时，必须考虑管道的工作温度。即使在常温下，同一种材料也会因使用场合不同而采用不同的许用应力。常用管材的许用应力见表 5-1。

钢　号	机械性能		下列温度（℃）下的许用应力（N/mm²）					
	抗拉强度 σ_b (N/mm²)	屈服点 σ_s (N/mm²)	≤150	200	250	300	350	400
钢 管 10	333	206	108	98	88	83	74	66
20	392	245	127	118	108	98	90	81
16Mn	510	343	170	165	157	146	137	123
12CrMo	412	245	131	125	119	113	100	100
15CrMo	441	255	138	131	125	119	113	106
15MnV	529	392	170	170	170	166	153	144
12Cr1MoV	470	255	138	125	131	119	113	106
Cr2Mo	392	176	105	103	103	98	95	92
1Cr18Ni9Ti	549	(206)	137	118	127	113	110	108

现举例说明管子壁厚和径向应力的计算。

【例 1】　一条输送过热蒸汽的管道，工作压力为 3.0MPa，工作温度为 350℃，欲选用外径为 ϕ219 的无缝钢管，试求管材的壁厚（管材的材质为 20 号优质碳素钢，许用应力 $[\sigma]$ 为 90MPa，附加厚度规定采用 2mm）。

【解】　本题可按式（5-6）进行计算：

$$\delta = \frac{pD_w}{2[\sigma_t]\phi} + C$$

$$= \frac{3 \times 219}{2 \times 90 \times 1} + 2 = 5.65\text{mm}$$

故可选用 ϕ219×6 无缝钢管

【例 2】　已知某蒸汽管道规格为 ϕ325×8，蒸汽压力为 2.5MPa，试验算管子壁厚是否符合强度要求（许用应力值 $[\sigma]$ 为 100MPa，厚度附加值采用 2.0mm）。

【解】　为了验算实际应力 σ 是否在许用应力 $[\sigma]$ 允许的范围内，根据式（5-6），并以 σ 代替 $[\sigma]$，则：

$$\sigma = \frac{p \times D_w}{2\phi(\delta - C)}$$

将已知数据代入上式

$$\sigma = \frac{2.5 \times 325}{2 \times 1 \times (8-2)} = 67.71\text{MPa}$$

计算结果表明 $\sigma < [\sigma]$，故管壁厚度符合要求。

实际上，中、低压管道使用的无缝钢管，其壁厚往往是不需要计算的。无缝钢管有一个最小采用壁厚，见表 5-2。如果按公式 (5-6) 计算出的壁厚小于最小采用壁厚，则应当选用表 5-2 规定的最小采用壁厚。

无缝钢管的最小采用壁厚（mm）　　　表 5-2

外　径	最小采用壁厚	外　径	最小采用壁厚
14～17	2	140～159	4.5
18～34	2.5	219	6
38～60	3	273	7
76～89	3.5	325	8
108～133	4	377～530	9

当工作温度在 200℃ 以内时，表 5-2 中所列最小采用壁厚适用于：（1）当管子外径 $D_w \leqslant 377mm$ 时，可满足公称压力为 4.0MPa 的强度要求；（2）当管子外径 $D_w \geqslant 426mm$ 时，可满足公称压力为 2.5MPa 的强度要求。也就是说，在上述条件下，可以直接选用最小采用壁厚。

2）轴向应力

由于内压力作用下产生的轴向应力较小（只有径向应力的 1/2），因此，不再讨论这方面的问题，而是转向因为管道运行和安装的温度不同而产生的轴向应力。

在常温下安装的管道投入运行后，如果介质温度高于安装时的温度，管道就会产生热膨胀。根据虎克定律，当杆件横截面上的正应力未超过某一极限值时，应力与应变成正比，它的数学表达式是：

$$\sigma = E \cdot \varepsilon \tag{5-8}$$

式中，应力 σ 的极限值称为比例极限，这在前面已经介绍过了。E 称为材料的弹性模量，它表示材料抵抗变形的能力，E 值越大，抵抗变形的能力也就越强，材料不同，E 值就不同。

即使同一种材料，在不同的温度下，其 E 值也不同。E 值是通过试验测定出来的。ε 是纵向应变的比值或称相对压缩量，即 $\varepsilon = \Delta L / L$，$L$ 为杆件（或管道）的原有长度，ΔL 为膨胀伸长量。因此，式（5-8）可改写为：

$$\sigma = E \cdot \frac{\Delta L}{L} \qquad\qquad (5\text{-}9)$$

而管道受热后的膨胀量是按下式计算的：

$$\Delta L = \alpha \cdot \Delta t \cdot L \qquad\qquad (5\text{-}10)$$

式中　ΔL——管道热膨胀长度，mm；

　　　α——管材的线膨胀系数，取 0.012mm／（m·℃）；

　　　Δt——管道工作温度与安装温度之差，℃；

　　　L——管段长度，m。

将式（5-10）代入式（5-9）则为：

$$\sigma = E \cdot \alpha \cdot \Delta t \qquad\qquad (5\text{-}11)$$

式中　σ——管道伸缩受到限制时产生的应力，MPa；

　　　E——管材的弹性模量，见表 5-3；

　　　α、Δt 同式（5-10）。

式（5-11）就是因为管道的运行温度和安装温度不同，使管道热胀或冷缩时而产生的轴向应力。有的技术书籍中用 σ_x^2 表示上述轴向应力，而用 σ_x^1 表示由于内压力的存在而产生的轴向应力。

管材的弹性模量　　　　　　　表 5-3

管材种类	弹性模量 E（MPa）	管材种类	弹性模量 E（MPa）
钢管	$(2\sim2.2)\times10^5$	钢筋混凝土管	2.1×10^4
铜管	$(0.91\sim1.3)\times10^5$	石棉水泥管	3.3×10^4
铝管	0.71×10^5	硬聚氯乙烯管	$(3.2\sim4)\times10^3$
铸铁管	$(1.15\sim1.6)\times10^5$	玻璃管	0.56×10^5

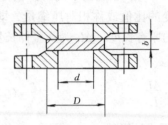

图 5-12　夹在法兰中的盲板

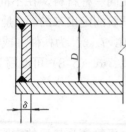

图 5-13　平堵头

2. 管道平板式封头的强度计算

管道施工中常用的封头主要是平板式封头，有以下三种：

（1）夹在法兰中的盲板，见图 5-12；（2）平堵头，见图 5-13；（3）圆形平端盖见图 5-14。由于受到管道或容器内部介质的压力，在上述三种封头上会产生很大的应力。

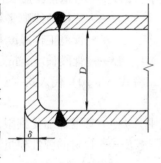

图 5-14　圆形平端盖

但是，上述三种平板式封头的力学性能不如压力容器上常用的半球形封头、椭圆形封头及碟形封头好，也就是说，在相同直径和相同压力条件下，以半球形封头的壁厚为最小，椭圆形封头、碟形封头次之，平板式封头最厚。但由于平板式封头制作简单，在现场能就地取材，因而在管道施工中应用较多。当管径较大或内压力较高时，可用式（5-12）计算平板式封头的厚度。

$$\delta = KD\sqrt{\frac{p}{[\sigma]}} \tag{5-12}$$

式中　δ——平板式封头的厚度，mm；

K——条件系数，图 5-12 取 0.4，图 5-13 取 0.6，图 5-14 取 0.4；

D——图 5-12 取盲板直径，图 5-13、图 5-14 取管道内

86

径，mm；

p——内压力，MPa；

$[\sigma]$——许用应力，200℃以内取 100N/mm²。

3. 关于管道悬臂支架和三角形支架

管道支架中，以悬臂式支架和三角形支架应用最多，见图5-15 及图 5-16。就支架使用的型钢来说，以角钢和槽钢居多。如果要根据支架承受的载荷选用型钢规格，或者已知型钢规格，通过计算复核支架的应力，计算难度是比较大的，不但要查找各种型钢的惯性矩、抗弯断面系数、型钢截面积等有关技术参数，还必须掌握一套涉及理论力学和材料力学的计算方法，因此，这方面的内容不适合现场工作的安装技术工人，甚至对施工技术人员来说，也有相当难度。管道支架一般采用标准图或设计院的重复使用图，即使是设计人员也很少进行一般管道支架的计算，因此，这里不再介绍这方面的内容。

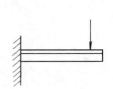

图 5-15　悬臂支架

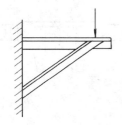

图 5-16　三角形支架

4. 法兰紧固强度

法兰的型式有若干种，它的各部尺寸都是按国家标准或行业标准确定的，工作中只要按法兰的既定型式和公称压力等级选购或自行加工就可以了。

法兰连接的严密性，主要取决于法兰螺栓拧紧后的受力状态。在管道通入介质以前，将法兰的连接螺栓拧紧称为预紧状态。预紧时产生的紧固力与垫片的有效密封面积的比值，称为垫片密封比压。也就是说，法兰螺栓的紧固力越大，密封比压也越大。当垫片密封比压为定值时（即垫片材质和形状一定），欲减少螺栓载荷，必须减小垫片的有效面积。在同样的螺栓紧固力作用下，垫片的有效面积越小，其密封比压就越大。密封比压与介质压力无关，只和垫片的材质和形状有关。不同材质的垫片密封比压数值是由试验决定的，如橡胶石棉垫片的厚度为 3mm 时，

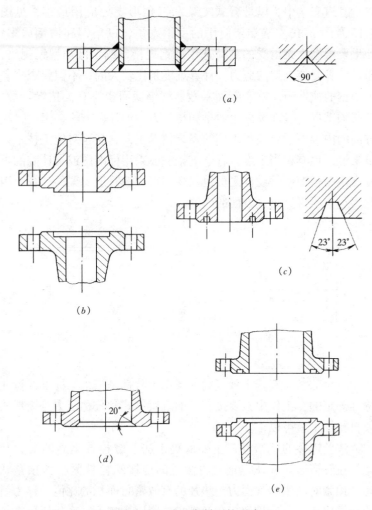

图 5-17　法兰密封面的型式

（a）光滑式；（b）凹凸式；（c）梯形槽式；（d）透镜式；（e）榫槽式

其密封比压值为 11MPa，软钢平垫片的密封比压值为 110～126MPa。垫片的密封比压大，密封性好，但过高的密封比压也是不可取的，会造成垫片弹性的丧失或垫片的损坏。

当管道通入压力介质以后，法兰承受着温度应力和内压力，此时称为法兰的工作状态。在工作状态下，由于介质内压力的作用，会产生力图使两片法兰分开的轴向力和对垫片的侧向推力，如果垫片的回弹力不足或法兰连接螺栓紧固力不一致，就会发生泄漏。因此，法兰密封面要对垫片具有一定的表面约束，使垫片不致发生移动。表面约束越好，接口严密性就越高。总之，法兰连接的严密性主要取决于法兰螺栓的紧固力大小和各个螺栓紧固力的均匀性、垫片的性能和法兰密封面的型式。

法兰密封面的型式有：光滑式、凹凸式、榫槽式、透镜式和梯形槽式，见图 5-17，其中以光滑式和凹凸式应用最多。至于与法兰密封强度有关的理论计算，就没有必要介绍了，因为这会占用较多的篇幅，而又没有多大实际应用价值。

六、材料基本知识

（一）金属材料知识

1.金属材料的一般知识

在设备安装过程中，要使用大量的金属材料，而且种类较多，正确地选择、保管、使用金属材料，对保证工程质量，降低工程造价具有重要意义，施工人员了解、掌握金属材料的性能、分类、用途和供应状态是十分必要的。

由于在前面有关材料力学的内容中已对金属材料的机械性能做了介绍（机械性能还可以细分为力学性能和工艺性能），这里不再重复了，仅介绍金属材料的物理化学性能。

（1）金属的密度

金属的密度即单位体积金属的质量（俗称重量）。常用金属的密度为：铝为 $2.7g/cm^3$、镁为 $1.74g/cm^3$、钛为 $4.51g/cm^3$、碳钢为 $7.85g/cm^3$、铜为 $8.9g/cm^3$、铸铁为 $7.4g/cm^3$。金属密度小于 $5g/cm^3$ 称为轻金属，密度大于 $5g/cm^3$ 称为重金属。当体积相同时，金属的密度越大，其质量（重量）也就越大。

（2）熔点

金属从固体状态向液体状态转变的熔化温度称为熔点。各种金属的熔点是不相同的。

（3）导电性

金属具有传导电流的能力称为导电性。导电性优劣用电阻系数表示，数值小的导电性能好。导电性最好的金属是银，其次是铜和铝及它们的合金。

（4）导热性

金属具有传导热的能力称为导热性。金属大多数是热的良导体。一般情况下金属导热性越好，其导电性也越好。银的导热性最好，铜、铝次之。若把银的导热性定为1，则铜为0.9，铝为0.5，铁则为0.15。

（5）热膨胀性

金属在温度升高时产生体积膨胀的现象称为热膨胀性。反之，当温度下降时，金属的体积会收缩。绝大多数金属都具有这种热胀冷缩的性质，但也有个别金属异常，如锑和镓，有热缩冷胀的特性。

（6）磁性

金属被磁铁磁化或吸引的性能称为磁性，根据磁性的不同，常把金属分为铁磁材料、顺磁材料和逆磁材料三种。铁磁材料在外加磁场中能强烈的被磁化，如铁、钴、钼、镍等；顺磁材料在外加磁场中微弱的被磁化，如锰、铬、钨等；逆磁材料能抗拒和削弱外加磁场对材料的磁化作用，如铜、锌、铅、锡等。

（7）耐腐蚀性

金属材料在常温下抵抗氧、水蒸气等介质腐蚀的能力称为耐腐蚀性。

（8）热安定性

金属在高温下对氧化抵抗的能力称为热安定性。如锅炉、加热器等在高温下工作的零部件，其材料就要有良好的热安定性。

2. 钢材的分类、性能、常用牌号及主要特点

钢是应用最广泛的工程材料。按化学成分，钢可以分为碳钢和合金钢两大类。碳钢是含碳量低于2.16%的铁、碳合金，此外还有少量锰、硅、硫、磷等杂质元素。合金钢则是在碳钢基础上，为了获得某些特定性能，在钢的冶炼过程中有目的地加入某些元素。不锈钢也属于合金钢的范围。

（1）碳钢的分类

钢材的分类方法有以下几种：

1）按化学成分

①低碳钢——含碳量小于 0.25%；

②中碳钢——含碳量在 0.25%～0.55%之间；

③高碳钢——含碳量大于 0.55%。

2）按用途分

①碳素结构钢——含碳量在 0.7%以下的工程结构和机械零件用钢；

②碳素工具钢——含碳量在 0.7%以上，用于制造各种工具、量具和刃具的钢材。

在后面的"碳钢的牌号及性能"部分，介绍了常用钢材的牌号。钢的牌号并没有一定由几部分组成的规定。有的资料中曾以碳素工具钢中的 T8MnA 为例，说碳素工具钢的牌号由四部分组成，其实这只是一个特例，根据《碳素工具钢的牌号、成分》GB 1298—86 的规定，其牌号大部分由两部分或三部分组成。因此，认为碳素工具钢的牌号一定由四部分组成是一个误解，如果广义地认为钢的牌号由几部分组成也是不适当的。

3）按质量分

①普通碳素钢——硫含量不大于 0.055%，磷含量不大于 0.045%，是应用最广泛的钢材品种；

②优质碳素钢——硫、磷含量比普通碳素钢低，硫不大于 0.045%，磷不大于 0.04%；

③高级优质碳素钢——硫、磷含量很低，硫不大于 0.03%，磷不大于 0.035%。

4）按冶炼方法分

①沸腾钢——在熔炼末期不完全脱氧，钢液中含有相当数量的 FeO，在浇注凝固时，碳和 FeO 发生反应，钢液中不断析出 CO 而沸腾，称为沸腾钢。这种钢成本较低，成材率高，钢锭表层有一定厚度的致密层，轧成钢板质量较好。但由于其内部组织不致密、不均匀，其冲击韧性较差，不能用于制造重要的机械零件。

②镇静钢——钢液在浇注前经过完全脱氧，凝固时不沸腾称为镇静钢，其组织致密，质量较好，但成材率较沸腾钢低。

③半镇静钢——脱氧程度介于沸腾钢和镇静钢之间的钢。

（2）碳钢的牌号及性能

管道工程中大量使用的焊接钢管和管道型钢支架、法兰，从化学成分方面讲属于低碳钢，从质量方面讲属于普通碳素钢，因此可以统称为碳素结构钢。普通无缝钢管采用优质碳素结构钢。

低碳钢具有较好的强度、塑性、韧性。低碳钢的可焊性在钢材和金属材料中是最好的，中碳钢次之，高碳钢最差。下面介绍一下管道施工中接触较多的钢种。

1）碳素结构钢

碳素结构钢的牌号由四部分组成：代表屈服点的字母 Q、屈服点的数值（单位为 MPa）、质量等级符号（A、B、C、D）及脱氧方法符号（F、b、Z、TZ，分别表示沸腾钢、半镇静钢、镇静钢和特殊镇静钢），在实际工作中，并不一定要全部标注以上四个部分，第三和第四部分有时会省略。

碳素结构钢中以 Q235 最为常用，相当于旧牌号 A3 钢。Q235A 表示只能保证钢材的机械性能，化学成分除硅、硫、磷外，其他成分不予保证。如钢号为 Q235B（或 C、D）则机械性能和各自不同的化学成分都要保证。Q235 的 A、B、C、D 质量等级，其屈服强度和伸长率的要求基本相同。

碳素结构钢的化学成分和主要力学性能分别见表 6-1 和表 6-2。

2）优质碳素结构钢

优质碳素结构钢中，硫、磷含量均限制在 0.035％以下，非金属夹杂物也较少，其牌号用两位数字表示，该两位数表示钢中平均含碳量的万分数，如 45 号优质碳素钢，表示其平均含碳量为 0.45％。无缝钢管的常用牌号为 10、20 号优质碳素钢，其平均含碳量分别为 0.10％和 0.20％。

碳素结构钢牌号和化学成分表 表 6-1

牌号	等级	化学成分（%）				
		C	Mn	Si	S	P
					不大于	
Q195	—	0.06~0.12	0.25~0.50	0.30	0.050	0.045
Q215	A	0.09~0.15	0.25~0.55	0.30	0.050	0.045
	B				0.045	
Q235	A	0.14~0.22	0.30~0.65	0.30	0.050	0.045
	B	0.12~0.20	0.30~0.70		0.045	
	C	≤0.18	0.35~0.80		0.040	0.040
	D	≤0.17			0.035	0.035
Q255	A	0.18~0.28	0.40~0.70	0.30	0.050	0.045
	B				0.045	
Q275	—	0.28~0.38	0.50~0.80	0.35	0.050	0.045

钢材拉伸和冲击试验表 表 6-2

牌号	等级	拉伸试验									冲击试验	
		屈服点 σ_s(N/mm²)				抗拉强度 σ_b (N/mm²)	伸长率 δ_5(%)				温度（℃）	V 形冲击功（纵向）（J）
		钢材厚度（直径）(mm)					钢材厚度（直径）(mm)					
		≤16	>16~40	>40~60	>60~100		≤16	>16~40	>40~60	>60~100		
		不小于					不小于					不小于
Q195	—	(195)	(185)	—	—	315~390	33	32	—	—	—	—
Q215	A	215	205	195	185	335~410	31	30	29	28	—	—
	B										20	27
Q235	A	235	225	215	205	375~460	26	25	24	23	—	—
	B										20	27
	C										0	
	D										-20	
Q255	A	255	245	235	225	410~510	24	23	22	21	—	—
	B										20	27
Q275	—	275	265	255	245	490~610	20	19	18	17	—	—

优质碳素结构钢按含锰量不同分为普通含锰量（0.25%~

0.8%）及较高含锰量（0.7%～1.2%）两组。含锰较高的一组，在其牌号数字后加 Mn 表示，如 50Mn，50 表示其含碳量约为 0.50%，经查阅有关技术参数可以知道，其含锰量在 0.7%～1.0% 之间。

常用牌号的优质碳素结构钢的化学成分和力学性能分别见表 6-3、表 6-4。

优质碳素结构钢牌号及化学成分表　　　　表 6-3

牌号	化学成分（%）				
	C	Si	Mn	P	S
				不大于	
08F	0.05～0.11	≤0.03	0.25～0.50	0.035	0.035
10F	0.07～0.14	≤0.07	0.25～0.50	0.035	0.035
15F	0.12～0.19	≤0.07	0.25～0.50	0.035	0.035
08	0.05～0.12	0.17～0.37	0.35～0.65	0.035	0.035
10	0.07～0.14	0.17～0.37	0.35～0.65	0.035	0.035
15	0.12～0.19	0.17～0.37	0.35～0.65	0.035	0.035
20	0.17～0.24	0.17～0.37	0.35～0.65	0.035	0.035
15Mn	0.12～0.19	0.17～0.37	0.70～1.00	0.035	0.035
20Mn	0.17～0.24	0.17～0.37	0.70～1.00	0.035	0.035
25Mn	0.22～0.30	0.17～0.37	0.70～1.00	0.035	0.035

优质碳素结构钢力学性能表　　　　表 6-4

牌号	试样毛坯尺寸（mm）	力学性能					钢材交货状态硬度（HB）	
		σ_b (N/mm^2)	σ_s (N/mm^2)	δ_5 (%)	ψ (%)	A_K (J)	不大于	
		不小于					未热处理	退火钢
08F	25	295	175	35	60		131	
10F	25	315	185	33	55		137	
15F	25	355	205	29	55		143	
08	25	325	195	33	60		131	
10	25	335	205	31	55		137	
15	25	375	225	27	55		143	
20	25	410	245	25	55		156	
15Mn	25	410	245	26	55		163	
20Mn	25	450	275	24	50		197	
25Mn	25	490	295	22	50	71	207	

3）铸钢

铸钢通常用于制造形状复杂，难以锻造，而且对强度要求较高的零件，如中高压阀门的阀体。铸钢牌号用其汉语拼音字头和含碳量的万分数表示，如 ZG20，表示 20 号铸钢，其平均含碳量约为 0.50%。铸钢的铸造性能比铸铁和其他有色金属合金的铸造性能要差。

（3）合金钢

合金钢就是在碳素钢的基础上，在冶炼时有目的地加入一些元素，如硅（Si）、锰（Mn）、铬（Cr）、镍（Ni）、钼（Mo）、钛（Ti）等等，从而改善钢的某些性能或获得某些工程需要的特殊性能。不锈钢、合金钢、耐热钢等属于特殊性能钢。管道工程中应用较多的合金钢管材是低合金钢和不锈钢。通常所说的合金钢管道，一般是指低合金钢管。

1）低合金钢

低合金钢的含碳量较低，一般在 0.1%～0.2% 之间，通常以锰为主要合金元素，含量约为 0.8%～1.8%，还加入一些少量的合金元素。低合金钢牌号以数字和主要合金元素的符号表示，如 16Mn、16MnR。16MnR 是用于压力容器的专用钢。

2）不锈钢

能抗大气腐蚀的钢称为不锈钢，不锈钢属于合金钢中特殊性能钢的范围，所谓特殊性能钢，是指有特殊的物理化学性能，如耐热、耐腐蚀、耐磨、超强度等。

管道工程中常用的是铬镍不锈钢和铬不锈钢。铬镍不锈钢含碳量较低，含铬约为 18%，含镍大于 8%，俗称 18-8 型不锈钢。这种不锈钢在常温下无磁性，经过 1100～1200℃ 高温淬火后，塑性很好，适于进行冷加工，但其切削加工性能不好。18-8 型不锈钢具有较好的耐热性，能在高温下保持较高的强度。它最大的缺点是加热到 1100℃ 之后缓慢冷却过程中，或者在 450～850℃ 长时间加热时，奥氏体晶体内多余的碳被析出，并以碳化铬的形式存在于奥氏体晶界的边沿。碳化铬中含铬甚高，而铬来自晶体表层，故在靠近晶界的晶粒表面形成贫铬，使其耐腐蚀性能和机械性能明显降低。

含有稳定元素钛、铌的18-8不锈钢，经过稳定化处理，可以避免形成碳化铬，从而也就避免了晶间腐蚀，但非稳定型18-8不锈钢不适用这种处理方法。

关于18-8不锈钢的最低和最高工作温度，有的资料中认为是－196～700℃，多数技术资料中没有涉及，这主要是因为这类极端的数值要受多方面条件的制约，不能一概而论。显而易见的是其最高工作温度必须低于可能产生晶间腐蚀的温度，在较高的工作温度下，管材的许用应力会显著降低。

3）耐热钢

金属材料的耐热性是指在高温下兼有抗氧化与高温强度的综合性能，它包括抗氧化钢和热强钢两类。

抗氧化钢是在钢中加入一定量的铬、硅、铝等元素，它们与氧的亲和力大，故优先氧化，在钢材表面形成一层致密的高熔点氧化膜，使钢材与外界的高温气化气体隔绝，从而避免进一步氧化。常用的抗氧化钢有铁素体钢（如2Cr25N、0Cr13Al）和奥氏体钢（如0Cr25Ni20、1Cr16Ni35等）两种类别，其最高使用温度在1000℃左右。

热强钢是在钢中加入铬、钼、钨、钒、硅等元素，除提高钢材的高温强度外，同时也提高其高温抗氧化性。常用的热强钢有珠光体钢（如12CrMo、15CrMo，抗氧化最高使用温度为580℃）、马氏体钢（如1Cr13、1Cr13Mo、1Cr13MoV等，抗氧化最高使用温度为750～800℃，热强性最高使用温度为480～540℃）、奥氏体钢（如0Cr18Ni11Ti，抗氧化最高使用温度为850℃，热强性最高使用温度为850℃）。

3. 铸铁的分类、常用牌号及性能

铸铁是含碳量为2.5%～4%的铁碳合金。管道工程中常用的铸铁有灰铸铁、球墨铸铁和可锻铸铁。

（1）灰铸铁

在灰铸铁中，碳元素以粒状石墨形式存在于铁元素中，其断口为暗灰色，故也叫灰口铸铁。灰铸铁用于生产给水排水铸铁管及管件，低压阀门的阀体，水泵泵体等。

灰铸铁的牌号用"灰铁"的汉语汉拼音字头表示，后面的3位数值表示其最小抗拉强度（MPa），如 HT100、HT150、HT200 等，铸铁管材和铸铁阀体通常采用 HT150。

（2）球墨铸铁

在管道工程中，球墨铸铁可用于给水铸铁管和阀门阀体的制造。球墨铸铁是比灰铸铁高级的材料。球墨铸铁的制造是在灰铸铁水中加入适量的球化剂和孕育剂，获得具有球状石墨的铸铁，而且可以用合金化和热处理改变其成分和组织，使基体组织的力学性能得以充分发挥。球墨铸铁的抗拉强度不仅高于灰铸铁和可锻铸铁，甚至还高于碳素钢，特别是屈服强度比钢要高，而且易于铸造和切削加工，耐磨性好，可以用来制造重要的机械零件。

我国有关标准规定，用 QT 表示球墨铸铁，如 QT400-15，表示其抗拉强度为 400MPa，伸长率为 15％。

（3）可锻铸铁

可锻铸铁又称马铁或玛钢，它是由白口铸铁通过可锻化退火，而获得具有团絮状石墨的铸铁，削弱了石墨对基体的割裂作用而具备较高的力学性能，尤其是韧性与塑性明显提高，但切不可望文生义，可锻铸铁是不能锻造的。按内部组织的不同，可分为黑心可锻铸铁、珠光体可锻铸铁和白心可锻铸铁。焊接钢管的螺纹连接管件即为黑心可锻铸铁，扳手、锤头为珠光体可锻铸铁。

常用的可锻铸铁牌号有 KTH300-06、KTH350-10、KTZ450-06、KTZ550-04。"KT"表示可锻铸铁，"H"表示黑心可锻铸铁，"Z"表示珠光体可锻铸铁，后面的两组数字分别表示抗拉强度（MPa）和伸长率（％）。

4. 常用有色金属的种类和牌号

建筑安装工程中常用的有色金属有：铜及铜合金、铝及铝合金、铅、钛钢等，这里着重应用较多的铜及铜合金、铝及铝合金。

（1）铜及铜合金

1）纯铜

纯铜本是玫瑰红色金属，表面形成氧化铜薄膜之后，外观则呈紫色，故又称紫铜。常用的纯铜有 1 号铜 T1、2 号铜 T2、3 号铜 T3。T1 和 T2 的纯度很高，常用作导电、导热和耐腐蚀的元器件。T3 含氧和杂质稍多，同时也具有良好的导电、导热和耐腐蚀性能，主要用作结构材料使用，如管道、水嘴等。

铜的密度为 $8.94g/cm^3$，熔点为 1084℃。铜的耐氧化性能较差，在大气环境中，常温下即会缓慢氧化，在潮湿空气中，会生成一层"铜绿"。铜的耐腐蚀性较好，低温性能好，与水、大气作用会生成难溶于水的复盐膜，能防止铜继续氧化，它在水中和非氧化性酸中是稳定的，对醋酸、草酸、硼酸、氢氧化钠、氢氧化钾、硫酸钠、硝酸钠、氯化氢等介质具有较高的耐腐蚀能力，但在氧化性酸中，其性能则是不稳定的。

纯铜的可焊性较好。铜管的焊接有气焊、钎焊和手工钨极氩弧焊等方法。

2）黄铜

黄铜是以锌为主要添加元素的铜基合金。黄铜中含锌量越高，颜色越淡，随着含锌量的增加，黄铜的颜色会由黄红色变为淡黄色。铜、锌二元合金称为普通黄铜，如果再加入其他元素形成三元合金，则称特殊黄铜。

工业用黄铜的含锌量一般不超过 45%，其强度和硬度随含锌量的增加而提高。塑性在含锌量为 32% 时最高，超过这一含量塑性将下降。黄铜的颜色漂亮，工艺性能好，耐蚀性也好，尤其是在空气、水和稀硫酸中均有较好的抗蚀能力。黄铜的强度、硬度和耐蚀性比紫铜好，但焊接难度比紫铜大。

普通黄铜的牌号用 H 及其后面的数字表示。如 H80，H 表示"黄"（铜），80 表示平均含铜量为 80%，而余量为锌的黄铜。

(2) 铝及铝合金

1) 铝

铝在自然界中分布最为广泛，占地壳总重量的 7.45%，是地壳中含量最多的金属。铝在工业上的应用还不到一百年，在此之前，铝曾经是价格比黄金还贵的一种稀缺金属。

纯铝为银白色，密度为 $2.7g/cm^3$，熔点为 660℃，其导电性和导热性良好，仅次于铜。铝的强度较低，而塑性极好。铝在空气中有良好的耐蚀性，而且纯度越高，耐蚀性越好，因为铝与氧的亲和力很强，在常温下会与氧化合成氧化铝薄膜，从而使铝在空气和水中有很强的耐蚀能力。氧化铝薄膜的熔点高达 2010～2050℃，比铝的熔点高得多，因此铝的焊接有一定难度，但作为一种常用的金属材料，可以说铝具有良好的焊接性能。

工业铝材分为铝材、铝锭和铝线锭三种。铝材按所含杂质的不同分为七个等级，即 L1～L7，L1 纯度最高，含铝 99.7%，L2～L7 纯度逐渐降低，L7 含铝为 98%。

2) 铝合金

为了提高纯铝的强度，在铝中加入一定量的硅（Si）、铜（Cu）、镁（Mg）、锰（Mn）等元素，即可制成强度较高的铝合金，再经过冷加工或热处理，可以使铝合金的强度进一步提高，甚至可以达到低合金钢的强度。

根据铝合金的成分及生产工艺特点，可将铝合金分为变形铝合金和铸造铝合金两种。

变形铝合金牌号很多，大体上分为五类：硬铝合金、超硬铝合金、锻铝合金、防锈铝合金和特殊铝合金。它们的牌号用汉语拼音字母和顺序号组成，LY 表示硬铝合金、LC 表示超硬铝合金、LD 表示锻铝合金、LF 表示防锈铝合金，在上述拼音字母后面用一位或二位数字表示该铝合金的顺序号，根据这样的牌号表示方法，可以在有关产品标准资料中查到需要的技术参数。

铸造铝合金多用于制造形状复杂的零件。铸造用铝合金也叫生铝或生铝合金，按其成分分为四组：铝硅合金、铝铜合金、铝镁合金和铝锌合金。铸铝合金的代号用汉语拼音字母"ZL"和三位数字组成，如 ZL104、ZL201，最前面的一位数字（1～4）分别代表合金的组别：1—铝硅合金；2—铝铜合金；3—铝镁合金；4—铝锌合金。后面的两位数字是合金的顺序号。

5. 钢的热处理知识

钢的热处理是指将钢在固态下进行不同的加热、保温和冷却，以改变其组织，从而获得所需性能的一种工艺。

常用钢的热处理方法可分类如下：

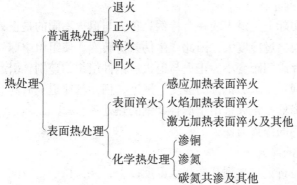

热处理的方法虽然很多，但任何一种热处理工艺都是由加热、保温、冷却三个阶段组成（见图 6-1），只是加热温度的高低，保温时的长短和冷却速度不同。

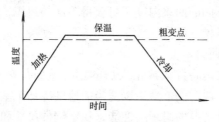

图 6-1　热处理工艺曲线

（1）钢的退火与正火

1）钢的退火

根据钢的成分和退火目的不同，退火工艺有多种。根据实际工程施工的需要，现在着重介绍完全退火和去应力退火。

完全退火主要用于亚共析碳钢和合金钢的铸件、锻件、热轧型材和焊接结构件，其目的是细化晶粒，消除内应力和组织上的缺陷，降低硬度，为随后的切削加工和淬火、回火做好准备。

去应力退火又称低温退火，它主要用于消除铸件、锻件、焊接件、冷冲压件以及机械加工零件的残余应力，如果残余应力不消除，零件在加工中或长期使用过程中会引起变形，甚至产生裂纹。

2）钢的正火

正火实际上是退火的一个特例。正火与退火不同的是正火的冷却速度快，过冷度大，因此产生伪共析转变，使组织中珠光体量增多，片层间距变小。正火与退火后钢件组织的差别，引起性能上的不同：正火后钢件的强度、硬度、韧性都比退火后高，且塑性并不降低。正火常用于低合金钢的热处理。

（2）钢的淬火与回火

1）钢的淬火

淬火是将钢加热到其变相点温度以上，并保持一定时间，使其组织发生变化，然后快速冷却，从而使其组织发生转变的热处理工艺。经过淬火处理，能提高钢的硬度和耐磨性。由于钢件的工作条件不同，要求的性能差别很大，因此，淬火后应进行适当的回火，在不同的回火温度下可获得不同的组织，从而使钢件具备所要求的机械性能。

2）钢的回火

钢的回火是将淬火或正火后的钢件重新加热到某一选定温度，并保持一段时间，然后以适当的速度冷却至室温。回火的目的是获得钢件需要的组织与性能，稳定钢件尺寸和形态，消除钢件的内应力。回火分低温回火（150～200℃）、中温回火（350～450℃）和高温回火（500～650℃），各有其不同的目的和适用范围，尤其是高温回火使钢件具有一定的强度和硬度，又有较好的塑性和韧性。

淬火和高温回火合在一起也称为调质处理，主要用于重要的结构零件，特别是在交变载荷下工作的机械零件，如连杆、轴类等。

6．钢板和型钢

（1）钢板

普通钢板有冷轧钢板和热轧钢板之分，其厚度系列见表6-5

钢板厚度系列 表6-5

品　种	厚度规格（mm）											
冷轧钢板 （GB 708—88）	0.20	0.25	0.30	0.35	0.40	0.45	0.55	0.60	0.65	0.70	0.75	0.80
	0.90	1.00	1.1	1.2	1.3	1.4	1.5	1.6	1.7	1.8	2.0	2.2
	2.5	2.8	3.0	3.2	3.5	3.8	3.9	4.0	4.2	4.5	4.8	5.0
热轧钢板 （GB 709—88）	0.50	0.55	0.60	0.65	0.70	0.75	0.80	0.90	1.0	1.2	1.3	1.4
	1.5	1.6	1.8	2.0	2.2	2.5	2.8	3.0	3.2	3.5	3.8	3.9
	4.0	4.5	5.0	6.0	7.0	8.0	9.0	10.0	11	12	13	14
	15	16	17	18	19	20	21	22	25	26	28	30
	32	34	36	38	40	42	45	48	50			

注：钢板的理论重量可按每1mm厚重量为$7.85kg/m^2$计算。

（2）圆钢、方钢

圆钢、方钢规格 表6-6

直径d或边长a（mm）	圆钢		方钢		直径d或边长a（mm）	圆钢		方钢	
	截面积（cm^2）	理论重量（kg/m）	截面积（cm^2）	理论重量（kg/m）		截面积（cm^2）	理论重量（kg/m）	截面积（cm^2）	理论重量（kg/m）
6	0.2827	0.222	0.36	0.283	19	2.84	2.23	3.61	2.83
7	0.3848	0.302	0.49	0.385	20	3.142	2.47	4.00	3.14
8	0.5026	0.395	0.64	0.502	21	3.46	2.72	4.41	3.46
9	0.6362	0.499	0.81	0.636	22	3.801	2.98	4.84	3.80
10	0.7854	0.617	1.0	0.785	24	4.524	3.55	5.76	4.52
12	1.133	0.888	1.44	1.13	25	4.909	3.85	6.25	4.91
13	1.3273	1.04	1.69	1.33	26	5.309	4.17	6.76	5.31
14	1.539	1.21	1.96	1.54	28	6.158	4.83	7.84	6.15
15	1.767	1.39	2.25	1.77	30	7.069	5.55	9.00	7.06
16	2.011	1.58	2.56	2.01	32	8.042	6.31	10.24	8.04
17	2.27	1.78	2.89	2.27	34	9.079	7.13	11.56	9.07
18	2.545	2.00	3.24	2.54	36	10.18	7.99	12.96	10.2

（3）扁钢

扁钢规格以其宽度乘以厚度表示，如−25×4。常用扁钢规格见表6-7。

扁 钢 规 格 表6-7

宽度 (mm)	厚度（mm）									
	4	5	6	7	8	9	10	11	12	14
	理论重量（kg/m）									
20	0.63	0.78	0.94							
22	0.69	0.86	1.04							
25	0.78	0.98	1.18							
28	0.88	1.10	1.32	1.54	1.76					
30	0.94	1.18	1.41	1.65	1.88					
32	1.00	1.26	1.51	1.76	2.01					
35	1.10	1.37	1.65	1.92	2.20					
40	1.26	1.57	1.88	2.20	2.51					
45	1.41	1.77	2.12	2.47	2.83					
50	1.57	1.96	2.36	2.75	3.14	3.53	3.93			
55	1.73	2.16	2.59	3.02	3.45	3.89	4.32			
60	1.88	2.36	2.83	3.30	3.77	4.24	4.71			
65			3.06	3.57	4.08	4.59	5.10			
70			3.30	3.85	4.40	4.95	5.50	6.04	6.59	7.69
75			3.53	4.12	4.71	5.30	5.89	6.48	7.07	8.24
80			3.77	4.40	5.02	5.65	6.28	6.91	7.54	8.79

（4）工字钢

工字钢有普通工字钢和轻型工字钢之分。工字钢以型号表示其大小，型号乘以10即为其高度 h（毫米），见图6-2及表6-8、表6-9。

工 字 钢 规 格 表6-8

型号	尺 寸			截面面积 (cm²)	理论重量 (kg/m)
	h	b	d		
	(mm)				
10	100	68	4.5	14.3	11.2
12.6	126	74	5	18.1	14.2
14	140	80	5.5	21.5	16.9
16	160	88	6	26.1	20.5
18	180	94	6.5	30.6	24.1
20a	200	100	7	35.5	27.9
20b	200	102	9	39.5	31.1
22a	220	110	7.5	42	33
22b	220	112	9.5	46.4	36.1
25a	250	116	8	48.5	38.1
25b	250	118	10	53.5	42

轻型工字钢规格   表 6-9

型号	尺 寸			截面面积	理论重量
	h	b	d	(cm^2)	(kg/m)
	(mm)				
10Q	100	55	4.2	11.4	8.95
12Q	120	65	4.4	14.2	11.15
14Q	140	75	4.6	17.2	13.50
16Q	160	80	4.8	19.6	15.39
18Q	180	85	5.0	22.2	17.43
20Q	200	90	5.2	25.8	20.25
22Q	220	100	5.5	30.4	23.86
25Q	250	110	6.0	36.8	28.89

（5）槽钢

槽钢有普通槽钢和轻型槽钢之分。槽钢以型号表示其大小，型号乘以 10 即表示其高度 h(毫米)，见图 6-3 及表 6-10、表 6-11。

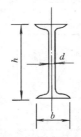   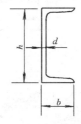

图 6-2　工字钢简图　　　　　　图 6-3　槽钢简图

槽 钢 规 格   表 6-10

型号	尺 寸			截面面积	理论重量
	h	b	d	(cm^2)	(kg/m)
	(mm)				
5	50	37	4.5	6.93	5.44
6.3	63	40	4.8	8.45	6.63
8	80	43	5	10.25	8.05
10	100	48	5.3	12.75	10.01
12.6	126	53	5.5	15.69	12.32
14a	140	58	6	18.52	14.54
14b	140	60	8	21.32	16.73
16a	160	63	6.5	21.96	17.24
16	160	65	8.5	25.16	19.75
18a	180	68	7	25.70	20.17
18	180	70	9	29.30	23.00
20a	200	73	7	28.84	22.64
20	200	75	9	32.84	25.78

轻型槽钢规格　　　　　　表 6-11

| 型号 | 尺　寸 | | | 截面面积 | 理论重量 |
| | h | b | d | (cm^2) | (kg/m) |
	(mm)				
10Q	100	45	4.0	9.63	7.56
12Q	120	55	4.2	12.52	9.83
14Q	140	60	4.4	14.68	11.52
16Q	160	65	4.6	16.97	13.32
18Q	180	70	4.8	19.54	15.34
20Q	200	75	5.0	22.86	17.94
22Q	220	80	5.4	26.64	20.91

（6）等边角钢

等边角钢的常用规格见表 6-12。

等边角钢常用规格　　　　　　表 6-12

| 型号 | 尺　寸 | | 截面面积 | 理论重量 |
| | b | d | (cm^2) | (kg/m) |
	(mm)			
2	20	3 4	1.132 1.459	0.889 1.135
2.5	25	3 4	1.432 1.859	1.124 1.459
3.0	30	3 4	1.749 2.276	1.373 1.786
3.6	36	3 4 5	2.109 2.756 3.382	1.656 2.163 2.654
4.0	40	3 4 5	2.359 3.086 3.791	1.852 2.422 2.976
4.5	45	4 5 6	3.486 4.292 5.076	2.736 3.369 3.985
5.0	50	4 5 6	3.897 4.803 5.688	3.059 3.770 4.465

| 型号 | 尺 寸 | | 截面面积
（cm²） | 理论重量
（kg/m） |
| | b | d | | |
	(mm)			
5.6	56	4 5 8	4.390 5.415 8.367	3.446 4.251 6.568
6.3	63	5 6 8	6.143 7.288 9.515	4.822 5.721 7.469
7.0	70	5 6 8	6.875 8.160 10.667	5.397 6.406 8.373
7.5	75	6 7 8	8.797 10.160 11.503	6.905 7.976 9.030
8.0	80	6 7 8	9.397 10.860 12.303	7.376 8.525 9.658

（7）不等边角钢

不等边角钢的常用规格见表6-13。

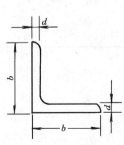

图 6-4　等边角钢简图

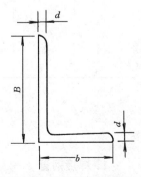

图 6-5　不等边角钢简图

| 型号 | 尺　寸 | | | 截面面积 | 理论重量 |
| | B | b | d | (cm^2) | (kg/m) |
		(mm)			
2.5/1.6	25	16	3	1.162	0.912
			4	1.499	1.176
3.2/2	32	20	3	1.492	1.171
			4	1.939	1.522
4/2.5	40	25	3	1.890	1.484
			4	2.467	1.936
4.5/2.8	45	28	3	2.149	1.687
			4	2.806	2.203
5/3.2	50	32	3	2.431	1.908
			4	3.177	2.494
5.6/3.6	56	36	3	2.713	2.153
			4	3.590	2.818
			5	4.415	3.466
6.3/4	63	40	5	4.993	3.920
			6	5.908	4.638
			7	6.802	5.339
7/4.5	70	45	5	5.609	4.403
			6	6.647	5.218
			7	7.657	6.011
8/5	80	50	6	7.560	5.935
			7	8.724	6.848
			8	9.867	7.745

（二）钢　　管

1. 焊接钢管

焊接钢管的全称是低压流体输送用焊接钢管，如果是镀锌管则称为低压流体输送用镀锌焊接钢管。由于全称太长故通常称为焊接钢管或镀锌焊接钢管，俗称黑铁管和白铁管。这种管材过去称为水煤气管。

焊接钢管用炉焊法或高频焊法焊接而成，管壁纵向有一条焊缝，但从外壁上不容易看出来，如果从内壁看，焊缝是一条凸起的纵向棱线。钢管的材质是普通碳素钢，牌号为 Q235A、Q215A、Q195 或供货方选择的易于焊接的其他软钢。

根据壁厚的不同，焊接钢管分为普通管和加厚管两种。按照过去的规定，普通管的工作压力为 1.0MPa，加厚管的工作压力为 1.6MPa，但是在新的产品标准中，只对管材的试验压力做了规定，即仍与过去一样，普通管为 2.5MPa（旧标准原规定为 2.0MPa），加厚管为 3.0MPa，没有提到工作压力。这就为今后设计人员在不同场合下确定这种管材的工作压力留出了一定的自由空间。焊接钢管的规格见表 6-14（摘自 GB/T 3091～3092—93）。

焊接钢管外径、壁厚及其允许偏差和理论重量表　　表 6-14

公称直径		外　径		普通钢管			加厚钢管		
				壁　厚			壁　厚		
mm	in	公称尺寸 (mm)	允许偏差	公称尺寸 (mm)	允许偏差 (%)	理论重量 (kg/m)	公称尺寸 (mm)	允许偏差 (%)	理论重量 (kg/m)
6	1/8	10.0		2.00		0.39	2.50		0.46
8	1/4	13.5		2.25		0.62	2.75		0.73
10	3/8	17.0		2.25		0.82	2.75		0.97
15	1/2	21.3	±0.50 mm	2.75		1.26	3.25		1.45
20	3/4	26.8		2.75		1.63	3.50		2.01
25	1	33.5		3.25	+12 −15	2.42	4.00	+12 −15	2.91
32	1¼	42.3		3.25		3.13	4.00		3.78
40	1½	48.0		3.50		3.84	4.25		4.58
50	2	60.0		3.50		4.88	4.50		6.16
65	2½	75.5		3.75		6.64	4.50		7.88
80	3	88.5	±1%	4.00		8.34	4.75		9.81
100	4	114.0		4.00		10.85	5.00		13.44
125	5	140.0		4.00		13.42	5.50		18.24
150	6	165.0		4.50		17.81	5.50		21.63

109

按管端形式，分为不带螺纹钢管（光管）和带螺纹钢管。

在施工现场镀锌钢管不能和非镀锌钢管混放。镀锌管必须单独放置，如在室外，不能放在地上，应堆放在垫木上，还应搭棚遮阳避雨。对钢管及管件，要检查有无裂纹、夹渣、折叠、重皮等缺陷及锈蚀程度，对镀锌管还要检查镀锌层有无脱落和泛白现象，对管件和带螺纹的管材还要检查螺纹有无断丝、缺丝及螺纹精度、光洁度是否符合要求。

2. 螺旋缝焊接钢管

螺旋缝钢管采用热轧钢带卷经高温成形后焊接而成。螺旋缝钢管有四种标准，其中标准号 SY5036—83、SY5037—83 直径范围较大（$\phi323.9 \sim \phi1020$），焊缝为埋弧焊；标准号 SY5038—83、SY5039—83 直径范围较小（$\phi168.3 \sim \phi406.4$）焊缝为高频搭焊。

螺旋缝焊接钢管的材质可采用普通碳素钢 Q235、低合金钢 16Mn 等材质。

按以上标准生产的螺旋缝钢管，产品出厂前的静水试验压力按下式计算，但最大不得超过 15MPa。

$$P_s = \frac{2St}{D} \tag{6-1}$$

式中　　P_s——管子材料的试验压力，MPa；

　　　　S——水压试验的试验应力，N/mm^2，可参考 $[\sigma]_{min}$，

　　　　　　$[\sigma]_{min}$ 为规定的母材屈服强度最小值，N/mm^2；

　　　　t——钢管公称壁厚，mm；

　　　　D——钢管外径，mm。

3. 常用无缝钢管

一般常用无缝钢管的材质为 10 或 20 号优质碳素钢。根据需要也可以采用普通低合金钢 16Mn、15MnV 或铬钼合金结构钢（如 12CrMo、15CrMo 等）。

无缝钢管材质均匀，强度高，耐腐蚀性能比焊接钢管好，适用于一般流体及易燃、易爆、有毒介质。根据生产方法的不同，

无缝钢管有热轧和冷拔（轧）两种产品，热轧管的直径范围较大，冷拔（轧）管只适于生产直径较小的管材。

同一个外径的无缝钢管可以有若干种不同的壁厚，因此，它的规格标注方法是外径乘以壁厚，如 $\phi108\times4$、$\phi108\times5$。

交货钢管的力学性能见表 6-15。热轧无缝钢管和冷拔（轧）无缝钢管的常用规格见表 6-16 和表 6-17。

钢管的力学性能 表 6-15

牌　号	抗拉强度 σ_b (N/mm²)	屈服点 σ_s (N/mm²)		伸长率 δ_5 （%）
		$s^①\leqslant15mm$	$s>15mm$	
		不　小　于		
10	335～475	205	195	24
20	390～530	245	235	20
09MnV	430～610	295	285	22
16Mn	490～665	325	315	21

① s 为管壁厚。

热轧无缝钢管常用规格 表 6-16

外径 (mm)	壁厚 (mm)								
	3	3.5	4	4.5	6	7	8	9	10
	理论重量 （kg/m）								
38	**2.59**	2.98	—	—	—	—	—	—	—
45	**3.11**	3.58	—	—	—	—	—	—	—
51	**3.77**	4.36	—	—	—	—	—	—	—
57	**3.99**	4.62	—	—	—	—	—	—	—
73	—	**6.00**	6.81	7.60	—	—	—	—	—
76	—	**6.26**	7.10	7.93	—	—	—	—	—
89	—	**7.38**	8.38	9.33	—	—	—	—	—
108	—	—	**10.26**	10.26	—	—	—	—	—
133	—	—	**12.72**	14.26	—	—	—	—	—
159	—	—	—	**17.14**	22.64	—	—	—	—
219	—	—	—	—	**31.52**	36.6	41.63	—	—
273	—	—	—	—	—	**45.92**	52.28	58.59	—
325	—	—	—	—	—	**62.54**	70.13	77.68	—
377	—	—	—	—	—	—	**81.67**	90.51	—
426	—	—	—	—	—	—	**92.55**	102.59	—
530	—	—	—	—	—	—	**115.63**	128.23	—

注：黑体对应栏为中、低压管道常用规格及最小壁厚。

表 6-17

冷拔（冷轧）无缝钢管规格

外径 (mm)	壁　厚（mm）						
	1	1.5	2.0	2.5	3.0	3.5	4.0
	理论重量（kg/m）						
10	0.222	0.314	0.395				
12	0.271	0.388	0.493				
14	0.321	0.462	0.592				
16	0.370	0.536	0.691				
18	0.419	0.610	0.789				
20	0.469	0.684	0.888				
22	0.518	0.758	0.986				
25		0.869	1.13	1.39	1.63		
28		0.98	1.28	1.57	1.85		
30		1.05	1.38	1.70	2.00		
32			1.48	1.82	2.15		
38			1.78	2.19	2.59	2.98	
45			2.12	2.62	3.11	3.58	
48			2.27	2.81	3.33	3.81	
51				2.99	3.55	4.10	4.64
57				3.36	4.00	4.62	5.23
60				3.55	4.22	4.88	5.52
73				4.35	5.18	6.00	6.81
76				4.53	5.40	6.26	7.10
89				5.33	6.36	7.38	8.38
108					7.77	9.02	10.26
133					9.62	11.18	12.72

4．专用无缝钢管

（1）低、中压锅炉用无缝钢管

低、中压锅炉用无缝钢管，材质为 20 号或 10 号优质碳素钢，适于做锅炉的沸水管和过热蒸汽管，其机械性能应符合表 6-18 的规定。

（2）石油裂化用无缝钢管

石油裂化用无缝钢管适用于炼油厂的炉管、热交换器和管道，根据 GB 9948—88 的规定，其外径范围为 $\phi10\sim\phi273$，壁厚

1～14mm。石油裂化钢管的力学性能和交货状态见表6-19。

低、中压锅炉无缝钢管机械性能　　　表 6-18

牌号	壁 厚 （mm）	抗拉强度 σ_b （N/mm²）	屈服点 σ_s （N/mm²）	伸长率 δ_5 （%）
10	全部	333～490	196	24
20	<15	392～588	245	20
	≥15		226	

石油裂化钢管的力学性能和交货状态　　　表 6-19

序号	钢类	钢号	抗张强度 σ_b （N/mm²）	屈服点 σ_s （N/mm²）	伸长率 δ_5 （%）	交货状态
			力学性能 不小于			
1	优质碳素钢	10	330～490	205	24	热轧管终轧，冷拔管正火
2		20	410～550	245	21	热轧管终轧，冷拔管正火
3	合金钢	12CrMo	410～560	205	21	热轧管终轧＋回火，冷拔管正火＋回火
4		15CrMo	440～640	235	21	热轧管终轧＋回火，冷拔管正火＋回火
5	耐热钢	1Cr2Mo	≥（390）	（175）	（22）	热轧管终轧＋回火，冷拔管正火＋回火
6		1Cr5Mo	≥390	195	22	退火
7	不锈钢	1Cr19Ni9	≥520	205	35	固溶处理：固溶温度≥1040℃
8		1Cr19Ni11Nb	≥520	205	35	固溶处理：热轧管固溶温度≥1050℃ 冷拔（轧）管固溶温度≥1095℃

（3）化肥用高压无缝钢管

《化肥用高压无缝钢管》GB 6479—86，规定了化肥用高压无缝钢管的技术要求，适用于公称压力为 22MPa、32MPa，工作温度为 −40～400℃ 条件下，输送合成氨原料气（氢与氮）、氨、甲醇、尿素等化工介质。此种高压无缝钢管的材质有 20 号优质碳素钢、普通低合金钢和不锈耐酸钢。

（4）不锈钢无缝钢管

不锈钢无缝钢管分为热轧、热挤压和冷拔（冷轧）两类，有多种外径和不同的壁厚，材质有多种不锈钢牌号可供选择。不锈钢热轧、热挤压无缝钢管的常用规格见表 6-20，不锈钢冷轧（冷拔）无缝钢管的常用规格见表 6-21。

不锈钢热轧、热挤压无缝钢管常用规格　　　表 6-20

外径	壁　　厚（mm）										
(mm)	4.5	5	5.5	6	6.5	7	7.5	8	8.5	9	9.5	10
54	×	×	×	×	×	×						
57	×	×	×	×	×	×						
60	×	×	×	×	×	×	×	×				
73		×	×	×	×	×	×	×				
76		×	×	×	×	×	×	×				
89		×	×	×	×	×	×	×				
108		×	×	×	×	×	×	×				
114		×	×	×	×	×	×	×	×	×		
127		×	×	×	×	×	×	×	×	×		
133		×	×	×	×	×	×	×	×	×		
140		×	×	×	×	×	×	×	×	×		
159		×	×	×	×	×	×	×		×	×	×
168						×	×	×	×	×	×	×
194						×	×	×	×	×	×	×
219						×	×	×	×	×	×	×
225						×	×	×	×	×	×	×

注：（1）本表仅列出了常用规格；表中"×"号表示已有的产品规格；
　　（2）管材钢号：常用 0Cr13、1Cr13、2Cr13、3Cr13、1Cr17Ni2、1Cr25Ti、
　　　　1Cr21Ni5Ti、0Cr18Ni9Ti、00Cr18Ni10 等钢号；
　　（3）管材水压试验压力按下式：

$$P = \frac{2sR}{D}$$

式中　P——试验压力（MPa）；
　　　　s——钢管最小壁厚（mm）；
　　　　R——许用应力（N/mm²），一般取钢号抗拉强度的 40%；
　　　　D——公称内径（mm）。

不锈钢冷轧（冷拔）无缝钢管常用规格　　　表 6-21

外径	壁　厚（mm）							
(mm)	2	2.5	3	3.5	4	4.5	5	6
25	×	×	×	—	—	—	—	—
32	×	×	×	—	—	—	—	—
38	×	×	×	×	—	—	—	—
45	—	×	×	×	×	×	—	×
57	—	—	×	×	×	×	×	×

外径	壁　厚（mm）							
(mm)	3	3.5	4	4.5	5	6	7	8
76	×	×	×	—	—	—	—	—
89	×	×	×	×	—	—	—	—
108	—	—	×	×	×	×	—	—
133	—	—	×	×	×	×	×	—
159	—	—	×	×	×	×	×	×

注：(1) 本表只列出了常用规格；

　　(2) 材 质 钢 号：0Cr13、1Cr13、2Cr13、3Cr13、1Cr17Ni12、1Cr25Ti、0Cr18Ni9Ti、00Cr18Ni10 等钢号；

　　(3) 管材水压试验压力计算公式同表 6-20 注（3）。

　　(4) 表中画"×"表示已有的产品规格。

（三）阀门和管道附件

1. 阀门

（1）阀门型号的表示方法

我国现行的通用阀门型号表示方法，是 20 世纪 70 年代由有关科研部门编写的，至今已有二十多年了。二十多年来我国的科学技术和社会生产力发展迅猛，阀门新产品种类繁多，不少阀门厂引进了发达国家的技术，开发制造了不少新产品，产品型号、规格有不少是生产厂家自行确定的，并没有执行二十多年前国家颁发的型号编制方法。另外，自 20 世纪 90 年代以来，我国的许多技术标准都在逐步与国际标准接轨，按照国际标准，一般用工业阀门型号编制方法采用 CVA2.1—84 标准，这与前面提到的我国 20 世纪 70 年代颁发、现在仍然执行的型号编制方法有若干相同之处，也有不同之处。

为了不致于把阀门型号编制方法阐述得太复杂，我们仍然只讲我国颁发的型号编制方法，但也不是全部介绍，因为全部介绍要占用较多的篇幅，而且没有必要。另外，由于近年来新产品及中外合资厂的产品在市场市占有相当的份额，其产品型号的编制不一定遵守国家有关标准的规定。因此，在实际工作中，要以厂家的产品说明书为准，掌握阀门的技术参数和适用范围。

阀门型号由表示阀门的类型、传动方式、连接形式、结构形式、阀门密封面或衬里材料、公称压力和阀体材料等七个单元组成，其表示方法如下：

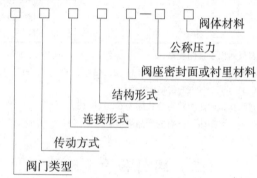

1）阀门类型

用汉语拼音字母表示阀门类型，见表6-22。

阀门类型代号

表6-22

类　型	代　号	类　型	代　号
闸　阀	Z	旋塞阀	X
截止阀	J	止回阀、底阀	H
节流阀	L	安全阀	A
球　阀	Q	减压阀	Y
蝶　阀	D	疏水阀	S
隔膜阀	G		

注：低温（低于-40℃）、保温（带加热套）、带波纹管和抗硫的阀门，在类型代号前分别加汉语拼音字母 D、B、W 和 K。

2）传动方式

传动方式是指阀门开启或关闭时的传动方式，用0～9十个阿拉伯数字表示电磁动、气动、液压动、电动或其他机械性（如蜗轮、齿轮）传动方式。对于手轮、手柄及安全阀、减压阀、疏水阀这些最常用的形式，则可以省略此项传动方式代号，这也是日常施工中应用最多的情况。

3）连接形式

连接形式是指阀门与管道的连接形式，其代号用一位阿拉伯数字表示，具体规定见表 6-23。

连接形式代号　　　　　　　　　表 6-23

连接形式	代　号	连接形式	代　号
内 螺 纹	1	对　夹	7
外 螺 纹	2	卡　箍	8
法　兰	4	卡　套	9
焊　接	6		

注：焊接包括对焊和承插焊。

上表代号中，内螺纹连接代号"1"和法兰连接代号"4"最为常用。

4）结构形式

结构形式是指各种类型阀门的内部结构形式。各类阀门的结构形式的种类不同，各自用一位阿拉伯数字表示，这样繁多的代号没有人能记得住，也没有这个必要，必要时查有关资料就可以了，这里无需再介绍。

5）阀门密封面或衬里材料

阀门关闭时，其内部的密封面或衬里材料用汉语拼音字母表示，见表 6-24。

阀门密封面或衬里材料代号　　　　　　表 6-24

密封面或衬里材料	代　号	密封面或衬里材料	代　号
铜 合 金	T	橡　胶	X
合 金 钢	H	尼龙塑料	N
锡基轴承合金(巴氏合金)	B	氟 塑 料	F
渗 氮 钢	D	搪　瓷	C
硬 质 合 金	Y	衬　胶	J
渗 硼 钢	P	衬　铅	Q

注：由阀体直接加工的阀座密封面，材料代号用"W"表示；当阀座和阀瓣（闸板）密封面材料不同时，用低硬度材料代号表示（隔膜阀除外）。

表 6-24 中，代号 T、H、Y、X 及附注中的 W 应用较多。

6）公称压力

阀门的公称压力用阿拉伯数字标准，其值为 10 倍的兆帕（MPa）数值，实际上也可以理解为，仍用 kgf/cm² 标注，如阀门的公称压力标注为 PN16，表示其公称压力为 1.6MPa（或 16kgf/cm²）。

7）阀体材料

阀体材料代号用汉语拼音字母表示，见表 6-25。

阀体材料代号　　　　　　　　　　表 6-25

阀 体 材 料	代号	阀 体 材 料	代号
HT25—47（灰铸铁）	Z	Cr5Mo（铬钼合金钢）	I
KT30—6（可锻铸铁）	K	1Cr18Ni9Ti（铬镍钛不锈钢）	P
QT40—15（球墨铸铁）	Q	Cr18Ni12Mo2Ti（铬镍钼耐酸钢）	R
H62（铜和铜合金）	T	12Cr1MoV（铬钼钒合金钢）	V
ZG25Ⅱ（铸钢）	C		

注：公称压力 $PN \leqslant 1.6$ MPa 的灰铸铁阀体和 $PN \geqslant 2.5$ MPa 的碳素钢阀体，则省略本代号。

表 6-25 中，附注所规定的范围，使大部分常用阀门可以省略本代号。

现举例说明普通阀门是如何按以上型号编制方法标注型号的，如：

闸阀　　　Z15T-10　Z41H-16

截止阀　　J11W-16　J41T-16

Z、J 为阀门型号 7 个单元中的第一单元，按表 6-22 的规定，分别表示闸阀和截止阀；因为是手轮开关的阀门，故没有第二、七元（即传动方式）；之后的两位数，第一个数是第三单元，表示连接形式，根据表 6-23 的规定，"1"表示内螺纹连接，"4"表示法兰连接。第二个数是第四单元，表示阀门内部的结构形式，前面已对此单元作了说明，可以不去管它；T、H、W 属于第五单元，表示密封面材料，见表 6-24 及其附注；"10"、"16"属于第六单元，表示阀门公称压力为 $PN1.0MPa$ 及 1.6MPa；第七单元没有标注，根据表 6-25 的附注，说明阀体材料是灰铸铁或铸钢。

除了以上介绍的阀门型号编制方法的有关规定以外，有关技术标准还对阀门的标志识别涂漆做了规定：即为了从外观可以看出阀门的基本特性，阀体上要采用铭牌或其他方式，标明阀门的型号、公称直径、公称压力、制造厂家或商标，当介质只能单向流动时，阀体上要用箭头标明，标注方法采用铸造法或压印法。公称压力、公称直径、箭头常以组合形式在阀体中心线的正面位置。根据阀体材料的不同，在阀门上按规定涂以不同的颜色；阀门密封面的材质，则是通过在阀门手轮、手柄上涂以不同的颜色来加以区分的。这些关于阀门标志涂漆方面的内容，这里只是简单提一下，不是重点介绍的内容。

（2）常用阀门简介

1）闸阀

闸阀是启闭件（闸板）由阀杆带动，沿阀座密封面作升降运动的阀门。闸阀属于截断类阀门，不宜作调节流量或压力使用，其特点是阻力小、结构长度较短、介质可以双向流动，没有方向限制。

闸阀的闸杆结构分为明杆和暗杆两种：明杆闸阀可以从外观判断阀门的开启程度，螺杆便于清洗，适用于室内或有一定腐蚀性介质的管道上；暗杆闸阀的螺杆在阀体内，开闭时螺杆和手轮均不上升或下降，此种闸阀适用于非腐蚀性介质及安装在日常操作位置受限制的地方。

闸阀的闸板有楔式、平行式和弹性等数种，其中又分为单闸板和双闸板。在施工中，只要按设计规定的型号、规格选用就可以了。一般工程中常用的闸阀型号、规格见表 6-26。

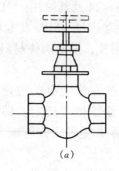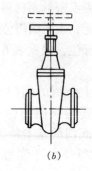

(a) (b)

图 6-6 闸阀外形

(a) 内螺纹闸阀；(b) 法兰闸阀

闸阀常用型号、规格　　　　　　　　表 6-26

名称	型号	阀体材料	使用温度（℃）	适用介质	公称直径 DN
内螺纹暗杆楔式闸阀	Z15T-10	灰铸铁	≤120	水、蒸汽	15～80
	Z15W-10	灰铸铁	≤120	煤气、油品	15～65
	Z15T-10K	可锻铸铁	≤200	水、蒸汽	15～100
	Z15W-10T	铜	≤100	水	15～100
内螺纹明杆楔式闸阀	Z11H-16C	碳钢	≤425	水、蒸汽、油品	15～25
	Z11H-25	碳钢	≤425	水、蒸汽、油品	15～50
明杆楔式闸阀	Z41T-10	灰铸铁	≤200	水、蒸汽	50～450
	Z41W-10	灰铸铁	≤100	油品	50～450
	Z41H-10	灰铸铁	≤200	水、蒸汽	50～300
明杆平行式双闸板闸阀	Z44T-10	灰铸铁	≤200	水、蒸汽	50～400
	Z44W-10	灰铸铁	≤100	油品	50～400
明杆楔式单闸板闸阀	Z41H-16C	碳　钢	≤425	水蒸气、油品	50～400
	Z41H-16Q	球墨铸铁	≤325	水、蒸汽、油品	50～250
	Z41H-25	碳　钢	≤425	水、蒸汽、油品	15～400
	Z41H-25Q	球墨铸铁	≤300	水、蒸汽、油品	50～300

2）截止阀

截止阀是启闭件（阀瓣）由阀杆带动，沿阀座轴线作升降运运的阀门。截止阀也是截断类阀门，理论上讲，不宜用来调节介质的压力、流量，但在使用习惯上，有时还用串联两个截止阀的方法来调节介质的压力和流量。

截止阀的特点是密封性好，结构简单，可以调节流量，启闭操作容易，便于制造和维修，但阻力较大，只能用于介质单向流动的管道上。广泛用于高、中、低压管道，在蒸汽等气体介质管道上常用于全启或全闭操作。截止阀的结构长度比闸阀大，公称直径范围小，一般在 DN200 以内。

截止阀的常用型号、规格见表 6-27。

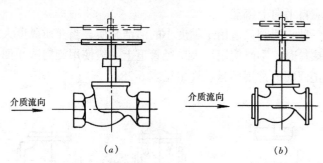

图 6-7　截止阀外形

（a）内螺纹截止阀；（b）法兰截止阀

截止阀常用型号、规格　　　　　　　表 6-27

名称	型号	阀体材料	使用温度（℃）	适用介质	公称直径DN
内螺纹截止阀	J11X-10	灰铸铁	≤50	水	15～65
	J11W-10T	铸铜	≤200	水、蒸汽	15～65
	J11T-16	灰铸铁	≤200	水、蒸汽	15～65
	J11W-16	灰铸铁	≤100	油品	15～65
	J11H-16	灰铸铁	≤200	水、蒸汽、油品	15～65
截止阀	J41T-16	灰铸铁	≤200	水、蒸汽	15～200
	J41H-16	灰铸铁	≤200	水、蒸汽、油品	15～200
	J41H-25	碳钢	≤425	水、蒸汽、油品	15～200
	J41H-25K	可锻铸铁	≤300	水、蒸汽、油品	15～100
	J41H-25Q	球墨铸铁	≤350	水、蒸汽、油品	15～200

3) 止回阀

止回阀是指启闭件（阀瓣）借助介质作用力，自动阻止介质倒流的阀门。

止回阀分为升降式和旋启式两大类。一般升降式止回阀只能安装在水平管道上，但也有一种立式止回阀，由于阀瓣上部有辅助弹簧，阀瓣可在弹簧力的作用下关闭，因此可以安装在水平或垂直管道上（但介质必须自下向上流动）。旋启式止回阀的阀瓣绕阀体内的固定轴作旋转运动，以实现其开启或关闭，此种止回阀宜安装在水平管道上，但也可以安装在倾斜或垂直管道上，但介质应自下向上流动。

各种止回阀只适用于黏度小的清洁介质，当介质黏度大或有固体颗粒时，不能使用。大口径管道上一般使用旋启式止回阀。

止回阀的常用型号、规格见表 6-28。

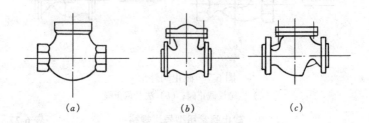

(*a*)　　　　　　　(*b*)　　　　　　　(*c*)

图 6-8　止回阀外形
(*a*) 内螺纹升降式止回阀；(*b*) 法兰旋启式止回阀；
(*c*) 法兰升降式止回阀

止回阀常用型号、规格　　　　　　　　表 6-28

名称	型号	阀体材料	使用温度 （℃）	适用介质	公称直径 DN
内螺纹 升降式止回阀	H11T-16	灰铸铁	≤200	水、蒸汽	15～65
	H11H-16	灰铸铁	≤200	水、蒸汽	15～65
	H11W-16	灰铸铁	≤100	油品、煤气	15～65

名称	型号	阀体材料	使用温度（℃）	适用介质	公称直径 DN
升降式 止回阀	H41H-10	灰铸铁	≤100	水、蒸汽、油品	15～100
	H41X-10	灰铸铁	≤60	水	15～150
	H44T-10	灰铸铁	≤200	水、蒸汽	50～600
	H41T-16	灰铸铁	≤200	水、蒸汽、油品	15～200
	H41W-16	灰铸铁	≤100	油品	15～200
	H41H-16	灰铸铁	≤200	水、蒸汽	15～200
旋启式 止回阀	H44T-10	灰铸铁	≤200	水、蒸汽	50～600
	H44W-10	灰铸铁	≤100	油品、煤气	50～600
	H44X-10	灰铸铁	≤80	水	50～600

4）节流阀

节流阀是指通过启闭件（阀瓣）改变通路截面积，以调节流量、压力的阀门，过去也叫针形阀。

节流阀在一般管道工程中应用较少，而在氨及氟利昂制冷管道及气动仪表管道中应用较多。节流阀的构造基本上与截止阀相似，但阀杆与启闭件是制成一个整体的，启闭件的升降与通道面积的改变成正比，所以能做到对介质流量和压力比较精确的调节。内螺纹节流阀的构造见图 6-9，此外还有外螺纹节流阀、外螺纹角式节流阀、法兰节流阀等多种型式。

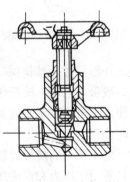

图 6-9　内螺纹节流阀

5）旋塞阀

旋塞阀是指启闭件（塞子）绕其轴线旋转的阀门。旋塞阀是一种老式阀门，也叫旋塞、考克。旋塞阀有多种结构型式，直通式旋塞阀可以用于截断或调节介质的压力、流量，三通式及四通式旋塞阀可以用于改变介质流量或进行流量分配。旋塞阀可以水平或垂直安装。

旋塞阀对介质流动方向不限，且启闭迅速，启闭只需旋转90°，适用全开或全闭状态下使用。旋塞阀只在某些特殊场合使用，型号也较少，公称直径为 $DN15 \sim DN150$，公称压力有0.6、1.0、1.6（MPa）三个压力等级，不适用于中、高压管，适用温度也较低，一般为100℃以内，少数型号允许使用温度在150～200℃以内。

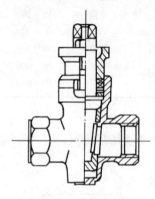

图 6-10 内螺纹旋塞阀

常用的内螺纹旋塞阀见图 6-10。该图的结构型式适用于 X13W-10、X13T-10、X13W-10T、X13F-10 等型号。

6）蝶阀

蝶阀的启闭件是蝶板，可以围绕阀座内的固定轴旋转 90°，以实现其开启或关闭。通过改变阀板的旋转角度，可以分级控制流量，因而具有较好的调节性能，并且启闭迅速。蝶阀结构简单，体积小，重量轻，外形尺寸比其他阀门小，可以做成大口径。大口径蝶阀的启闭一般采用电动、液压传动或涡轮传动方式，这类蝶阀在安装时应使传动机构置于垂直位置。带扳手的蝶阀，可以安装在管道的任何位置上。

由于蝶阀的蝶板比较单薄，其密封圈材料一般采用橡胶，因而只能用于压力和温度较低的情况下。常用的 D71X-10/16 对夹式蝶阀见图 6-11。常用蝶阀的型号、规格见表 6-29。

7）球阀

球阀是在旋塞阀的基础上发展起来的阀门，启闭件是个球体，绕球体的垂直中心线旋转 90°，即可使球阀开启或关闭。

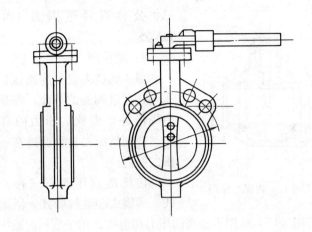

图 6-11　D71X-10/16 型对夹式蝶阀

常用蝶阀型号、规格　　　　　　表 6-29

名称	型号	阀体材料	使用温度 （℃）	适用介质	公称直径 DN
对夹式蝶阀	D71X-10 D71X-16	灰铸铁 灰铸铁	≤200 ≤200	水、煤气 水、蒸汽	40～200 40～200
衬胶对夹 式蝶阀	D71J-10	灰铸铁	≤65	水、腐蚀性介质	50～150
衬聚四氟乙烯 对夹式蝶阀	D71F4-10	碳　钢	－20～180	硫酸、氢氟酸 等强腐蚀性介质	50～125
蜗轮传动对 夹式中线蝶阀	D371-10 D371-16	灰铸铁 灰铸铁	－20～150 ≤200	水、蒸汽 水、蒸汽	50～800 200～600

　　球阀结构简单，体积小，重量轻，密封性能好，介质流动阻力小，且流动方向不受限制。球阀的选用主要根据介质的品种和使用温度、工作压力。最常用的 Q11F-16 型内螺纹球阀的构造见图 6-12，其使用温度为 150℃ 以内，适用介质为水、煤气及油

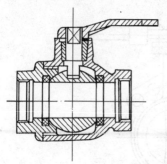

图 6-12　内螺纹球阀

品，公称直径范围为 DN15～DN65。

8）减压阀

减压阀过去也称为减压器。减压阀是通过阀瓣的节流，将介质压力降低并借助阀后压力的直接作用，使阀后压力自动保持在一定范围的阀门。

传统的减压阀有三种：活塞式、薄膜式和波纹管式。活塞式减压阀应用最广。适用于较高的压力和温度，用于蒸汽的减压或压缩空气等清洁介质的减压。薄膜式减压阀可用于水和空气的减压，并能用于较高的工作压力。波纹管式减压阀只适用于直径较小，温度、压力较低的蒸汽或空气的减压。

近年来，在高层建筑的给水和消防管道系统中，广泛使比例减压阀，这种减压阀可自动按比例调节进出口压力，实现减压要求，它最突出的优点是在静压和动压条件下都能达到满意的减压效果，同时还能起到消除水锤的作用，其减压比例有 2∶1、3∶1、4∶1、5∶1 四种，DN25～DN50 为螺纹连接，DN65～DN100 为法兰连接，可以在垂直或水平管道上安装。

9）疏水阀

疏水阀过去也叫疏水器，是自动排放凝结水并阻止蒸汽泄漏的阀门。常用的疏水阀有以下几种：

浮球式疏水阀（外形见图 6-13），其原理是利用凝结水中浮动的空心球（即浮球，也称浮子），带动启闭件动作。浮球式疏水阀的应用广泛。

钟形浮子式疏水阀，过去也叫倒吊桶疏水器（外形见图 6-14），它是利用在凝结水中浮动的钟形罩，带动启闭件动作的疏水阀。

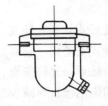
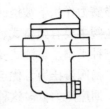

图 6-13　浮球式疏水阀外形　　　图 6-14　钟形浮子式疏水阀外形

　　热动力式疏水阀（外形见图 6-15），是利用蒸汽和凝结水的不同热力性质及其静压和动压的变化，而使阀片动作的疏水阀，应用颇为广泛，但在 2000 年，国家经贸委已下文件淘汰了几种型号的产品：S15H-16、S19H-16、S19H-16C、S49H-16、S49H-16C、S19H-40、S49H-40、S19H-64、S49H-64，这是在会审图纸和采购材料时应当引起注意的。

　　脉冲式疏水阀，是利用蒸汽在两级节流中的二次蒸发，导致蒸汽和凝结水的压力变化，而使启闭件动作的疏水阀

　　双金属片式疏水阀（外形见图 6-16），是利用双金属片受热变形，带动启闭件动作的疏水阀。

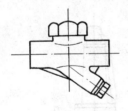
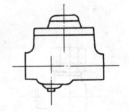

图 6-15　热动力式疏水阀外形　　　图 6-16　双金属片式疏水阀外形

　　10）安全阀

　　安全阀是一种安全保护用阀。在压力管道和各种压力容器上，为了控制压力，使其不超过允许数值，需要装设安全阀。安全阀具有一定的压力适应范围，使用时可按需要调整定压，如果实际压力超过定压数值，安全阀阀瓣便被顶开，通过向外排放介质来防止压力超过规定数值。当通过排放介质使压力降低以后，

阀瓣在弹簧力作用下被推回阀座，重新关闭。

安全阀主要有弹簧式、重锤式（即杠杆式）和先导式（即脉冲式）三种类型。重锤式安全阀是一种老式安全阀，它靠杠杆和重锤来平衡阀瓣压力，优点是比较可靠，缺点是比较笨重，外形尺寸大，回座压力低。这种老式安全阀的应用已日渐减少，在多数场合已被弹簧安全阀代替。先导式安全阀是利用主阀和副阀连接在一起，通过副阀的脉冲作用驱动主阀动作，其特点是动作灵敏，密封性好，通常用于大口径安全阀。

应用最普遍的是弹簧式安全阀。根据阀瓣开启高度的不同，分为全启式和微启式两种。全启式是指阀瓣的开启高度大于或等于阀座直径的 1/4；微启式是指阀瓣的开启高度为阀座直径的 1/40～1/20。全启式安全阀泄放量大，回弹力好，适用于气体和液体介质。选用全启式还是微启式安全阀，应根据介质泄放量来决定。

弹簧式安全阀的外形见图 6-17，按结构型式又分为封闭式和不封闭式。易燃、易爆及有毒介质应采用封闭式安全阀，空气、蒸汽或其他一般介质可采用不封闭式安全阀。

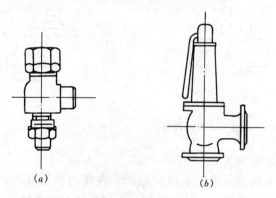

图 6-17　弹簧安全阀
（a）外螺纹弹簧安全阀；（b）法兰弹簧安全阀

安全阀的安装要注意以下几点：

①一般情况下，安全阀的前后均不能安装截断阀。如果管道介质中含有固体杂质，安全阀起跳后回座不能关严时，可以在安全阀前面安装闸阀或截止阀，但要保证全部开启，并加铅封。闸阀或截止阀宜采用明杆阀门，以便能从外观上判断阀门是否保持开启状态；

②安全阀要垂直安装，管道、容器与安全阀之间要保持通畅。当几个安全阀并联安装时，进出口主管的截面积应不小于各支管截面积之和；

③当安全阀将泄放介质单独排入大气时，其出口管道的压力降应不大于其定压值的10%，但管道直径不应小于安全阀出口直径；

④油气介质一般可排入大气，其出口管道高度应高于装置最高构筑物3m，但有以下情况者要考虑排入密闭系统，以保证安全：

a）水平距离15m以内有火源；

b）介质系毒性气体；

c）高温油气排入大气有着火危险时；

d）当排入密封系统比排至最高构筑物以上3m更为经济时。

11）其他阀类

以上共介绍了10种阀门，还有一种隔膜阀没有介绍，因为应用较少，且只用于化工类管道中的腐蚀性介质的输送。包括隔膜阀在内的11种阀门是最基本的阀门类型，下面再介绍两种常用阀门。

①电磁阀

管道安装工程中，电磁阀通常用于水、气体及低黏度油品介质，小型电磁阀的公称直径一般为15～50mm。电磁阀安装时应注意以下几个问题：

a）阀体保持垂直位置，并注意介质流向与阀门要求一致；

b）严禁用于有爆炸性气体的场合；

c）通过电磁阀的介质温度应在0～150℃范围之内；

d) 工作环境温度范围为－30～40℃, 相对湿度不大于95％。

②浮球阀

浮球阀安装在水箱或水池的进水管口上, 能自动控制水箱的水位保持一定的高度。当因用水而使水位降低时, 浮球便会随水面下降, 此时会带动连杆动作, 使浮球阀开启进水, 当水面上升时, 浮球阀随之浮起至一定高度, 带动连杆反向移动, 使浮球阀关闭, 如此周而复始, 实现水箱、水池内水位的自动控制。常用的 DN15～DN65 浮球阀见图 6-18 及表 6-30。

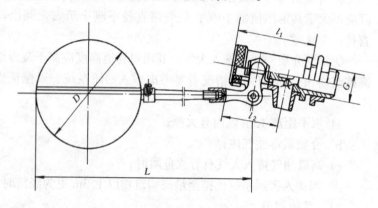

图 6-18　浮球阀

常用浮球阀规格　　　　　　　　　　表 6-30

公称直径 DN	尺　寸　　（mm）				工作压力（MPa）	试验压力（MPa）	适用场合
	l_1	l_2	L	D			
15	53	40	640	110	0.6	0.9	
20	85	64	840	150	0.6	0.9	
25	90	70	840	150	0.6	0.9	水箱、
32	110	80	900	200	0.6	0.9	水池自
40	115	95	1050	200	0.6	0.9	动给水
50	140	100	1050	200	0.6	0.9	
65	165	115	1050	200	0.6	0.9	

2. 管道附件

管道附件是管件、法兰、阀门以及过滤器、除污器、油水分离器等管道专用部件的统称。阀门已经介绍过了，法兰将在"8.1.2 法兰连接"中介绍。管道系统中用的除污器、过滤器、油水分离器都是按标准图加工制造的，不再介绍。下面仅介绍常用管件、Y 型过滤器和橡胶柔性接头。

（1）管件

给水排水铸铁管件，铜管件及 UPVC、PP、PP-R、ABS 工程塑料管件，铝塑复合管件，都是管材生产厂家配套供应的，这里不一一介绍，只介绍应用广泛的可锻铸铁管件和钢制焊接管件。

1）可锻铸铁管件

可锻铸铁管件也称马铁管件或玛钢管件，就是焊接钢管和镀锌焊接钢管使用的螺纹连接管件，其螺纹系英制 55°圆锥管螺纹，规格为 1/8 英寸至 6 英寸，管道安装工程中的常用规格为 1/2、3/4、1、1¼、1½、2、2 $\frac{1}{2}$、3、4 英寸（5～6 英寸较少使用）公称压力为 1.6MPa，适用工作温度不超过 200℃。常用管件外形见图 6-19。

2）钢制管件

钢制管件分为无缝管件和有缝管件两大类，其外形见图 6-20～图 6-22。

按照有关产品标准的规定，无缝管件的规格为 $DN50 \sim DN600$，有缝管件的规格为 $DN300 \sim DN1000$，不同的压力等级有不同的壁厚。钢制焊接管件的使用要遵照工程设计的具体要求，以确定管件的材质、壁厚，并参考生产厂家的产品说明书。

（2）Y 型过滤器

Y 型过滤器除与减压阀配套使用外，还可以用于给水、热水、蒸汽及油品管道等需要除去机械性杂质的场合。Y 型过滤器结构及规格见图 6-23 及表 6-31。

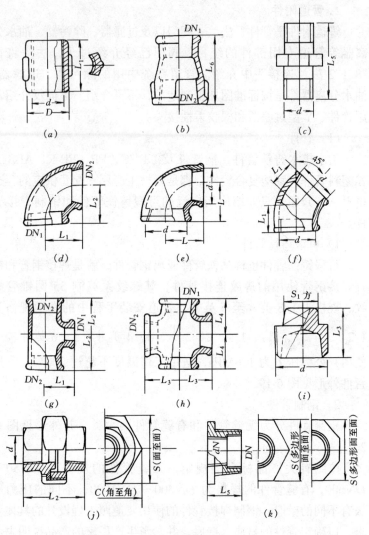

图 6-19　常用管件外形

（a）管接头（管箍）；（b）异径管接头；（c）外接头（丝头）；（d）弯头；
（e）异径弯头；（f）45°弯头；（g）三通（异径三通）；（h）四通（异径四通）；
（i）方形丝堵；（j）活接头（由任）；（k）补芯（内外螺纹管接头）

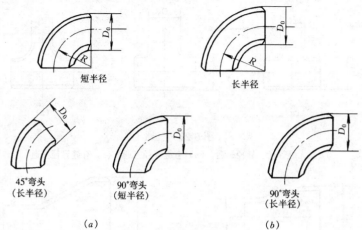

短半径

长半径

45°弯头
（长半径）

90°弯头
（短半径）

90°弯头
（长半径）

（a）

（b）

图 6-20　弯头

（a）无缝弯头；（b）有缝弯头

短半径（$R = DN$）；长半径（$R = 1.5DN$）

Y 型过滤器法兰连接式外形尺寸　　　　　　　表 6-31

公称直径 DN (mm)	外形尺寸 (mm)		重量 (kg)
	L	L_1, H	
15	180	118	4.2
20	200	125	5.5
25	220	138	7.1
32	240	155	10.8
40	270	170	12
50	300	188	17
70	350	220	20.8
80	380	242	27
100	420	274	38.5
125	480	300	54
150	530	348	78
200	650	428	155
250	750	508	240
300	850	575	325
350	950	690	390
400	1150	835	550

注：各厂家产品尺寸不尽相同，本表采用温州长征管道机械厂产品数据。

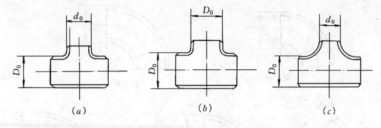

图 6-21 三通

(a) 无缝等径、异径三通；(b) 有缝等径三通；(c) 有缝异径三通

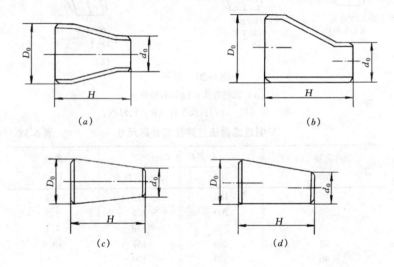

图 6-22 异径管

(a) 无缝同心异径管；(b) 无缝偏心异径管；
(c) 有缝同心异径管；(d) 有缝偏心异径管

Y 型过滤器安装应注意以下事项：

①Y 型过滤器前后均应安装阀门，以便必要时清理过滤器；

②按介质流动方向安装，不要装反；

③Y 型过滤器的排污盖处于 45°斜下方，并留出抽出其内部滤筒的空间。

（3）橡胶柔性接头

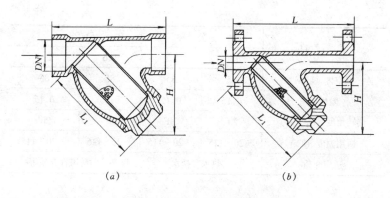

图 6-23　Y 型过滤器

（a）螺纹连接（DN15～DN50）；（b）法兰连接（DN15～DN400）

在金属管道上使用橡胶柔性
接头，可以吸收管道的角向位移
和轴向压缩、拉伸，从而减小或
消除管道的内应力，防止管道损
坏，保障安全运行。柔性接头还
具有减振和降低噪声的功能。在
高层建筑的生活给水和消防给水
立管上，常用这种接头，以吸收
由于季节变化而引起的管道长度
的微量变化。

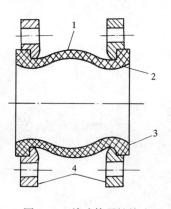

图 6-24　单球体柔性接头

1—主体（极性橡胶）；2—内衬（合成
纤维）；3—骨性（钢丝）；4—法兰

柔性橡胶接头的结构见图 6-
24，技术参数见表 6-32，其最小
公称直径为 DN32。

单球体橡胶柔性接头技术参数　　　　　　　　　表 6-32

项　　目	公　称　压　力　PN　（MPa）			
	1.0	1.2	1.6	2.0
工作压力（MPa）	1.0	1.2	1.6	2.0
爆破压力（MPa）	3.0	3.0	3.8	5.2

项　　目	公　称　压　力　PN　(MPa)			
	1.0	1.2	1.6	2.0
真空度（kPa）	85	85	85	85
阻尼比	0.15	0.15	0.15	0.15
偏转角度（$\alpha_1 + \alpha_2$）	20°	20°	20°	20°
适用温度（℃）	－20～115	－20～115	－20～115	－20～115
适用介质	水、热水、盐水、空气、煤气、弱酸碱性介质等			

七、钢管件的现场制作

在钢制管道施工中，经常需要利用现成的管子制作管件，如焊接弯头、三通（或挖眼接管）、大小头等。

（一）焊接弯头制作

1. 90°焊接弯头

焊接弯头也叫虾米腰或虾壳弯，是用现成的管子割裁成断节，拼合焊接而成的，图 7-1 是 90°焊接弯头的拼装图。

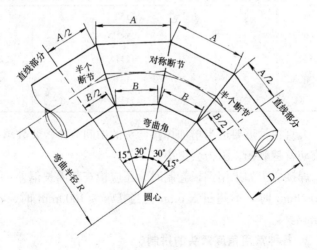

图 7-1　焊接弯头拼制关系

焊接弯头的弯曲半径 R，一般为管子外径或公称直径的 $1\sim1.5$ 倍，即 $R = (1\sim1.5)D$，只有在设计提出要求时，才采用

$R = 2D$ 及其以上的弯曲半径。

从图 7-1 中可以知道，90°焊接弯头是由 2 个 15°的半个断节和 2 个 30°的对称断节组成的。如果去掉一个对称断节，可以拼成 60°焊接弯头；如果去掉 2 个对称断节，剩余的 2 个 15°的半个断节可以拼成 30°焊接弯头。可见，对一定直径、一定弯曲半径的 30°、60°、90°焊接弯头来说，其对称断节、半个断节的尺寸是一样的，展开放样时只需采用一个样板就可以了。焊接弯头的最少节数见表 7-1。

公称直径大于 400mm 的焊接弯头可增加中间节数，但其内侧的最小宽度（也称腹高）不得小于 50mm。

焊接弯头的最少节数 表 7-1

弯头角度	节数	节 数 组 成			
		端节数	每节角度	中间节数	每节角度
90°	4	2	15°	2	30°
60°	3	2	15°	1	30°
45°	3	2	11¼°	1	22½°
30°	2	2	15°	0	—
22½°	2	2	11¼°	0	—

大直径管道要适当增加焊接弯头的中间节数，节数越多，介质流动就越顺畅，阻力会更小。

焊接弯头如果用钢板卷制时，还应检查其周长偏差：当 DN >1000mm 时，不超过 ±6mm；当 DN ≤1000mm 时，不超过 ±4mm。

2. 各种常用角度弯头的拼制

在图 7-2 的各分图中，上图表示焊接弯头的拼制结构，下图表示断节在钢管上的下料尺寸。

3. 焊接弯头尺寸

对 30°、60°和 90°弯头来说，可先确定 15°的半个断节的尺寸

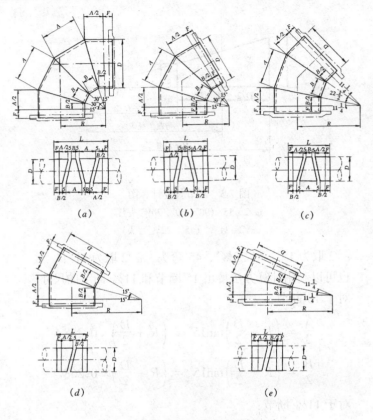

图 7-2 各种角度焊接弯头拼制尺寸

(a) 90°弯头；(b) 60°弯头；(c) 45°弯头；

(d) 30°弯头；(e) 22½°弯头

$A/2$ 及 $B/2$，这样 30°断节的尺寸 A 及 B 也就知道了；对 22½°及 45°焊接弯头，可先确定 11¼°的半个断节尺寸 $A/2$ 及 $B/2$，这样 45°弯头中 22½°的断节尺寸也就知道了。总之，在确定焊接弯头的尺寸时，应先确定其半个断节的尺寸，具体方法见图 7-3。

图 7-3 是根据已知管子外径 D、弯曲半径 R 和半个断节对应的圆心角 $\alpha/2$ 画出来的。前面已经说过，对 30°、60°、90°弯

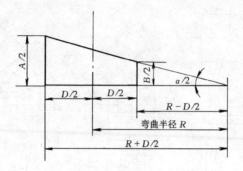

图 7-3　断节长度计算图

$\alpha/2 = 15°$（90°、60°、30°弯头）；

$\alpha/2 = 11\frac{1}{4}°$（45°、22\frac{1}{2}°弯头）

头，$\alpha/2$ 取为 15°；对 22\frac{1}{2}°、45°弯头，$\alpha/2$ 取为 11\frac{1}{4}°。

也可以利用计算方法得出 15°断节和 11\frac{1}{4}°断节的尺寸。

对于 15°断节：

$$\frac{A}{2} = \left(R + \frac{D}{2}\right)\tan15° = \left(R + \frac{D}{2}\right) \times 0.268$$

$$\frac{B}{2} = \left(R - \frac{D}{2}\right)\tan15° = \left(R - \frac{D}{2}\right) \times 0.268$$

对于 11\frac{1}{4}°断节：

$$\frac{A}{2} = \left(R + \frac{D}{2}\right)\tan11\frac{1}{4}° = \left(R + \frac{D}{2}\right) \times 0.199$$

$$\frac{B}{2} = \left(R - \frac{D}{2}\right)\tan11\frac{1}{4}° = \left(R - \frac{D}{2}\right) \times 0.199$$

表 7-2 列出了各种弯头的有关尺寸，可供制作弯头下料时参考。

4. 焊接弯头断节的展开图

焊接弯头的展开尺寸见表 7-3，但是仅仅根据表 7-3 是不能在钢管上画出各个断节的，必须先画出断节展开图。在实际工作中，展开图往往画在油毡上，经剪裁成为样板。

140

表 7-2

焊接弯头尺寸 (mm)

公称直径 DN	外径 D	壁厚	弯曲半径 R	90°弯头			60°弯头			45°弯头			30°弯头			90°、60°、30°弯头		45°、22½°弯头	
				L	L_0	F	L	L_0	F	L	L_0	F	L	L_0	F	A	B	A	B
50	57	3.5	90	229	130	35	192	100	43	158	80	38	135	70	41	64	32	48	24
65	76	4	110	260	150	34	210	110	41	174	90	38	145	75	40	82	41	61	31
80	89	4	130	293	170	34	228	120	39	194	100	40	153	80	39	94	46	70	34
100	108	4	160	341	200	34	266	140	42	214	110	38	172	90	41	115	57	86	42
125	133	4	185	390	230	39	292	155	42	241	125	42	183	95	39	135	63	100	47
150	159	4.5	210	422	250	34	312	165	38	261	135	42	194	100	38	158	68	117	50
200	219	6	260	497	300	32	373	200	42	295	155	39	228	120	42	198	81	147	60
250	273	7	260	512	310	40	368	200	40	301	160	42	224	120	40	212	66	158	49
300	325	8	260	512	310	40	368	200	40	301	160	42	224	120	40	226	52	168	39
350	377	9	300	576	350	39	414	225	41	328	175	40	244	130	39	262	60	194	44
400	426	9	350	656	400	39	469	255	42	367	195	39	275	145	41	302	73	224	55
450	478	9	400	734	450	39	513	280	38	404	215	38	293	155	37	342	85	254	64
500	529	9	450	816	500	39	570	310	39	444	235	38	321	170	38	383	99	284	74

断节展开尺寸（mm） 表 7-3

公称直径 DN	外径	周长 L_1	l_1 $\left(\frac{L_1}{16}\right)$	30°、15°断节展开尺寸（90°、60°、30°弯头）								
				$B/2$	1	2	3	4	5	6	7	$A/2$
50	57	179	11.2	16	17	18	21	24	27	30	31	32
65	76	239	15	20.5	22	24	27	31	34.5	37.5	40	41
80	89	280	17.5	23	24	27	31	35	40	43	46	47
100	108	339	21.2	28.5	29	32	37	42	48	53	56	57.5
125	133	418	26.1	31.5	33	37	43	50	57	62	66	67.5
150	159	500	31.2	34	36	41	48	57	65	72	77	79
200	219	688	43.0	40.5	43	49	58	69	81	90	96	99
250	273	858	53.5	33	36	44	56	70	84	95	103	106
300	325	1021	63.8	26	29	39	53	70	86	100	110	113
350	377	1184	74.0	30	34	45	61	81	100	116	127	131
400	426	1338	83.5	36.5	41	54	72	94	116	134	147	151
450	478	1502	93.9	42.5	48	62	83	107	132	152	166	171
500	529	1662	104	49.5	54	70	93	120	147	170	186	191.5

公称直径 DN	外径	周长 L_1	l_1 $\left(\frac{L_1}{16}\right)$	22½°、11¼°断节展开尺寸（45°、22½°弯头）								
				$B/2$	1	2	3	4	5	6	7	$A/2$
50	57	179	11.2	12	12	14	16	18	20	22	24	24
65	76	239	15	15.5	16.5	18	20	23	26	28	30	30.5
80	89	280	17.5	17	18	20	22	26	30	32	34	35
100	108	339	21.2	21	22	24	28	32	36	39	42	43
125	133	418	26.1	23.5	25	28	32	37	42	47	49	50
150	159	500	31.2	25	26	30	35	42	48	54	57	58.5
200	219	688	43.0	30	32	36	43	52	60	67	72	73.5
250	273	858	53.5	24.5	27	33	42	52	62	71	77	79
300	325	1021	63.8	19.5	21	28	39	51	64	74	81	84
350	377	1184	74.0	22	25	33	45	59	74	86	94	97
400	426	1338	83.5	27.5	30	39	53	69	85	89	108	112
450	478	1502	93.9	32	36	46	61	60	97	113	123	127
500	529	1662	104	37	41	52	69	90	109	127	138	142

现以管子外径为 108mm、弯曲半径 $R = 160$mm 的 90°焊接弯头为例，说明 30°断节展开图画法，见图 7-4。

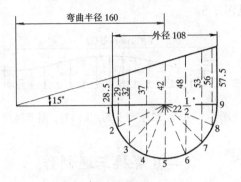

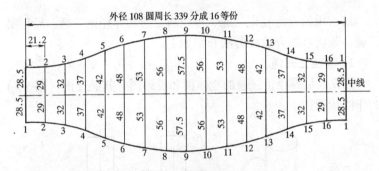

图 7-4 断节展开

先按给定条件（管子外径为 108mm，$R = 160$mm）画出一个 15°断节。以管端为直径画出半圆，并将半圆 8 等分，从点 2~8 共 7 个点上引出平行线与断节的斜面相交，此时断节平面与斜面间各线段的尺寸应依次为：28.5、29、32、……57.5（mm）。28.5mm 即为表 7-2 中的 $B/2$，57.5mm 即为 $A/2$。

断节的展开：先画一条中线，按管子外径计算出周长（108×3.14＝339mm）取定并 16 等分，通过各等分点画出与中线相垂直的线段 1-1、2-2、……16-16、1-1；在中线上下两侧按图示相应截取 28.5、29、32……57.5（mm）的各个尺寸，将其交点连为两条光滑曲线，便成为一个 30°的断节样板，如果只使用其一半（以中线分），便是图 7-4 的 15°断节样板。

采用同样的方法，可以画出 45°、22½°弯头所用的 11¼°断节样板，见图 7-5。

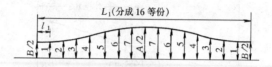

图 7-5　45°、22½°弯头所用的 11½°断节展开

（二）焊接三通制作

最常用的有等径正三通、等径斜三通和异径正三通、异径斜三通，现将其展开放样方法介绍如下。

1. 等径正三通

图 7-6 是等径正三通的立体图和投影图，其展开图（图 7-7）的作图步骤如下：

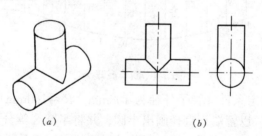

（a）　　　　　　　　（b）

图 7-6　等径正三通

（a）立体图；（b）投影图

（1）以 O 为圆心，以二分之一管外径$\left(即\dfrac{D}{2}\right)$为半径作半圆并六等分之，等分点为 4′、3′、2′、1′、2′、3′、4′；

（2）把半圆上的直径 44′向右引延长线 AB，在 AB 上量取管外径的周长并 12 等分之。自左至右等分点的顺序标号为 1、

144

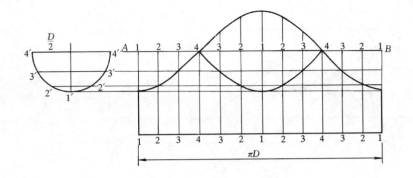

图 7-7　等径正三通展开

2、3、4、3、2、1、2、3、4、3、2、1；

（3）作直线 AB 上各等分点的垂直线，同时，由半圆上各等分点（1′、2′、3′、4′）向右引水平线与各垂直线相交。将所得的对应点连成光滑的曲线，即得支管展开图；

（4）以直线 AB 为对称线，将 4-4 范围内的垂直线对称地向上截取，并连成光滑的曲线，即得主管上开孔的展开图。

2. 等径斜三通

图 7-8 是等径斜三通的投影图，从图中可知支管与主管的交角为 α，其展开图（图 7-9）的作图步骤如下：

（1）根据主管和支管外径和交角 α 画出等径斜三通的正立面投影图；

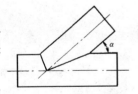

图 7-8　等径斜三通

（2）在支管的顶端画半圆并六等分，由各等分点向下画出与支管中心线相平行的斜直线，使之与主管右断面上部半圆六等分线相交得直线 11′、22′、33′、44′、55′、66′、77′，将这些线段移至支管周长等分线的相应线段上，得点 1′、2′、3′、4′、5′、6′、7′、6′、5′、4′、3′、2′、1′，用光滑曲线将这些点连接起来即是支管的展开图；

（3）将等径斜三通正立面图上的交点 1′、2′、3′、4′、5′、

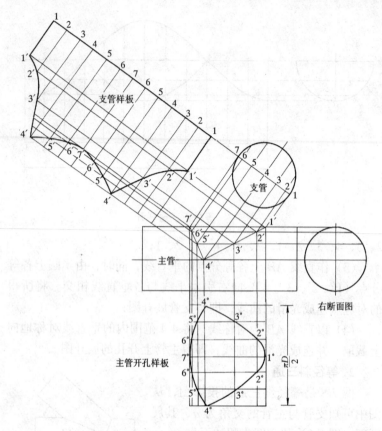

图 7-9　等径斜三通展开

$6'$、$7'$向下引垂直线，与半圆周长 $\left(\dfrac{\pi D}{2}\right)$ 的各等分线相交，得点 $1°$、$2°$、$3°$、$4°$、$5°$、$6°$、$7°$，用光滑曲线将这些点连接起来即是主管开孔的展开图。

3. 异径正三通

图 7-10 是异径正三通的投影图，其展开图的作图步骤见图 7-11。

（1）根据主管的外径 D_1 及支管的外径 D_2 在一根垂直轴线上画出大小不同的两个圆（主管画成半圆）；

146

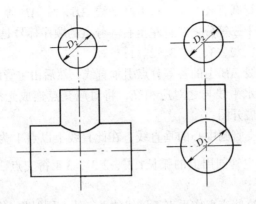

图 7-10 异径正三通

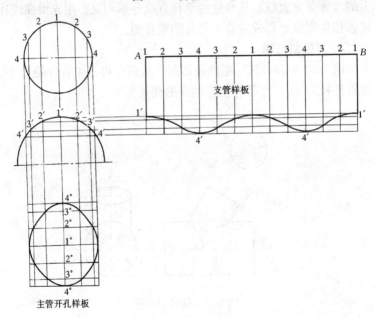

图 7-11 异径正三通的展开

(2) 将支管上半圆弧六等分，分别注标号 4、3、2、1、2、3、4，然后从各等分点向下引垂直的平行线与主管圆周相交，得相应交点 4′、3′、2′、1′、2′、3′、4′。

（3）将支管圆直径 4-4 向右引水平线 AB，使 AB 等于支管外径的周长并十二等分之，自左至右等分点的顺序标号是 1、2、3、4、3、2、1、2、3、4、3、2、1；

（4）由直线 AB 上的各等分点引垂直线，然后由主管圆周上各交点向右引水平线与之对应相交，将对应交点连成光滑的曲线，即得支管展开图；

（5）延长支管圆中心的垂直线，在此直线上以点 1° 为中心，上下对称量取主管圆周上的弧长 $\overset{\frown}{1'2'}$、$\overset{\frown}{2'3'}$、$\overset{\frown}{3'4'}$ 得交点 2°、3°、4°、2°、3°、4°；

（6）通过这些交点作垂直于该线的平行线，同时将支管半圆上的六等分垂直线延长与这些平行直线分别相交，用光滑曲线连接各相应交点，即成主管上开孔的展开图。

4．异径斜三通

图 7-12 是异径斜三通的投影图，从图中可知主管外径为 D、支管外径为 D_1，支管与主管轴线的交角为 α。

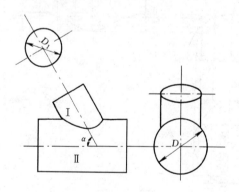

图 7-12　异径斜三通

要画出支管的展开图和主管上开孔的展开图，要先求出支管与主管的接合线（即相贯线）。接合线用图 7-13 所示的作图方法求得：

（1）先画出异径斜三通的立面图与侧面图，在该两图的支管

148

端部各画半个圆并六等分之,等分点标号为 1、2、3、4、3、2、1。然后在立面图上通过诸等分点作平行于支管中心线的斜直线,同时在侧面图上通过各等分点向下作垂线,这组垂线与主管圆周相交,得交点 1°、2°、3°、4°、3°、2°、1°;

（2）过点 1°、2°、3°、4°、3°、2°、1°向左分别引水平线,使之与立面图上支管斜平行线相交,得交点 1′、2′、3′、4′、5′、6′、7′。将这些点用光滑曲线连接起来,即为异径三通的接合线。

求出异径斜三通的接合线后,就得到完整的异径斜三通的正立面图,再按照等径斜三通展开图的画法,画出主管和支管的展开图,即图 7-13 所示的支管样板和主管开孔样板。

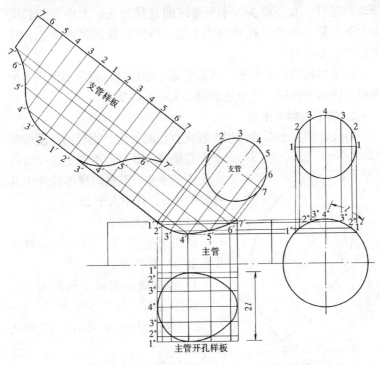

图 7-13 异径斜三通的展开图

(三) 大小头制作

当管道安装中需要变径时，如果没有合适的成品管件，可以根据不同要求在现场制作大小头管。

1. 摔制大小头

当管径较小，且两根管道的直径相差在25%以内时，可以用摔制的方法在钢管端头制作大小头。具体方法是在管端摔制部位先用氧—乙炔焰割炬加热至 $800 \sim 950℃$（管壁呈暗红色），边加热；边锤打，边转动。注意管子锥度过渡要均匀，手锤击打时锤面要放平，以免表面产生凹坑，经过几次加热、转动和锤打，直至端头缩小至要求的直径为止。大小头的长度应大于大管与小管直径差的2.5倍，当然在摔制过程中，其长热长度也是这样。

如果摔制偏心大小头，管端下部不必加热，其余部位仍需加热和边转动边锤打，直至达到偏心大小头的要求。

2. 钢板卷制大小头

钢板卷制大小头通常用于较大直径的管道，钢板的厚度应等于大直径管的壁厚，不论是异径管的大头还是小头，其椭圆度不应大于各外径的1%，且不大于5mm。

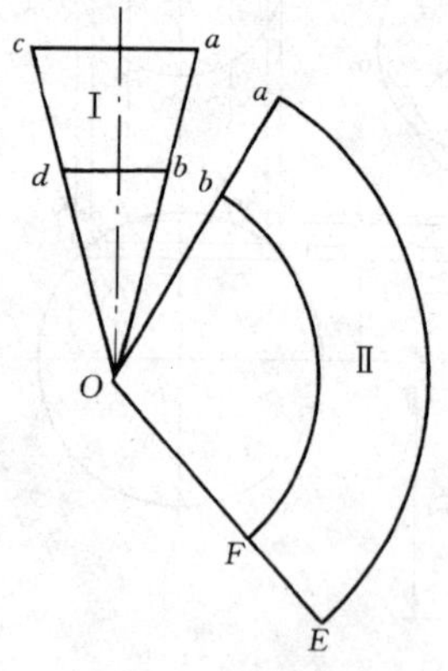

（1）同心大小头

使用钢板进行同心大小头的放样步骤如下（见图7-14）：

1）根据确定的尺寸画出大小头的立面图 abcd；

2）延长斜边 ab 和 cd，并相交于 O 点；

3）分别以 Oa 和 Ob 为半径，画 aE 和 bF，使其分别等于大头和小头

图7-14 钢板制同心
大小头制作

的圆周长。连接 a、b、E、F 点，则 $abEF$ 即为同心大小头的展开图。

当大小头的变径差很小，斜边的交点很远时，用上述方法展开有所不便，这时可采用如图 7-15 所示的近似法画出其展开图：

1）先画出立面图 $ABCD$；

2）分别以 AB 和 CD 为直径画半圆并六等分；

3）以弦长 a 为顶，弦长 b 为底，AC 长为高，作成梯形样板；

4）用十二个梯形小样板拼齐后，需要大头和小头的圆周长复查拼出样板的顶和底的总长，以免产生误差。经复查修正后，即为大小头的展开图。

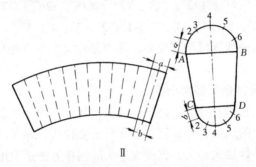

图 7-15　用梯形样板放样

（2）偏心大小头

偏心大小头的展开作图是比较复杂的，见图 7-16，其作图步骤如下：

1）画偏心大小头立面图成 $AB17$。

2）延长 $7A$ 及 $1B$ 直线相交于 O 点。

3）以直线 17 为直径，画半圆并六等分，其等分点为 2、3、4、5、6。

4）以 7 为圆心，以 7 到半圆各等分点的距离作半径画同心圆弧，分别与直线 17 相交，其交点为 $2'$、$3'$、$4'$、$5'$、$6'$。将各

交点与顶点 O 相连接。

5）连接线 $O6'$、$O5'$、$O4'$、$O3'$、$O2'$ 与直线 AB 交于 $6''$、$5''$、$4''$、$3''$、$2''$ 各点。

6）以 O 点为圆心，分别以 $O7$、$O6'$、$O5'$、$O4'$、$O3'$、$O2'$、$O1$ 为半径作同心圆弧。

7）在 $O7$ 为半径的圆弧上任取一点 $7'$，以点 $7'$ 为起点，以半圆等分弧的弧长（如 $\overset{\frown}{67}$）为线段长，顺次阶梯地截取各同心圆弧交点 $6'$、$5'$、$4'$、$3'$、$2'$、$1'$、$2'$、$3'$、$4'$、$5'$、$6'$、$7'$。

8）以 O 点为圆心，OA、$O6''$、$O5''$、$O4''$、$O3''$、$O2''$、OB 为半径，分别画圆弧顺次阶梯地与 $O7'$、$O6'$、$O5'$、$O4'$、$O3'$、$O2'$、$O1'$、$O2'$、$O3'$、$O4'$、$O5'$、$O6'$、$O7'$ 各条半径线相交于 $6''$、$5''$、$4''$、$3''$、$2''$、$1''$、$2''$、$3''$、$4''$、$5''$、$6''$、$7''$ 等各点，以光滑曲线连接所有交点，即为偏心大小头的展开图，如图 7-16 所示。

3. 钢管抽条焊接大小头

在一般较大直径的中低压管道上，如果工程设计没有要求使用工厂生产的成品管件，就可以在管道变径达 50mm 以上时，使用钢管抽条焊接大小头。这种大小头的制作方法是采用大端直径的管子，在一端割去若干个三角形，然将剩余部分用割炬加热收拢、整形、焊接成大小头，其过程见图 7-17。

从管端抽去的若干部分呈等腰三角形，其高度 h 一般等于或大于大小头大端管径，抽去的三角形的底边尺寸按下式计算：

$$a = \frac{(D_w - d_w) \cdot \pi}{n} \tag{7-1}$$

式中　a——抽去的三角形底边尺寸，mm；

　　　D_w——大头直径，mm；

　　　d_w——小头直径，mm；

　　　n——抽去的条数，一般取 5~8。

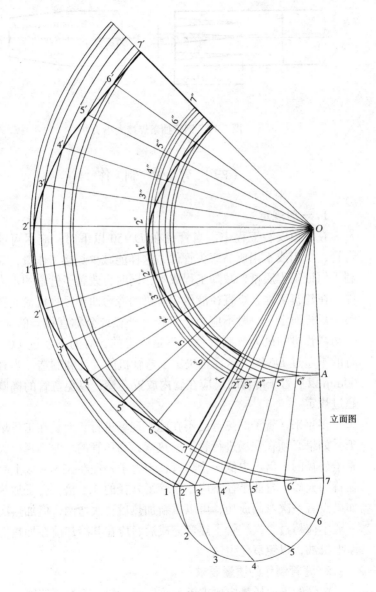

立面图

图 7-16 偏心大小头展开图

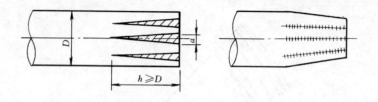

图 7-17　钢管抽条焊接大小头

（四）弯 管 制 作

1．一般规定

在管道安装工程中，当管径在 DN50 以下时，应尽可能用弯管，少用或不用成品弯头管件，这样能减少焊接工作量，又有利于保证工程质量，减降工程成本，同时也改善了管道的水力条件。在建筑工地，小直径液压弯管机的冷弯曲半径视机械配置的胎具规格而定，一般不应小于管径（外径或公称直径）的 4 倍。手动弯管机的最大弯制管径并不是固定的，有的不超过 DN32，有的不超过 DN80，这完全决定于弯管机的设计和制造。当外径 60mm 以上管子冷弯时，应在管内放置芯棒，以免弯管的椭圆度超过规定。

多年来，管子的热弯已不在施工现场进行，而是在工厂里加工。如果必须在现场进行管子的热弯，高压管的弯曲半径应大于管子外径的 5 倍。中低压管热弯，当管子外径在 32mm 以上时应在管内充砂、弯曲半径不应小于管子外径的 3.5 倍，管子加热后如果没有一次弯制成功，可以重新加热后再次弯制，但加热次数一般不应超过 2 次。管子热弯完成后，应在其冷却前在加热部位涂上机油，以免氧化生锈。

2．弯管制作的质量要求

弯管的表面质量应要求无裂纹，无分层，无过烧等缺陷，且过渡圆滑。对壁厚减薄率和椭圆率有以下要求：

（1）壁厚减薄率

壁厚减薄率的计算公式为：

$$\frac{弯曲前壁厚 - 弯曲后壁厚}{弯曲前壁厚} \times 100\% \qquad (7-2)$$

现行规范中规定，中低压弯管的减薄值不超过 15%，高压弯管的减薄值不超过 10%。

（2）椭圆率

管子在弯曲过程中，截面会产生椭圆，造成弯曲部位强度的降低。现行规范对不同管道的最大允许椭圆率有具体的规定，如中低压管为 8%，高压管为 5%。弯管椭圆率的计算式为：

$$\frac{最大外径 - 最小外径}{最大外径} \times 100\% \qquad (7-3)$$

弯管在制作过程中，除了产生壁厚减薄和椭圆以外，弯管的内侧管壁会因受挤压而产生波浪，见图 7-18。对于一般中低压钢管，其弯管波距 t 与波浪度 H 的要求是：波距 t 应大于或等于 $4H$；波浪度 H 的允许值为：$DN < 100$ 时，$H = 4$mm；$DN = 100$ 时，$H = 5$mm；$DN125 \sim DN219$ 时，$H = 6$mm；$DN250 \sim DN300$

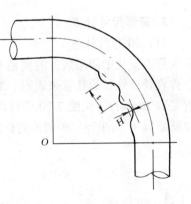

图 7-18　弯管内侧的波浪

时，$H = 7$mm。需要说明的是，关于弯管的上述波浪数值，只在某些技术书籍中介绍过，而在现行的质量检验项目中，没有这方面的规定。

无论进行钢管的冷弯还是热弯，如果使用的管子是直缝钢管

（如一般焊接钢管），在弯制前应将焊缝置于图 7-19 所示与弯曲平面成 45°角的位置中四个 A 点的位置，因为这几个位置受到的弯曲应力最小，也就是说，把弯管时对管子焊缝的不利影响降低到最小程度。

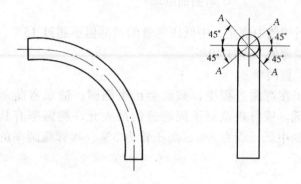

图 7-19　弯制有缝管时焊缝的正确位置

3. 弯管尺寸计算

（1）90°弯管计算

管道安装中使用最多的便是 90°弯管。弯曲半径通常用管子公称直径或外径的几倍来表示。对于冷弯管常取 $R=5D$；热弯管常取 $R=4D$。从图 7-20 中可以看出，管子弯曲部分的长度，也就是以 R 为半径所画圆的周长的 1/4，即：

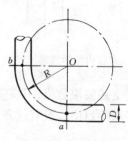

$$\overset{\frown}{ab} = \frac{2\pi R}{4} = 1.57R$$

也就是说，90°弯管的弯曲部分的展开长度是弯曲半径的 1.57 倍。

下面以图 7-21 所示的方形补偿器为例，说明弯管划线下料的计算方法。在图 7-21 中，设管径为 $DN200$，弯曲半径 $R=4DN=800\text{mm}$。

图 7-20　90°弯管

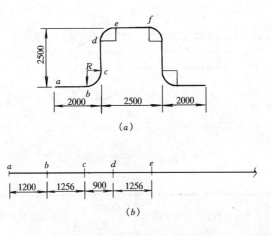

图 7-21 方形补偿器的划线

弯制开始前，要首先在图 7-21（b）中的直管上进行画线。从图中可以看出：

$$ab = 2000 - R = 2000 - 800 = 1200\text{mm}$$

于是得到第一个 90°弯的弯曲起点 b，其弯曲部分的展开长度为：

$$\overset{\frown}{bc} = 1.57R = 1.57 \times 800 = 1256\text{mm}$$

于是又得到 c 点，而直管段 cd 的长度为：

$$cd = 2500 - 2R = 900\text{mm}$$

依此类推，可以逐步完成划线工作。当然，在实际工作中，划线工作不能一次完成，应在第一个弯制作好之后，再根据实际发生的误差情况，进行下一步的划线和弯制，以避免误差的叠加。

（2）任意弯管的计算

任意弯管是指任意弯曲半径和任意弯曲角度的弯管。

任意弯管有关数值的计算，可按图 7-22 和表 7-4 进行。

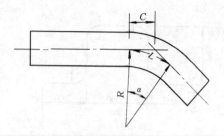

图 7-22　任意弯管

任意弯管计算　　　　　　　　　　　　　　　表 7-4

弯曲角度 α（度）	半弯直长 C	弯曲长度 L	弯曲角度 α（度）	半弯直长 C	弯曲长度 L
1	0.0087	0.0175	25	0.2216	0.4363
2	0.0175	0.0349	26	0.2309	0.4538
3	0.0261	0.0524	27	0.2400	0.4712
4	0.0349	0.0698	28	0.2493	0.4887
5	0.0436	0.0873	29	0.2587	0.5061
6	0.0524	0.1047	30	0.2679	0.5236
7	0.0611	0.1222	31	0.2773	0.5411
8	0.0699	0.1396	32	0.2867	0.5585
9	0.0787	0.1571	33	0.2962	0.5760
10	0.0875	0.1745	34	0.3057	0.5934
11	0.0962	0.1920	35	0.3153	0.6109
12	0.1051	0.2094	36	0.3249	0.6283
13	0.1139	0.2269	37	0.3345	0.6458
14	0.1228	0.2443	38	0.3443	0.6632
15	0.1316	0.2618	39	0.3541	0.6807
16	0.1405	0.2793	40	0.3640	0.6981
17	0.1494	0.2967	41	0.3738	0.7156
18	0.1584	0.3142	42	0.3839	0.7330
19	0.1673	0.3316	43	0.3939	0.7505
20	0.1763	0.3491	44	0.4040	0.7679
21	0.1853	0.3665	45	0.4141	0.7854
22	0.1944	0.3840	46	0.4245	0.8029
23	0.2034	0.4014	47	0.4348	0.8203
24	0.2126	0.4189	48	0.4452	0.8378

弯曲角度 α (度)	半弯直长 C	弯曲长度 L	弯曲角度 α (度)	半弯直长 C	弯曲长度 L
49	0.4557	0.8552	70	0.7002	1.2217
50	0.4663	0.8727	71	0.7132	1.2392
51	0.4769	0.8901	72	0.7265	1.2566
52	0.4877	0.9076	73	0.7399	1.2741
53	0.4985	0.9250	74	0.7536	1.2915
54	0.5095	0.9425	75	0.7673	1.3090
55	0.5205	0.9599	76	0.7813	1.3265
56	0.5317	0.9774	77	0.7954	1.3439
57	0.5429	0.9948	78	0.8098	1.3614
58	0.5543	1.0123	79	0.8243	1.3788
59	0.5657	1.0297	80	0.8391	1.3963
60	0.5774	1.0472	81	0.8540	1.4173
61	0.5890	1.0647	82	0.8693	1.4312
62	0.6009	1.0821	83	0.8847	1.4486
63	0.6128	1.0996	84	0.9004	1.4661
64	0.6249	1.1170	85	0.9163	1.4835
65	0.6370	1.1345	86	0.9325	1.5010
66	0.6494	1.1519	87	0.9484	1.5184
67	0.6618	1.1694	88	0.9657	1.5359
68	0.6745	1.1868	89	0.9827	1.5533
69	0.6872	1.2043	90	1.000	1.5708

注：引用表中 C、L 值时，应乘以弯曲半径 R。

管道任意角度弯曲部分的展开长度，也可以用下式计算：

$$L = \frac{\pi \alpha R}{180} = 0.01745\alpha R$$

下面举例说明表 7-4 的使用方法。

【例】 已知图 7-23（a）图中管道的转角为 38°，弯曲半径 R＝450mm，已安装的管段距转角点 O 为 1500mm，现取一段直管来制作弯管，试问如何划线？

【解】 根据图 7-23（b），欲加工弯管的直管段长度为：b ＝1500－C

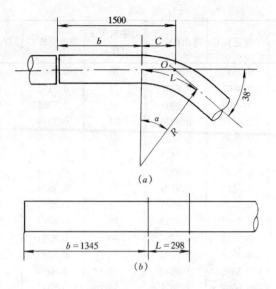

图 7-23 弯管的计算

查表 7-4，当 $\alpha = 38°$ 时，$C = 0.344$，故其展开长度为：$0.344R = 0.344 \times 450 = 155$mm

因此，$b = 1500 - 155 = 1345$mm

查表 7-4，当 $\alpha = 38°$ 时，$L = 0.663$

故 L 的实际长度为：$0.663R = 0.663 \times 450 = 298$mm

根据计算出的直管长度 b 及弯曲部分的实际长度 L，即可进行划线工作，见图 7-23 (b)。

利用表 7-4 能够很方便地进行任意角度、任意弯曲半径弯管的长度计算。不论进行冷弯还是热弯，在操作时要比预定角度多弯 2°～3°，然后借助弯管的回弹力，即能得到理想的角度。

（五）成品管件应用

在管道安装中是使用成品管件还是在现场制作管件，应视设计要求和现场的实际情况而定。对于工业管道，尤其是石油化工管道，由于质量要求较为严格，弯头、三通、大小头等管件，往往要求使用工厂生产的成品管件，这样有利于保证工程质量，加快工程进度，设备配管占用的空间较小，但工程的成本也相应提高。如果使用现场制作的焊接管件，就焊接弯头来说，焊缝比采用成品弯头要多，就三通来说，在现场制作只有一条挖眼接管焊缝，而使用成品三通有三条对接焊缝。从总体上说，使用成品管件工程质量好，有利于加快工程进度，但工程成本也较高，而在现场制作管件，焊接质量难以保证，对工程进度有一定影响，但能降低工程成本。在实际工作中，对于 $DN80$ 以下的小直径管道，应尽可能用弯管机制作弯管，少用成品弯头，这样对保证工程质量、降低成本、加快施工进度都是有利的。

使用成品管件时，还要注意管件的外径和壁厚应与管子一致，或壁厚比管子稍厚。管件大多是用无缝钢管制作的，如果安装的管道也是无缝钢管，管件外径和壁厚的选择是不成问题的，但在一般工程中，焊接钢管安装占了相当比重，这就必须在选购管件时引起注意。例如 $DN100$ 的焊接钢管，使用外径为 108mm 的弯头就不合适，因为 $DN100$ 的焊接钢管的外径是 114mm，故应选用 $\phi114\times$ （4~5）的无缝弯头。同理，$DN50$ 的焊接钢管，应使用 $\phi60\times3.5\sim4$ 的无缝弯头，而不应使用 $\phi57\times3.5$ 的无缝弯头；$DN125$ 的焊接钢管，应使用 $\phi140\times4.5\sim5$ 的无缝弯头，而不应使用 $\phi133\times4.5$ 的无缝弯头；$DN150$ 的焊接钢管，应用 $\phi168\times4.5\sim5$ 的无缝弯头，而不应使用 $\phi159\times4.5$ 的无缝弯头。

八、管道的连接方式和敷设方式

(一) 管道的连接方式

管道的连接方式只介绍最常用的螺纹连接、法兰连接、承插连接和焊接，对于较少采用的卡套式连接、沟槽式连接因篇幅限制，不作介绍。

1. 螺纹连接

(1) 螺纹连接的适用范围

管道螺纹连接主要用于以下几种情况：

1) 镀锌焊接钢管的连接；

2) 设计文件或施工验收规范允许的非镀锌焊接钢管的连接，如给排水、采暖、燃气、压缩空气支管等；

3) 管道与螺纹阀件、仪表附件以及带管螺纹的机械管口的连接。

(2) 管螺纹的类型

焊接钢管采用螺纹连接时，使用的是牙型角为55°的英制管螺纹。管螺纹有圆锥形和圆柱形两种。圆锥形管螺纹如图8-1所

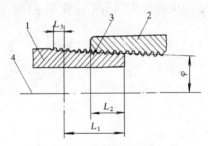

图 8-1 圆锥形管螺纹

1—管子；2—管接头；3—基面；4—管子中心线

示，图中 L_1 为螺纹的工作长度，L_2 为管端到基面的长度，L_3 为螺纹尾长度。基面是一个指定的截面，在该截面中，圆锥形管螺纹的直径（外径、中径、内径）与同规格圆柱形管螺纹的直径相等。

圆锥形管螺纹的倾斜角 $\varphi = 1°47'24''$，圆锥度为 $1:16$。圆锥形管螺纹的尺寸见表 8-1。

圆锥形管螺纹尺寸 表 8-1

管子公称直径 DN	螺距 (mm)	每 25.4mm 扣数	基面直径（mm）			螺纹工作长度 (mm)	由管端到基面长度 (mm)	螺纹工作高度 (mm)
			平均直径	外径	内径			
15	1.814	14	19.794	20.956	18.632	15	7.5	1.162
20	1.814	14	25.281	26.442	24.119	17	9.5	1.162
25	2.309	11	31.771	33.250	30.293	19	11	1.479
32	2.309	11	40.433	41.912	38.954	22	13	1.479
40	2.309	11	46.326	47.805	44.847	23	14	1.479
50	2.309	11	58.137	59.616	56.659	26	16	1.479
65	2.309	11	73.708	75.187	72.230	30	18.5	1.479
80	2.309	11	86.409	87.887	84.930	32	20.5	1.479
100	2.309	11	111.556	113.034	110.077	38	25.5	1.479

圆柱形管螺纹的螺距、每英寸长螺纹扣数、牙型角、螺纹工作长度和工作高度，都与圆锥形管螺纹相等，直径与圆锥形管螺纹基面直径相等。

（3）管螺纹的加工和连接

加工管螺纹俗称套丝，有手工和机械两种方法。手工套丝是用管子铰板在管子上铰出螺纹。在套丝过程中，应向丝扣上加机油，使丝扣和板牙得到润滑和冷却。每个丝头应分 2～3 次套成。机械套丝通常用电动套丝机进行，有时也在车床上加工。电动套丝机有多种型号，以加工 $DN15 \sim DN100$ 的机型最为常用。

管子上加工出来的是圆锥形螺纹。管螺纹要完整、光滑，不得有毛刺和乱丝，断丝和缺丝的总长度不得超过螺纹全扣数的10％。

螺纹连接有圆柱形内螺纹套入圆柱形外螺纹、圆柱形内螺纹套入圆锥形外螺纹和圆锥形内螺纹套入圆锥形外螺纹三种方式，其中后两种方式更为紧密，是常用的连接方式。

管螺纹连接时，要在外螺纹与内螺纹之间加密封填料，对于水、煤气、压缩空气等温度在120℃以下的无腐蚀性介质，可使用白铅油和麻丝。聚四氟乙烯生料带的化学稳定性好，可用于氧气、乙炔、各种燃气及其他具有一定腐蚀性、温度在200℃以内的介质。当工作温度超过200℃或输送的介质有特殊要求时，应按设计要求使用密封材料。拧紧管螺纹时，不得将填料挤入管内。拧紧后的螺纹，以其尾部露出1～2扣为宜，同时应将挤出的密封填料清除干净。

2．法兰连接

（1）常用法兰类型

按法兰和管道的连接形式划分，法兰类型有平焊法兰、对焊法兰和高压管螺纹法兰（中低压管道使用螺纹法兰的情况已极少了）。

从法兰的密封面型式划分，平焊法兰中有光滑面法兰、凹凸面法兰。常用对焊法兰中有光滑面法兰、凹凸面法兰和榫槽面法兰。以上法兰密封面的型式见图5-17。需要说明的是，在国标法兰和三部法兰标准中（原机械部标准、原化工部标准、原石油部标准），平焊法兰中没有榫槽面密封型式的法兰，但在实际工作中，有的设备制造厂家在设备连接管中存在使用平焊榫槽面法兰的情况。

（2）法兰紧固件

法兰紧固件是指连接法兰所用的螺栓、螺母和垫圈。低压管道通常使用单头螺栓（即普通六角螺栓），对于中高压管道则应使用双头螺栓（螺柱）。与螺栓配套的螺母分为A型和B型，A型螺母在一面的六角上倒圆角，另一面是平面，而B型螺母的两面都要倒圆角。螺栓、螺母和垫圈的材质选用见表8-2。

紧固件材质的选用 表 8-2

名称	公称压力 PN (MPa)	介质在下列温度（℃）时所用钢号			
		＜300	＜350	＜400	＜425
螺栓及双头螺栓	0.25, 0.6, 1.0, 1.6, 2.5	Q255A		25, 35	
	4, 6.4, 10	35, 40			
	16, 20	30CrMoA, 35Cr		30CrMoA, 35CrMoA	
螺母	0.25, 0.6, 1.0, 1.6, 2.5	Q235A		20, 30	
	4, 6.4, 10	25, 35			
	16, 20	35, 45			
垫圈	4, 6.4, 10, 16, 20	25, 35			

螺母的硬度应小于螺栓和螺柱的硬度，以便减轻天长日久后的粘结牢度，便于拆卸。螺栓或螺柱的长度，应在法兰加垫紧固后露出螺母 5mm 以内，并不大于 2 倍螺距为宜。法兰上螺栓孔的数量、直径及连接螺栓的规格，在有关法兰标准中都有具体规定，法兰螺栓孔一般比螺栓或螺柱直径大 2～3mm。

（3）法兰的装配与连接

①装配法兰前，必须把法兰表面尤其是密封面清理干净；

②装配平焊法兰时，管端应插入法兰内径厚度的 2/3，法兰的内外面都必须与管子焊接；

③法兰连接时应保持平行，其偏差不大于法兰外径的 1.5‰，且不大于 2mm；

④法兰连接应保持同一轴线，其螺栓孔中心偏差一般不超过孔径的 5%，并应保证螺栓自由穿入。法兰的连接螺栓应为同一规格，安装方向要一致，拧紧螺栓时应对称均匀地进行；

⑤不得使用厚度不等的斜垫圈来弥补法兰的不平行度。不得

使用双层垫圈。当大口径垫圈需要拼接时，不得用平口对接，应采用斜口搭接或迷宫形式；

⑥根据需要，安装垫片时可分别涂以石墨粉、石墨机油调和物或二硫化钼；

⑦如遇下列情况，螺栓、螺母应涂以二硫化钼、石墨机油或石墨粉：

a）不锈钢、合金钢螺栓和螺母；

b）管道设计温度高于100℃或低于0℃；

c）露天装置；

d）有大气腐蚀或腐蚀性介质。

⑧使用铜、铝、软钢等金属垫片，安装前应进行退火处理；

⑨高温或低温管道的法兰连接螺栓，在试运时一般应按下列规定进行热紧或冷紧：

a）管道法兰热紧及冷紧温度见表8-3。

管道法兰热、冷紧温度　　　　　表8-3

管道工作温度（℃）	一次热、冷紧温度（℃）	二次热、冷紧温度（℃）
250~350	工作温度	—
>350	350	工作温度
-20~-70	工作温度	—
<-70	-70	工作温度

b）热紧或冷紧，应在保持工作温度24h后进行；

c）紧固管道螺栓时，管道最大内压力应根据设计压力确定：当设计压力小于6MPa时，热紧最大内压力为0.3MPa；当设计压力大于6MPa时，热紧最大内压力为0.5MPa。冷紧一般应卸压进行。热、冷紧的紧固要适度，要有安全措施。

⑩法兰连接不允许直接埋地。埋地管道的法兰连接处要有检查井，如必须埋设，要采取防腐蚀措施。

3．承插连接

这里介绍的承插连接，仅限于给水铸铁管。至于排水铸铁管、硬聚氯乙烯塑料管的承插连接，将在有关施工技术方面加以介绍。

压力管道的承插连接是在承口与插口之间的间隙内加入填料，使之密实，并达到一定的强度，以达到密封压力介质的目的。承插连接的工序一般分为：管材检查和接口前准备、打麻丝（或橡胶圈）、打接口材料和养护四个阶段。

（1）承插口的接口形式

自改革开放以来，我国铸铁管生产技术发展迅速，材质由单一的灰口铸铁管，发展到强度高、韧性好、耐腐蚀的球墨铸铁管；接口形式也由单一的水泥类刚性连接发展到柔性连接。现行的灰铸铁、球墨铸铁管承插接口及橡胶圈见表8-4。

灰铸铁、球墨铸铁管承插接口及橡胶圈　　　　表8-4

序号	名称	标准编号	接 口 形 式	橡胶圈形状
1	砂型离心铸铁管	GB3421—82		圆形
2	连续铸铁管	GB3422—82		圆形
3	柔性机械接口灰口铸铁管	GB6483—86		楔形
4	梯唇形橡胶圈接口铸铁管	GB8714—88		
5	离心铸造球墨铸铁管	GB13295—91		80° 50° 邵氏硬度

在上表所列的砂型离心铸铁管和连续铸铁管的承插接口中，除了使用橡胶密封圈以外，同时还广泛使由沥青油麻作为密封填

167

料。

（2）接口前的准备

1）应对管材和管件的外观质量进行检查，表面不得有裂纹，承口的内工作面不得有油污、飞刺、铸砂及凹凸不平的铸瘤等缺陷；插口的外工作面应光滑，不得有沟槽、凸脊等缺陷，必要时加以修整；

2）水泥宜采用32.5级硅酸盐水泥；

3）石棉应采用机选4F级温石棉。机选4F温石棉基本上相当于过去的4级石棉绒，其纤维长度要求是：纤维长度4.75mm部分的筛余量为10%，纤维长度为1.40mm部分的筛余量为70%，筛底量为20%。

4）油麻是用线麻在5%的30号石油沥青和95%的汽油溶剂中浸泡后风干而成的，具有较好的耐腐蚀性。线麻的纤维要长、无皮质、清洁、松软、富有韧性。

5）圆形橡胶圈的质量应符合国家现行标准的规定，并具有合格证。橡胶圈的拉断强度应等于或大于16MPa，胶圈内径应为管子外径的0.85～0.9倍，套在管子插口端时，其断面压缩率为40%～50%。

6）承插连接只有在十分必要时才使用铅接口。铅接口也叫青铅接口，实际上就是纯铅。铅属于有色金属，银白色，熔点只有327℃，质软、密度为11.34kg/dm³。铅在空气中因氧化而使表面发暗，故呈灰色，纯铅的牌号有Pb-1～Pb-6共6种，其含铅量由99.994%逐步降至99.5%。承插连接一般使用Pb-6牌号的铅，而不必要求过高的纯度，但不能使用铅锑合金（俗称硬铅）。

（3）承插连接的操作

1）油麻与胶圈

油麻、胶圈是承插接口的内层填料。将油麻拧成直径为接口间隙1.5倍的麻辫，长度比管子外径周长长100～150mm。油麻辫在接口下方开始逐渐塞入承插口的间隙内，每圈首尾搭接50

~100mm，一般嵌塞油麻辫两圈，并依次用麻凿打实，填麻深度约为承口深度的1/3。

当管径等于或大于300mm时，可用胶圈代替麻辫。对于有凸台的插口（砂型铸铁管），胶圈应捻至凸台处；对于无凸台的插口（连续铸铁管），胶圈应捻至距边缘10~20mm处。捻入胶圈时应使其均匀滚动到位，防止扭曲或产生"麻花"、疙瘩。如采用青铅接口，为防止高温铅液把胶圈烫坏，必须在捻入胶圈后再捻打1~2圈油麻。

2）石棉水泥接口

石棉水泥接口是传统的承插接口方式，材料的重量配合比为：石棉：水泥＝3：7。石棉与水泥搅拌均匀后，再加入总重量10%～12%的水，拌成潮润状态，能用手捏成团而不松散，扔在地上即散为合适。拌好的石棉水泥填料应在1h内用完。

操作时用拌好的石棉水泥填料填塞到已打好油麻或橡胶圈的承插口间隙里。当管径小于300mm时，采用"三填六打"法，即每填塞一层打实两遍，一个接口共填三层打六遍。管径大于300mm时，采用"四填八打"法。最后捻打至表面呈铁青色，且发出金属声响为止。

3）自应力水泥接口

自应力水泥接口的材料是自应力水泥与粒径为0.5~2.5mm经过筛选和水洗的纯净中砂，重量配合比为：水泥：砂：水＝1：1：(0.28~0.32)。自应力水泥属于膨胀水泥的一种，因此，自应力水泥接口也称为膨胀水泥接口。拌好的自应力水泥砂浆要分三次填入已打好油麻或橡胶圈的承插接口内，每填一层都要用灰凿捣实，最后一次捣至出浆为止，然后抹光表面。不要像捻石棉水泥口一样用手锤击打。这种接口最怕在12h以内触动，因此在实施操作以前，一定要把管子稳固好。施工完毕后，要在承口外边抹上黄泥浇水养护3天。有条件时，可在接口完成12h后向管道内充水养护，但水压不能超过0.1MPa。

自应力水泥很容易受潮而影响质量，因此在订货时一定要落实使用时间，确保水泥在出厂后三个月以内使用。对于出厂日期不明的水泥，使用前应做膨胀性试验，通常采用的简便办法是将拌和好的自应力水泥灌入玻璃瓶中，放置 24h，如果玻璃瓶被胀破，说明自应力水泥有效。

在操作中要注意的是，拌和好的自应力水泥砂浆，应在半小时内用完，随用随拌。

4）石膏氯化钙水泥接口

石膏氯化钙水泥接口材料的重量配合比为：水泥：石膏粉：氯化钙 = 10：1：0.5。水占水泥重量的 20%。三种材料中，水泥起强度作用，石膏粉起膨胀作用，氯化钙则促使速凝快干。水泥可采用 32.5 级硅酸盐水泥，石膏粉的粒度应能通过 200 目的纱网。

操作时先把一定重量的水泥和石膏粉拌匀，把氯化钙粉碎溶于水中，然后与干料拌和，并搓成条状填入已打好油麻或橡胶圈的承插接口中，并用灰凿捣实、抹平。由于石膏的终凝时间不早于 6min，并不迟于 30min，因此，拌和好的填料要在 15min 内用完，要求操作十分迅速。

5）水泥接口

水泥接口也就是纯水泥接口，这种接口方法是只用水泥加适量的水拌和，不用添加其他材料。水泥宜采用 32.5 级硅酸盐水泥，水与水泥的重量比为 1：10，操作方法与石棉水泥接口基本相同。这种接口方法不宜大面积采用，质量不及石棉水泥接口，只适用于施工条件受到限制时少量使用在工作压力不高的情况下。

6）柔性接口

给水铸铁管的柔性接口形式见表 8-4 之序号 3～5，其中，序号 3 是老式的柔性机械接口，但应用较少，序号 4～5 采用梯唇形和 T 形橡胶圈。柔性接口完全靠橡胶圈达到承插接口的密封，不使用水泥之类的填料。橡胶圈均由管材生产厂家配套供应，施工时，可先在插口端涂上肥皂水，然后套上橡胶圈，插入承口时可使用链式手拉葫芦进行牵引，使之进入承口，达到密封接口目的。

7）青铅接口

给水承插铸铁管采用青铅接口已经有长远的历史了，其突出的优点是接口强度高、耐振性能好，施工完毕可立即通水，通水后如有渗漏可进行捻打。但这种接口方式成本高，操作较复杂，只有在抢修等特殊情况下采用。

青铅接口的施工首先要打承口深度一半的油麻，然后用卡箍或涂抹黄泥的麻辫封住承口，并在上部留出浇注口。青铅接口通常用 Pb-6 牌号的青铅，在铅锅内加热熔化至表面呈紫红色，铅液表面的杂质应在浇注前除去。向承口内灌铅使用的容器应进行预热，以免用时影响铅液的温度或粘附铅液。向承口内浇注铅液应徐徐进行，使承口中的空气能从浇注口排出。一个接口要一次完成，不能中断。待铅液凝固后，即可拆除卡箍或麻辫，再用捻凿打实，直至表面打出金属光泽并凹入承口 2～3mm。

青铅接口操作过程中要防止铅中毒。在浇注铅液前，承插口内不能有积水，否则会引起爆炸，发生烫伤事故。总之，青铅接口必须要由有实际操作经验的技工来进行示范或指导，不能单凭书面或口头交底来操作。

8）接口养护

除了柔性接口和青铅接口以外，以水泥为主要材料的各类刚性接口，在施工完毕后都需要养护。养护的方法是在接口处用黄泥或缠草绳，并在三天内不断浇水，使其保持湿润。当天气燥热或昼夜温差较大时，应用草袋等物覆盖承口。石棉水泥和纯水泥接口在 24h 后可以通水，自应力水泥接口在 12h 后可以通水，石膏氯化钙水泥接口在 8h 后可以通水。如果进行压力试验，最好在接口养护三天之后进行。

4. 焊接连接

焊接连接是管道安装工程中应用最广、最重要的连接方式，其技术含量最高。金属管道的焊接由电焊工和气焊工来完成，管道工的主要任务是为焊接施工创造条件，完成焊接前的准备工作。管道焊接连接常用的焊接方法有手工电弧焊、气焊、氩弧焊，大面积的焊接应尽可能采用 CO_2 气体保护焊。一般情况下，应优先采用电焊，当管径在 50mm 以下、壁厚在 3mm 以下，可采用气焊。

（1）坡口加工

管口在加工坡口前应检查端面是否与管子轴线垂直，即是否存在"马蹄"缺陷，管口圆度是否符合要求，只有在符合要求的前提下，才能进行坡口加工。管子的坡口有 I 形、V 形、双 V 形、U 形、X 形等多种形式，见表 8-5。I 形就是壁厚较薄，可以在焊接时不开坡口；V 形坡口是最常用的坡口形式；U 形坡口适用于管壁较厚，对焊接要求严格的管道，是用专门的机械加工出来的；X 形坡口适用于大口径，并能从管道内、外都能焊接的厚壁管道，采用这种坡口形式不但能保证焊接质量，还可以节约焊接材料。

钢制管道焊接坡口形式和尺寸 表 8-5

项次	厚度 T (mm)	坡口名称	坡口形式	坡口尺寸			备注
				间隙 c (mm)	钝边 p (mm)	坡口角度 $\alpha(\beta)$ (°)	
1	1～3	I 形坡口		0～1.5	—	—	单面焊
	3～6			0～2.5			双面焊
2	3～9	V 形坡口		0～2	0～2	65～75	
	9～26			0～3	0～3	55～65	

172

项次	厚度 T (mm)	坡口名称	坡口形式	坡口尺寸			备注
				间隙 c (mm)	钝边 p (mm)	坡口角度 $\alpha(\beta)$ (°)	
3	6~9	带垫板 V型坡口	$\delta=4\sim6$ $d=20\sim40$	3~5	0~2	45~55	
	9~26			4~6	0~2		
4	12~60	X形坡口		0~3	0~3	55~65	
5	20~60	双V形坡口	$h=8\sim12$	0~3	1~3	65~75 (8~12)	
6	20~60	U形坡口	$R=5\sim6$	0~3	1~3	(8~12)	

钢管壁厚等于或大于 3.5mm 应当进行坡口加工。管道坡口最好用机械方法，如各种固定式或手持式电动坡口机、手动坡口机（一般只适用于 100mm 以下的管道坡口）、角向砂轮打磨机，也可采用等离子弧、气割等热加工方法。采用热加方法加工的坡

口，应除去坡口表面的氧化皮、熔渣及影响接头质量的表面层，并将凹凸不平处打磨平整。

（2）焊口组对

组对焊口前，应对坡口及其20～40mm范围的内外表面的油漆、油脂、铁锈进行清理。现行施工验收规范对坡口清理的要求见表8-6。清理合格后应及时焊接。

坡口及其内外表面的清理 表8-6

管道材质	清理范围(mm)	清理物	清 理 方 法
碳素钢 不锈钢 合金钢	≥10	油、漆、锈、 毛刺等污物	手工或机械等
铝及铝合金	≥50	油污、氧化膜等	有机溶液除去油污,化学 或机械法除净氧化膜
铜及铜合金	≥20		
钛	≥50		

根据原《工业管道工程施工及验收规范》GBJ 235—82 的要求，相同壁厚的钢管焊口组对时，内壁应平齐，Ⅰ、Ⅱ级焊缝内壁错边量不应超过壁厚的 10%，且不大于 1mm；Ⅲ、Ⅳ级焊缝内壁错边量不应超过壁厚的 20%，且不大于 2mm。现行《工业金属管道施工及验收规范》GB 50235—97 对上述规定已简化为：内壁错边量不宜超过壁厚的 10%，且不大于 2mm。

壁厚不同的钢管进行焊口组对时，原施工及验收规范 GBJ 235—82 要求，内壁错边量与相同壁厚的管子组对时相同；外壁错边量当薄件厚度小于或等于 10mm 时，厚度差不应大于 3mm；薄件厚度大于 10mm 时，厚度差不应大于薄壁厚度的 30%，且不大于 5mm。现行施工及验收规范 GB 50235—97 对上述壁厚不同的钢管焊口组对的规定已进行简化，规定为：当内壁错边量超过 2mm 或外壁错边量大于 3mm 时，应按图 8-2 的要求进行修整。

管子对口时应在距接口 200mm 处测量平直度（见图 8-3），

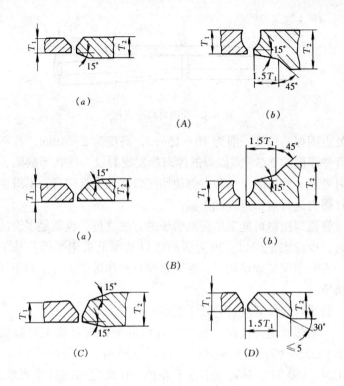

图 8-2 焊件坡口形式

(a) $T_2 - T_1 \leqslant 10$mm；(b) $T_2 - T_1 > 10$mm；

(A) 内壁尺寸不相等；

(a) $T_2 - T_1 \leqslant 10$mm；(b) $T_2 - T_1 > 10$mm；

(B) 外壁尺寸不相等；

(C) 内外壁尺寸均不相等；(D) 内壁尺寸不相等的削薄

注：用于管件且受长度条件限制时，图 (A) (a)、(B) (a)

和 (C) 中的 15°角可改用 30°角。

现行规范规定，当管径小于 100mm 时，允许偏差（a 值）为 1mm；当管径等于或大于 100mm 时，允许偏差（a 值）为 2mm。但全长允许偏差均为 10mm。

（3）点焊和焊接注意事项

管道对口完成后要用点焊固定，每个口至少点焊 3～5 处，

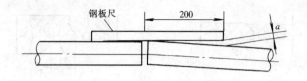

图 8-3 管道对口平直度

每处点固焊的长度一般为 10～15mm，高度为 2～4mm，且不超过管壁厚度的 2/3。点固焊的焊肉如发现裂纹、气孔等缺陷，应及时处理。管道的对口和点焊使用接口器或卡具进行，不得使用撬杠强力进行对口点焊和焊接。

管道焊接尽可能采用转动管子的方法进行，也就是多设活动焊口，少设固定焊口，因为活动焊口基本上采用平焊，易于操作，有利于保证焊接质量，而固定焊口操作难度大，不利于保证焊接质量。

管道焊缝位置应符合以下规定：

①直线管道连接时，相邻的焊口间距，现行施工验收规范（GB 50235—97）的要求是：当 DN≥150 时，不应小于 150mm；当 DN＜150 时，不应小于管子外径。在此之前的技术要求是，两相邻焊缝间距应大于管径，并不得小于 100mm；

②焊缝距离弯管（不包括压制、热推或中频弯管）起弯点不得小 100mm，且不得小于管子外径；

③钢板卷管的纵向焊缝，应置于易于检修的位置，且不宜在底部；

④焊缝距支、吊架净距不应小于 50mm，不得紧贴墙壁和楼板，更不能把焊缝置于套管内。需要进行热处理的焊缝距支、吊架不得小于焊缝宽度的 5 倍，且不得小于 100mm；

⑤不宜在管道焊缝及其边缘上开孔。

（4）焊接方式

1）手工电弧焊

手工电弧焊是应用最为广泛的焊接方法，适用于各种钢材和部分有色金属及其合金的焊接。对于普通钢管来说，当直径等于或大于 50mm 时，应采用电弧焊。焊条通常采用 E4303 或 E4301，若管道的工作温度在 300℃ 以上，可采用 E4316 或 E4315。

根据焊条药皮成分，E4303、E4301 属于酸性焊条，可用交流或直流焊机施焊，焊接过程中产生的有害气体较少，但在焊缝金属中，较易存在气泡和杂质，且焊缝的塑性、韧性和抗裂性要差一些。E4316、E4315 属于碱性低氢型焊条，与 E4303、E4301 相比，它们具有较好的机械性能，尤其是塑性、韧性和抗裂性更好，缺点是焊接过程中产生的有害气体较多，对铁锈和焊件潮湿比较敏感，容易在焊缝金属中形成气孔。

电焊条在使用前应先烘干。酸性焊条和碱性焊条对烘干的要求不同。一般来说，酸性焊条对烘干的要求不太高，可在 100～150℃（不超过 200℃）的温度下烘干 1～2h，如能妥善保管，短期内可不再烘干。而碱性低氢型焊条对潮湿相当敏感，使用前必须按要求烘干，烘干温度为 300～450℃，烘干时间为 1～2h，烘干后应保存在 150℃ 的烘箱内，随用随取。低氢型焊条若在常温下存放超过 4h，应重新进行烘干，但反复烘干次数不宜超过 3 次。焊条进行烘干时，不能把焊条突然放入高温炉或从高温炉中突然取出冷却，而应是烘干开始时缓慢升温，烘好以后随炉冷却。

焊缝的缺陷可分为外部缺陷和内部缺陷两个方面。焊接常见的缺陷主要有：焊缝尺寸及形状不符合要求，咬边，焊瘤，弧坑，气孔，夹渣、裂纹和未焊透。咬边的主要原因是电流过大，电弧过长，运条速度和焊条角度不合适等原因造成的一种常见缺陷。焊瘤是指正常焊缝外多余的金属瘤，产生的主要原因是对口间隙过大，或操作不当，运条方法不正确。焊缝的内部缺陷主要有：气孔、夹渣、裂纹、未焊透与未熔合。内部缺陷主要靠超声波探伤和射线探伤来检验。未焊透的厚度不得超过管壁厚度的 10%。焊缝的夹渣和气孔不得超过管壁厚度的 10%，若超过，应将缺陷部分打磨进行补焊。若咬边深度大于或等于 0.5mm，长度大于或等于 40mm，应清理后进行补焊。凡是有缺陷的地方，若公称直径 50mm 以下的超过 3 处、公称直径 50～150mm 的超过 5 处，公称直径 150mm 以上的超过 8 处，该焊缝应全部打磨掉重新焊接。各级焊缝内部质量标准应符合 GB 50236—98 的规定。

2）气焊与气割

气焊是利用可燃气体与助燃气体混合燃烧并从一定的设备（如焊炬）中集中喷射出火焰，对金属进行加热和熔化的一种焊接方法；气割则是利用上述火焰的热能，将钢件切割处预热到一定温度，然后通以高速切割氧流，使铁燃烧（剧烈氧化），以实现切割的一种方法。

气焊和气割所用的气体由可燃气体和助燃气体组成。助燃气体是氧气；可燃气体有多种，如乙炔气、氢气、液化石油气、天然气等，其中以氧乙炔气焊与气割应用最广。

①乙炔与氧气

乙炔是易燃、易爆气体，其燃点为 480℃，当温度升高到 300℃ 以上，压力在 0.15MPa 以上时，乙炔遇火就会爆炸；当温度超过 580℃、压力超过 0.15MPa 时，乙炔能自行爆炸。

乙炔能溶解于水、丙酮等液体，在常温下、1L 丙酮能溶解 23L 乙炔。由于丙酮具有大量溶解乙炔的特性，为了贮存乙炔，在乙炔瓶装有能吸附丙酮的多孔性材料，并注入一定数量的丙酮，以便溶解并贮存乙炔。使用时，溶解在丙酮中的乙炔会分解出来。乙炔瓶的外表面应涂成白色，并用红漆写上"乙炔"和"不可近火"字样。乙炔瓶的外形尺寸为 $\phi250mm \times 1040mm$，公称容积为 40L，公称压力为 1.52MPa。

使用乙炔瓶应遵守以下注意事项：（1）乙炔瓶不应受到剧烈的撞击或振动，以免破坏内部填料而影响其使用性能；（2）在进行气焊或气割作业时，乙炔瓶应保持直立，并有防止倾倒的措施。严禁卧放使用，否则有可能使丙酮随乙炔一起流出，有造成火灾的危险；（3）瓶阀如果冻结，严禁用火烤，可用40℃温水解冻；（4）瓶体表面温度不应超过40℃，因为温度过高会降低丙酮对乙炔气的溶解度，而使瓶内的压力急剧增高，有造成爆炸事故的危险；（5）乙炔使用压力不得超过0.15MPa，输出乙炔气流量每瓶不应超过$1.5\sim2.0\text{m}^3/\text{h}$，瓶内乙炔严禁用尽，应剩余0.1MPa压力的乙炔气，并关紧瓶阀防止漏气降低。

气焊与气割使用的氧气系工业用气体氧。氧是助燃气体，本身不能燃烧。氧气的纯度对气焊、气割的质量有明显的影响，工业用气体氧分为两级：一级纯度不低于99.2%，常用于质量要求较高的气焊；二级纯度不低于98.5%，常用于气割。氧气由氧气瓶装盛供应到施工现场。氧气瓶最常用的容积为40L，公称压力为15MPa，可储存常压常温氧气6m^3。氧气瓶外表面为天蓝色，并用黑漆标明"氧气"字样。使用氧气瓶应遵守以下注意事项：（1）运送氧气瓶应避免相互碰撞，并且不能与可燃气体气瓶、油料及其他任何可燃物放在一起运输、贮存；（2）夏季使用氧气瓶必须安放在凉棚内，避太阳强烈照射使内部压力增加；（3）氧气瓶的瓶阀处严禁沾染油脂，也不允许戴有油脂的手套搬运氧气瓶；（4）氧气瓶内的氧气不能用完，最好能留下$0.4\sim0.6\text{MPa}$的压力，以防混入其他气体，并可在充气和安装减压阀时吹除灰尘或做试验使用。

焊接操作的一般知识

点燃焊接火焰时，应先打开焊炬或割炬的氧气阀，放出少量的氧气，再打开乙炔阀，放出少量乙炔，两种气体混合喷出后，再用火源将其点燃。点火工具最好使用点火枪。刚点燃的火焰一般为碳化焰，可以调节氧气和乙炔的供给量，得到中性焰或氧化焰，同时还要注意对火焰能率的调节，以达到焊接或切割的需要。结束工作时，应先关闭乙炔阀，后关闭氧气阀。

焊炬和割炬在使用过程中最容易出现的不正常情况是"放

炮"和"回火"。"放炮"就是焊接或切割过程中发生"叭叭"的响声，有时会造成火焰熄灭。"放炮"的原因主要有焊嘴或割嘴漏气或堵塞，或者距工件太近，可采取相应措施予以消除。"回火"就是火焰从焊炬或割炬向乙炔管内倒回燃烧，"回火"时会发生两种现象：第一，焊嘴或割嘴处火焰突然熄灭；第二，焊炬或割炬内发出急骤的"嘶嘶"声。回火时应迅速将氧气阀关闭，然后关闭乙炔阀，回火便会中止。稍停片刻后，重新打开氧气阀，吹扫残留在焊炬或割炬内的炭灰，再重新点火。

减压阀是气焊及气割作业的重要器材，在氧气瓶和乙炔瓶上，都要安上减压阀，以便瓶中的高压气体降压为需要的低压气体，并保证输出的气体压力稳定。氧气减压阀的外表涂为天蓝色，乙炔减压阀的外表涂为白色。氧气减压阀与氧气瓶是通过减压阀进气口上的活接头和氧气瓶侧的接头连接的；乙炔减压阀与乙炔瓶是靠特殊的夹环连接的。氧气减压阀和乙炔减压阀不得调换使用。在使用减压阀时要注意以下几点：（1）在安装减压阀之前，略开气瓶阀，用高压气体吹去瓶口污物和水分，以免带入减压阀内，操作时瓶口不能朝向人体；（2）检验各接头是否拧紧，调节螺丝应处于松开位置；（3）装好减压阀，才能开启气瓶阀，要缓慢进行，观察压力表工作是否正常，各部位有无漏气现象，待正常后，再接输气胶管。氧气胶管为红色，内径 8mm，允许工作压力为 1.0MPa；乙炔胶管为黑色，内径 10mm，允许工作压力为 0.5～1.0MPa。每种胶管只能用于一种气体，不能相互代用；（4）结束工作时，先松开减压阀的调节螺丝，再关闭气瓶阀。

焊丝是气焊和气体保护焊的焊接材料。常用焊丝一般分为碳素钢焊丝、低合金耐热钢焊丝、铬镍不锈钢焊丝、铜及铜合金焊丝和铝及铝合金焊丝。焊接钢管和一般无缝钢管的气焊可选用一般焊丝，如 H08，如果工作压力和工作温度较高，可选用 H08MnA 焊丝。焊丝直径与焊件厚度的关系见表 8-7。

焊丝直径与焊件厚度的关系　　　　　　　表 8-7

焊件厚度（mm）	0.5~2	2~3	3~5	5~6
焊丝直径（mm）	不用或≤2	2~2.5	2.5~3.2	3.2~4

气焊熔剂是焊接有色金属、不锈钢时必须使用的焊接材料，主要用于改善焊缝质量，防止金属的氧化及消除已经形成的氧化物。常用的气焊熔剂见表 8-8。

常用的气焊熔剂　　　　　　　表 8-8

牌号	名　　称	应用范围	备　　注
CJ301 （气剂 301）	铜气焊熔剂	铜及铜合金	熔点约为 650℃
CJ401 （气剂 401）	铝气焊熔剂	铝及铝合金	熔点约为 560℃， 焊后必须清除干净
CJ101 （气剂 101）	不锈钢及耐热 钢气焊熔剂	不锈钢及耐热钢	熔点约为 900℃
CJ201 （气剂 201）	铸铁气焊熔剂	铸　　铁	熔点约为 650℃

手工气割时，使用的割嘴号数和氧气压力应根据工件厚度确定。当切割厚度小于 4mm 的钢件时，一般选用 1~2 号割嘴，氧气压力采用 0.3~0.4MPa；当切割厚度为 4~10mm 的钢件时，一般选用 2~3 号割嘴，氧气压力采用 0.4~0.5MPa。

3）氩弧焊

氩弧焊是惰性气体保护焊的一种，它是以氩气作为保护气体的一种电弧焊。在焊接过程中，从喷嘴喷出的氩气在电弧周围形成保护气罩，使熔化金属和电极与空气隔绝，能获得高质量的焊缝。氩弧焊可焊接的材料广泛，几乎所有的金属材料都能焊接，特别适宜焊接化学性质活泼的金属。常用于合金钢、不锈钢、铝、镁、铜、钛及其合金和稀有金属的焊接。对焊缝要求较高的无缝钢管，则常采用氩弧焊打底，手工电弧焊盖面的焊接方法，既保证了焊缝质量，又降低了焊接成本。

按所用电极的不同，氩弧焊分为非熔化极（钨极）氩弧焊和熔化极氩弧焊两种。钨极氩弧焊（TIG）是用高熔点钨棒作为电极，在氩气保护下，利用钨棒与工件之间的电弧热量，来熔化填充焊丝和母材，冷却凝固后形成焊缝，而电极本身不熔化，其原理见图8-4。熔化极氩弧焊（MIG）是采用焊丝作为电极，电弧在焊丝与工件之间燃烧，同时处于氩气层流的保护之下，焊丝以一定的速度连续供给，并不断熔化形成焊滴过渡到熔池中，冷凝为焊缝，其厚理见图8-5。对于厚度6mm以上的焊件，熔化极氩弧焊有明显的优越性，应用很广。

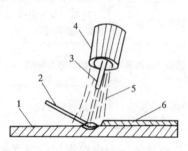

图 8-4　钨极氩弧焊原理

1—母材；2—焊丝；

3—钨极；4—喷嘴；

5—氩气流；6—焊缝

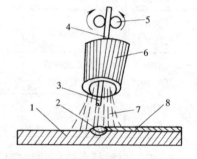

图 8-5　熔化极氩弧焊原理

1—母材；2—熔池；

3、4—焊丝；5—送丝滚轮；

6—喷嘴；7—氩气流；

8—焊缝

（二）管道的敷设方式

管道敷设大体上可划分为室外管道敷设和室内管道敷设两大类。由于工程的具体情况各不相同，管道敷设应遵照施工组织设计或施工方案进行。一般情况下，管道敷设的施工顺序是：先地下，后地上；先大管道，后小管道；先高空管道，后低空管道；

先金属管道，后非金属管道；先干管，后支管。在管道敷设过程中，要先安装支吊架，后安装管道；先安装进出或靠近建筑物的管道，后安装外部管道。

在管道敷设过程中，如果各类管道发生交叉，通常的避让原则是：小管道让大管道；压力管道让重力流管道；低压管道让高压管道；一般管道让高温或低温管道；辅助管道让物料管道；一般物料管道让易结晶、易沉淀管道；支管道让主管道。

1. 室外管道敷设

室外管道的敷设形式，可分为地下敷设和地上敷设（即架空敷设）。

（1）地下管道敷设

1）无地沟敷设

无地沟敷设管道也就是直埋管道，它们的施工顺序是测量放线、挖土、沟槽内管基处理，下管前预制及防腐、下管、管道连接、试压、接口防腐处理、回填土。在实际工程中，除了压力铸铁管道和输油、输气等压力钢制管道通常采用直埋敷设方式以外，近年来也在推广有保温层的热力管道进行直埋敷设的施工方法。

2）地沟敷设

地沟敷设分为通行地沟、半通行地沟和不通行地沟三种。地沟采用混凝土底板，沟壁用钢筋混凝土或红砖砌筑，盖板用钢筋混凝土预制板。

通行地沟内通道高度为 1.8~2.0m，通行宽度不小于 0.7m，施工及维修人员可在沟内进行施工和日常维修工作，管道和支架的布置形式见图 8-6（a）。

半通行地沟内通道高度一般为 1.2~1.4m，通行宽度为 0.5~0.6m，维修人员可弯腰通行，见图 8-6（b）。

不通行地沟的断面尺寸没有具体规定，沟内的管道只能单层布置，投入使用后无法对管道进行维修，见图 8-6（c）。

（2）地上管道敷设

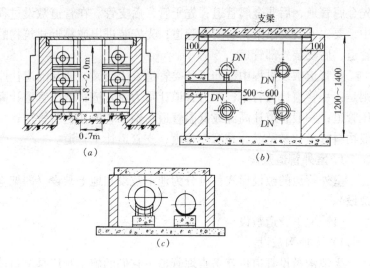

图 8-6 热力地沟

（a）通行地沟；（b）半通行地沟；（c）不通行地沟

1）高支架敷设

支架净高一般 4.5~6.0m。如果只用于管道跨越厂区道路或公路，净高可为 4.5m，跨越铁路净高（距钢轨面）需 6.0m，对电气化铁路需 6.55m，支架可采用钢筋混凝土结构或钢结构。在管路中安装阀门、补偿器、检测仪表的地方需设置操作平台和爬梯，以便管理和维修人员使用。

2）中支架敷设

支架净高一般为 2.5~4.0m，这种高度便于厂区机动车、非机动车和行人来往。中支架可以采用钢筋混凝土结构或钢结构。

3）低支架敷设

管道低支架敷设也称为管墩敷设，管墩用混凝土浇筑或用红砖砌筑，当管道根数较多时，也可以用钢筋混凝土制成较宽的管架。低支架的净高一般为 0.5~1.0m，最低应保证管道保温层层底面距地面净高不少于 0.3m。采用低支架敷设的管道经过各种路口时，可以局部改为中支架或高支架。

2. 室内管道敷设

室内管道敷设主要有明装和暗装两种形式。

（1）管道明装

管道明装是指当工程完工并投入使用后，能够看到管道走向的安装方式。管道明装便于施工和维修，但这种敷设方式多占用建筑物的空间，影响室内观感，同时对施工要求较高，要做到横平竖直，管道表面涂漆与周围环境要协调。在工厂和一般民用住宅中，管道多采用明装。

（2）管道暗装

管道暗装是指工程完工并投入使用后，从外面看不到管道的安装方式，如干管设在室内地沟或顶棚内，立管、支管设在墙槽内，只有供人使用或操作的部位才显露出来，其余部分都是隐蔽的。这种敷设方式对管道的观感要求不是很高，但要求其内在质量好，否则日后维修十分不便。在施工中，对于供用户使用或操作的明装部位，要准确到位。在宾馆、饭店及高级民用住宅中，管道多采用暗装，为便于施工及管理、维修，各种管道立管都集中在管道间内，在高层建筑中还设有专门安装设备和管道的设备层，所有这些措施，都是为了为用户营造一个美观舒适的环境，但又可以在一定程度上进行管道的维修工作。

室内管道敷设应注意的事项如下：

①管道敷设不应遮挡门窗或影响门窗的开关，并应避免通过电动机、配电柜（盘）、仪表箱（盘）的上方；

②供液管不应有局部向上的弯曲，以免形成气囊；吸气管不应有局部向下的弯曲，以免发生气阻或液阻现象；

③水平管道敷设应遵守设计或施工验收规范规定的坡向和坡度；

④对于设备（尤其是转动设备）的配管，管道和阀件的重量不应支撑在设备上，应尽量用支吊架分散承担；

⑤当从主干管一侧引出支管时，如果需要在支管上安装阀门，宜装在引出支管的水平管段上；

⑥管道上安装仪表用的各种测点的连接件（如流量孔板，压力测点、流量测点等），应与管道同时进行安装，以免管道安装完毕后，再开孔、焊接，使焊渣落入管内；

⑦采用成品冲压管件（如弯头、大小头）时，不宜直接与平焊法兰焊接，其间要加一段直管，按现行规范的规定，直管长度不小于 100mm，并不得小于管子外径；

⑧地下敷设或暗装管道安装完毕后，应及时进行试压、防腐和保温，并填写《隐蔽工程记录》，请监理方和甲方认可签字。

九、给水排水及采暖管道安装

（一）给水排水管道安装

1. 给水管道安装

（1）室外给水管道

就建筑给水来说，室外给水工程的范围是指工厂厂区或住宅小区的室外给水管道；城市的给水管网则属于市政给水的范围。因此，建筑给水工程和市政给水工程所执行的施工及验收规范也是不一样的，在现阶段，建筑给水排水工程执行《建筑给水排水及采暖工程施工质量验收规范》（GB 50242—2002），而市政给水排水工程则执行《给水排水管道工程施工及验收规范》（GB 50268—97）。

从广义的范围来说，室外给水工程的组成应当从取水构筑物开始，经一级泵站把原水输送到水厂，对水进行净化处理，使之达到饮用水的卫生标准，然后经二级泵站进入输水管道，输水管道再与城市或厂区的配水管网相连接。

室外给水管道的材质大体有四种：给水铸铁管、钢管、钢筋混凝土管和硬聚氯乙烯塑料管，其中以给水铸铁管应用最多，给水铸铁管按生产工艺的不同分为砂型离心铸铁管和连续铸铁管两大类，材质均为灰口铸铁。近年来，球墨铸铁给水管的应用日益广泛。按老标准的规定，给水铸铁管按工作压力等级分为低压管、普压管和高压管，其工作压力分别为 0.45MPa、0.75MPa 和 1.0MPa，但这种划分方法早在 1982 年颁发实施的产品标准中就已经改变了。现行标准对管材的压力级别和试验压力的规定见表 9-1 及表 9-2。

砂型离心铸铁管的分级及试验压力　　　　表 9-1

公称直径 DN	管材分级及试验压力（MPa）	
	P 级	G 级
DN≤450	2	2.5
DN≥500	1.5	2

连续铸铁管的分级及试验压力　　　　表 9-2

公称直径 DN	管材分级及试验压力（MPa）		
	LA 级	A 级	B 级
DN≤450	2	2.5	3
DN≥500	1.5	2	2.5

从以上两表可以知道，现行标准对管材采用了新的压力等级分级方法，相当于老标准中低压管的压力等级已取消，P 级和 LA 级相当于原普压管压力等级，G 级和 A 级相当于原高压管压力等级，而 B 级是老标准没有的更高压力等级标准。表 9-1 和表 9-2 中的试验压力是指管子材料本身应具备的强度，而不是管道安装后进行压力试验的数值。

室外给水管道应按以下顺序进行敷设:按施工图测量放线→开挖沟槽→铺管接口→试压→接口防腐→回填土→水冲洗→竣工验收。

室外给水管道的测量放线应根据施工总平面图提供的坐标基准点进行,但在施工中还应与永久性建筑物的位置进行核对,通常与建筑物外墙呈平行或垂直关系,平行时距建筑物 3~5m 以上。

室外给水管道通常埋地敷设,埋深一般不小于 0.7m,且必须在当地冰冻线以下。管道沟槽断面的形式有直槽、梯形槽、混合槽和联合槽四种,见图 9-1。可根据管径大小、土壤性质、地下水位高低及施工方法选用。当埋设较深时可采用混合槽;两根或两根以上管道并行敷设,可采用联合槽;在没有地下水的情况下,且土壤的湿度一般时,如果沟槽深度不超过下列规定,原则上可按直槽考虑,施工中常以 1:0.1 的微边坡开挖:

填实的砂性土和砾石土　　　　0.8m

亚砂土和粉质黏土　　　　1.0m

黏　　　土　　　　1.25m

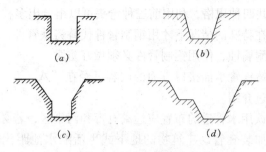

图 9-1　管道沟槽形式

(a) 直槽；(b) 梯形槽；(c) 混合槽；(d) 联合槽

特别密实的土　　　　　　　　1.5m

在挖掘管道沟槽时，注意不要超深。当使用机械挖掘时，应按设计深度留出 20cm 的裕量，由人工清理找平。如果沟槽挖掘超过深度，应用夹砂石找平，若就地回填土，则必须夯实，不允许用垫石块、砖头等方法调整管道标高。总之，埋地敷设的给水铸铁管必须坐落在坚实的原土上，否则日后容易发生断管事故。

在进行铺管的准备工作时，应对管材和管件进行质量检验，具体内容有：承插口部分不得有粘砂和凸起、承口根部不得有凹陷；机械加工部位的轻微孔穴不大于 1/3 厚度，且不大于 5mm；间断沟陷、局部重皮及疤痕的深度不大于 5% 壁厚加 2mm；内外表面的漆层应完整光洁，附着牢固；带有水泥砂浆衬里的管材，其衬里涂层应完整牢固；尺寸偏差和承压能力等指标，均应符合产品标准要求。

承插铸铁管在对口前应先清除承口内部及插口外部的毛刺、泥土及沥青涂层。沥青涂层可用气焊炬或喷灯烧烤，然后用钢丝刷和破布清理干净。

在沟槽内挖接口工作坑之前，有三通、阀门、消火栓的地方要先定位，然后按承口迎向水流的方向逐个确定工作坑的位置。在坡度较大的地段，铺管时承口应在高处，以利管道的稳固和接口操作。铺管过程中，承插口不宜抵得太死，应留有 3~5mm 的间隙。

根据现行产品标准的规定，给水铸铁弯头有 $11\frac{1}{4}°$、$22\frac{1}{2}°$、

45°及 90°共四种规格，利用前三种弯头可以组合出多种不同的角度。只有在特殊的情况下才用钢制管件代替铸铁管件，钢材不像铸铁那样耐腐蚀，使用钢制管件必须做好防腐。

给水铸铁管承插接口方面的内容已经在"八、（一）承插连接"中作过介绍。

生活饮用水管道的布置应远离有毒和污染区，若必须通过这些地区要加装套管。建筑物的地下式生活贮水池距化粪池应在10m 以上。

（2）室内给水管道

室内给水管道系统由引入管、水表节点、室内管道系统、升压和贮水设备等主要部分组成。

室内给水管道的安装顺序一般是先敷设引入管，后安装干管、立管和各个方向的横、支管。在民用住宅中，可按单元、按立管编号进行施工，在高层建筑中可按立管编号进行施工，总之按区域或系统分项施工，先地下后地上，先大管后小管，先安支吊架后装管道，再进行水压试验，合格后再装水龙头、与卫生器具镶接或连接用水设备。

1）引入管

建筑物的给水引入管上均应装设阀门和水表，必要时还要有泄水装置。引入管应有不小于 0.003 的坡度，坡向室外管网或泄水装置。引入管与室内排水的排出管的水平间距，在室外不得小于 1.0m，在室内平行敷设时，其最小水平净距为 0.5m；交叉敷设时，垂直净距为 0.15m，且给水管应在上面。引入管穿越基础或承重墙时，要预留洞口，管顶与洞口间的净空一般不小于0.15m。引入管穿越地下室或地下构筑物外墙时，应采取防水措施，根据情况采用刚性或柔性防水套管。

2）干管和立管

给水横管应有 0.002～0.005 的坡度，坡向可以泄水的方向。当与其他管道同地沟或共支架敷设时，给水管应在热水管、蒸汽管的下面，在冷冻水管和排水管的上面。给水立管和装有 3 个或

3个以上配水点的支管，在始端均应装设阀门和活接头。给水立管一般应在底层出地坪 0.50m 处装阀门，阀门后应装活接头。给水管不宜穿过沉降缝、伸缩缝，如必须穿过应采取有效措施，如局部采用橡胶管或金属软管、橡胶柔性接头以及活动支架法。

立管穿楼板时要加套管，套管底面与楼板底面齐平，套管上口一般高出楼板净地面 20mm，在卫生间、食品加工间等容易积水的房间，应高出净地面 40～50mm。

立管管卡安装，在楼层高不超过 5m 时，每层安装一个；当层高超过 5m 时，每层不得少于 2 个。管卡安装高度为 1.5～1.8m，2 个以上管卡可均布安装。

立管垂直度允许偏差为：每米为 2mm，全长 5m 以上的累计误差不大于 8mm。

当冷、热水立管并行敷设时，热水管在左侧，冷水管在右侧。当立管管径大于 32mm 时，管道外表面与墙壁抹灰面的距离为 30～50mm，对于较小的管径则为 25～35mm。

3) 支管

给水支管应有不小于 0.002 的坡度坡向可以泄水的方向。冷、热水管水平并行时，热水管应在冷水管的上面。明装支管、横管当管径在 32mm 以内时，管子外皮距墙面为 20～25mm。

以上关于引入管、干管和立管及支管安装的一些主要要求，一般是给水管道使用镀锌钢管的情况上，按照前述 GBJ 242—82 规范及其相应的质量检验评定标准归纳出来的。1999 年，国家有关部委联合发出文件，在城镇住宅新建工程中淘汰镀锌钢管用于室内给水管道，其替代推广的管材是铝塑复合管、交联聚乙烯（PE-X）管、无规共聚聚丙烯（PP-R）管等新型管材，这些新型管材能更好地保证饮用水的清洁卫生，但在安装方面的一个显著特点是管道支架的间距大为减小，施工中可参考有关新规范或管材生产厂家提供的技术参数。

室内热水供应管道主要设置于宾馆、饭店等建筑物中，供卫生间的洗浴用水，管材多采用镀锌钢管，对于高级宾馆，冷、热水管均可使用铜管。热水供应管的干管，立管均需保温，水温一般不超过65℃。

室内给水管道在引入管上装有总水表，以便对建筑物的总用水量进行计量。在民用住宅和有些商住楼中，每根给水立管上每层楼的支管也都装有水表。引入管上的水表装设在室内的阀井中，水表前后均装有阀门，为保证用水计量的准确，螺翼式水表上游应有8～10倍水表口径的直管段，其他类型水表前后应有不小于300mm的直管段，水表应水平安装，其外壳上的箭头方向应与水流方向一致。水表应装设在查看检修方便、不受曝晒、不致冻结、不受污染和不易损坏的地方。

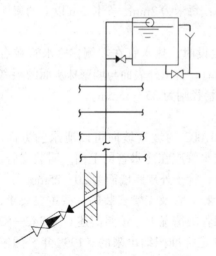

图9-2　设有高位水箱的给水系统

给水管道上的阀门应装在宜于操作和便于更换的位置。管径小于或等于50mm时，宜采用截止阀；管径大于50mm时，宜采用闸阀。在双向流管段上，不论管径大小，均应采用闸阀。

止回阀也是给水管道上使用较多的阀件，在下列管段上，应装设止回阀：（1）两条或两条以上引入管且在室内连通时的每条引入管上；（2）利用室外给水管网压力进水的高位水箱，当其进水管和向室内供水的出水管共为一根时，在水箱的出水管上和引入管上，均应设止回阀，见图9-2。

此外，给水管道还应有防止水质不被污染的措施，例如生活饮用水不得因回流而被污染，要求给水管配水出口不得被任何液体淹没，并要求配水出口高出用水设备的溢流水位的最小空气间隙为管径的 2.5 倍。

管道施工完毕后，应按设计要求对管道系统进行压力试验，对于埋地和暗装的管道，应在隐蔽前进行压力试验。

2．室内排水管道及卫生器具安装

室内排水管道的常用管材主要有排水铸铁管和硬聚氯乙烯管。在民用住宅中，已普遍采用硬聚氯乙烯排水管，在高层建筑中也将以柔性接口机制铸铁排水管代替砂模铸造铸铁排水管。

室内排水管道系统包括卫生器具的安装，雨水管道的安装也将在本部分叙述。

（1）铸铁排水管道的安装

1）排出管的安装

排水铸铁管属于重力流管道，采用承插连接，承口与插口的间隙一般为 6mm，接口材料采用石棉水泥，不得用水泥砂浆抹口。室内排水管的施工顺序，一般是先装排出管，再装排水立管和各层的横支管，最后安装卫生器具。

排出管的室外部分埋深不应小于当地冰冻线，室内部分埋深一般最小为 0.7m，若为混凝土地面也不应小于 0.4m。排水管道必须按设计规定的坡度施工，如果设计未作规格，应按表 9-3 规定的坡度施工，必要时可在短距离内加大坡度，但不得超过 0.15。

排水管道的标准坡度和最小坡度　　　　表 9-3

管　径	工业废水（最小坡度）		生　活　污　水	
DN	生产废水	生产污水	标准坡度	最小坡度
50	0.020	0.030	0.035	0.025
75	0.015	0.020	0.025	0.015
100	0.008	0.012	0.020	0.012
125	0.006	0.010	0.015	0.010
150	0.005	0.006	0.010	0.007
200	0.004	0.004	0.008	0.005

排出管自建筑物至室外排水检查井中心的距离不宜小于3.0m。一般先将排出管做出建筑物外墙1.0m处，待室外管道和检查井施工后，再接入井内，排出管与室外排水管应采用管顶相平或排出管略高。

排出管穿过建筑物基础或承重墙时应预留洞口，上部净空不小于0.15m。穿过地下室外墙时可采用刚性防水套管。排出管与排水立管的连接应采用两个45°弯头或弯曲半径为4倍管径的90°弯头，并在弯头下面砌筑砖支墩。

排出管及在地坪以下的立管在隐蔽前必须做灌水试验，合格后方可回填土或进行隐蔽。

2）立管及横支管的安装

在排水立管上每隔两层设置一个检查口，但在最低层和有卫生器具的最高层必须设备。如为两层建筑，可仅在底层设置检查口。立管上如果有乙字弯管，则在该层乙字弯管的上部设置检查口。立管上两个检查口之间的距离不得大于10m。检查口的高度，从地面至检查口中心为1.0m，允许偏差为±20mm，并应高于本层卫生器具上边缘150mm。检查口的朝向应便于维修，对于暗装立管，在检查口处应安装检修门。

排水立管与横管的连接以及横管与横管之间的连接宜采用45°三通或45°四通和90°斜三通或90°斜四通。立管上连接横管的三通或四通口中心距楼板底面一般以350~400mm为宜。通气管不得与风道或烟道连接，高出层面不得小于300mm，但必须大于最大积雪厚度。排水横管的坡度见表9-3及相应的文字介绍。排水管不得穿越沉降缝，烟道和风道，并避免穿过伸缩缝。

在连接2个及2个以上大便器或3个及3个以上卫生器具的污水横管上，应设置清扫口。当污水管在楼板下悬吊敷设时，可将清扫口设在上一层楼地面上。污水管起点的清扫口与管道相垂直的墙面距离，不得小于200mm；若污水管起点设置堵头代替清扫口，则与墙面距离不得小于400mm。

排水管道上的支吊架应牢固可靠，其间距要求：横管不大于

2m；立管不得大于 3m。层高小于或等于 4m 时，立管上可安装一个支架。

（2）排水塑料管的安装

建筑排水用硬聚氯乙烯管件（即 UPVC 或 PVC-U，以下简称排水塑料管），具有质轻、易于切断，施工方便，水力条件好的特点，因而在建筑排水工程，尤其是民用建筑排水工程中应用十分广泛，它适用于水温不大于 40℃ 的生活污水和工业废水的排放。

与普通排水铸铁管不同的是，排水塑料管及管件的规格不是以公称直径表示，而是以公称外径表示。由于其连接方式采用承插粘结，因而对管材外径和承口内径都有一定公差要求，其具体规格见表 9-4。

直管及粘结承口规格（mm）

表 9-4

公称直径	平均外径极限偏差	直管壁厚		粘 结 承 口		
		基本尺寸	极限偏差	承口内径		承口深度（最小）
				最小	最大	
40	+0.3	2.0	+0.4	40.1	40.4	25
50				50.1	50.4	25
75		2.3		75.1	75.5	40
90				90.1	90.5	46
110	+0.4	3.2	+0.6	110.2	110.6	48
125				125.2	125.6	51
160	+0.5	4.0		160.2	160.7	58

1）管道安装的一般规定

管道应按设计规定设置检查口或清扫口，当立管设置在管道井、管窿（即为布置管道而构筑的狭小的不进人空间）或横管在吊顶内时，在检查口或清扫口位置应设检修门。

立管和横管应按设计要求设置伸缩节。当楼层高度小于 4m 时，立管（包括通气立管）应每层设一个伸缩节；横管上无汇合管件的直线管段大于 2m 时，应设伸缩节，但伸缩节之间的最大间距不得大于 4m。住宅内排水立管上的伸缩节安装高度一般为距地坪 1.2m。当设计对伸缩节的伸缩量未作规定时，管端插入伸缩节处预留的间隙应为：夏季施工时为 5～10mm；冬季施工时为 15～20mm。

管道支承件的间距，立管管径为 50mm 时，不得大于 1.2m；管径大于或等于 75mm 时，不得大于 2m，横管直线管段支承件间距应符合表 9-5 的规定。非固定支承件的内侧应光滑，与管壁间应留有微隙。

横管直线管段支承件的间距 表 9-5

管径（mm）	40	50	75	90	110	125	160
间距（m）	0.40	0.50	0.75	0.90	1.10	1.25	1.60

塑料管与铸铁管连接时，宜采用专用配件。当采用石棉水泥或水泥捻口连接时，应先把塑料管插口外表面用砂布打毛或涂刷胶粘剂后滚粘干燥的粗黄沙，插入铸铁承口后再填嵌油麻，用石棉水泥或水泥捻口。塑料管与钢管、排水栓连接时采用专用配件。

在设计要求安装防火套管或阻火圈的楼层，应先将防火套管或阻火圈套在欲安装的管段上，然后进行管道接口连接。

2）管道粘接

排水塑料管的切断宜选用细齿锯或割管机具，端面应平整并垂直于轴线，且应清除端面毛刺，管口端面处不得有裂痕、凹陷。插口端可用中号板锉锉成 15°～30°坡口，坡口厚度宜为管壁厚度的 1/3～1/2。

在粘接前应将承口内面和插口外面擦拭干净，无灰尘和水迹。若表面有油污，要用丙酮等清洁剂擦净。插接前要根据承口深度在插口上划出插入深度标记。

胶粘剂应先涂刷承口内面，后涂插口外面所作插入深度标记范围以内。注意胶粘剂的涂刷应迅速、均匀、适量、无漏涂。承插口涂刷胶粘剂后，应即找正方向将管子插入承口，施加一定压力使管端插入至预先划出的插入深度标记处，将管子旋转约90°，并把挤出的胶粘剂擦净，让接口在不受外力的条件下静置固化，低温条件下应适当延长固化时间。

胶粘剂的安全使用要注意以下几点：（1）胶粘剂和清洁剂的瓶盖应随用随开，不用时盖严，禁止非操作人员使用；（2）管道、管件集中粘接的预制场所，严禁明火，场内应通风；（3）冬季施工，环境温度不宜低于 - 10℃；当施工环境温度低于 - 10℃时，应采取防寒防冻措施。施工场所应保持空气流通，不得密闭；（4）粘接管道时，操作人员应站在上风处，且宜佩戴防护手套、防护眼镜和口罩。

（3）室内排水系统试验

室内排水管道安装完成后，要用灌水法进行试验，以检查管道和接口的严密性。

对生活和生产排水管道系统，管内灌水高度要达到一层楼高度（不超过 0.5MPa）。凡埋地和暗装的排水管道，在隐蔽前必须做灌水试验；各楼层的立管和横支管，也要逐层做灌水试验，具体方法可使用试漏胶囊，通过检查口插入立管，再充气封堵管道，即可进行灌水试验；雨水管道的灌水高度应达到每根立管最上部的雨水漏斗，但对于高层建筑，雨水管道的试验方法尚无明确的规定，可根据具体工程设计在现场协商解决。灌水试验满水 15min，液面如下降，再灌满延续 5min，液面不下降为合格。

排水管道系统还应进行通水试验，并由上而下进行，在面盆、浴缸等卫生器具放满水进行试验，以排水通畅、不漏不堵为合格。通水试验还应在给水系统的 1/3 配水点同时用水的情况下进行。试验结果应排水通畅，排水点及管道系统无渗漏为合格。

有的地区还规定，对住宅（包括多层住宅）工程的排水系统的排水主管、横干管及排出管还要进行通球试验。试验用球一般采用硬质空心塑料球，球的外径应为管道内径的 1/2～3/4。

(4) 卫生器具安装

1) 对材料、设备的基本要求

卫生器具正处在更新换代阶段，不少厂家都在引进国外的新技术，不少合资厂家都有新产品，仅仅根标准图和产品标准中的型式已不能适应实际工作的需要，要按照具体的工程设计和参照生产厂家产品说明书进行施工。

卫生器具外观应表面光滑，无凹凸不平，色调一致，边缘无棱角毛刺，端正无扭歪，尺寸规矩，无碰撞裂纹。

已生器具内在质量方面应做到：材质不含对人体有害物质，冲洗效果好、噪声低，便于安装维修。

卫生器具的零配件的规格应符合标准，螺纹完整，锁母松紧适度，管件无裂纹。

卫生设备开箱时应按所附清单一一点件，并妥善保管。

2) 卫生器具安装标准

卫生器具的安装高度见表 9-6。卫生器具安装的允许偏差和检查方法见表 9-7。

卫生器具的安装高度 表 9-6

项次	卫生器具名称		卫生器具安装高度 (mm)		备　注
			居住和公共建筑	幼儿园	
1	污水盆（池）	架空式	800	800	
		落地式	500	500	
2	洗涤盆（池）		800	800	
3	洗脸盆和洗手盆（有塞、无塞）		800	500	自地面至器具上边缘
4	盥洗槽		800	500	
5	浴盆		520	—	
6	蹲式大便器	高水箱	1800	1800	自台阶面至高水箱底
		低水箱	900	900	自台阶面至低水箱底

198

项次	卫生器具名称			卫生器具安装高度 (mm)		备 注
				居住和公共建筑	幼儿园	
7	坐式大便器	高 水 箱		1800	1800	自台阶面至高水箱底
		低水箱	外露排出管式	510	—	自地面至低水箱底
			虹吸喷射式	470	370	
8	小便器	立 式		1000	—	自地面至上边缘
		挂 式		600	450	自地面至下边缘
9	小便槽			200	150	自地面至台阶面
10	大便槽冲洗水箱			不低于2000	—	自台阶至水箱底
11	妇女卫生盆			360	—	自地面至器具上边缘
12	化验盆			800	—	自地面至器具上边缘

卫生器具安装的允许偏差和检查方法　　　　表 9-7

项次	项 目		允许偏差 (mm)	检 查 方 法
1	坐 标	单个器具	10	拉线、吊线和尺量检查
		成排器具	5	
2	标 高	单个器具	±15	
		成排器具	±10	
3	器具水平度		2	用水平尺和尺量检查
4	器具垂直度		3	吊线和尺量检查

注：检查数量：各抽检 10%，但均不少于 5 个（组）。

卫生器具的排水管径和最小坡度见表 9-8；卫生器具给水配

件的安装高度见表9-9。

连接卫生器具的排水管管径和最小坡度　　　　表9-8

项次	卫生器具名称	排水管管径（mm）	管道的最小坡度
1	污水盆（池）	50	0.025
2	单双格洗涤盆（池）	50	0.025
3	洗手盆、洗脸盆	32～50	0.020
4	浴　盆	50	0.020
5	淋浴器	50	0.020
6	大便器		
	高低水箱	100	0.012
	自闭式冲洗阀	100	0.012
	拉管式冲洗阀	100	0.012
7	小便器		
	手动冲洗阀	40～50	0.020
	自动冲洗水箱	40～50	0.020
8	妇女卫生盆	40～50	0.020
9	饮水器	25～50	0.01～0.02

注：成组洗脸盆接至共用水封的排水管的披度为0.01。

一般卫生器具给水配件的安装高度　　　　表9-9

项次	卫生器具给水配件名称	给水配件中心距地面高度（mm）	冷热水龙头距离（mm）
1	架空式污水盆（池）水龙头	1000	—
2	落地式污水盆（池）水龙头	800	—
3	洗涤盆（池）水龙头	1000	150
4	住宅集中给水龙头	1000	—
5	洗手盆水龙头	1000	—
6	洗脸盆		
	水龙头（上配水）	1000	150
	冷热水管上下并行其中热水龙头	1100	—
	水龙头（下配水）	800	150
	角阀（下配水）	450	—

项次	卫生器具给水配件名称	给水配件中心距地面高度（mm）	冷热水龙头距离（mm）
7	盥洗槽水龙头	1000	150
	冷热水管上下并行其中热水龙头	1100	150
8	浴盆水龙头（上配水）	670	
	冷热水管上下并行其中热水龙头	770	
9	淋浴器		
	截止阀	1150	95（成品）
	莲蓬头下沿	2100	—
10	蹲式大便器（从台阶面算起）		
	高水箱角阀及截止阀	2040	—
	低水箱角阀	250	—
	手动式自闭冲洗阀	600	—
	脚踏式自闭冲洗阀	150	—
	拉管式冲洗阀（从地面算起）	1600	—
	带防污助冲器阀门（从地面算起）	900	—
11	坐式大便器		
	高水箱角阀及截止阀	2040	—
	低水箱角阀	250	—
12	大便槽冲洗水箱截止阀		
	（从台阶面算起）	不低于2400	—
13	立式小便器角阀	1130	—
14	挂式小便器角阀及截止阀	1050	—
15	小便槽多孔冲洗管	1100	—
16	实验室化验龙头	1000	—
17	妇女卫生盆混合阀	360	—
18	饮水器喷嘴嘴口	1000	—

注：装设在幼儿园内的洗手盆，洗脸盆和盥洗槽水龙头中心离地面装安高度，应减少为700mm；其他卫生器具给水配件的安装高度，应按卫生器具的实际尺寸相应减少。

3）常用卫生器具安装

①一般规定

a）一般常用卫生器具的安装尺寸，可在标准图中查找，当前应用的标准图图号为99S342，但由于卫生器具品种很多，标准图中不可能都覆盖到，实际工作中要参照生产厂家的产品说明书所提供的具体尺寸；

b）卫生器具的安装位置应正确。允许偏差：单个器具10mm；成排器具 5mm；

c）卫生器具安装应端正，垂直度偏差不得超过 3mm；

d）安装高度应符合设计或规范要求。允许偏差：单个器具10mm；成排器具 5mm；

e）卫生器具的安装，宜采用膨胀螺栓固定。采用木螺丝固定，要预埋经过防腐处理的木砖，并应凹进净墙面 10mm。如果在轻质低强度墙体上安装卫生器具，应采取经设计单位认可的技术措施。

②排水口的连接

a）预留卫生器具排水管的孔洞时，一定要确切了解卫生器具的型号、规格和排水口口径和位置尺寸，符合标准图规定的，按标准图预留、不符合标准图规定的，按实际预留，必要时先做一个样板卫生间，以便取得可靠数据；

b）地漏应安装在地面的最低处，其箅子顶面应低于所在处地面 5mm；有排水栓的器具，排水栓与器具底面的接触应平整严密，且略低于底面；有饰面的浴盆，应设置通向浴盆排水口的检修门；

c）器具排水口与排水管道的连接应严密可靠，不发生泄漏；

d）从排水横支管安装到与卫生器具排水管或存水弯相连接的整个施工期间，要封堵预留管口，防止杂物落入管内，实践证明，此点极为重要。建渣造成排水管道堵塞或造成部分堵塞后造成排水不畅的现象屡见不鲜。

③给水配件的连接

a) 卫生器具给水配件的安装，本应属于室内给水管道安装的范围，在施工图预算中也是这样划分的，这里之所以在室内排水系统的卫生器具介绍，是为了实际应用的方便。卫生器具给水配件的一般安装高度见表9-9；

b) 暗装配件镶接完成后，建筑饰面应完好，给水配件的法兰罩与墙面配合良好；

c) 阀件、水嘴开关应灵活，不漏水。大便器的水箱内的零部件动作应灵活、正确、不漏水；

d) 给水镀铬配件、阀件不得使用管子钳安装，应用扳手紧固。卫生器具使用的铜管或软管，长度应适当，连接螺纹配合适度。应尽可能以软管代替传统的铜管，这对安装和日后的维修都是有利的；

e) 对于洗脸盆、浴盆、洗涤盆、淋浴器等有冷热水供应的卫生器具，冷水管和龙头应在右侧，热水管和龙头应在左侧。冷水阀件上通常有绿色或蓝色标志，热水阀件上通常有红色标志。

(二) 消防管道安装

常见的消防管道有：消火栓给水管道、自动喷水灭火管道、气体灭火管道（卤代烷1211灭火管道、卤代烷1301灭火管道和二氧化碳灭火管道）、泡沫灭火管道和干粉灭火管道。由于篇幅的限制，这里仅介绍应用最普遍的消火栓给水管道和自动喷水灭火管道。

1. 消火栓给水管道

消火栓给水管道系统按设置场所的不同，可分为室内消火栓给水管道系统和室外消火栓给水管道系统两类。室内消火栓给水管道系统又分为一般建筑室内消火栓给水管道系统和高层建筑室内消火栓给水管道系统。所谓一般建筑是指9层及9层以下的住宅建筑、高度24m以下的其他民用建筑，以及高度不超过24m

的单层厂房、库房和单层公共建筑；所谓高层建筑是指高度为 10 层及 10 层以上的住宅建筑和建筑高度为 24m 以上的其他民用和工业建筑。

（1）消火栓给水管道系统的组件类型

消火栓给水管道系统的组件多为专用产品，不同部件分别承担着特定的功能。

1）室内消火栓

室内消火栓的常用类型有直角单阀单口型（SN）、45°单阀单口型（SNA）、直角单阀双出口型（SNS），此外还有直角双阀双出口型，但应用较少。以上三种室内消火栓分别见图 9-3～图 9-5，其规格及主要尺寸见表 9-10、表 9-11。室内消火栓的公称压力均为 $PN1.6MPa$。

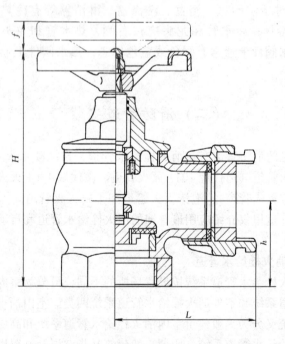

图 9-3　SN 型室内消火栓

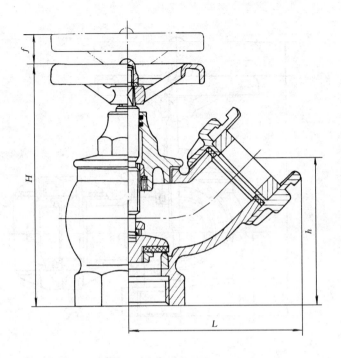

图 9-4　SNA 型室内消火栓

SN 型、SNA 型室内消火栓尺寸表（mm）　　　表 9-10

公称直径 DN	进水口 管螺纹 (in)	出水口 消防接口	开启高度 $f \geqslant$	结 构 尺 寸				
				$H \leqslant$	h		L	
					SN	SNA	SN	SNA
25	G1	KN25	13	135	48	88	80	93
(40)	G1½	KN40	15	155	57	98	98	119
50	G2	KN50	22	185	65	114	108	131
65	G2½	KN65	27	205	71	123	118	150
80	G3	KN80	35	225	80		124	

注：表中带括号的不推荐使用。

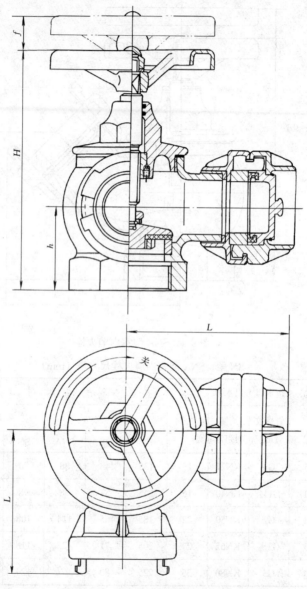

图 9-5　SNS 型室内消火栓

公称直径 DN	进水口 管螺纹 (in)	出水口 消防接口		开启高度 $f\geqslant$	结构尺寸		
					$H\leqslant$	h	L
50	G2½	KN50	KM50	27	205	71	150
65	G3	KN65	KM65	35	225	75	157

2）消防水带

消防水带俗称水龙带。按材料的不同可分为两大类：有衬里消防水带（如橡胶水带、乳胶水带和涂塑软管）和无衬里消防水带（如亚麻水带、苎麻水带和棉织水带）。其中以有衬里水带应用较广，它的特点是耐高压、耐磨损、耐霉腐、经久耐用；涂层致密光滑、不渗漏、水流阻力小；管体柔软，可任意弯卷折叠，不受地形条件限制。

有衬里水带的公称直径有 50、65、80、90（mm）四种，其相应的英寸规格为 2″、2½″、3″、3½″。前 2 种规格的工作压力为 1.3MPa，可用于室内或室外，后 2 种规格的工作压力为 1.6MPa，仅用于室外和消防车使用。

3）消防水接口

消防水带接口是消防水带的附件，它由本体、密封圈座、橡胶密封圈等零件组成。密封圈上有沟槽，用来捆扎水带，本身上有两个扣爪和内滑槽，构成快速内扣内接口，其连接快速、省力、密封性好，用于水带与消火栓、水带与水枪、水带与消防车以及水带与水带之间的连接，以便输送水或泡沫混合液进行灭火。

水带接口的公称直径有 DN40、DN50、DN65、DN80 等多种，使用时须与消火栓接口和消防水带直径匹配。

4）消防水枪

消防水枪是把消防水带里的水转化为消防用的高速水流，水流之所以能形成这种转换是因为水轮内部是一个向出口断面方向收敛的圆锥形通道，圆锥角一般为13°，出口处具有0.5~1.0倍喷嘴直径的圆柱形短通道，故能使水流高速喷出，并具有相当长度的密集水柱。室内消火栓箱配备的水枪一般为直流水枪，常用型号有QZ型和QZA型，见图9-6、图9-7。水枪的喷嘴直径有13mm、16mm和19mm三种。

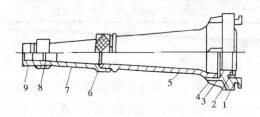

图9-6　QZ型直流水枪结构图

1—管牙接口；2—密封圈；3—密封圈座；

4—平面垫圈；5—枪体；6—密封圈；7—喷嘴；

8—密封圈；9—13mm喷嘴

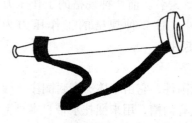

图9-7　QZA型直流水枪

5）消火栓箱

消火栓箱是将室内消火栓、消防水带、水枪及其相关电气设备集于一体，并安装在建筑物内的一定位置，具有报警、控制、给水、灭火功能的固定式消防装置。

按不同的分类方法，消火栓可以分成不同的型式：

按与建筑物墙体的安装方式可分为：明装式、暗装式和半明装式；

按箱门型式可分为：单开门式、双开门式和前后开门式；

按箱体材料可分为：全钢型、钢框镶玻璃型、铝框镶玻璃型和其他材料型；

按消防水带的安装方式可分为：挂置式（见图9-8）、盘卷式（见图9-9）、卷置式（见图9-10）和托架式（见图9-11）。

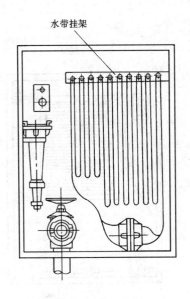

水带挂架

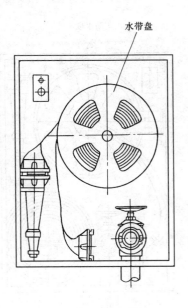

水带盘

图 9-8　挂置式栓箱　　　　　　图 9-9　盘卷式栓箱

　　消火栓箱的型号表示方法较为繁琐，主要由"基本型号"和"型号代号"两部分组成，具体规定如下：

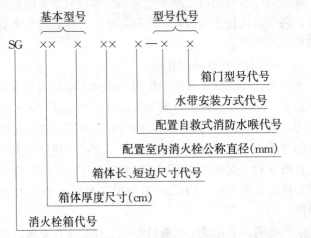

基本型号　　　型号代号

SG　　××　×　××　×—×　×

箱门型号代号

水带安装方式代号

配置自救式消防水喉代号

配置室内消火栓公称直径(mm)

箱体长、短边尺寸代号

箱体厚度尺寸(cm)

消火栓箱代号

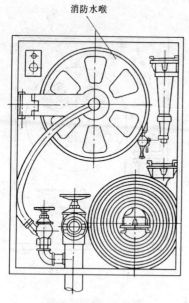
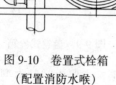

消防水喉

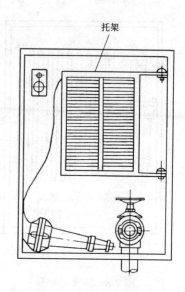

托架

图 9-10 卷置式栓箱
（配置消防水喉）

图 9-11 托架式栓箱

如果进一步介绍以上基本型号和型号代号涉及的各种数据和参数，将会占用较多的篇幅，故只好略去，读者可参考有关标准图和产品说明书。

6）室内消火栓处减压孔板

室内消火栓处减压孔板的作用，是对实际使用时压力超过规定压力值的室内消火栓进行流动水减压，以保证灭火时水枪的反作用力不致过大，同时消防水箱内的贮水也不致过快用完。减压孔板的材质为不锈钢或铜。减压孔板与管道中使用的减压孔板相似，见图 9-12，其外径 D 带有管螺纹可与安装孔板的阀件、管件或专用接头相连接，内径 d 是根据需要减小的压力由设计计算提供。

应当说明，上述减压孔板只有当工程设计有要求时才安装。

7）室外消火栓

室外消火栓安装在居住小区、厂区或建筑物的室外管道上，它的作用是通过消防车向火场供水，或通过消防水带直接向火场供水。室外消火栓有地上式和地下式两种。

8）消防水泵接合器

消防水泵接合器是为建筑物配套的自备消防设施，用以连接消防车、机动泵向建筑物的消防给水管网输送消防用水，根据其接口的位置，可分为地上式消防水泵接合器（SQ）、地下式消防水泵接合器（SQX）和墙壁式消防水泵接合器（SQB）。

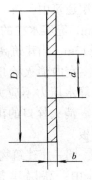

图 9-12　ZSPBA $\dfrac{d}{D}$ 型孔板

（2）消火栓给水管道系统的施工

1）室内消火栓给水管道的施工

室内消防给水管道的组成部分包括进户管、主立管、环状干管、立管以及与消火栓、设备连接的支管。当消防管道与生活管道合用时，管材应采用镀锌钢管，且管径小于或等于 100mm 时，应采用螺纹连接。生产与消防合用管道或专用消防管道，可以采用焊接钢管，连接方式可采用螺纹、法兰或焊接。在高层建筑中，生活给水和消防给水有一部分是合用的，如进户管（由市政管网到地下水池）、由地下水池至楼房中部和顶部水箱的输水管；而由地下水池、楼房中部和顶部水箱，再引出生活、消防专用的环状干管和立管。

①室内消火栓箱的安装

室内消火栓箱的安装包括消火栓、消防水带及接口、水枪等组件的安装。

建筑物的各层均应设消火栓，并宜设在楼梯间、门厅、走廊等显眼易取用的地点。一般建筑物中，消火栓的布置应能保证有两只水枪的充实水柱同时达到室内任何部位，消火栓的间距由计算确定，一般不应超过 50m，其充实水柱长度一般不应小于 7m；

高层建筑中，消火栓的间距不应大于 30m，裙房部分不应大于 50m，充实水柱的高度应为 10m（当建筑高度不超过 100m 时）或 13m（当建筑高度超过 100m 时）。

室内消火栓口中心离地面的高度为 1.10m。消火栓口处的静水压力不应大于 0.80MPa，若超过时应采取分区供水系统。消火栓口的出水压力超过 0.50MPa 时，栓口处应设减压孔板。

同一座建筑物中，应采用同一规格的消火栓、水带和水枪（其中：高层建筑中消火栓直径应为 DN65，水枪直径为 19mm），水带长度不应超过 25m。

消火栓箱安装操作时，必须取下箱内的消防水带、水枪等组件。箱体在墙体预留位置处就位时应端正，不允许用钢钎撬、锤子敲等强制方法使箱体就位。

消火栓的安装大体上有以下几种方式：1）明装于砖墙上；2）明装于混凝土墙、柱上；3）暗装于砖墙上；4）半明装于砖墙上。以上几种安装方式均有相应的标准图可供参照，工程设计中会指定采用的标准图号。

②消防水池和消防水箱

消防水池、水箱通常与生活用水的水池、水箱合并设置，即水池、水箱的容积既考虑到消防的需要又考虑到生活的需要。通常的做法是当生活用水使水池或水箱内的水面下降到一定位置时，生活用水便会中止，水池或水箱中的余存水量便是设计规定的消防用水贮量。

消防水池多设于地下或地下室内，采用钢筋混凝土建筑，管道穿越池顶或池壁要加防水套管，与水泵连接的管道要加柔性防水套管。水池的溢流管、泄水管不得与排水管道直接相连，以防污染水质。

消防水池中的水通过水泵输送到楼层中的消防水箱中，以实现消防管道按压力分区供水。消防水箱可采用钢筋混凝土结构，也可用钢板水箱或玻璃钢水箱。水箱之间的主要通道不应小于

1.0m，四周应留有0.7～0.8m的检修空间，顶部距梁或楼板的净距不应小于0.6m。水箱有关管道的安装要求与水池基本相同。

③消防水泵接合器的安装

消防水泵接合器的型式前面已经介绍过了。通常采用的地上消防水泵接合器的安装要求见图9-13。

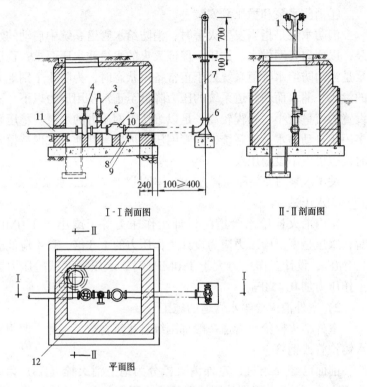

Ⅰ-Ⅰ剖面图

Ⅱ-Ⅱ剖面图

平面图

图9-13　地上消防水泵接合器安装图

1—消防接口本体；2—止回阀；3—安全阀；4—闸阀；5—三通；

6—90°弯头；7—法兰接管；8—截止阀；9—镀锌钢管；

10—法兰直管；11—法兰直管；12—阀井

另外还有地下消防水泵接合器和墙壁消防水泵接合器，可在合适的条件下选用。各种消防水泵接合器安装，由设计选定标准图号。无论哪一种水泵接合器，应急时使用的只是消防接口本体，每一种消防水泵接合器的前面都有一个阀门井，井内的消防管道上装设闸阀、安全阀和止回阀，以确保消防接口本体的正常使用和维修。用于采暖室外计算温度低于−20℃的地上及地下消防水泵接合器，需做保温井口或采取其他保温措施。具体保温措施由工程设计选定。

④消防水泵和稳压泵安装

消防水泵是指当发生火警时，消防给水管道系统中启动的水泵，以便向管网供水、加压，保证灭火的水量和水压要求；稳压泵是当消防给水管道系统处于正常备用状态时，为防止个别地方的渗水、漏水而使管道系统的压力降低至正常备用压力以下，而设置的流量较小，扬程较高，足以维持管网压力的水泵。稳压泵多用于自动喷水灭火系统，当管网压力可以采其他方式保持恒定时，也可以不设稳压泵。

关于水泵的安装和配管方面的内容见"十二 (二)水泵安装"。

⑤水压试验

室内消火栓给水管道的设计工作压力等于或小于1.0MPa时，水压强度试验压力应为设计工作压力的1.5倍，且不应低于1.4MPa；设计工作压力大于1.0MPa时，水压强度试验压力为工作压力加0.4MPa。

2）室外消火栓给水管道的施工

室外消火栓给水管道一般都围绕着建筑物敷设，通常使用给水铸铁管或钢管。

前面已经介绍过，室外消火栓分为地上消火栓（SS）和地下消火栓（SX）。根据使用地区的冰冻深度，室外消火栓的安装方式分为浅型和深型。采用浅型安装的地上消火栓，当地的冰冻深度应不大于20cm，若为地下消火栓，冰冻深度应不大于40cm；采用深型安装的地上消火栓，当地的冰冻深度可大于20cm，若为地下消火栓，冰冻深度可大于40cm。以上几种安装方式应遵照相应的标准图号进行施工，工程设计中会指定室外消火栓应采用的标准图号。

2．自动喷水灭火系统

由于自然环境、建筑物条件和保护对象的不同，自动喷水灭火管道系统有不同的类型，如湿式喷水灭火系统、干式喷水灭火系统、水喷雾灭火系统、预作用喷水灭火系统、雨淋喷水灭火系统、水幕管道系统等。我们这里介绍的就是应用最广泛的湿式自动喷水灭火系统，即通常所称的自动喷水灭火系统，有时还简称为"自消"或"自喷"。

湿式自动喷水灭火系统适用于环境温度不低于 4℃，且不高于 70℃，能用水灭火的建筑物中，具有控制火势和灭火迅速的特点，其系统组成见图 9-14 及表 9-12。

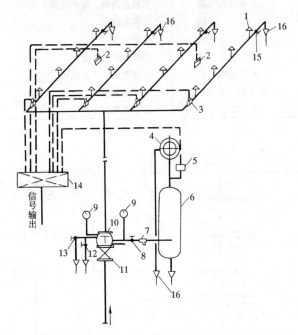

图 9-14　湿式喷水灭火系统示意

图注：见表 9-12

上述自动喷水灭火系统的工作原理如图 9-15 所示。

（1）自动喷水灭火管道系统的组件

215

编号	名　称	用　途
1	闭式喷头	感知火灾、出水灭火
2	火灾探测器	感知火灾、自动报警
3	水流指示器	输出电信号、指示火灾区域
4	水力警铃	发出音响报警信号
5	压力开关	自动报警或自动控制
6	延 迟 器	克服水压波动引起的误报警
7	过 滤 器	过滤水中杂质
8	截 止 阀	切断水力警铃声、平时常开
9	压 力 表	指示系统压力
10	湿式报警阀	系统控制阀、输出报警水流
11	闸　阀	总控制阀门
12	截 止 阀	试警铃阀
13	放 水 阀	检修系统时，放空用
14	火灾报警控制箱	接收电信号并发出指令
15	截止阀（或电磁阀）	末端试验装置
16	排水漏斗（或管）	排走系统的出水

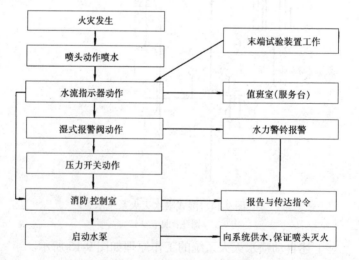

图 9-15　湿式自动喷水灭火系统工作原理

1）湿式报警阀

湿式报警阀用于湿式自动喷水灭火管道系统,它的主要功能是当喷头开启喷水而使管道中的水流动时,其主阀瓣便自动打开,向管网供水,并使水流进入水力警铃,发出报警信号。湿式报警阀的型式有三种:导阀型湿式阀、座圈式湿式阀和蝶阀型湿式阀。

较常用的导阀型湿式阀的结构见图 9-16。此种湿式阀带有一个与主阀瓣联动的弹簧承载式导阀,控制通往水力警铃的通道,当水源压力波动时,即使主阀瓣轻微开启,导阀由于弹簧的作用仍可保持关闭,可防止出现误报警。

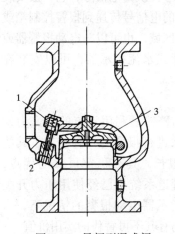

图 9-16 导阀型湿式阀
1—导阀；2—水力警铃
接口；3—主阀瓣

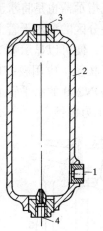

图 9-17 延迟器
1—进口；2—本体；
3—出口；4—泄水孔

2）延迟器

延迟器是一个带有管道接口的中空容器,见图 9-17。它的作用是通过缓冲和延时,消除因水源压力波动而引起的水力警铃误报警。其动作过程是:当湿式阀因压力波动瞬间开启时,水流首先进入延迟器,由于进入延迟器的水很少,会很快经其下部的泄水孔 4 排出,水就不会经出口 3 进入水力警铃而形成误报警。

只有当水连续通过湿式阀，使它完全开启时，水才能很快充满延迟器，并经顶部出口 3 流向水力警铃，发出报警。延迟器只用于湿式系统，容积一般为 6～10L，延迟时间为 20～30s。延迟器的结构类型有多种。

3）压力开关和水流指示器

压力开关和水流指示器用于监测自动喷水灭火系统的工作状态，并将信号传递到火灾报警控制箱。

压力开关安装在延迟器至水力警铃之间的管道上，可将水流产生的压力信号转换为电信号。

水流指示器也是将水流动的信号转换为电信号，它一般安装在系统各分区的配水干管上，输出的电信号传递到报警控制箱或控制中心，便可以显示喷头喷水的区域，也可以与电动报警器或消防水泵联动。应用较多的是叶片式水流指示器，可以安装在 DN25～DN200 的水平管道上。

4）水力警铃

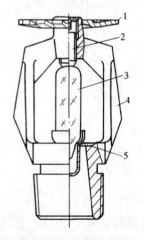

图 9-18 玻璃球洒水喷头
1—溅水盘；2—调整
螺钉；3—玻璃球；
4—轭臂；5—密封垫

水力警铃是利用水流的冲击力发出声响来进行报警的一种装置，其使用历史很长，具有稳定可靠的优点，即使在管道系统中已经使用压力开关和水流指示器电动报警的情况下，水力警铃仍有其不可替代的实用价值。

5）喷头

喷头在湿式自动喷水灭火系统中担负着感知火灾、喷水灭火和启动系统的作用，是系统中的关键组件。

①喷头的类型

湿式自动喷水灭火系统使用闭式喷头。闭式喷头主要分为玻璃球洒水喷头和易熔元件洒水喷头。

玻璃球洒水喷头（见图 9-18）释

放机构中的感温元件是内装彩色液体的玻璃球，它支撑在喷口和轭臂之间，使喷头保持密封，当周围的温度升高到其公称动作温度时，玻璃球因内部液体膨胀而炸碎，使喷口开启喷水灭火。这种喷头具有良好的抗腐蚀性，体积小，外形美观，对各种建筑物尤其是公共建筑物更为适合。

玻璃球洒水喷头的公称动作温度分为 13 档，用玻璃球内液体的不同颜色进行区分，见表 9-13。喷头的公称动作温度由设计按使用地点的最高环境温度再加 30℃ 的原则确定。

玻璃球洒水喷头温标颜色 表 9-13

公称动作温度（℃）	57	68	79	93	100	121	141	163	182	204	227	260	343
颜 色	橙	红	黄	绿	灰	天蓝	蓝	淡紫	紫红	黑	黑	黑	黑

易熔元件洒水喷头是使用历史最长的一种喷头，其释放机构中的感温元件由易熔金属或其他易熔材料制成，但当前大多数仍是易熔金属元件。易熔元件洒水喷头的公称动作温度分为 7 档，在喷头轭臂上用不同颜色标示出来，见表 9-14。

易熔元件喷头温标颜色 表 9-14

公称动作温度（℃）	57～77	80～107	121～149	163～191	201～246	260～302	320～343
颜 色	本色	白	蓝	红	绿	橙	黑

易熔元件喷头释放机构的形式主要有 3 种：（a）悬臂支撑型。它突出的优点是感温元件置于轭臂之外，可以直接感知上升热气流，喷头感温快；（b）锁片支撑型。它的释放机构由三个锁片和易熔金属组成，密封部分采用金属弹性薄片，喷头体内水的压力越大，其密封性越好，我国上海在 20 世纪 30 年代安装的多为这种喷头；（c）弹性锁片型。它的释放机构由支撑片、弹性片和易熔金属组成（见图 9-19），是当前使用较多的类型。

②喷头的安装形式

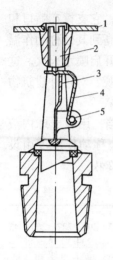

图 9-19　弹性锁
片型易熔元件
洒水喷头

1—溅水盘；2—调整螺
钉；3—支撑片；4—弹
性片；5—易熔金属

玻璃球喷头和易熔元件喷头都有直立型、下垂型和边墙型三种安装形式。三种形式的区别仅在于溅水盘形状和位置的不同，因而形成洒水形状和洒水分布的不同，其他性能都是相同的，见图 9-20～图 9-22。

（2）自动喷水灭火管道安装

1）管网安装

自动喷水灭火管网的安装应符合以下要求：

①管网安装前应校直管子清除其内外的杂物。安装中应随时注意清除已安装管道内部杂物；

②在具有腐蚀性的场所安装管网前，应按设计要求对管子、管件等进行防腐处理；

③自动喷水灭火系统的管网安装，管子公称直径为小于或等于 100mm 的管道时，应用螺纹连接；其他可用焊接或法兰连接。无论采用何种连接方式，均不得减小管道的通水横断面积；

④螺纹连接管道变径时，宜采用异径接头，在弯头处不得采用补芯，如必须采用补芯时，三通上只能用一个；

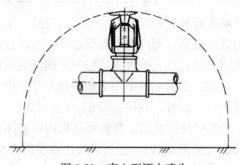

图 9-20　直立型洒水喷头

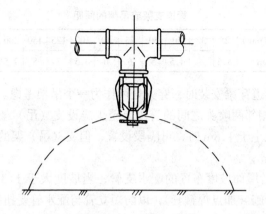

图 9-21　下垂型洒水喷头

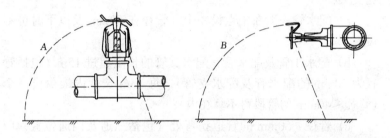

图 9-22　边墙型洒水喷头

A—立式边墙型洒水喷头；*B*—水平式边墙型洒水喷头

⑤管道安装位置应符合设计要求，管道中心与梁、柱、顶棚等的最小距离应符合表 9-15 的规定；

管道中心与梁、柱、顶棚的最小距离（mm）　**表 9-15**

公称直径	25	32	40	50	65	80	100	125	150	200
距　离	40	40	50	60	70	80	100	125	150	200

⑥水平管道的支架、吊架安装应符合下列要求：

a) 管道固定应牢固，管道支架或吊架的间距应不大于表 9-16 的要求；

管道支架或吊架的间距

表 9-16

公称直径（mm）	25	32	40	50	75	80	100	125	150	200	250	300
距离（mm）	3.5	4	4.5	5	6	6	6.5	7	8	9.5	11	12

若管道穿梁安装时，穿梁处可作为一个吊架考虑。

b) 相邻两喷头之间的管段上至少应设支（吊）架一个，当喷头间距小于 1.8m 时，可隔段设置，但支（吊）架的间距不应大于 3.6m；

c) 沿屋面坡度布置的配水支管，当坡度大于 1:3 时，应采取防滑措施（加点焊箍套），以防短立管与配水管受扭折推力。

⑦为了防止喷水时管道沿管线方向晃动，故在下列部应设防晃支架：

a) 配水管一般在中点设一个（管径在 50mm 及以下时可不设）；

b) 配水干管及配水管、配水支管的长度超过 15m（包括管径为 50mm 的配水管及配水支管），每 15m 长度内最少设一个（管径≤40mm 的管段可不算在内）；

c) 管径≥50mm 的管道拐弯处（包括三通及四通位置）应设一个；

d) 竖直安装的配水干管应在其始端，终端设防晃支架，或用管卡固定，其安装位置距地面或楼面 1.5～1.8m；配水干管穿越多层建筑，应隔层设一个防晃支架。

⑧防晃支架的制作参考图 9-23。

⑨防晃支架的强度，应能承受管道、配件及管内水的重量和 50％ 的水平方向的推动力而不致损坏或产生永久变形。当管子穿梁安装时，若管道再用铁圈紧固于混凝土结构上，则可作为一个防晃支架处理；

⑩管道穿过建筑物的变形缝，应设置柔性短管。穿墙或楼板时应加套管，套管长度不得小于墙厚，或应高出楼面或地面 50mm，焊接环缝不得置于套管内。套管与管道之间的间隙应用

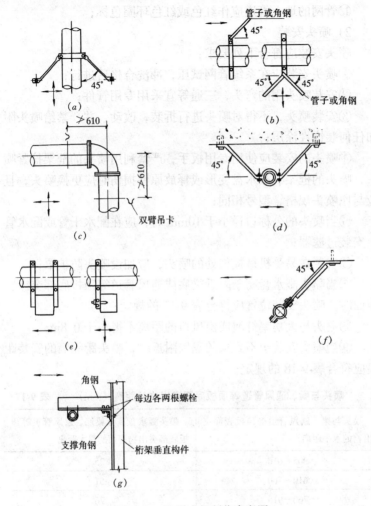

图 9-23　防晃支架制作参考图

不燃材料填塞；

⑪系统的管道宜有 0.002～0.005 的坡度，且坡向排水管；当局部区域难以利用排水管将水排净时，应采取相应的排水措施；当喷头数少于 5 只时，可在管道低凹处装设堵头，多于 5 只喷头时宜装设带阀门的排水管；

⑫管网的地上管道应作红色或红色环圈色标；

2）喷头安装

喷头安装应符合下列要求：

①喷头安装应在系统管网试压，冲洗合格后进行；

②安装喷头用的弯头，三通等宜采用专用管件；

③安装喷头，不得对喷头进行拆装，改动，并严禁给喷头附加任何装饰性涂层；

④喷头的安装应使用专用扳手，严禁利用喷头的框架拧紧喷头，喷头的框架、溅水盘变形或释放原件损伤时应更换喷头，且应与原喷头规格、型号相同；

⑤当喷头的公称口径小于10mm时，应在配水干管或配水管上安装过滤器；

⑥安装在易受机械损伤处的喷头，应加设喷头防护罩；

⑦当喷头溅水盘高于附近梁底或通风管道等顶板底部突出物腹面时，喷头安装位置应符合表9-17的规定；

⑧喷头与大功率灯泡或出风口的距离不得小于0.8m；

⑨当喷头安装于不到顶的隔墙附近时，喷头距隔墙的安装距离应符合表9-18的规定；

喷头与梁、通风管道等顶板底部突出物的距离（mm）　　　表9-17

喷头与梁、通风管道等顶板底部突出物的水平距离	喷头溅水盘高于梁底、通风管道等顶板底部突出物腹面的最大距离
305～610	25
610～760	51
760～915	76
915～1070	102
1070～1220	152
1220～1370	178
1370～1530	229
1350～1680	280
1680～1830	356

喷头的水平和垂直距离（mm）　　　　　　　表 9-18

水平距离	150	225	300	375	450	600	750	≥900
最小垂直距离	75	100	150	200	236	318	388	450

3）报警阀组安装

报警阀组的安装应符合下列要求：

①报警阀组的安装应先安装水源控制阀、报警阀，再进行报警阀辅助管道的连接。水源控制阀、报警阀与配水干管的连接，应保证水流方向一致。报警阀应安装在明显且便于操作的地点，距地面高度宜为1.2m，应确保两侧距墙不小于0.5m，正面距墙不小于1.2m，安装报警阀的室内地面应有排水设施；

②报警阀附件的安装应符合下列要求：

a）压力表应安装在报警阀上便于观测的位置；

b）排水管和试验阀应安装在便于操作的位置；

c）水源控制阀应便于操作，且应有明显开闭标志和可靠的锁定设施。

③湿式报警阀组的安装应符合下列要求：

a）应确保报警阀前后的管道中能顺利充满水；压力波动时，水力警铃不发生误报警；

b）报警水流通路上的过滤器应安装在延迟器前，且便于排渣操作的位置。

4）其他组件安装

其他组件的安装应符合下列要求：

①水力警铃应安装在公共通道或值班室附近外墙上，且应安装检修，测试用阀门和公称直径为20mm的过滤器。警铃的报警阀的连接应采用镀锌钢管，当公称直径为15mm时，其长度不应大于6m，当公称直径为20mm时，其长度不应大于20m，水力警铃安装应确保其启动压力不小于0.05MPa；

②水流指示器的安装应符合下列要求：

a）在管道试压冲洗合格后，方可安装，其规格必须与管径相匹配。在设有信号阀门时，应装在该阀之后的管道上；

b）水流指示器应竖直安装于水平管道上侧，其动作方向应和水流方向一致；安装后水流指示器的浆片、膜片应动作灵活，不得与管壁发生碰擦。

③信号阀应靠近水流指示器安装，与水流指示器间距不小于300mm；

④排气阀应在系统管网试压、冲洗合格后安装于配水干管顶部、配水管的末端，且应确保不得渗漏；

⑤控制阀的规格、安装部位应符合设计图纸要求；安装方向正确，阀内清洁无堵塞、无渗漏；系统中的主要控制阀必须安装启闭标志，隐蔽处的控制阀应有指示其位置的标志；

⑥节流装置和减压孔板安装应符合下列规定：

a）安装在公称直径不小于 50mm 的水平管段上；

b）减压孔板安装在管道内水流转弯处下游一侧的直管上，与弯管的距离不小于设置管段公称直径的两倍。

⑦压力开关宜竖直安装在通往水力警铃的管道上，且不应在安装中拆动；

⑧末端试水装置安装在分区管网末端或系统管网末端。

（3）管道系统试压和冲洗

1）一般规定

系统试压和冲洗的一般规定如下：

①自动喷水灭火系统管网安装完毕后，应对其进行强度试验、严密性试验和冲洗；

②管网的强度试验、严密性试验宜用水进行，但对干式喷水灭火系统、预作用喷水灭火系统必须既作水压试验，又作气压试验；在冰冻季节，如进行水压试验有困难时，可用气压试验代替；

③试压前，应对不能参与试压的设备、仪表、阀门及附件加以隔离或拆除；加设的盲板应具有突出于法兰的边耳，且作有明显标志，并记录下盲板数量；

④试压过程中，如遇泄漏，不得带压修理，应放空管网，消除缺陷后重新再试；

⑤试压完成后，应及时无遗漏地拆除所有临时盲板及管道，并与记录核对无误，且应填写《自动喷水灭火系统试压记录表》；

⑥自动喷水灭火系统管网经试压合格后，应分段进行冲洗。冲洗顺序是：先室外，后室内；先地下，后地上。室内部分应按配水干管、配水支管的顺序进行；

⑦管网冲洗宜采用水进行。冲洗前，应对系统的仪表采取保护措施，并将止回阀和报警阀等拆下，冲洗工作结束后应及时复位；

⑧冲洗前，应对管网支架，吊架进行检查，必要时应采取加固措施；

⑨对不能经受冲洗的设备和冲洗后可能存留脏物、杂物的管段，应采用其他方法进行清理；

⑩冲洗大直径管道时，应对其焊缝，死角和底部重点敲打，但不得损伤管道；

⑪管网冲洗合格后，应填写《自动喷水灭火系统管网冲洗记录表》。除规定的检查及恢复工作外，不得再进行影响管内清洁的其他作业；

⑫水压试验和水冲洗宜用生活用水进行，不得使用海水或有腐蚀性化学物质的水。

2）水压试验

水压试验应符合下列要求：

①水压试验宜在环境温度 5℃ 以上进行，当环境温度低于5℃时，水压试验应有防冻措施；

②自动喷水灭火系统设计工作压力等于或小于 1.0MPa 时，水压强度试验压力应为设计工作压力的 1.5 倍，但不应低于1.4MPa；大于 1.0MPa 时，应为该工作压力加 0.4MPa；

③水压强度试验的测试点应设在系统管网最低点，对管网注

水时，应将空气排净，然后缓慢升压，达到试验压力后，稳压30min，目测无泄漏、无变形，压降应不大于 0.05MPa；

④自动喷水灭火系统水压严密性试验应在水压强度试验和水冲洗合格后进行。试验压力为设计工作压力，稳压 24h，以无泄漏为合格；

⑤自动喷水灭火系统的水源干管，进户管和室内地下管道应在回填隐蔽前，单独地或与系统一起进行强度试验和严密性试验。

3）气压试验

气压试验应符合下列要求：

①气压试验的介质宜采用空气或氮气；

②气压严密性试验压力为 0.28MPa，稳压 24h，压力降应不大于 0.01MPa。

4）水冲洗

水冲洗应符合下列要求：

①对自动喷水灭火系统管网进行水冲洗的排放管道，应接入可靠的排水系统，并应保证排放的畅通和安全，排放管道和截面不得小于被冲洗管道截面的 60％；

②水冲洗的水流速度不宜小于 3m/s，其流量不宜小于表9-19 的规定。

水冲洗流量　　　　　　　　表 9-19

管道公称直径（mm）	300	25	200	150	125	100	80	65	50	40
冲洗流量（L/s）	220	154	98	56	38	25	15	10	6	4

注：当现场无法提供上表内的冲洗流量时，应以设计流量进行冲洗；或用水压气动冲洗法进行冲洗。

③在自动喷水灭火系统管网的地上部分未与地下部分连接前，应在配水干管底部加设堵头，然后对地下管网进行冲洗；

④水冲洗应连续进行，以出口处的水色，透明度与入口处基本一致为合格；

⑤水冲洗的水流方向应与灭火时自动喷水灭火系统管网的水流方向一致；

⑥管网冲洗合格后，应将存水排除干净，需要时可用压缩空气将管内壁吹干或采取其他保护措施。

（三）采暖管道安装

按照热媒的不同，采暖系统主要分为热水采暖、蒸汽采暖两种。采暖系统由三个基本部分组成：（1）热源部分，即热能的发生器，如锅炉、热交换器；（2）输热部分，即输送热介质的管网；（3）散热部分，即室内散热器。按照采暖系统的作用范围，可分为局部采暖、集中采暖和区域性采暖系统。局部采暖系统是指热源、管道和散热器紧密相连的采暖系统，北方居民家中自行安装的"土暖气"是局部采暖的典型；集中采暖是指由一台锅炉提供热能，通过管道供应一个或几个建筑物采暖的系统；区域性采暖是指在一个较大的范围内，由中央锅炉房通过室外管网向各个区域供应高温热水（110~130℃）或高压蒸汽，再通过各区域的热力站（点）转换成低温热水（95℃）或低压蒸汽，再供给各个建筑物进行室内采暖。室内高温热水采暖仅用于部分工业建筑和公用建筑中，也常作为一次热媒使用。

室内采暖系统安装的基本程序是：支架制作安装→测绘管段，绘制加工草图，下料预制→阀件检试试压→系统设备制作→散热器组对、试压→干管、立管安装→散热器及支管安装→系统附件、设备安装→系统试压、吹扫→刷漆、保温→交工验收。

1.热水采暖系统

通常所说的热水采暖也称温水采暖，其设计供水温度为95℃，回水温度为70℃。

（1）自然循环热水采暖系统

自然循环热水采暖系统，是靠供水与回水的温度差所造成的重力差来进行循环的，因此，也叫重力循环系统，其基本原理如

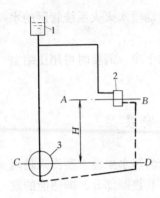

图 9-24 自然循环温水
采暖原理

1—膨胀水箱；2—散
热器；3—锅炉

图 9-24 所示。

假设热水锅炉向散热器稳定地供应温度为 95℃ 的热水，经散热器散热之后，回水温度为 70℃，可以认为，供水和回水之间 25℃ 的温度差，全部是由散热器的散热造成的。也就是说，从锅炉到散热器的水温均为 95℃，从散热器到锅炉的水温均为 70℃，并以散热器和锅炉的水平中线 AB 和 CD 作为温度变化的分界线。

这样，在 AB 线以上，水温均为 95℃。因为同温度水的密度相同，故上部不存在温度差。在 CD 线以下，水的温度均为 70℃，同样不存在温度差。在 AB 与 CD 线之间，情况则不同，锅炉以上的供水温度高，故密度小于散热器以下回水的密度。由于水温不同造成的压力差 ΔH 为：

$$\Delta H = h \cdot (\gamma_h - \gamma_g) \cdot g \tag{9-1}$$

式中　ΔH——自然循环压力差，Pa；

　　　h——锅炉至散热器的垂直距离，m；

　　　γ_h——回水密度，kg/m^3；

　　　γ_g——供水密度，kg/m^3；

　　　g——重力加速度，$9.81m^2/s$。

由于水温的差异而造成的上述循环压力差是比较小的，尤其是当建筑物底层散热器与锅炉的垂直距离较近时，压力差更是微不足道的。为了维持一定的循环压力，锅炉与底层散热器的垂直距离应不小于 3m，因此要求锅炉设在建筑物的地下室内。这对一般建筑物来说是无法做到的。由于自然循环温水采暖系统的循环压力差小，便限制了锅炉房的作用面积。

由于自然循环温水采暖系统有上述种种特点，只有在特定的情况下才能采用。但自然循环的原理是应当了解的。

（2）机械循环温水采暖系统

1）管道系统的图式及特点

机械循环就是依靠水泵使供水和回水在采暖管道中循环。由于水泵的压头比靠水的温度差而产生的重力压差大得多，因此，管网可以选用较高的流速和较小的管径。

机械循环温水采暖常用图式有下分式双管系统（图9-25）、上分式双管系统（图9-26）及单管系统（图9-27）。

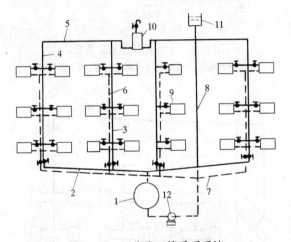

图9-25　下分式双管采暖系统

1—锅炉；2—供水干管；3—供水立管；4—空气立管；
5—空气干管；6—回水立管；7—回水干管；8—膨胀管；
9—散热器；10—集气罐；11—膨胀水箱；12—循环水泵

上述采暖系统均为闭合循环回路。循环水泵必须设在回水管上。由于水泵的运转，必然对一部分管道形成压力，对另一部分管道形成吸力，这样，在整个闭合环路中，必然有一点是压力的终结，同时又是吸力的始点，此点称为采暖系统的"恒压点"或"零点"。实际上，膨胀水箱与回水管相连之点，就是恒压点。也就是说，从此点至水泵的管段受吸力，而采暖系统的其余部分受压力。在恒压点上，压力等于膨胀水箱的水静压力。

231

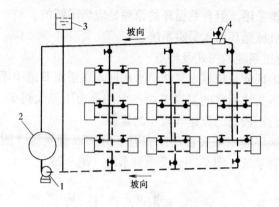

图 9-26 上分式双管采暖系统

1—循环水泵；2—锅炉；3—膨胀水箱；4—集气罐

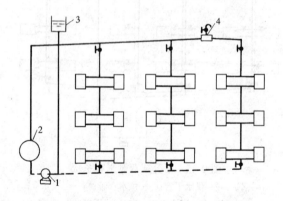

图 9-27 单管采暖系统

1—循环水泵；2—锅炉；3—膨胀水箱；4—集气罐

　　如果将恒压点移到水泵之前，则管道系统在相当大的范围内将处于水泵吸力作用下，压力也必然小于膨胀水箱的水静压力，故靠近水泵吸水口处的管道可能形成负压，以至在回水温度较高时引起汽化。如果管道不严密，还可能吸入外界的空气，这对整个管道系统的循环是非常不利的。因此，膨胀水箱必须与回水干管相连接。这是温水采暖系统一条重要的基本原理。

膨胀水箱与回水干管之间的连通管叫膨胀管。在一般情况下，是将膨胀管引出建筑物后，在室外地沟中（进户控制阀门的外侧）与回水干管相连，而不引回锅炉房。当膨胀水箱只有一根膨胀管与回水干管相连时，水箱内的水显然是不循环的，在这种情况下，膨胀水箱只能安装在不可能冻结的地方。如果把膨胀水箱安装在有可能冻结的屋顶阁楼内，除做好保温外，还要多安装一个循环管。循环管与回水干管连接处距膨胀管与回水干管连接处应为 1.2～2m，以便使采暖系统的一部分回水通过循环管——膨胀水箱——膨胀管进行缓慢循环，膨胀水箱内的水才不致冻结。

在机械循环温水采暖系统中，各立管与主立管的距离总是不相等的，因此，通过各立管建立的循环环路的总长度也不相等，这种采暖系统称为异程系统。在异程系统中，由于各个环路的阻力不同，所以温水的流量也不相同，即靠近主立管的环路阻力小、流量大，散热量也大；而远离主立管的环路阻力大、流量小，散热量也小，因此，不能实现管道系统的热平衡。为了实现热平衡，在设计中往往对近环路采取比较小的管径，或利用立管上的阀门对流量加以调节。

当各循环环路的阻力相差悬殊时，应采用同程系统（图9-28）。在同程系统中，各环路的长度相等，阻力平衡，工作稳定可靠。

2）膨胀水箱

在机械循环温水采暖系统中，水的温度随着管道系统的充水——运行——停运而有所变化。水同其他物质一样具有热胀冷缩的性质，如果管道系统的结构不能适应这种变化，必将在系统内部产生很大的压力，甚至造成泄漏。膨胀水箱就是在采暖系统水温升高或降低时，用来吸收或补偿水量的容器。

膨胀水箱设在管道系统的最高位置。每个独立的采暖系统都必须设一个膨胀水箱。当几个建筑物属于一个采暖系统时，可以在其中最高的建筑物上设一个膨胀水箱。

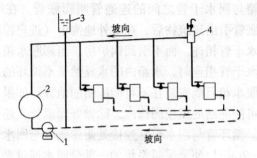

图 9-28 同程式采暖系统

1—循环水泵；2—锅炉；3—膨胀水箱；4—集气罐

膨胀水箱可以用钢板做成圆形或方形，水箱的容积主要与管道系统的水容量和水温的变化值有关，其计算公式为：

$$V = 3\alpha\Delta t V_g \qquad (9-2)$$

式中　V——膨胀水箱的有效容积（从信号管位置到溢流管位置之间的容积），L；

　　　α——水的体膨胀系数，$\alpha = 0.0006$；

　　　Δt——水温变化值，一般取 25℃；

　　　V_g——管道系统（包括散热器、锅炉）的容积，L。

如将上式中 α 与 Δt 的常用值代入，即得：

$$V \approx 0.05 V_g$$

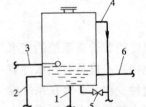

图 9-29　膨胀水箱的接管

1—膨胀管；2—循环管；

3—给水管；4—溢流管；

5—排污阀；6—信号管

由此得到一个基本概念，即温水采暖系统膨胀水箱的容积约为整个采暖系统容积的 5%。

膨胀水箱的接管如图 9-29 所示。在膨胀管和循环管上，不允许安装阀门，因为一旦阀门关闭，便完全切断了膨胀水箱与管道系统的联系，使膨胀水箱失去补偿水量的作用，可能产生严重后果。膨胀水箱设有上水管和浮球阀，以便供给补给水。信号管是为检查水箱内的水位而安装的，并设有控制阀。信号管内应充满水，当信号管内无水时，说明管道系统漏水严重或补水发生故障，应及时处理。如果膨胀水箱距锅炉房较远，不便设信号管，应安装浮标液面计和电信号控制系统来掌握水位情况。

(3) 热水采暖管道安装

热水采暖管道均采用钢管。当管径小于或等于 32mm 时采用螺纹连接，管径大于 32mm 时采用焊接，必要时也采用法兰连接。

在热水采暖系统中，不论是启动阶段还是运行阶段，排除空气是很重要的。水平管道的坡度一般为 0.003，最小为 0.002，尽可能设为顺流上升坡度，避免水、气逆向流动；采暖系统回水干管至锅炉房应有 0.005 的下降坡度。水平管道变径时，应采用顶平偏心大小头。采暖立管当管径大于 32mm 时，管道外表面距净墙面 30~50mm。对于管径小于或等于 32mm 不保温的采暖双立管，其中心间距为 80mm。双立管的布置应将供水立管设在面向的右侧，回水立管设在面向的左侧。当采暖立管与支管相交时，应使立管绕过支管，即在立管上煨制抱弯，有些地方已有可锻铸铁抱弯成品件可供使用。关于采暖立管和散热器之间的支管的连接要求，将在"九、(三) 3. 散热器安装"中介绍。

与膨胀水箱相连的膨胀管和循环管上，不得安装任何阀门。

管道从门窗或其他洞口处绕行，其转角处如低于或高于管道水平走向，其最高点或最低点应分别安装排气和泄水的装置。明装干管过门时，一般有两种方式：一是在门下做一个小地沟绕过；一是从门上绕过，见图 9-30。

管道穿过墙壁和楼板，应加装套管。装在楼板内的套管，顶部应高出地面 20mm，底部应与楼板底面相平；装在墙壁中的套管，其两端应与饰面相平。

采暖管道在运行过程中有热胀冷缩现象，故应在适当部位采取相应的补偿措施。需要设置补偿器的部位和补偿器的型号规格，由设计确定，并在施工图中表达出来。关于热补偿方面的知

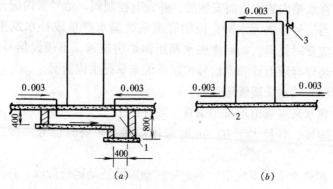

图 9-30　热水采暖干管过门绕行方式

1—泄水丝堵；2—排水阀；3—放气阀

识将在"十、（二）1. 热力管道"中介绍。

前面曾经提到过，对于热水采暖系统，及时排除管道系统中的空气是系统顺利启动和正常运行的重要条件。在不同的系统图式中，排气方式也不相同，除了图 9-25 至图 9-27 中表示的排气方式以外，在自然循环系统中，水流缓慢，空气可以通过膨胀水箱排出；在水平串联系统中，空气通过各层散热器上部的手动放气阀排出；在下分式系统中，空气通过顶层散热器上的手动放气阀排出。在上分式系统中，空气通过干管各段最高处的集气罐排出，集气罐的制作在标准图中有明确的规定。

热水采暖系统的水压试验，应以系统顶点的工作压力加 0.1MPa 作为试验压力，同时系统顶点的试验压力不得小于 0.3MPa。高温热水采暖系统的水压试验，当工作压力小于 0.43MPa 时，试验压力等于工作压力的两倍；当工作压力为 0.43～0.71MPa 时，试验压力等于工作压力的 1.3 倍，外加 0.3MPa。采暖系统做水压试验时，在 5min 内压力降低不大于 0.02MPa 为合格。

2. 蒸汽采暖系统

（1）蒸汽采暖系统的特点

蒸汽采暖主要是利用蒸汽凝结时放出的汽化热。以蒸汽作为热媒，可以提高散热器表面的温度，传热系数也相应增大，因此，蒸汽采暖系统的散热器片数比温水采暖系统的散热器片数可以减少 30%～40%。蒸汽可以采用较高的流速，因而管道直径比温水采暖系统小，从而降低了工程造价。

蒸汽采暖系统的热惰性比温水采暖系统小。也就是说，蒸汽采暖系统送汽后能较快地散热，停汽后能较快降温，这一特点很适用于需要定时供暖的工厂车间、影剧院等场所。此外，由于蒸汽的容重小，即使在高层建筑中，也不会对底层散热器造成过大的压力，而温水采暖系统用于高层建筑时，必须采取措施，以限制水的静压力。

蒸汽采暖的缺点是散热器表面温度过高，造成有机灰尘的分解，使人感到燥热和有异味，采用高压蒸汽时，尤为明显。高压蒸汽系统的散热器和明管表面温度均在 100℃ 以上，对人体容易造成烫伤。蒸汽管道中的凝结水如不能顺利排除，还会产生水击、振动和噪声，影响环境安静。

蒸汽采暖系统按蒸汽压力的大小，可分为低压蒸汽采暖（即蒸汽压力小于或等于 0.07MPa）和高压蒸汽采暖（即蒸汽压力大于 0.07MPa）；按立管的设置可分为单管式和双管式蒸汽采暖系统；按蒸汽干管的设置位置可分为上分式、中分式和下分式蒸汽采暖系统；按凝结水的回水方式可分为重力回水和机械回水蒸汽采暖系统。图 9-31～图 9-33 为几种常用的低压蒸汽采暖系统图式，图 9-34 为高压蒸汽采暖图式。

（2）蒸汽管道

蒸汽在管道内流动的速度是相当快的，管道中产生的凝结水会被高速流动的蒸汽带走并形成水塞，这对管道系统的运行是有害的。为了及时排除管道中的凝结水，应顺蒸汽流动的方向设 0.003 的坡度；如果条件限制必须设逆向坡度时，则坡度应为 0.005，并应适当放大蒸汽管径以降低流速。在蒸汽干管和凝结水干管的适当部位采取热补偿措施，关于这方面的内容可参见"10.2.1 热力管道"部分。

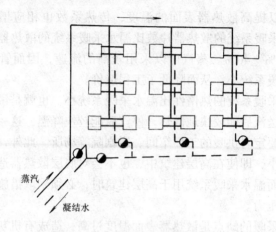

蒸汽

凝结水

图 9-31　双管上分式蒸汽采暖系统

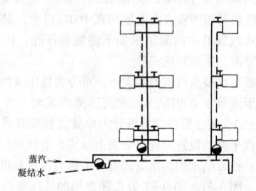

蒸汽

凝结水

图 9-32　双管下分式蒸汽采暖系统

　　蒸汽采暖管道的连接方式依具体情况而定：当管径大于32mm 时，宜采用焊接连接，与阀门，疏水阀可采用法兰连接；当管径小于或等于 32mm 时（实际上也就是立管和支管）应采取混合连接方式，即管子与管件、散热器采用螺纹连接，管子与管子的对接采用焊接连接。采用螺纹连接时，由于蒸汽尤其是高压蒸汽的温度较高，故不允许使用麻丝作密封填料。

3. 散热器安装

　　散热器按散热方式的不同分为对流散热器和辐射散热器；按

238

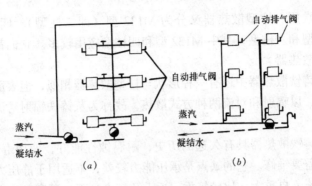

图 9-33 单管蒸汽采暖系统
(a) 上分式；(b) 下分式

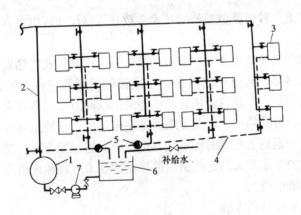

图 9-34 高压蒸汽采暖系统

1—锅炉；2—蒸汽管；3—散热器；4—凝结水管；
5—疏水器；6—凝结水箱；7—锅炉给水泵

材质的不同分为铸铁散热器、钢制散热器和铝制散热器；按散热器的型式又可分为柱型、翼型、串片式、扁管式、板式、光排管式等多种，其中柱型散热器应用较广，因系由散热片组对而成，故也称为片式散热器，属于对流散热器。

（1）散热器的类型

传统的灰铸铁散热器有柱型、长翼型、圆翼型。柱型散热器

239

较为常用。柱型散热器又分为 M132 型（即二柱型）、四柱型、五柱型和六柱型，其中 M132 型和四柱型应用较多。它们都属于对流散热器。

铸铁散热器中还有一种形状与柱型散热器相似，但表面较为平直，以辐射和对流两种方式散热，故称为灰铸铁辐射对流散热器。

铸铁散热器具有久远的历史，耐腐蚀性能好，使用寿命长，很少需要维修。它的缺点是承压能力较差，不适用于静压力较高的系统，自重大，比较笨重。近十几年来，不少厂家已生产稀土铸铁散热器，提高了散热器的强度，同样散热面积的自重得以降低。

以上几种铸铁散热器的技术参数和规格尺寸可以在有关手册中查到。

钢制散热器主要有：钢串片散热器、钢制板式散热器、钢制柱型散热器、基板式散热器和光排管散热器等多种对流式散热器。在商场、车站等公用建筑中还采用以高温水或蒸汽为热媒的钢制辐射板散热器。在北方地区某些建筑中，还使用暖风机。

各种钢制散热器的优点是自重较小，耐压能力高，型号、规格选择的余地较大。这些钢制散热器的技术参数和规格尺寸可在有关手册中查到。

（2）散热器安装

铸铁片式散热器要先进行组对试压后，才能进行安装。散热器组对时的操作有具体要求，在工作过程中要严格遵守。成品散热器在安装前应进行抽样试压，若有不合格者，应全部进行水压试验。

散热器的安装应根据设计图或设计指定的标准图进行，还必须将生产厂家的产品说明书中提供的技术资料与设计或标准图加以对照，看有无矛盾之处。关键问题是散热器的安装高度必须准确，以便使其接口与采暖立管上的支管接口相对应。在立管安装时，就必须根据工程所采用的散热器的接口间距，并考虑到支管安装时的坡度，来确定立管上支管接口的间距和高度。

　　散热器支管坡度应遵守以下规定：当支管长度大于 0.5m 时，其坡度值为 10mm；当长度小于 0.5m 时，其坡度值为 5mm；当立管两侧均接支管，且任一支管长度超过 0.5m 时，两侧支管的坡度值均为 10mm。

　　当散热器支管长度大于 1.5m 时，应在中间设支架或托钩。

十、工业管道安装技术

工业管道大体上分为两种：凡直接为产品生产输送物料的管道称为工艺管道；凡用于输送动力媒介物质的管道称为动力管道，如热力管道、压缩空气管道、氧气管道、乙炔管道、燃气管道、燃油管道等。

工业管道按压力不同可进行以下分级：

真空管道　　公称压力小于大气压力
低压管道　　公称压力小于或等于 1.6MPa
中压管道　　公称压力大于 1.6MPa，小于或等于 10MPa
高压管道　　公称压力大于 10MPa

本章将从管道材质和管道输送的介质两个角度介绍中低压管道的安装。

高压管道常用的材质除了 20 号优质碳素钢以外，还大量使用低合金钢，如各种耐热钢管、各种抗氢氮耐腐蚀钢管等。高压管的连接方式主要有螺纹法兰连接和焊接两种方式。螺纹法兰连接主要用在管道与设备和管道与带法兰的阀门、附件的连接，也用于需要可拆卸接头处的连接。高压管道安装有一系列具体的技术要求和规定，这方面的内容这里不作介绍了。

工业管道中有时需要对金属管道进行橡胶衬里，以便用于输送某些酸、盐、醇类介质。用于橡胶衬里的管子及管件一般应为碳素钢或铸铁制造，其内表面必须光滑，不应有大于 3mm 的凹凸点，并且没有气孔、裂纹、重皮等缺陷，凡有阴角的部位，应用腻子过渡成小圆角。衬里用的橡胶主要是天然橡胶，按含硫量的不同可分为软橡胶、半硬橡胶及硬橡胶。硬橡胶比软橡胶耐蚀性好，而且有较强的抗渗透性，故当工作介质为气体时，最好采用硬橡胶衬里。

管道工程的工厂化制作一般适用于石油化工类工厂的工艺管道,工厂化制作主要在现场性预制加工厂内完成,其一般工艺顺序为:①图纸、资料的绘制、编写;②原材料的准备及加工;③组对、焊接;④清洗和涂底漆;⑤出厂前质量最终检验。

(一) 常用材质管道安装

1. 钢、合金钢管道安装

(1) 材料检验

通常所说的钢管是指用普通碳素钢制造的焊接钢管和用优质碳素钢制造的无缝钢管。

合金钢管通常指低合金钢管,有时也包括中合金钢管,常用的钢号有 16Mn、15MnV、12CrMo、15CrMo、12Cr1MoV、12Cr2Mo、Cr5Mo 等,其中 Cr5Mo 是中合金钢,其余都是低合金钢。

对于高压管道用的合金钢管材,过去的施工及验收规范规定:如果没有制造厂家的探伤合格证,应逐根进行探伤;虽有探伤合格证,但外观检查发现缺陷时,应抽 10% 进行探伤,如仍有不合格者,应逐根进行探伤。现行施工及验收规范(GB 50235)则规定为:管道组成件及支承件必须具有制造厂的质量证明书,其质量不得低于国家现行标准的规定;管道组成件和支承件的材质、型号、规格、质量应符合设计文件的规定,并应按国家现行标准进行外观检验,不合格者不得使用;合金钢管道组成件应采用光谱分析或其他方法对材质进行复查。

用于下列管道的阀门,应逐个进行壳体压力试验和密封试验:(1)输送剧毒流体、有毒流体、可燃流体管道的阀门;(2)输送设计压力大于 1MPa 或设计压力小于等于 1MPa 且设计温度小于 -29℃ 或大于 186℃ 的非可燃流体、无毒流体管道的阀门。

用于输送设计压力小于等于 1MPa 且温度为 -29~186℃ 的非可燃流体、无毒流体管道的阀门,应从每批中抽查 10%,且不得少于1个，进行壳体压力试验和密封试验。当不合格时，应加倍抽查，仍不合格时，该批阀门不得使用。

合金钢阀门应逐个进行强度和严密性试验，试验介质用洁净水。阀门的壳体试验压力不得小于公称压力的1.5倍，试验时间不得少于5min，以壳体填料无渗漏为合格；密封试验宜以公称压力进行，以阀瓣密封面不漏为合格。合金钢阀门的内件材质应采用光谱分析或其他方法对材质进行抽检复查，每批抽查数量不少于1个。

(2) 弯管制作

碳素钢管、合金钢管下料时，应尽可能采用锯床、砂轮切割机或车床等机械方法切割，当采用氧乙炔焰时，必须保证尺寸准确和表面平整。

对合金钢管进行弯制时，最小弯曲半径与碳素钢管规定相同，即中低压钢管热弯时 $R \geqslant 3.5D_w$，冷弯时 $R \geqslant 4D_w$，高压钢管冷、热弯时均为 $R \geqslant 5D_w$。冷弯时采用液压或电动弯管机，由于合金钢管具有回弹性，因此弯曲角度要增加 $3° \sim 5°$，以保证回弹后角度达到要求。合金钢管的热弯一般在工厂中使用中频感应加热弯管机和火焰弯管机进行。

碳素钢管和合金钢管热弯或冷弯后，应按施工及验收规范的具体规定进行热处理。合金钢管热处理后应检查硬度，硬度值应符合管子出厂的技术标准。用于高压的弯管还要进行无损探伤。

(3) 焊接

碳素钢、低合金钢的焊接视管道材质、直径、壁厚的不同，一般采用手工电弧焊、氩弧焊或气焊，管道坡口型式和焊接的一般要求已经在"八、（一）4.焊接连接"介绍过了。

合金钢管焊接时，应按焊接工艺规范的规定进行焊前预热和焊后热处理，防止产生冷裂纹，减少焊缝残余应力和改善组织。焊接淬硬性倾向较大的低合金钢管，其环境温度必须大于规定温度，并进行预热，以保证焊件焊透，温度均匀稳定。

焊接低合金钢管时，不得在管子表面引弧和试验电流，只能在焊口内引弧。

管道焊接后，焊口是否进行热处理，应根据钢种、管子壁厚等条件由焊接工艺规范确定，一般管壁较薄的低压合金钢管，焊后不进行热处理，壁厚36mm以上的碳素钢管和管壁较厚、焊接应力大的低合金钢管，则需要进行焊后热处理。

铬钼耐热钢焊后必须进行热处理。有应力腐蚀的碳素钢、合金钢管道的焊口，均应进行焊后热处理。

锰钼钒（12MnMoV）钢管，经热处理后具有良好的综合机械性能，有较高的耐热性能和抗氢氮氨腐蚀能力，最高使用温度为520℃，但不宜在−20℃以下使用。

不同材质管道的焊后热处理条件不同，具体由焊接专业人员掌握。管道焊缝热处理加热范围，以焊缝中心为基准，每侧不少于焊缝宽度的3倍，加热时管道两端管口要封闭，以防空气流通降温。

2．不锈钢管道安装

（1）不锈钢的性质

在钢中添加铬和其他金属元素，并达到一定含量时，除金属内部发生变化外，还在钢的表面形成一层致密的保护膜，可以防止在大气环境中进一步被腐蚀。这种具有一定耐腐蚀性能的合金钢材，称为不锈钢。

按不锈钢中添加的金属元素的不同，可分为铬不锈钢、铬镍不锈钢和铬锰氮系不锈钢。在不锈钢中，铬是最有效的合金元素。不锈钢表面的保护膜，通常就是氧化铬。实践证明，铬的含量必须高于12%才能保证钢的耐腐蚀性能。实际应用的不锈钢，当平均含铬量在13%以上时，称为铬不锈钢。铬不锈钢只能抵抗大气和弱酸的腐蚀。

铬镍不锈钢含铬约为18%，含镍大于或等于8%，含碳在0.14%以下，这种不锈钢俗称18-8不锈钢，比铬不锈钢有更好的耐腐蚀性，是应用最广泛的不锈钢品种。18-8不锈钢有多种牌号，属于奥氏体不锈钢。

18-8不锈钢具有一定的耐热性，在较高温度下不起氧化皮并保持较高的强度，同时具有良好的低温性能。18-8 不锈钢经过 1100~1200℃ 淬火后并不硬化，反而具有较低的硬度和较好的塑性，适宜进行冷加工。18-8 不锈钢的切削加工性能不好，切削时感到又黏又硬，刀具和钻头容易磨损。

18-8 不锈钢的最大缺点是容易产生晶间腐蚀。对于什么是晶间腐蚀，已经在"六、（一）2."有关不锈钢内容中阐述过了。为了防止晶间腐蚀，可采取以下措施：

①尽可能采用含碳量低的不锈钢，当含碳量低于 0.04% 时不易受晶间腐蚀；

②将在 450~850℃ 危险区域内加热过的不锈钢或已发现有弱晶间腐蚀倾向的不锈钢重新加热到 1150℃ 左右进行淬火处理，使析出的碳化物重新溶入固溶体内；

③在合金中加入与碳作用的结合力比碳与铬结合力强的元素，如钛（Ti）、铌（Nb）、钽（Ta）等，这些元素的加入量与含碳量有一定比例关系，加入后可以防止晶间腐蚀。

（2）管道加工

18-8 不锈钢硬度高，并且在切削的地方容易产生冷硬倾向。18-8 不锈钢可采用手锯、砂轮切割机、锯床及等离子切割机进行切割，锯条要用锋钢锯条，不宜使用通常使用的高碳钢锯条。不锈钢管绝对禁止用氧乙炔焰切割。

不锈钢弯头可在市场上购买，但要保证材质、外径、壁厚合格。小口径不锈钢管可在施工现场用弯管机冷弯加工，最小弯曲半径为 4 倍管子外径。如果设计允许，也可以制作焊接弯头。

当制作三通时，一般用钻床、铣床或搪床在主管上开孔。小口径正三通也可用手锯开孔。在没有机械的条件下，宜采用碳弧气刨开孔和切割，但必须留出 3mm 裕量，以便用角向砂轮机磨光并坡口。

（3）热处理及酸洗、钝化处理

不锈钢管在冷加工及焊接后，必然产生残余应力，而在热加工及焊接过程中，又要在 450~850℃ 这个危险区域停留一段时间，这样便会产生晶间腐蚀倾向。为了消除残余应力和晶间腐蚀倾向，应进行热处理。

消除应力处理是不锈钢热处理的一个主要方面。奥氏体不锈钢管道经过冷加工或焊接后会存在内应力，当输送的介质中含有氯离子（或溴离子）时，会引起应力腐蚀。应力腐蚀是不锈钢在静拉应力与介质的共同作用下引起的腐蚀。

消除冷加工后的残余应力，通常是把管件加热到 250～425℃（常用 300～350℃），进行回火处理。消除焊接后的残余应力，需要在较高的温度下进行，一般为 850～870℃，含钛或铌的管件可直接在空气中冷却，不含钛或铌的管件，应经水冷至 450℃后，再在空气中冷却。

18-8 不锈钢消除应力处理的效果，主要取决于加热温度的高低，加热时间与冷却方式无明显影响。

消除应力腐蚀可采取的措施有：正确选择管材；消除管道的残余应力；控制介质条件；管道附件和支架结构的合理设计；将受拉应力改变为受压应力；在溶液中加入侵蚀剂；采用电化学保护等。

不锈钢管道在预制加工、焊接和热处理过程中，表面的氧化膜会损坏。在焊接和热处理后进行一次酸洗和钝化处理，可以除去管子和焊缝表面的附着物，使之形成新的氧化膜。

酸洗和钝化处理的步骤是：清除附着的油脂→酸洗处理→冷水冲洗→钝化处理→冷水冲洗→吹干。酸洗液和钝化液的配方及处理时间见表 10-1。

酸洗液、钝化液配方及处理时间　　　　表 10-1

名　　称	配　　方			温度	处理时间
	硝酸	氢氟酸	水	（℃）	（min）
酸洗液（体积比）	15	1	84	49～60	15
钝化液（重量比）	25		75	室温	20

（4）安装技术要求

采购的管材和管件必须有出厂合格证，牌号符合设计要求。在材料堆放及施工过程中，应避免不锈钢管与碳钢接触。安装前进行一般性清洗，除去油污。管子坡口采用机械方法或等离子切割，砂轮磨削等方法。焊接方法一般用氩弧焊打底，手工电弧焊盖面，管内宜充氩气保护。氩弧焊宜使用直流氩弧焊机，正极性接法（正极接工件，负极接电源）。手工电弧焊应采用直流电焊机，用反极法连接（焊条接正极）。

不锈钢管道安装应在全部支架固定好之后进行，管道与碳钢支架之间垫入不锈钢片或不含氯离子的非金属软垫片，管道穿过楼板或墙壁时应加套管，套管与不锈钢管的间隙可用石棉绳填塞。在整个施工过程中，不得用通常使用的钢制手锤敲击不锈钢管，可使用铜锤或不锈钢锤。不锈钢管道进行水压试验时，水中的氯离子含量不得超过 25ppm（即 25mg/L），否则应采取措施降低水中的氯离子含量。

3. 有色金属管道安装

（1）铜及铜合金管道

有关铜及铜合金材料方面的一些知识，已经在"六、（一）4. 常用有色金属的种类和牌号"中介绍过了。

在管道工程中应用较多的是紫铜管，其次是黄铜管。铜及铜合金管有较好的耐腐蚀能力和低温性能，对某些非氧化性酸类具有较高的耐腐蚀性能。铜及铜合金管可用于某些腐蚀性介质或低温介质，近 20 年来，在某些高级宾馆，也使用铜管作为冷水、热水管道。

施工中铜管不得与钢管、铝管等金属管材混放。当铜管的铜类牌号不同时，要做出标记，分别堆放，以免错用。

铜管的切割宜用手锯、锯床、砂轮切割机等机械方法，锯条宜选用细牙锯条。管子坡口采用锉刀、角向砂轮磨光机等机械方法。不得使用氧乙炔焰进行切割及坡口。

如果管材产生了弯曲，应用调直器调整，调直前应先在管内充砂，并使之密实，但不可用铁锤敲打。调直后及时将管内砂清除干净。

铜及铜合金管当管径小于 100mm 时，弯管制作宜采用机械方法冷弯，为保证弯管质量应在管内放入芯棒。当必须采用热弯时，管内要充满干燥的砂，加热方法以木炭或电加热为宜，铜管热弯温度为 500～600℃，铜合金管热弯温度为 600～700℃。

铜及铜合金管的连接方法有焊接连接、法兰连接和螺纹连接，其中又以焊接连接应用最广。小口径管道可采用钎焊，钎焊是采取承插形式在承插间隙中熔入焊料，而母材（管材）不熔化。大口径管道可采用气焊、手工电弧焊和钨极氩弧焊。对口焊接时，管壁厚度等于或大于 3mm 时必须开坡口，坡口角度为 65°±5°，间隙和钝边尺寸应视焊接方法不同按规范选定。

管道安装过程中应防止管材表面被硬物划伤，管道支架的间距可按钢管支架间距的 4/5 设置。采用承插连接方式时，承口系在管端扩口而成，其长度不应小于管径，并应使承口迎向介质流动方向（有的资料叙述为应顺介质流向安装）。管道穿过楼板、墙壁时要加钢套管，间隙中填入隔绝物。另外，铜及铜合金管道安装应遵守碳素钢管道安装的一般性规定。

（2）铝及铝合金管道

关于铝及铝合金材料方面的有关知识，已经在"六、（一）4．常用有色金属的种类和牌号"中介绍过了。

铝具有良好的导热性和导电性，无磁性，机械强度较低，但无论在冷态或热态上均有较高的塑性，但切削性较差。铝的焊接性能较差，尤其是进行气割时要求焊工有娴熟的技艺。

铝的表面通常会生成一层具有保护性的氧化膜，当这层氧化膜遭到破坏时，在破坏处又会生成新的氧化膜，继续起到保护作用。因而铝的耐腐蚀性主要取决于铝的氧化膜在介质中的稳定性。铝的耐腐蚀性与纯度有关，纯度越高，耐蚀性会越好。

铝在大气及淡水中耐蚀性很好，但不耐海水腐蚀。铝在常温下对硝酸、醋酸、稀硫酸等酸类有较高的抗腐蚀能力，而不耐盐酸、氢氟酸等及碱性介质的腐蚀。

铝及铝合金具有良好的低温性能，因而其管材可用于低温管道系统。铝及铝合金管子和管件适用于工作温度不超过 150℃，公称压力不超过 0.6MPa 的条件。纯铝管材多用 L2～L6 牌号的纯铝制造；铝合金管材可以用 LF2～LF6 防锈铝或其他牌号的铝合金制造。管材有冷拉和热挤压两种制造方法，冷拉管的外径为 φ6～φ120，热挤压管的外径为 φ28～φ500，两者均有多种壁厚。施工中 φ100 以下弯管可在现场用弯管机弯制，较大直径的弯头可制作为焊接弯头。三通可用开孔法焊接制作。

由于铝和铝合金管有多种材质牌号，在施工现场堆放时一定做好标记，以免用错，而且不能与钢、铜、不锈钢等接触，以防管材受到电化学腐蚀。

铝和铝合金管切断时可用钢锯、砂轮切割机或等离子切割机。铝及铝合金管进行热弯时管内要装砂，最好用木炭或电炉加热，加热温度因材质不同而异：纯铝管热弯温度为 150～260℃；铝镁合金管热弯温度为 200～310℃；铝锰合金管必须热弯，温度为 450℃。

铝和铝合金管道连接一般采用焊接和法兰连接（法兰连接中有平焊铝法兰、对焊松套法兰和翻边松套法兰）。管道焊接前，应用丙酮或四氯化碳溶剂清除焊口处的油污，然后在距焊口约 50mm 的范围内用细铜刷把氧化膜除掉，焊接必须在清刷后不迟于两小时进行，以免清刷后的管口重新被氧化。管道焊接一般采用手工氩弧焊或气焊，必须按管材牌号选择焊丝，例如焊接 L2 牌号的铝管时可选择 L1、L2 牌号铝切条作为焊丝或采用 HS301 纯铝焊丝、HS311 铝硅焊丝。焊接过程中，严禁工件振动，需转动焊口时，要等焊缝金属冷却到 350℃ 以下，方可轻轻转动。焊接完成后，冷却到常温即可进行焊口的清洗工作，清洗顺序为：(1) 用不锈钢丝刷除去熔渣；(2) 用热水冲洗；(3) 用 5% 硝酸溶液和 2% 重铬酸钾溶液进行清洗；(4) 再次用水把上述酸性液冲洗干净。如果采用氩弧焊，则不需要对焊口进行清洗。

(3) 钛及钛合金管道

钛是一种银白色的金属，密度为 4.54g/cm³，熔点为 1675℃。在钛中加入少量的合金元素后，其强度、塑性和抗氧化等性能会得到提高。按金属组织，钛合金可分为 α、β 和 α+β 三种类型，应用较广的有工业纯钛的 TA1 和 TA2、α 型钛合金的 TA7、α+β 型钛合金的 TC4 等牌号。

钛和钛合金具有质轻、强度高、耐腐蚀的优点，它能耐多种酸类的腐蚀。钛和钛合金管道可用于输送腐蚀性介质，工作压力一般不超过 10MPa，工作温度一般在 -60~250℃ 之间。

钛和钛合金管的切割和坡口加工，可用手锯、砂轮切割机、砂轮片磨光机及其他切割机械进行，但锯片、砂轮片和切割刀具应专用。

焊接是钛和钛合金管道安装的重要工序，钛和钛合金具有良好的可焊性，但必须注意焊接过程中焊缝的污染和热影响的问题，故在焊接前必须对焊缝部位进行严格清理，在焊接过程中必须采取有效措施，防止吸氢和与氧、氮等的化合。因此，钛和钛合金焊接施工必须由专业人员制订科学合理的焊接规范，并在施工中贯彻执行。

焊接部位的清理是指在坡口区约 50mm 宽度范围内，先用刮刀除去氧化膜，并用酒精或丙酮擦拭干净。把清理好的带坡口的管子插入酸洗液中约 50mm 深，持续约 5min，然后用水冲去酸洗液，擦拭干净，自然干燥备用。焊丝也用同样方法进行酸洗、水洗、然后烘干（不高于 200℃）或自然干燥。酸洗液应按施工方案中的配方执行。经过酸洗处理的管子和焊丝，在组对和焊接前还必须用酒精或丙酮擦拭，以防止焊接气孔的出现。有的技术书籍中还要求钛管焊接所用焊丝必须经过脱氢处理，但在多数技术资料和工程实践中没有这种规定。

在工程实践中，必须采用钨极氩弧焊，为保证小电流快速施焊，可选用有提前供气、熄弧时有电流衰减、延时通气功能的 ZX7-315IGBT 逆变式焊机，电极选用直径为 2mm 的铈钨极，填充金属用 TA2 焊丝，并采用纯度为 99.99% 的惰性气体氩气对电焊弧进行保护。

钛管与钛板的连接，以胀接法效果为好。胀接应缓慢进行，胀管率控制在 1%～1.6% 的范围内。

钛及钛合金管的安装与不锈钢管安装相似，主要注意以下几点：

①管道在存放及安装过程中要防止铁质污染，严禁使用碳素钢工具，可用不锈钢或紫铜工具；

②管子与钢支架之间应垫橡胶、软塑料，不能直接接触；

③吊装管子用的钢丝绳、卡扣不能直接接触管子，需用橡胶或石棉制品隔开；

④管子与钢套管之间，应填塞不含铁质的材料。

4．塑料管道安装

塑料管具有重量轻、耐腐蚀的特点，在许多情况下用以代替不锈钢管、有色金属管。塑料管的品种较多，较常用的塑料有聚氯乙烯（PVC）、聚乙烯（PE）、聚丙烯（PP）和 ABS 工程塑料管。下面重点介绍硬聚氯乙烯管和聚丙烯管。

（1）塑料的性能简介

1）硬聚氯乙烯的性能

硬聚氯乙烯（UPVC 或 PVC-U）的密度为 $1.35～1.60$ g/cm^3；线膨胀系统为 $(6～8)×10^{-5}K^{-1}$，约为钢的 $4～5$ 倍；硬聚氯乙烯的耐热性能较差，在 80～85℃ 开始软化，130℃ 呈柔软状态，其使用温度不宜超过 60℃，故不能用于热水管道。

硬聚氯乙烯管的机械性能比钢材差，在室温条件下，其抗拉强度只有钢的 1/5，抗冲击强度约为钢的 1/3，随着温度的降低，抗冲击强度急剧减小，因此在使用中要特别注意到它的强度变化和冷脆性。

硬聚氯乙烯的抗老化性能较差，当受到日光及风雨长期作用，以及经常处于受热或冷热交替状态，会出现强度降低、发脆、耐蚀性降低等老化现象。

正是由于硬聚氯乙烯强度低、脆性大及抗老化性能差等因素，影响了它的进一步应用。硬聚氯乙烯化学稳定性良好，几乎胜过大多数非金属耐腐蚀材料。硬聚氯乙烯管道主要用于输送-15~60℃的酸、碱类介质以及民用建筑排水、煤气和非饮用的工业用水。

2）聚丙烯

聚丙烯的密度为 $0.89 \sim 0.91 \text{g/cm}^3$，线膨胀系数一般为 $(10.8 \sim 11.2) \times 10^{-5} \text{K}^{-1}$。聚丙烯的重量比硬聚氯乙烯轻，强度和刚度比硬聚氯乙烯低，线膨胀系数更大。聚丙烯有较好的耐热性，它的融点为 170~176℃，聚丙烯管道输送的介质温度可达110℃，但低温性能不好，当温底低于0℃时，即呈现低温脆性，抗冲击性能明显降低。聚丙烯的热稳定性较差，在高温下容易发生氧化分解，而且对紫外线比较敏感，容易老化。

在聚丙烯管材中，根据树脂原料结构的不同，有 PP-R 和 PP-B 两种管材较为常用。PP-R 在有的资料中也写为 PPR，称为无规共聚聚丙烯，有的资料中也称为三型无规共聚丙烯或三型聚丙烯。PP-B 有时也写为 PPB，称为嵌段共聚聚丙烯。PP-R 管与 PP-B 管存在以下差异：（1）在耐低温冲击性能方面，PP-B 优于 PP-R 管；（2）在热熔性能方面，PP-R 优于 PP-B 管；（3）在拉伸屈服强度等力学性能方面，PP-R 管优于 PP-B 管。

（2）连接与热加工

塑料管道连接可分为可拆卸式连接和不可拆卸式连接两种，前者有法兰连接和螺纹连接，后者有承插连接、焊接和热熔连接。

法兰连接有平焊法兰连接、焊环活动法兰连接、扩口或翻边活套法兰连接，具体连接构造均与钢法兰相似。

承插连接有一次性插入法连接、一次插入焊接连接、承插胶合连接、承插胶合焊接连接多种方式。一次性插入法连接是最简单的连接方法，适用于 DN65 以下的管子连接，操作时，插入管端头进行 30°外角坡口。被插入管端头进行 30°~35°内角坡口，然后用甘油浴加热至柔软状态，取出擦去甘油，把已备好的插入管端插入，用冷水冷却定型即成。如果管径较大，可在承插管交界处再进行焊接，即为一次插入焊接连接。承插胶合连接是用胶粘剂涂刷在塑料管承插口的结合面上的连接方式，如果在承插口交界处施以角焊，即为承插胶合焊接连接。硬聚氯乙烯管主要采取热风焊，焊接温度为200~230℃。

在PP-R管施工中，管材与管件通常在专用的热熔焊机上，采用热熔承插连接，具体操作需要在实践中学习。PP-R管已广泛在生活饮用水管道中应用，是替代镀锌钢管作为饮用水管道的主要新型管材。

螺纹连接与金属管道连接相似，不同的是，螺纹是在工厂中注塑成型。定型螺纹管件与管子以承插形式连接，带螺纹的管件用接管螺帽固定，管件之间垫软塑料垫片。

塑料管道在需要时可以通过加热使其软化，再进行加工制作。硬聚氯乙烯管热加工的关键是掌握好加热温度。温度过低无法成型，并产生较大的内应力；温度过高会造成材料分层、起泡、烧焦等现象。硬聚氯乙烯管的加热温度应控制在135~150℃范围内，聚丙烯管应控制在160~165℃范围内。加热方法有电加热、蒸汽加热及各种火焰加热，最常用的是电加热。

（3）管道安装

安装使用的管材和管件应有出厂合格证和质量保证书。管材内外壁应平整、光滑，弯曲度（即挠度与长度之比）不得超过0.5%~1.0%。运输管材时不得撞击抛掷。管材应存放在仓库内，室温不应高于40℃。

塑料管的安装顺序应为同一车间内其他材质之后，不允许与土建交叉施工，管道沿墙敷设时，与墙面净距不小于100~150mm，与其他管道平行敷设时，管子净距不小于150~200mm，交叉时净距不小于150mm。由于塑料管的线膨胀系数比钢管大得多，而强度、刚度又明显低于钢管，因此安装中要解决好管道热补偿问题，管道支吊架的间距要小。塑料管不宜埋地敷设，必须埋地敷设时，地基要坚实，埋深不应小于0.7m。管子穿过楼板和墙壁要装金属套管。

(二) 不同介质管道安装

1. 热力管道安装

(1) 管道敷设

热力管道通常是指输送蒸汽或过热水等热介质的管道。热力管道输送的热介质，具有温度高、压力大、流速快等特点，因而给管道带来了较大的膨胀力。在管道安装中必须解决好管道伸缩补偿，各种固定和活动管道支吊架的设置，管道坡度，疏、排水阀和放气装置等问题。

室外热力管道的敷设形式分为架空敷设和地下敷设两种。

架空敷设根据敷设高度的不同可采用高支架，中支架和低支架敷设。管道可以敷设在独立支架、桁架或建筑外墙的支架上。当热力管道与其他管道共架敷设时，管道布置和排列，应使支架负荷分配合理，并便于安装和维修。厂区架空敷设的热力管道，应尽量利用厂房的外墙或其他永久性构筑物。

地下敷设可分为地沟敷设和直接埋地敷设两种。地沟敷设分不通行地沟，半通行地沟和通行地沟等三种敷设形式（参见"八、(二) 管道的敷设方式"）。

管道根数少，管径较小，以及维修工作量不大时，宜采用不通行地沟敷设，管道在不通行地沟内一般采用单排水平敷设。当管子数量较多，或需要维修时，可采用半通行地沟敷设。当热力管道数量多，口径较大，或管道通过的路面不允许开挖时，宜采用通行地沟敷设。

地沟内热力管道的分支处装有阀门、仪表、疏排水装置、除污器等附件时，应设检查井。

易燃、易爆、有毒以及腐蚀性介质管道、氧气管道，严禁与热力管道同沟敷设，如必须穿过地沟时，应加防护套管。

直接埋地敷设又称无地沟敷设。直接埋地敷设一般用于土壤无腐蚀性，地下水位低，土层渗水性良好以及无腐蚀性液体浸入的地区。采用直接埋地敷设，热力管道的保温层直接与土壤接触，要求保温层既具有良好的防水性能又要有一定的强度。在管道的转弯处和安装补偿器处，均宜设有可供管道伸缩用的可渗水的短地沟，在短地沟的两端宜设置导向支架。

（2）管道热膨胀的计算

热力管道的主要特点，就是安装施工温度与正常运行温度差别很大，管道系统投入运行后产生明显的热膨胀，设计和施工必须保证对这种热膨胀采取一定的技术措施进行补偿，避免使管道产生过大的应力，保证管道系统的安全运行。

在常温下安装，投入运行后处于高温状态的管道，以及在常温下安装，投入运行后因季节的不同，夏季输送冷介质，处于低温运行状态，而冬季则输送热介质，处于高温运行状态的管道，都必须处理好因冷热交替、温度变化所引起的热补偿问题。

1）热膨胀的计算

热力管道投入运行以后，常因温度变化较大而产生膨胀。管道受热后的膨胀量，按下式计算：

$$\Delta L = \alpha \cdot \Delta t \cdot L \qquad (10\text{-}1)$$

式中　ΔL——管道热膨胀长度，mm；

α——管材的线膨胀系数，[mm/（m·℃）]，钢材为0.012；

Δt——管道工作温度与安装温度之差，℃；

L——管段长度，m。

实际工程中，钢管应用最广，计算热膨胀量的公式可直接写为：

$$\Delta L = 0.012\Delta t \cdot L(\text{mm}) \qquad (10\text{-}2)$$

2）热胀应力的计算

要全面地认识管道的热膨胀及其补偿，有必要了解关于热胀应力方面的基础知识。

如果在受热膨胀的管道两端加以限制，不让它膨胀伸长，在管材内部将产生很大的热胀应力，根据材料力学理论，热胀应力的计算公式为：

$$\sigma = E \cdot \varepsilon \tag{10-3}$$

式中　σ——管材内产生的热胀应力，MPa；

$\quad\quad E$——管材的弹性模量，此值因材质品种和工作温度的不同而异，一般取钢材为 2.1×10^5（有的资料取为 1.82×10^5，显然偏小一些），MPa；

$\quad\quad \varepsilon$——相对压缩量，$\varepsilon = \Delta L / L$。$\Delta L$ 为管道受热后自由膨胀长度，L 为原有长度。

式（10-3）表明，管道受热而不能膨胀时所产生的热胀应力的大小，仅与相对压缩量和弹性模量有关。如果以 $\Delta L / L$ 代替 ε，再以 $\alpha \cdot \Delta t \cdot L$ 代替 ΔL，则式（10-3）可改写为：

$$\sigma = E \cdot \varepsilon = E \cdot \frac{\Delta L}{L} = E \cdot \frac{\alpha \cdot \Delta t \cdot L}{L} = E \cdot \alpha \cdot \Delta t$$
$$\tag{10-4}$$

式(10-4)，从本质上说明了热胀应力与管道的材质(材质不同时，其弹性模量 E、线膨胀系数 α 均不同)、工作温度(温度不同时，E、α 值不同)和温度差有关。这三个因素中，温度差是最主要的因素。式(10-4)中的线膨胀系数 α 值的单位，应取 m/(m·℃)。

对于钢管，线膨胀系数常取 12×10^{-6}m/(m·℃)，弹性模量常取 2.1×10^5MPa，这样，计算钢管热胀应力的公式可简化为：

$$\sigma = 2.52\Delta t \tag{10-5}$$

利用式（10-5），可以很容易地计算出钢管热膨胀受到限制时产生的热胀应力。

下面用例题验算一下管道的热变形量和热胀应力。

【例1】　一条热力管道的某段长 60m，安装时环境温度为 -5℃，投入运行后的介质温度为 150℃，试计算此段管道的热伸长量和热胀应力。

【解】1）按公式（10-1）或公式（10-2）计算管道的热伸长量：

$$\Delta L = 0.012 \cdot \Delta t \cdot L$$
$$= 0.01260 \cdot [150 - (-5)] \cdot 60$$

$$= 111.6mm$$

2）计算管道热胀应力

$$\sigma = E \cdot \varepsilon = E \cdot \frac{\Delta L}{L} = 2.1 \times 10^5 \times \frac{111.6}{60 \times 1000} = 390.6MPa$$

由计算结果可以知道，上述管道在给定条件下的热胀应力已达到 390.6MPa，大大超出了普通钢材的许用应力范围，是不能允许的。因此，这段热力管道必须进行热补偿，以消除或最大程度的减小其热胀应力。

3）管子推力的计算

通过计算管道的热胀应力可以知道，热胀应力是不容忽视的，如果管段两端是刚性固定，便会在管子的断面上产生很大的压应力。管子的断面积越大，总压力也越大，从而对两端产生同样大的推力，其计算公式为：

$$P = \sigma \cdot F \qquad\qquad (10-6)$$

式中　P——管子断面产生的推力，N；

　　　σ——管子的热胀应力，MPa；

　　　F——管壁的横断面积，mm^2。

【例 2】　有一段 $\phi 377 \times 10$ 无缝钢管，投入运行后的温度为 165℃，而安装时的气温为 15℃，如果两端固定支架间距为 60m，试计算该管段的热伸长量和热胀应力以及固定支架所承受的推力。

【解】1）计算管道的热伸长量

$$\Delta L = 0.012 \Delta t \cdot L$$
$$= 0.012 \times (165 - 15) \times 50 = 90mm$$

2）计算该管段的热胀应力

$$\sigma = E \cdot \varepsilon = E \cdot \frac{\Delta L}{L} = 2.1 \times 10^5 \times \frac{90}{50 \times 1000} = 378MPa$$

3）计算固定支架所承受的推力

$$P = \sigma \cdot F = 378 \times 0.785(377^2 - 357^2)$$
$$= 4355996N \approx 4355kN$$

（4）管道安装

1）管道材料一般选用钢管，并尽可能采用焊接连接。当采用螺纹连接时，填料采用聚四氟乙烯生料带、白厚漆，不准加用麻丝；

2）由于供热管道存在热胀冷缩现象，故应在一定部位采取适当补偿措施。补偿方式有自然补偿和人工补偿两种。自然补偿器是利用管路几何形状所具有的弹性，来吸收热变形，如 L 型和 Z 型。利用安装在管道上的补偿器来吸收热变形称为人工补偿，热力管道上最常用的是方形补偿器，安装时必须按要求进行预拉伸。此外，还有波形补偿器、套筒式补偿器、球形补偿器等，它们的适用条件及安装特点各不相同；

3）蒸汽管的疏水阀设置在管道的最低点，截断阀门前面，流量孔板前侧和蒸汽管道垂直升高之前的水平管段上，直管段每隔一定距离也要设疏水阀。汽水同向的蒸汽管道和凝结水管道，坡度一般为 0.003，汽水逆向时坡度不小于 0.005，不同压力蒸汽管的疏水管不能接入同一回水总管内。热水管道应有不小于 0.002 的坡度，坡向放水装置；

4）蒸汽管道一般敷设在其前进方向的右边，凝结水管道在左边；热水管道敷设在其前进方向的右边，回水管设在左边；

5）蒸汽支管应从主管上方或侧面接出，以免凝结水流入支管。热水管道的最高点应设排气阀，直径为 15～25mm；热水管道的最低点应设放水阀，直径一般是热水管道直径的 1/10 左右，但不得小于 20mm；

6）水平管道变径时，如介质为蒸汽，宜采用偏心异径管连接，取管底平；当介质为热水时，也要采用偏心异径管，取管顶平，以利放气；

7）不同压力的疏水管不能接入同一管内；

8）穿过楼板及墙壁时应设套管；

9）安装完毕应进行水压试验，然后进行绝热施工。

2. 氧气管道安装

（1）氧气的性质

在常温及大气压力下，氧气是无色无臭的透明气体，比空气略重，每立方米氧气的重量，当温度为0℃时，为1.43kg，温度为20℃时，为1.33kg。

工业生产中，大规模制取氧气的方法是深度冷冻法。空气中含有约20%的氧气，其余主要是氮气。为了得到高纯度的氧气，将空气压缩并冷却，然后通过节流，使被压缩的空气膨胀降温，这样获得的极低温度可以使空气液化。由于液氧、液氮沸点不同（液氧的沸点为-182.9℃，液氮的沸点为-195.8℃），在专门的精馏塔里，控制其蒸发温度，便可以将液态空气分离成氧气和氮气。这种深度冷冻法空气分离制氧，简称为空分制氧。

当温度低于氧的沸点温度时，便可以得到液态氧。液态氧为天蓝色易流动的透明液体。当温度降低到-218.4℃时，液态氧则凝固为蓝色固体结晶。氧能少量的溶于水，在0℃的水中，能溶解4.9%体积的氧。

氧是非常活泼的元素，是强烈的氧化剂和助燃剂。氧与可燃气体（氢、乙炔、甲烷等）按一定比例混合后，很容易发生爆炸。

氧气被压缩后，在管道输送过程中如有油脂、铁屑或小粒可燃烧物存在，则可能会因氧气流与管道内壁的摩擦或撞击而产生局部高温，导致油脂或可燃物的燃烧。被氧气饱和的衣服和其他纺织品与火种接触会立即着火，强烈燃烧。

（2）氧气管道的管材及管件

氧气管道的管材，应根据工作压力、工作温度和敷设方式的不同来选用。

从压力条件来看，工作压力在0.6MPa以内可使用焊接钢管，工作压力在1.0MPa以上可使用无缝钢管。不锈钢管及紫铜管也可用于中、高压氧气管道，铝合金管只能用于0.6MPa以下的氧气管道，而不得用于中高压氧气管道。

从温度条件考虑，常温下的氧气管道一般都采用碳素钢管。在制氧装置中低温氧气管道视工作压力的高低，可选用铜管、铝合金管或不锈钢管。

氧气管道上弯头、三通及异径管的选用，应符合以下要求：

1）氧气管道严禁使用折皱弯头。当采用冷弯或热弯方法加工弯管时，弯曲半径不应小于管外径的 5 倍；当采用无缝或压制焊接碳钢弯头时，弯曲半径不应小于管外径的 1.5 倍；当采用不锈钢或铜基合金无缝或压制弯头时，弯曲半径不应小于管外径；

2）氧气管道的三通、分岔头，宜用无缝或压制焊接件，若无成品件可在工厂或施工现场预制，并加工到内部无锐角及焊瘤，一般不要在现场开孔接管，宜用斜三通，避免使用正三通；

3）氧气管道的异径管，应采用无缝或压制管件，当焊接制作时，变径部分的长度不宜小于两端外径差值的 3 倍，内壁应平滑。

氧气管道的阀门应符合以下要求：

1）工作压力大于 0.1MPa 的阀门，严禁采用闸阀；

2）阀门的材料应符合表 10-2 的要求：

氧气管道阀门材料要求　　　　　　　　　　　表 10-2

工作压力（MPa）	材　　料
<16	阀体、阀盖采用可锻铸铁、球墨铸铁或铸钢；阀杆采用碳钢或不锈钢；阀瓣采用不锈钢
≥1.6～3	采用全不锈钢、全铜基合金或不锈钢与铜基合金组合
>10	采用全铜基合金

注：（1）当工作压力等于或大于 0.1MPa 时，压力或流量调节阀应采用不锈钢或铜基合金材料，或两者材料的组合；

（2）阀门的密封填料，应采用石墨处理过的石棉或聚四氟乙烯材料，或膨胀石墨。

具体说来，对于工作压力在 1.6MPa 以内的氧气管道，可以采用 J11T-16 型和 J41T-16 型截止阀；当工作压力在 1.6～4.0MPa 时，可以采用 J41W-40T 型截止阀。在氧气管道上使用上述非氧气专用的普通阀门时，必须拆除原装阀门的油浸石棉盘根，并对阀门进行严格的脱脂处理，再按表 10-2 注（2）的要求装上密封填料。当然，如果今后有符合压力和直径要求的氧气专用阀门供应，则应优选用氧气专用阀门。

氧气管道所用的压力表，应采用专供氧气使用的禁油压力表。

(3) 氧气管道的脱脂

氧气管道所使用的管子、阀门、管件、垫片等都要进行脱脂。常用的脱脂剂有四氯化碳、二氯乙烷、三氯乙烯、工业酒精，还可以用浓度为 20% 的工业烧碱溶液和某些合成洗涤剂进行脱脂。二氯乙烷和酒精都是易燃物，四氯化碳遇火时能分解产生光气，有毒性，因此脱脂剂在使用过程中要采取各种不同的防护措施。

四氯化碳脱脂剂适用于黑色金属和铜合金管子、管件的脱脂，酒精适用铝合金管子、管件的脱脂，非金属垫片只能用四氯化碳进行脱脂。含有稳定剂的三氯乙烯适用于金属材料的脱脂，且无腐蚀性。

脱脂前应将管子内外表面的泥垢、铁锈用金属刷除掉，然后进行脱脂。管子可放在盛有脱脂剂的槽内浸泡和刷洗，也可以将管子一端堵死后灌入脱脂剂，再堵上另一头，水平放置 10~15min，并转动管子 3~4 次，然后将脱脂剂倒回容器中。

金属管件及阀门拆开后的金属件，应放在封闭容器的溶剂中浸泡 20min 以上；非金属零件及垫片放在装有四氯化碳溶剂的封闭容器中浸泡 1.5~2h。经过浸泡过的管子、管件、阀门及垫片等必须进行自然干燥，也可以用不含油的压缩空气或氮气吹干。

纯石棉垫片、填料可在 300℃ 温度下焙烧 2~3min，然后涂上石墨粉。紫铜垫片经过退火可不再进行脱脂。

脱脂后的管子、管件、阀门，应用无油脂的塑料薄膜封住两端口，放在干净地方，防止污染。

工作人员应穿戴干净的工作服和手套，使用无油污的器具；脱脂必须在空旷的空间进行，场地内不准吸烟。

氧气专用阀门及仪表若在制造厂已进行脱脂，并有严密的密

封包装及证明时，可不必再脱脂，

（4）管道安装

厂区氧气管道可以架空敷设，也可以埋地敷设。架空氧气管道直线管段较长时，应考虑进行热补偿。

厂区氧气管道地下敷设时，可以直接埋地，也可以敷设在地沟内。埋地敷设深度不得小于 0.7m。氧气管道与同一使用目的燃气管道一起埋地敷设时，管道之间水平净距应不小于 0.25m，并在管道顶部 0.3m 范围内，用松土填平捣实，或用黄沙填满，然后再回填土。氧气管道不允许与电缆敷设在同一地沟内，也不允许与电线敷设在同一支架上。

车间内氧气管道一般沿墙、柱架空敷设，高度应以不影响车间内交通及运输为原则。氧气管道与燃油、燃气管道共架敷设时，管道之间的交叉净距不得小于 0.25m，并行净距不得小于 0.5m。氧气管道与其他管道共架敷设时，其并行间距不小于 0.25m。当必须与其他管道（包括燃油、燃气管道）共架敷设时，氧气管道应布置在外侧，且在燃油管道上面。

氧气管道架空敷设时，不应穿过生活间及办公室，如必须穿越不要使用法兰和螺纹连接，应使用焊接连接。穿过墙壁和楼板时应加装套管。

输送潮湿氧气时，管道应有不小于 0.003 的坡度，坡向凝结水收集器。

氧气管道应有可靠的导除静电的接地装置，在法兰连接处装设跨越导线，跨越导线可用 25mm×4mm 镀锌扁铁焊在法兰的两侧。管道的接地电阻值应不大于 100Ω。

管道安装完毕后，应用无油压缩空气进行强度试验和严密性试验，其试验压力按设计或有关规范规定执行。

3. 乙炔管道安装

（1）乙炔的基本性质

乙炔属于不饱和的碳氢化合物，在常温和大气压力下为无色气体，因含有磷化氢及硫化氢等杂质，具有特殊的气味。每公斤电石实际制得的乙炔约为 $220 \sim 300L$。

在温度为 20℃ 及标准大气压力下，乙炔的密度为 1.09kg/m^3。

乙炔很容易溶解在某些液体中。溶解度与温度有密切关系：温度越高，溶解度越低；温度越低，溶解度越高。乙炔极易溶解于丙酮。

乙炔与水接触时，能生成固态的类似雪和冰的白色含水晶体，在 0℃ 以上的管道中，当乙炔压力较高时，容易产生含水晶体堵塞现象。因此，压力较高的乙炔，需要通过水分离器及干燥器等除水设备。乙炔与氧气混合燃烧时能产生 3000℃ 以上的高温，可用于气焊和气割。

乙炔是易燃易爆气体，乙炔爆炸是由氧化、分解、化合三种原因引起的。

氧化爆炸：当乙炔与空气或氧气混合达到一定容积比之后，遇到明火或静电火花，达到一定着火温度时，就会发生氧化爆炸。乙炔与空气或氧气按一定体积比例混合后，只要有 300℃ 左右的温度，就可以引起爆炸，爆炸产生的最大压力为原来绝对压力的 $11 \sim 13$ 倍。因此，乙炔管道强度试验压力值，远远大于其工作压力。乙炔发生器和乙炔管道内严防混入空气，否则其混合气体极易发生氧化爆炸。

分解爆炸：乙炔的分解爆炸首先取决于乙炔在某一瞬间的压力和温度，当温度高于 400℃ 时，乙炔就开始聚合成其他物质，聚合过程中放出的大量热量又会使乙炔温度升高，使聚合反应加速进行，当这种连锁反应温度达到 500℃ 时，就能引起未聚合的乙炔发生分解爆炸。当乙炔的压力在 0.15MPa 以上时，如果温度超过 550℃，就会自行产生分解爆炸。在实际生产过程中，乙炔的温度和压力都没有超过上述范围。只有在电石分解时，由于水量不足，促使局部过热而引起分解爆炸。有时由于焊炬和割炬在操作中因氧气倒流进乙炔管道而产生氧化爆炸后，再导致乙炔的分解爆炸。

化合爆炸：乙炔与铜、银、水银、锌、镉等金属相互作用而产生金属碳化物，这些化合物具有爆炸性，其中以铜的碳化物爆炸危险性最大。因此，乙炔管道中禁止使用铜或含铜大于70%的铜合金材料，也不允许使用银焊条焊接。

乙炔与氯相互作用时，即使乙炔中空气含量不多，也可能发生爆炸。纯乙炔与氯气接触会立即产生爆炸，并发出强烈的亮光。

（2）乙炔管道的压力等级

工作压力等于或低于0.02MPa属于低压管道，在这一压力范围内，乙炔不易产生分解。

工作压力为0.02～0.15MPa属于中压管道。中压乙炔管道的内径不应超过80mm。

工作压力为0.15～2.5MPa属于高压管道。高压乙炔管道的内径不应超过20mm。

由于上述管径限制流量不能满足要求时，可并行敷设两条或两条以上的管道。

（3）乙炔管道的材料

1）管道材料

低压乙炔管道宜采用无缝钢管或焊接钢管，但不得采用镀锌钢管，因为锌与乙炔接触后起化学作用，可生成易爆炸的化合物。

中压乙炔管道应采用无缝钢管，管道内径不应超过80mm，管壁厚度不应小于表10-3的规定。

中压乙炔管道无缝钢管最小壁厚（mm）　　表10-3

管材外径	≤22	28～32	38～45	57	73～76	89
最小壁厚	2	2.5	3	3.5	4	4.5

高压乙炔管道应采用无缝钢管，管道内径不应超过20mm，管壁厚度不应小于表10-4的规定。

高压乙炔管道无缝钢管最小壁厚（mm）　　表10-4

管材外径	≤10	12～16	18～20	22	25～28	32
最小壁厚	2	3	4	4.5	5	6

2）阀门、附件材料

乙炔管道采用的阀门和附件应采用钢、可锻铸铁、球墨铸铁或采用含铜量不超过 70% 的铜合金制造。

阀件的公称压力等级要高于乙炔管道的压力等级：低压乙炔管道宜采用公称压力为 0.6MPa 的阀门、附件；中压乙炔管道，当管道内径不大于 50mm 时，宜采用 1.6MPa 公称压力的阀门、附件；管道内径为 65~80mm 时，宜采用 2.5MPa 公称压力的阀门、附件；高压乙炔管道用的阀门、附件，我国参照德国 TRAC 法规、美国 NFPA 法规，规定为公称压力等级不应小于 25MPa。

（4）乙炔管道安装

1）一般规定

①乙炔管道宜采用焊接连接，与设备、阀门、附件的连接，可采用法兰或螺纹连接。中、低压乙炔管道宜采用平焊法兰，橡胶石棉板做垫片；高压乙炔管道应采用对焊法兰，使用波纹金属垫片；螺纹连接的填料使用聚四氟乙烯生料带，不得使用白厚漆和麻丝；

②乙炔管道管壁温度严禁超过 70℃，当管道靠近热源时，应采取隔热措施；

③含湿气乙炔管道的坡度，不应小于 0.003，在管道最低点设排水装置。在寒冷地区管道和排水装置要进行保温防冻；

④由于四季温度变化较大，室外乙炔管道要注意解决好热补偿问题，一般宜采用自然补偿方式，必要时可安装补偿器；

⑤乙炔管道严禁穿过生活间、办公室。厂区和车间的乙炔管道，不应穿过不使用乙炔的建筑物和房间。

2）乙炔站和车间乙炔管道敷设

①架空乙炔管道可与不燃气体管道（不包括氯气管道）、压力不超过 1.3MPa 的蒸汽管道、热水管道、给水管道和同一使用目的的氧气管道共架敷设；分层布置时，乙炔管道应布置在最上层，其固定支架不应固定在其他管道上；

②管道应沿墙或柱子架空敷设，其高度以不妨碍交通和便于

检修为原则，一般不宜低于 2.5m；不允许架空敷设时，乙炔管道可单独与同一使用目的的氧气管道敷设在非易燃烧体不通行地沟内，地沟内必须全部填满沙子，并不得与其他地沟相通；

③压力为 0.02～0.15MPa 乙炔管道的车间入口处，应设中央回火防止器；

④管道穿过墙壁或楼板时，应设套管，套管与管道的间隙用石棉绳等非燃烧材料填塞；

⑤凡是从车间乙炔干管上接出的支管，与用气设备之间，必须经过单独的岗位式水封器。禁止把焊炬或割炬胶管直接连通乙炔管道。同时禁止一个水封器上直接接出一个以上的焊炬或割炬；

⑥车间架空乙炔管道应每隔 25m 做一处接地，接地电阻值不大于 100Ω。

3）厂区乙炔管道敷设

①室外架空乙炔管道的支架应采用非燃材料制作。建筑物耐火等级为一、二级时，可沿建筑物的外墙或屋顶敷设；

②含湿气乙炔管道，在寒冷地区有可能结冻造成管道阻塞时，管道和排水器要进行保温防冻；

③乙炔管道不应与导电线路（不包括乙炔管道专用导电线路）敷设在同一支架上；

④乙炔管道、管架与建筑物、构筑物、铁路、道路之间的最小净距，应按有关规定执行；

⑤厂区乙炔管道地下敷设时，应采用直接埋地方式。若采用地沟敷设，天长日久，难免不发生损坏、腐蚀而造成泄漏，当乙炔与空气的混合物充满地沟或蔓延到其他地下构筑物时，遇明火会形成大爆炸；

⑥埋地深度应根据地面荷载决定。管顶距地面一般不小于 0.7m，含湿乙炔管道必须埋设在冰冻线以下；

⑦埋设在铁路或主要道路下面的管段要加保护套管，套管的两端要伸出路基至少 1.0m，套管内管段应尽量减少焊缝；

⑧对于含湿气乙炔管道，埋地敷设时应有 0.002 以上的坡度，并在各段最低点安装排水器；

⑨埋地乙炔管道应按设计要求做防腐层，一般情况下，应做加强防腐结构；

⑩厂区架空管道应每隔 80～100m 做一处接地装置；埋地管道可在入地之前及出地之后各做一次接地，接地电阻值不应大于 100Ω。

法兰或螺纹接头应当做跨接导线。对于有阴极保护的管道，则不必再做接地。

（5）压力试验与吹扫

对于乙炔管道的压力试验与吹扫，总的说来，应按设计要求或设计指定的规范进行。当设计无具体规定时，可参考以下做法：

工作压力在 0.02MPa 以下的低压乙炔管道，试验压力为 2.2MPa；工作压力为 0.02～0.15MPa 的中压乙炔管道，试验压力为 3.2MPa。工作压力大于 0.15MPa 时，试验压力为工作压力的两倍，但不小于 3.2MPa。强度试验以水压进行，并稳压 10min，管道若无泄漏、无压降即认为试验合格。

强度试验合格后，再以气压进行严密性试验，试验压力为工作压力的 1.25 倍，但不应小于 0.01MPa。当试验压力升至试验压力后，经检查无漏气现象后再保持 12h，计算泄漏率，如每小时平均泄漏率不大于 0.5%，则认为合格。

严密性试验结束后，应用空气或氮将管道气吹扫干净。管道投入使用前，应用 3 倍于管道体积的氮气（含氧量不大于 1%）吹扫，吹扫时应在管道末端安装阀门和排气管，如排出氮气内氧气含量少于 3%，则认为吹扫合格。

4. 燃气管道安装

（1）燃气的分类及性质

1）燃气的分类

燃气有许多种类，其共同特点是：清洁无烟，发热量大，燃烧温度高，容易点燃和调节。各种燃气广泛应用于民用生活和工业生产，是理想的气体燃料，有些种类的燃气还是重要的化工原料。燃气由多种可燃成分和不可燃成分混合组成。可燃成分有甲烷（CH_4）、氢（H_2）、一氧化碳（CO）、硫化氢（H_2S）和其他碳氢化合物（C_mH_n）等；不可燃成分有氮气（N_2）、二氧化碳（CO_2）、水蒸气（H_2O）和氧气（O_2）等。

①天然气

天然气的主要成分是碳氢化合物中的甲烷，此外，也含有少量的二氧化碳、硫化氢，有时也含有微量的氢。

②人工燃气

a）干馏煤气。将煤在隔绝空气（氧）的条件下加热使其分解，可得到干馏煤气，如焦炉煤气和立式碳化炉煤气；

b）气化煤气。将煤在煤气发生炉中进行气化，可得到气化煤气。气化煤气中包括发生炉煤气（空气煤气）、水煤气、混合煤气、高压气化和粉煤气化煤气等。这类煤气的主要燃烧成分为一氧化碳和氢，热值低，毒性大，一般用于工业企业，而不能作为城市燃气；

c）液化石油气。液化石油气在常温常压下呈气态，当加压至 $0.8 \sim 1.5MPa$ 时，则能够液化，相对密度为 $0.495 \sim 0.57$，液化后体积可缩小到原气态体积的 1/250，便于运输和贮存。

2）燃气的性质

①燃气中的水分

由于制取方法的不同，燃气中总会存在一些水蒸气。含有水蒸气的燃气称为湿燃气，当气温降低时即会产生凝结水，致使输气不畅，造成用户压力波动和燃烧不稳，因此，燃气管道应设置排除凝结水的装置。

②燃气的主要危险性质

a）燃气与空气混合后，如遇火焰就会发生燃爆。燃爆是可燃气体的瞬时燃烧现象。燃爆性混合物发生燃爆的起码条件是达到燃爆极限浓度。燃气的燃爆极限浓度是指可燃性气体在空气中的含量达到一遇火源就能够发生燃爆的浓度范围。发生燃爆的最低浓度称为燃爆下限，最高浓度称为燃爆上限。当燃爆性混合气体的浓度低于下限时，遇火源既不会燃烧也不会爆炸，若高于上限，虽然不会发生爆炸，但能进行燃烧。燃气的燃爆下限越低，燃爆极限的范围越宽，则危险性越大；

b) 易扩散性是燃气的危险性之一。当容器或管道发生泄漏时，燃气便会扩散到空气中，在密闭的或通风不畅的空间内积聚，浓度不断增加，直至燃爆浓度；

c) 具有毒性是燃气的共同特点，各种燃气中都含有对人体健康有害的成分，如一氧化碳、硫化氢、二氧化碳和烃类气体等。

为安全起见，供应城市居民的燃气，应具有可以察觉的臭味，无臭的燃气应当加臭，其加臭程度为：有毒燃气在达到允许的有害浓度之前，应能察觉；无毒燃气在相当于燃爆下限 20% 的浓度时，应能察觉。

(2) 室外燃气管道安装

1) 燃气管道的压力分级

城市燃气管道按工作压力可划分为四个等级：

①低压管道，其工作压力等于或小于 0.005MPa；

②中压管道，其工作压力大于 0.005MPa，等于或小于 0.15MPa；

③次高压管道，其工作压力大于 0.15MPa，等于或小于 0.3MPa；

④高压管道，其工作压力大于 0.3MPa，等于或小于 0.8MPa。

通往用气点的管道属于低压燃气管道。低压燃气管道输送液化石油气时，压力应不大于 0.005MPa；输送天然气时，压力应不大于 0.0035MPa；输送人工煤气时，压力应不大于 0.002MPa。

城市燃气管道和工矿企业的厂区燃气管道一般以低压和中压

管道为主。中压、次高压和高压燃气必须经调压室降压后方能供应工业或民用用户。

2）燃气管网的布置

根据用气建筑物的分布情况和用气特点，室外燃气管网的布置方式有四种形式：

①树枝式。此种形式便于集中控制和管理，工程造价较低，但当干线上某处发生故障时，会影响其他用户的供气。工业企业的燃气管网通常布置为树枝式；

②双干线式。干线采用双管布置，平时两根干管都投入使用，当一根干管出现故障需要修理时，另一根干管仍能使用，以保证居民或重要用户的基本用气。

③辐射式。当用户比较集中，且区域面积不大时，可采取此种管网布置方式。各支管都从干管上接出，形成辐射状。由于干管较短而支管较长，故干管的可靠性增加，而某个支管的故障或修理不会影响其他用户的用气。

④环状式。城市管网或用气点较分散的工矿企业，其燃气管网应尽可能设计成环状式，或逐步形成环状管网。环状管网的供气可靠。

以上四种布置形式都设有放散管，以便在初次通人燃气之前排除干管中的空气，或在修理管道之前排除剩余的燃气。

3）室外燃气管道的敷设

①架空敷设

工厂区内的燃气管道，应尽可能采用架空敷设方式，以便于对管道系统的监护和修理。当管径小于300mm可埋地敷设。

a）厂区架空燃气管道的敷设应符合下列规定：

应敷设在非燃烧体的支柱或栈桥上；沿建筑物的外墙或屋面敷设时，该建筑物应为一、二级耐火等级的丁、戊类生产厂房；不应在存放易燃易爆物品的堆场和仓库内敷设；不应穿过不使用煤气的建筑物；

b）架空燃气管道与建筑物、构筑物和管线的最小水平净距，与铁路、道路、架空电力线路和其他管道之间的最小交叉净距，以及与其他管道平行敷设的最小水平净距，均应符合有关规范的规定。架空燃气管道要有可靠的接地，接地间隔为 100～200m，接地电阻应不大于 100Ω。燃气管道要有不小于 0.003 的坡度，坡向排水器。排水器有两种，一种是定期排水器，主要用于埋地燃气管道和直径小于 200mm 的架空燃气管道，另一种是连续排水器，用于发生炉煤气管道；

c) 燃气管道上要设放散管，以便在管道系统投入使用时，排除空气或空气与燃气的混合物，而在管道检修时，又用于排除剩余的燃气；

d) 燃气管道应采取热膨胀补偿措施。当自然补偿不能满足要求时，宜采用波纹管膨胀节。

②埋地敷设

a) 管道应敷设在当地土壤的冰冻线以下，管顶的覆土厚度为：埋设在车行道下时，不得小于 0.8m；埋设在非车行道下时，不得小于 0.6m；埋设在水田下时，不得小于 0.8m；

b) 地下燃气管道不得在堆放易燃、易爆材料和具有腐蚀性液体的场地下通过，且不得与其他管道或电缆同沟敷设；

c) 埋地燃气管道的地基宜为原土层，凡可能引起管道不均匀沉降的地段，其地基应进行处理。此点对于采用铸铁管材的燃气管道尤为重要；

d) 埋地管道应有不小于 0.003 的坡度，坡向管道低点设置的排水器。排水器的间隔不宜大于 500m。埋地管道应按要求做加强级或特加强级防腐层。静电接地要求基本与架空燃气管道相同。

③室外燃气管道的管材及连接

公称直径 80mm 以下的小口径管道多采用焊接钢管或无缝钢管，连接方式以焊接为主，与阀门、设备连接时可以采用法兰或螺纹连接。当管径较大时，埋地管道可以采用承插压力铸铁管，低压管道采用石棉水泥接口，中压管道采用耐油橡胶圈水泥接口，有特殊要求时，可部分采用青铅接口。高压管道埋地敷设时，应采用钢管。

架空管道或大口径埋地管道可以采用螺旋卷管或钢板卷管，焊接连接。

当采用法兰连接时，中、低压管道一般采用光滑面法兰，当压力较高或对密封性要求严格时，可采用凹凸式法兰。法兰的垫片当设计没有具体规定时，可按下述要求选配：当管道直径小于300mm时，可使用厚度为3~5mm的石棉橡胶板；直径为300~400时，可用厚度为3~5mm的涂机油石墨的石棉纸垫；直径为450~600mm时，可用铅油浸3股石棉绳作为垫料；直径600mm以上时，均用铅油浸石棉绳做的圈状网垫。

（3）室内燃气管道安装

1）车间内部燃气管道安装

室外燃气管道在进入车间时应做静电接地，车间内部管道可每隔30m做一处接地。做静电接地的管道，各段管道之间应导电良好，每个螺纹接头或每对法兰之间的电阻值超过0.03Ω时，应有导线跨接。车间内部燃气管道一般应明装，沿墙、柱架空敷设。燃气管道水平敷设时应具有坡度。进户引入管应以0.005的坡度坡向室外管网，燃气表进口管以0.002~0.003的坡度坡向引入管，燃气表出口管应以0.002~0.003的坡度坡向灶具或燃烧器。

2）民用室内燃气管道的安装

民用室内燃气管道由用户引入管、立管、支管、燃气计量表、用具连接管和燃气用具所组成。

用户引入管一般从地下引入室内，再与立管接通，立管再分支管至用户。在非采暖地区，可以将立管设在室外，支管引入室内。管道穿过墙壁、楼板处应设套管。输送湿燃气时，引入管应设有0.005的坡度坡向室外干管。

立管管径不宜小于25mm，在地面上的立管上下两端最好均装三通加丝堵代替弯头，以便于清通和排水。水平支管应设有不小于 0.002 的坡度，以燃气计量表为界分别坡向立管和燃气用具。

为了保证安全，室内燃气管道不得在建筑物内地下敷设，不得装在卧室内，不得穿越易燃易爆品仓库、配电间、烟道和进风道。

室内管道应采用焊接钢管，螺纹连接，以聚四氟乙烯生料带或白厚漆为填料，不得使用麻丝做填料。

5. 压缩空气管道安装

（1）压缩空气的性质及其应用

1）压缩空气的性质

空气经压缩机压缩后，体积缩小，压力升高，便成为压缩空气。这实质上是通过消耗电能转化为压缩机的机械能，继而又转变为压缩空气的压力能，使之具备了对外膨胀做功的能力。

自然界中的空气都是湿空气，含有一定的水蒸气，经压缩机压缩成压缩空气后，其中的水蒸气则凝结成水，从压缩空气中分离出来，因此，压缩空气系统中要解决好凝结水的收集和排放问题。油水分离器、储气罐、过滤器，都应设凝结水排放管。

2）压缩空气的应用

压缩空气在矿山、工厂和建筑业具有广泛的用途，可用于驱动各种风动工具，输送粉状物料等，还可以用于控制自动化仪表装置，对压力容器、管道等进行严密性试验。

采用压缩空气作为动力的机具与电力机具相比；其优点是不存在漏电和触电危险，不怕超负荷，在湿度大、气温高、灰尘多的环境下能正常作业，并能适合冲击性强和负荷变化大的工作。当然，使用压缩空气作为动力的机具，其能量有效利用系数较低，因此，从节约能源角度讲，它不如电力和蒸汽，只有在一定条件下能发挥它的优势时才使用。

（2）压缩空气站

压缩空气站宜为独立建筑物，当与其他建筑物毗连或设于其中时，要用墙与其他房间隔开；压缩空气站对有噪声、振动防护要求场所的距离，应符合国家有关标准、规范的规定。

空气压缩机的吸气口，宜设置在室外，并应有防雨措施；在炎热地区，螺杆空气压缩机和小于或等于 $10m^3/min$ 的活塞空气压缩机的吸气口可设在室内；空气压缩机的吸气口，必须设置相应的空气过滤器或过滤装置。

压缩空气站的设备主要有空气压缩机、后冷却器、油水分离器、储气罐、过滤器和干燥装置。

（3）压缩空气管道安装

压缩空气管道应能够把压缩空气站生产出来的一定品质（即对含油、含湿及尘埃限制）的压缩空气，以一定压力和流量输送到各个用气点。

炎热地区和温暖地区的厂区压缩空气管道，一般应架空敷设，同时应考虑气候变化引起的热膨胀。

严寒地区的厂区压缩空气管道，宜与热力管道同沟敷设或在冰冻线以下埋地敷设，埋地敷设管道要做防腐处理。若采用架空敷设应有防冻措施。

压缩空气管道系统一般布置为树枝状，这种形式投资较少，对于一般工厂是适用的；对于不允许供气中断的车间，管道系统可以布置成环状。

在一般情况下，压缩空气的压力在 0.8MPa 以下，即能满足需要，故通常只按一种压力要求处理，对压力要求较低的用气点，各自装减压阀减压。

如果各用气点对压缩空气压力有多种要求时，可区别不同情况处理：有相当数量的用气点对用气量或压力有不同要求时，可按实际情况设置不同压力参数的供气管道。

对于压缩空气品质只有一般要求的风动工具和气压传动设备，只需经过压缩空气站机组的油水分离器、冷却器进行初步净化处理即能满足需要；当全部用户或局部用户对压缩空气品质要求较高时，可以区别情况，在压缩空气站、车间入口或个别用气点对压缩空气进行过滤、干燥处理，以满足工艺需要。

厂区干管进入车间后，在入口处应安装油水分离器，压力表，控制阀，必要时还设有减压阀及其他附件，以上这些统称为压缩空气管道入口装置，见图10-1。

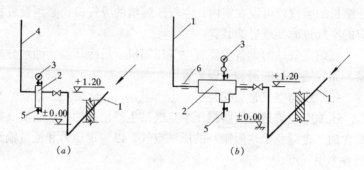

图 10-1　压缩空气管道入口装置

1—室外管道；2—油水分离器；3—压力表；
4—室内管道；5—油水吹除管；6—管道支架

压缩空气干管进入车间的入口一般不宜多于两个，入口处的设备及附件应装在便于操作管理的位置。车间内压缩空气管道系统由入口装置、干管、立支管及管路附件等组成。干管一般沿墙、柱架空敷设，有时也采用地沟或埋地敷设。水平干管应有不小于 0.002 的坡度，坡向油水分离器或管道末端集水器。

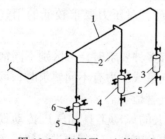

图 10-2　车间干、立管组成

1—干管；2—立管；3—集水器；
4—空气分配器；5—排污管；
6—软管接头

为防止干管内水分和油流入立管，立管必须从干管顶部接出，然后在距地面 1.2～1.5m 处接入空气分配器，空气分配器的侧面装有软管接头。分配器底部安装排污管，以备排除油、水或吹扫立管，见图10-2。

压缩空气管道安装的主要技术要求是，管材一般采用焊接钢管或无缝钢管，管道连接宜采用焊接，也可以采用螺纹连接。气动仪表用压缩空气管道的洁净度要求较高，宜采用镀锌钢管，螺纹连接。

6. 输油管道安装

本部分主要介绍工厂中燃料油管道，重点是重油管道。不涉及长距离输送原油及其他成品油的管道。

(1) 燃料油的种类和性质

1) 石油的性质

石油是重要的能源和化工原料。石油在炼油厂采用常压或减压蒸馏工艺，根据沸点的不同，在 100℃ 左右可得到汽油，在 200～250℃ 可得到煤油，在 250～300℃ 可得到轻柴油，在 300～350℃ 左右可得到重柴油，剩下的重质油在蒸馏塔底排出，称常压重油。常压重油可作为燃料油。

2) 重油的性质

黏度是评价黏性油品流动性的指标，对重油的卸车、脱水及在炉膛中的雾化质量有重要影响。重油的黏度是随温度而变化的，温度高黏度小，温度低黏度大。

油的蒸汽与空气以一定比例混合后，会形成具有爆炸性的混合气体，这种混合气体在试验条件下，遇到火焰产生短暂闪光的最低温度称为闪点。重油的闪点约为 80～130℃。

凝固点是表示油品流动性的主要指标。各种牌号重油的凝固点约为 15～36℃，在油品的卸车、贮存和管道输送过程中，必须采取防凝措施，如卸车加热、罐内加热保温、管道伴热保温等。

燃料油在炉内正常燃烧时的有效发热量称为净热值。重油的净热值一般为 38500～46000kJ/kg。

(2) 厂区输油系统

厂区重油供应系统的工艺流程可以用图 10-3 表示。

重油经铁路或公路油罐车运来后，要用高压蒸汽将重油加热，以降低其黏度，自流或用泵打入油罐内。油罐内设有以蒸汽为热媒的排管加热器，使重油保持 70～80℃ 左右的温度备用。

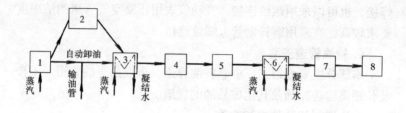

图 10-3　重油供应系统流程图

1—铁路油罐车；2—卸油泵房；3—贮油罐或日用油罐；

4—泵前过滤器；5—供油泵；6—炉前加热器；7—炉

前过滤器；8—燃油锅炉

油经过泵前过滤器进入供油泵，经供油泵升压后送人炉前加热器再次加热，然后经过滤网更细的炉前过滤器再次过滤，此时重油的温度、黏度、压力、均达到锅炉喷油嘴的雾化要求。

（3）燃油管道安装

在燃油管道安装中，重油管道是最具代表性的，这是因为重油易于凝固，在用管道输送前，就必须在贮罐内进行加热，在管道输送过程中则需要伴热，输油作业结束时还需要进行扫线。现将重油管道的安装要点分述如下：

1）重油管道的布置、敷设和连接

重油管道应尽量集中布置，尽量缩短长度，减少拐弯，避免出现盲管而形成死油段，扫线时要能将所有管道扫到。水平管道避免出现下凹，使凝结水积存。厂区重油管道一般应采用架空方式并可与其他管道共架敷设，必要时也可以埋地敷设。室内重油管道一般应采用架空敷设，也可以埋地敷设。

重油管道无论使用无缝钢管或焊接钢管，均应焊接连接，与设备、阀门的连接采用法兰连接，法兰垫片应采用耐油橡胶石棉板或金属缠绕式垫片。对于小直径螺纹连接的重油管道，填料应采用聚四氟乙烯生料带，不得用白厚漆和麻丝。

重油管道的运行温度一般在 70～140℃之间，因而具有热力管道的特点，应按热力管道的要求设置固定支架、滑动支架和补偿器，同时必须保温。

2) 管道的扫线和放空

当重油管道停止输油作业以后，管道内留存的重油就会凝结，由于有蒸汽伴热，局部油温则可能升高，使油品中的沥青胶质和碳化物析出，积附在管壁上，使管道流通截面缩小，甚至形成堵塞。为防止出现上述现象，重油管道在每次输油作业完毕后，都必须进行扫线。

扫线就是用高压蒸汽或压缩空气把残存在管道中的油吹扫到油罐、炉膛或污油池中。扫线用的引汽管的连接方式见图 10-4。

图 10-4 中，(a) 为活动连接，操作时用软管把汽管和油管接通，扫线完毕后断开。这种方式用于扫线操作不频繁的管道，操作虽然麻烦，但不会发生油、汽窜通的事故。(b)、(c) 方式均为固定连接，(b) 方式不易发现油、汽窜通事故，而 (c) 方式则可以在不操作时关闭阀门 3，打开阀 5，监视油阀 3 和汽阀3 关闭是否严密。

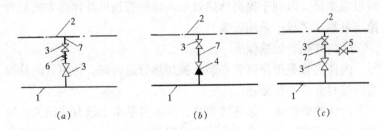

图 10-4　扫线引汽管的连接方式
1—重油管道；2—蒸汽管道；3—阀门；4—止回阀；
5—检查阀；6—软管；7—扫线引汽管

为了在扫线的最后阶段排出管道中的残油和蒸汽凝结水，重油管道应有不小于 0.003 的坡度，坡向低处的排放点，接出一个直径约为主管直径 1/3 的排放短管，安装上排放阀，用胶管引向污油池，即可将扫线后的油管放空。

3）静电接地

由于油品和管道的摩擦会产生静电，当油品所积聚的负电荷与管道所积聚的正电荷达到一定数值时，便可能打火放电，从而可能造成油气的燃烧、爆炸。油品的流速越快，流量越大，流程越长，管壁越粗糙，静电产生越强烈。

重油管道中间有法兰、阀门、过滤器等附件时，应按设计要求做好跨接。管道应按一定距离做好静电接地。

4）重油管道的伴热、保温

由于重油的凝固点高，常温下黏度大，输送时，为了避免在管道中凝固，保证其流动性，必须沿输油管全长装伴热管，并与油管一起进行保温。

①外伴热管加热保温

外伴热管加热保温是将伴热管置于被加热管的外部，热介质通常采用蒸汽，外伴热管加热应按"小管多根"的原则设置，即采用 $DN15 \sim DN25$ 的小口径管，根据热力计算后可采用一根、两根或多根，以利于提高伴热效果。重油管道以外伴热方式最为稳定可靠，工程中采用较多。

②内伴热管加热保温

内伴热管是把伴热管安装在被加热管道内部，伴热管的外表面直接对介质进行加热。

内伴热管的优点是热效率高，其本身基本上没有热损失。缺点是不便于维修，当伴热管发生泄漏时，不容易发现。内伴热方式仅适用于管径大、距离短、影响较小的管道。

蒸汽伴热管应单独设置疏水阀，规格一般为 $DN15$，如系双管或多管伴热，应根据其凝结水量设一个疏水阀。对于不回收凝结水的开式系统，疏水阀前、后的阀门可以不装；对于回收凝结水的闭式系统，疏水阀按正规要求安装。

③夹套管加热保温

夹套管加热保温，就是在被加热管道外面，再安装一个套管，并向套管里通入蒸汽或过热水，对输送介质的管道进行加热保温。

对于管径小于 DN150 以及输送的介质有腐蚀性，不宜采用内伴热，而且要求介质温度调节较准确的管道，可采用蒸汽夹套管加热保温。

夹套管加热保温的特点，是加热均匀可靠，加热保温效果比蒸汽伴热方式好，但施工复杂，不易维修，成本极高，不是十分必要，最好不采用。蒸汽夹套管的连接方式见图 10-5。

除了上述几种加热保温方法以外，电加热保温也是一种先进的技术，由于成本较高，在工厂中较少采用。但在输送原油，特别是从海底向陆地输送原油的工程中，国外设计并采用了电加热夹套管技术，其构造形式有：
（1）用加热电缆保温夹套管；
（2）MI 电缆法。即将 MI 电缆置于夹套管的夹套间隙内，

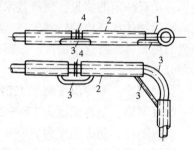

图 10-5　蒸汽夹套管伴热
1—被加热管道；2—蒸汽夹套管；3—蒸汽连通管；4—被加热管道上的法兰

并在夹套间隙内填塞绝缘材料氧化镁的方法；（3）内、外管自成回路的电热保温夹套管。

十一、制冷技术及管道安装

在自然界中，热量总是从温度高的物体或环境传向温度低的物体或环境，如果要想使热量做相反的转移，就必须采用特定的技术并消耗一定的能量。制冷技术就是实现热量从低温物体或环境向高温物体或环境的转移，使某些物体或一定空间的温度低于环境温度，并维持这个温度。根据制冷温度的不同，制冷技术可以划分为：

普通制冷：制冷温度高于 120K；

深度制冷：制冷温度为 120~20K；

低温制冷：制冷温度为 20~0.3K。

这里主要介绍普通制冷中应用较为广泛的蒸气压缩式制冷和溴化锂吸收式制冷、蒸汽喷射式制冷，而且侧重点在管道安装方面。

（一）蒸气压缩式制冷

蒸气压缩式制冷的基本原理，是利用某些低沸点的液体在气化时吸受热量而能维持温度不变的性质来实现的。蒸气压缩式制冷装置由压缩机、冷凝器、膨胀阀和蒸发器四个主要部分组成，通过管道连接成一个封闭的系统，以氨或氟利昂为制冷剂，以压缩机为动力，经过压缩、放热、节流和吸热四个过程，完成制冷循环，见图 11-1。

当压缩机开启运行时，其吸气口便从蒸发器中吸入气态制冷剂，并使蒸发器中保持所需的相应压力 P_0，液态制冷剂可在该压力下迅速蒸发（实际上为沸腾），其蒸发温度 t_0，即为该压力下的饱和温度。

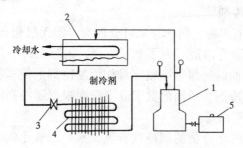

图 11-1　蒸气压缩式制冷原理图
1—压缩机；2—冷凝器；3—膨胀阀；4—蒸发器；5—电动机

　　压缩机吸入的较低温度和较低压力的气态制冷剂，经气缸压缩后，温度和压力都得以提高，然后进入冷凝器，通过冷却水使其冷凝为液态。当液态制冷剂经过膨胀阀时，由于该阀的孔径很小，产生节流减压，由高压 P_k 节流至低压 P_0，制冷剂的温度也降低到相应压力下的饱和温度（即蒸发温度），节流后的制冷剂大部分为液态，但在流向蒸发器的过程中或流到蒸发器以后，即迅速大量蒸发为气态，同时从周围介质中吸收热量。制冷装置主要部件之间连接管道的运行状态见表 11-1。

<table>
<tr><td colspan="5">蒸气压缩式制冷装置运行状态　　　　　　表 11-1</td></tr>
<tr><th>管段</th><th>压力</th><th>温度</th><th>制冷剂相态</th><th>备注</th></tr>
<tr><td>蒸发器→压缩机</td><td>低压</td><td>低温</td><td>气态</td><td>防止制冷剂液滴到压缩机</td></tr>
<tr><td>压缩机→冷凝器</td><td>高压</td><td>高温</td><td>气态</td><td></td></tr>
<tr><td>在冷凝器内</td><td>高压</td><td>常温</td><td>气态→液态</td><td>经冷却水冷却，实现相态转化</td></tr>
<tr><td>冷凝器→膨胀阀</td><td>高压</td><td>常温</td><td>液态</td><td></td></tr>
<tr><td>膨胀阀→蒸发器</td><td>低压</td><td>低温</td><td>液态→液、气混合状态</td><td></td></tr>
<tr><td>在蒸发器内</td><td>低压</td><td>低温</td><td>液、气混合状态→气态</td><td>蒸发器吸收周围介质（水、空气、盐水）热量，实现制冷</td></tr>
</table>

1. 制冷剂与载冷剂

(1) 制冷剂

制冷剂有多种，归纳起来可分四类，即无机化合物、烃类、卤代烃以及混合溶液。为了书写方便，国际上统一规定用字母"R"和它后面的一组数字或字母作为制冷剂的简写符号。字母"R"表示制冷剂，后面的数字或字母则根据制冷剂的分子组成按一定的规则编写。

属于无机化合物的制冷剂有氨、水、二氧化碳、二氧化硫等。对于无机化合物类的制冷剂，"R"后第一位数字为 7。7 后面是该物质分子量的整数部分，例如：氨（NH_3）用符号 R717表示，水（H_2O）用符号 R718 表示。

属于卤代烃（氟里昂族）的氟里昂是饱和烃类的卤族衍生物的总称，是 20 世纪 30 年代出现的制冷剂，它的出现解决了对制冷剂的性能要求问题。但是，20 世纪 70 年代科学界提出了氟里昂气化性物质大量散逸到大气中，会破坏大气中的臭氧层，使之减弱对太阳紫外线辐射的遮挡，导致人类生存环境的恶化。因此国际上已决定限制并最终停止使用此类制冷剂。

常用的氟里昂制冷剂有 R11、R12、R13、R22，R113、R114。氟里昂蒸气和液体都是无色透明的，没有气味，无毒、无臭，不燃，与空气混合遇火也不会爆炸，因此，适用于民用建筑空调制冷装置。

氟里昂的吸水性较差，为了避免发生"冰塞"现象，系统中应装干燥器。此外，氟里昂和水作用，随着时间增长与金属共存时会慢慢发生水解，能分解生成氯化氢、氟化氢，会腐蚀金属，并使压缩机工作恶化。氟里昂能溶解有机塑料和天然橡胶，会造成密封垫片变形引起制冷剂的泄漏，因此不宜采用橡胶制造的垫片。氟里昂没有气味，泄漏不易被发现。

氨（NH_3，R717）是制冷工程中常用的制冷剂之一。氨的蒸发压力和冷凝压力适中（冷凝压力为 0.98～1.57MPa，蒸发压力为 0.098～0.491MPa），蒸发温度只要不低于 −33℃，蒸发压力总大于 1 个大气压，不会使蒸发器形成真空。氨的最大优点是单位容积制冷量较氟里昂大，所以在相同温度下，相同的制冷量时，氨压缩机的尺寸较小，氨的价格也是制冷剂中较便宜的一种。氨还具有下列特点：（1）氨与空气混合的容积浓度在 11％～14％时，遇明火即可燃烧，浓度在 15.5％～27％时遇明火就会有爆炸危险；（2）氨对黑色金属无腐蚀作用，当氨中含有水分时，则对锌、铜及铜合金（磷青铜除外）有腐蚀作用，故在氨制冷装置中的阀门、管道、仪表等均不采用铜及铜合金材料；（3）氨不溶于润滑油，氨制冷装置中必须设置油分离器。对压缩机排出气体中的润滑油进行分离，以减少润滑油进入冷凝器和蒸发器；（4）氨易溶于水，吸水性强，制冷用的液氨含水量不得超过 0.12％，以保证系统的制冷能力；（5）氨有强烈的刺激性气味，对人体有害，氨在空气中的浓度不应超过 $20mg/m^3$。

制冷剂氨和氟里昂要装在专用的钢瓶中，贮存氨液的钢瓶漆成黄色，贮存氟里昂的钢瓶漆成银灰色，并在钢瓶上标出制冷剂的名称。钢瓶应定期进行耐压试验，并不得将不同制冷剂的钢瓶相互调换使用，也切忌将存放制冷剂的钢瓶在太阳下曝晒和靠近火焰及高温的地方，同时在运输过程中应防止钢瓶相互碰撞，以免造成爆炸危险。对 R11 可不用钢瓶，用铁桶盛贮。

水（H_2O，R718）作为制冷剂虽然具有一定优点，但是由于水的正常蒸发温度较高，蒸发压力较低，蒸汽的比容较大，用水作制冷剂所能达到的低温仅限于 0℃ 以上，这就大大限制了它的应用范围。用水作制冷剂仅适用于空调装置中的蒸汽喷射式和吸收式制冷。

（2）载冷剂

载冷剂是制冷系统中用来传递冷量的中间物质。载冷剂将制冷机制得的冷量传递给被冷却对象。它通常是液体，也可以是气体。常用的有水、盐水和空气。

水是一种很理想的载冷剂，它具有比热大，对设备和管道腐蚀小等优点。所以，广泛采用水作载冷剂。特别是空气调节系统中，水不仅是载冷剂，还可以将它直接喷入空气中，以改变空气的湿度。

盐水可作为工作温度较低的载冷剂。当制冷剂的蒸发温度高于$-16℃$时，可以采用氯化钠（NaCl）水溶液，当制冷剂的蒸发温度低于$-16℃$时，可以采用氯化钙（$CaCl_2$）水溶液。

空气作为载冷剂只能适用于空气直接冷却的场合，如家用电器中的空调器、电冰箱等。

2. 制冷系统设备配管的工艺要求

（1）制冷系统的设备

1）制冷压缩机

在蒸气压缩制冷装置中，为了把制冷剂蒸气从低压提升到高压，并使制冷剂在系统中循环，可以根据情况采用各种不同类型的制冷压缩机。

根据工作原理的不同，制冷压缩机可分为容积型和速度型两大类。在容积型压缩机中，气体压力的提高是靠吸入气体的体积被强行缩小来达到的。容积型压缩机有两种结构形式：往复活塞式（简称活塞式）和回转式。在速度型压缩机中，气体压力的提高是靠气体的速度变化转化而来的，即先使气体获得一定高速度，然后再由速度能变成气体位能。离心式制冷压缩机即属于速度型压缩机。螺杆式压缩机、近年来新开发的涡旋式压缩机以及用于家用冰箱和空调器的转子式压缩机则属于容积型中的回转式制冷压缩机。

根据图 11-1 可以知道，蒸气压缩式制冷系统中除了压缩机作为核心设备以外，还必须有冷凝器、蒸发器和节流设备，以及其他附属设备。节流设备也就是膨胀阀（也称节流阀），在电冰箱空调器中则为毛细管。

2）制冷机组

制冷系统的机组化已成为现代空调制冷装置的现实。制冷机组就是把制冷系统在工厂组装成一个整体，所有机组的型号规格、性能参数均由制造厂家提供，用户可根据样本进行选择。制冷机组结构紧凑，质量可靠，安装简便，易于操作管理，深受设计人员、安装人员和用户的欢迎，近年来已在公共建筑和高层民用建筑中广泛采用。常用的制冷机组有：

①活塞式冷水机组。此种机组由活塞式制冷压缩机、卧式壳管式冷凝器、热力膨胀阀、和干式蒸发器组成，并配有自动或手动能量调节和自动安全保护装置。

②活塞式冷、热水机组。制冷装置以耗功为补偿，通过制冷剂的循环，从低温热源吸取热量，而在高温热源放出热量。在制冷装置运行时，既可以使用它的冷量，也可以利用它的热量（称热泵装置）。

③螺杆式冷水机组。此种机组是由螺杆式制冷压缩机、冷凝器、蒸发器、热力膨胀阀、油分离器、自控元件和仪表组成的一个完整的制冷系统。机组在出厂前已进行过各种试验，安装时连接接管和电源，并加足润滑油、抽真空，然后即可按说明书要求充灌制冷剂并进行调试。

螺杆式冷水机组不但结构紧凑，运行平稳，而且制冷量在一定范围内能无级调节，节能性好，易损件少，其使用范围日益扩大。

④离心式冷水机组。此种机组是由离心式制冷压缩机、冷凝器、蒸发器、节流机构和调节机构以及各种控制元件组成的整体机组。离心式冷水机组的制冷量大，适用于大型冷冻站。

应当指出，当前我国生产的活塞式、螺杆式及离心式冷水机组，其中的冷凝器均采用水冷式。发达国家的大型冷水机组正在向空冷式发展，冷水机组采用空气冷却后，可以省去冷却塔、循环水泵和管道，能节省投资和日常运行管理费用，并节约用水。

（2）设备配管工艺要求

蒸气压缩式制冷系统的配管，不论是以氟里昂还是以氨为制冷剂，都有应共同遵守的原则，也有各自的不同点。

1）氟里昂及氨制冷管道共同的布置原则

①保证系统的严密和清洁、干燥（不得含水分）；

②保证各个蒸发器得到均匀而充分的供液，防止供液不均；

③避免过大的压力损失；

④防止液体制冷剂进人制冷压缩机。

2）氟里昂制冷系统的布置原则

氟里昂能与润滑油互相溶解，为防止压缩机失油，因此必须保证制冷剂从每台压缩机带出的润滑油，在经过冷凝器、蒸发器等一系列设备和管道后，能全部回到压缩机曲轴箱里来。

①吸气管

为了使润滑油能从蒸发器流向压缩机，吸气管应有不少于0.01的坡度，坡向压缩机，见图11-2(a)。当蒸发器位置高于压缩机时，为防止停机时液态制冷剂流人压缩机，蒸发器的回气管应先向上弯曲至蒸发器的最高点，再向下通至压缩机，见图11-2(b)；

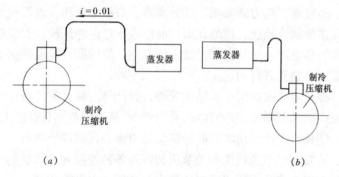

图 11-2 氟里昂压缩机的吸气管

当氟里昂压缩机并联运行时，回到每台压缩机的润滑油不一定相等，必须在曲轴箱上装均压管和油平衡管，使回油较多的压缩机的油通过平衡管流入回油较少的压缩机。

多组蒸发器的回气支管接至同一根吸气总管时，应根据蒸发器与制冷压缩机的相对位置采取不同的配管方式，见图11-3。

②排气管

为了防止停机时润滑油或冷凝下来的制冷剂液体流回压缩机，排气管应有0.01的坡度，坡向冷凝器或油水分离器；

当不设油水分离器时，若压缩机的位置低于冷凝器，其高差

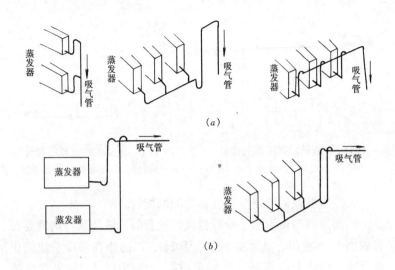

图 11-3 多组蒸发器的回气管连接方式

（*a*）蒸发器高于制冷压缩机；（*b*）蒸发器低于制冷压缩机

大于 2.5～3m 时，则排气管道应设计成 U 形弯管，防止液态制冷剂和润滑油流回制冷压缩机，见图 11-4。

③冷凝器至贮液器的液管

直通式贮液器的接管方式见图 11-5。应考虑到在贮液器内有气体逆向流入冷凝器时，冷凝器内的液态制冷剂仍可流入贮液器。在接管的水平管段应有不小于 0.01 的坡度，坡向贮液器。贮液器应低于冷凝器，其进液角阀与冷凝器出液口的高差应不小于 200mm。

波动式贮液器的接管方式见图 11-6。除平衡管的连接方法与直通式贮液器一致外，由冷凝器底部引来的液态制冷剂从贮液器底部进出，也可以不进入贮液器而直接到达膨胀阀，故贮液器可以起到调节制冷剂循环量的作用，冷凝器与波动式贮液器的高差应大于 300mm。

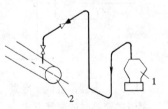

图 11-4　排气管连接方式

1—制冷压缩机；2—冷凝器

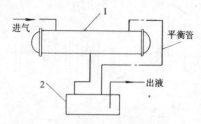

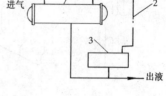

图 11-5　直通式贮液器的接管
1—冷凝器；2—贮液器

图 11-6　波动式贮液器的接管
1—冷凝器；2—平衡管；3—贮液器

④冷凝器或贮液器至蒸发器之间的配管

当蒸发器的位置低于冷凝器或贮液器时，液体制冷剂管要布置成倒 U 形液封，其高度不应小于 2m，以防止在制冷系统停止运行时，液体制冷剂继续流向蒸发器，见图 11-7。如果在液体制冷剂管道上装有电磁阀时，可以不设上述倒 U 形液封。

在压力降允许的情况下，钢排管式蒸发器可以串联，排管间接管一般采用上进下出，以便使润滑油回流。

当多台不同高度的蒸发器位于冷凝器或贮液器上面时，为了防止可能形成的闪发气体全部进入最高处的蒸发器，应按图11-8所示方式进行配管。

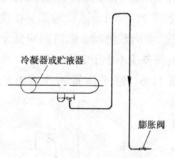

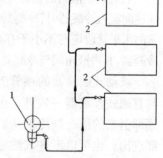

图 11-7　蒸发器位置低于冷凝
器或贮液器时的配管方式

图 11-8　不同高度蒸发器
供液管的配管
1—冷凝器或贮液器；2—蒸发器

3）氨制冷系统管道的布置原则

290

与氟里昂不同的是，氨在润滑油中几乎是不溶解的。由于润滑油的密度大于氨的密度，进入制冷系统的润滑油就会积存在制冷设备的底部，因此，在氨制冷系统中，应设置油水分离器，并在可能集油的设备底部装放油阀，制冷系统中应有放油装置。

①吸气管

为了防止氨液滴返回压缩机造成液击，压缩机的吸气管应有不小于 0.005 的坡度，坡向蒸发器。为了防止吸气干管中的氨液吸入制冷压缩机，应将吸气支管从干管顶部或侧面接出，而不应从干管底部接出。

②排气管

为了防止润滑油和冷凝氨液流回制冷压缩机而造成液击，压缩机的排气管道应有不小于 0.01 的坡度，坡向油水分离器或冷凝器。

在并联制冷压缩机的排气管上宜装设止回阀，以防止一台压缩机工作时，在停止运行的压缩机的出口处积存较多的冷凝液氨和润滑油，重新启动时产生液击事故。

③冷凝器至贮液器的连接管

采用卧式冷凝器时，由冷凝器出口至贮液器进口阀门，应有不小于 300mm 的高差，见图 11-9。当冷凝器至贮液器连接管的液氨流速大于 0.5m/s 时，冷凝器与贮液器之间应设平衡管，见图 11-10；

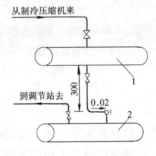

图 11-9　冷凝器至贮液器
管道连接示意图
1—卧式冷凝器；2—贮液器

采用立式冷凝器时，其出液管与贮液器进液阀之间的最小高差为 300mm，见图 11-11。多台立式冷凝器与多台贮液器之间氨液管和平衡管的连接方式见图 11-12。

冷凝器至贮液器的上述各种连接方法中，凡水平管段，均应有不小于 0.02 的坡度，坡向贮液器。

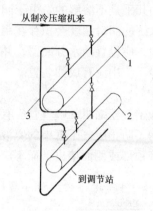

从制冷压缩机来

1—卧式冷凝器
2—贮液器
3—平衡管
到调节站

图 11-10　冷凝器至贮液器间
平衡管连接示意图
1—卧式冷凝器；2—贮
液器；3—平衡管

④贮液器至蒸发器的连接管

贮液器至蒸发器的液氨管道，可直接经节流机构接至蒸发器。当节流机构采用浮球阀时，其接管应考虑到在正常运行情况下，液氨能通过过滤器、浮球阀进入蒸发器，而在清洗过滤器或检修浮球阀时，液氨能由旁通管经手动节流阀降压后进入蒸发器。

⑤氨泵管道的连接

氨液过滤器应装在靠近氨泵的最低位置上，并留出能取出过滤网进行清洗的位置。

在氨泵的吸入端与排出端之间，应安装差压控制器，当氨泵之上液面差压不足时，可以切断电源。

氨泵出液管上应安装止回阀、旁通阀和压力表。

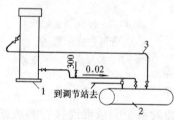

图 11-11　立式冷凝器至贮液器
间管道连接示意图
1—立式冷凝器；2—贮液
器；3—平衡管

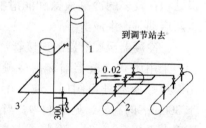

图 11-12　多台立式冷凝器与贮液
器间管道连接示意图
1—立式冷凝器；2—贮液
器；3—平衡管

3. 制冷系统管道安装的一般要求

（1）管道材料

1）氟里昂制冷系统的管材常用紫铜管或无缝钢管，一般当管径小于 25mm 时用紫铜管，管径较大时，用无缝钢管；氨制冷系统则全部采用无缝钢管，当工作温度低于 - 40℃时采用低合金钢管；盐水管压力不高，可采用镀锌钢管；冷却水管一般也采用镀锌钢管；

2）当紫铜管采用烧红退火时，管内易产生氧化皮，为清除氧化皮，可用低碳钢丝绑上棉纱并浸上汽油，反复拉洗，随时用汽油清洗棉纱，直至拉洗干净为止；

3）氟里昂及氨制冷装置的阀门、安全阀、压力表等，都是专用的，由厂家配套供应，不可随意取代。

（2）安装前管道的清洗

1）制冷管道在安装前必须进行除锈、清洗和干燥，管内要清洁且不能有水分；

2）对于钢管，可用人工或机械方法清除管内污物及铁锈，再用棉纱、破布浸煤油反复拉洗干净；

3）对于铜管和灌砂煨制的弯管，应用后面介绍的方法将管腔清洗干净。

（3）制冷管道安装

1）制冷管道通常沿墙、柱架空敷设，需要采用地下敷设时，通常为不通行地沟，并设活动盖板；

2）液体管道，不得有局部向上凸起的部分，以免形成"气囊"；气体管道不得有局部向下的凹陷部分，以免形成"液囊"；

3）从液体干管引出支管时，应从干管底部或侧面接出；从气体干管引出支管时，应从干管顶部或侧面接出；

4）吸气管安装在排气管下面（同架敷设），平行管道之间净距为 200～250mm。压缩机的吸气管和排气管的配管，尺寸要准确。管道支架要牢固，以承受压缩机运转时的振动；制冷管道穿过墙壁、楼板，应装套管，套管与管道的间隙用不燃柔性材料填塞；

5）对三通、异径管及弯管弯曲半径的要求，见下面"对管件的要求"；

6）为防止发生"冷桥"现象，减少冷量损失，有保冷层的低温管段，在支、吊架处应垫衬经防腐处理、厚度与保冷层相等的木块，管道穿过套管时，保冷层也不应中断，故应采用较大直径的套管。

（4）制冷管道的连接

1）制冷管道采用无缝钢管时，除与设备、阀门连接时使用法兰或螺纹连接外，应尽可能采用焊接，管径小于50mm采用气焊，管径大于50mm采用电焊。冷库的管道一般用焊接，只有当安装和检修方面必要时，才使用法兰或螺纹连接。法兰采用凹凸面平焊方形法兰或腰形法兰，法兰连接时，垫片采用厚度为1~3mm的耐油橡胶石棉板，并涂上机油调制的石墨粉。螺纹连接时，应先用汽油或煤油将螺纹上的油污清洗干净，然后涂上黄粉与甘油的调和料或聚四氟乙烯生料带，作为密封填料，严禁用铅油和麻丝作为密封填料；

2）氟里昂制冷管道的管径小于25mm而采用紫铜管时，有以下几种连接方法：

①采用成品铜管件。浙江省乐清市中德合资天力管件有限公司生产的LT铜管管件，接头尺寸符合GB11618—89，质量可靠，接口型式为承插式，钎焊连接；

②紫铜管连接采用承插式钎焊，应先将管端退火，再加热并用模具加工出承口，承口内径应比将要插入的管子的外径大0.25~0.5mm，承口的有效深度可等于管子外径，安装方向迎向介质流向；

③法兰连接。根据设计要求和具体情况，铜及铜金金管道可采用翻边活套法兰、焊环活套法兰及平焊法兰、对焊法兰等连接形式。

3）对管件的要求：

①弯头一般采用弯曲半径不小于4倍管径的弯管，椭圆率不应大于8%，不得使用焊接弯头（虾米弯）及折皱弯头；制作弯管时最好不要灌砂煨制，以免管内壁难以清理干净。如必须灌砂

煨弯时，应采取酸洗、钝化等清洗措施，并除去管内水气；

②为减少介质流动的阻力，氨管道三通的做法与其他管道有所不同，要求支管弯制成弧形，再与主管焊接，见图 11-13（a）；当支管与干管直径相同且直径小于 50mm 时，则需将干管局部加大一号，再按上述要求焊接，见图 11-13（b）；当管道变径时，应采用同心异径管，见图 11-13（c）。

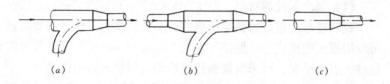

（a）　　　　　　　　（b）　　　　　　　　（c）

图 11-13　制冷管道的三通与变径

（5）阀门及仪表安装

制冷管道上的截止阀、止回阀、节流阀、浮球阀、安全阀、电磁阀等阀件，必须采用厂家配套供应的专用产品，不得随意替代。除安全阀外，安装前应逐个清洗，并检查填料函密封是否良好，填料是否需要更换。阀门清洗后，要关闭阀门后注入煤油进行检漏。

各种阀门安装要注意介质流向，不得装反，尽可能使阀杆垂直，任何情况下手轮不得朝下。

安全阀安装前应注意检查铅封，合格证应妥为保存。安装后，安全阀应按设计要求调试定压。

热力膨胀阀安装在冷凝器（或贮液器）与蒸发器之间的管道上，阀体应垂直安装，不能倾斜，更不能倒立安装。热力膨胀阀的感温包的位置是否合理，对热力膨胀阀能否合理调节向蒸发器的供液量有明显的影响，这是因为温包感受温度变化不是十分灵敏，把感受到的温度变化转化为热力膨胀阀的动作也有一定的时间滞后，一般说来，感温包应安装在蒸发器出口端的水平直管上，距压缩机吸气口的距离应在 1.5m 以上，并应与管道一起进行保冷，以减少环境温度对温包的影响。

4．制冷系统的吹扫和严密性试验

制冷系统要求严密性好而且清洁，当整个系统的安装工作完成后，要进行吹扫，吹扫合格后，应对整个系统进行严密性试验（气压试验及真空试验），即检漏。检漏的方法有三种：气压检漏、真空检漏和充灌制冷剂检漏。

（1）制冷系统的吹扫

氨制冷系统最好另备空压机进行系统的吹扫工作，必要时也可以用氨压缩机代替；但排气温度不能超过140℃，以免润滑油超过闪点而结炭，可采取加强机组冷却或间歇运转的措施。

吹扫制冷系统的压缩空气的压力可控制在0.6MPa，可使用几个不同方向的排气口进行排气，吹扫工作要反复进行多次，直到用浸湿的白纸板检查排气口没有灰尘为止。

氟里昂系统的吹扫除用干燥的压缩空气进行外，也可用瓶装氮气进行。

（2）制冷系统的严密性试验

1）气压检漏

①氨制冷系统的试验

整个氨制冷系统的严密性试验（即气压检漏），应用干燥的压缩空气进行，当无此条件时，也可以用氨压缩机进行，但应注意排气口温度不应超过120℃，可采取间歇运行方式加以控制。氨制冷系统低压部分（从膨胀阀经蒸发器到压缩机吸气口）的试验压力为1.2MPa，高压部分（从压缩机排气口，经冷凝器、贮液器到膨胀阀）的试验压力为1.8MPa。

②氟里昂系统的试验

氟里昂系统一般用钢瓶装的压缩氮气进行严密性试验，无瓶装的氮气时也可用压缩空气，但应经干燥处理。氟里昂系统因制冷剂的不同，其高压部分和低压部分的试验压力有不同的规定，见表11-2。

《制冷设备、空气分离设备安装工程施工及验收规范》（GB

50274—98）中，对以活塞式、螺杆式、离心式压缩机为主机的氟里昂制冷系统中的附属设备及管道的严密性试验压力（绝对压力）规定为：

氟里昂系统严密性试验压力　　　　　　　　　表 11-2

制 冷 剂	高压部分试验压力（MPa）	低压部分试验压力（MPa）
R717，R22	1.8	1.2
R12	1.6	1.0

制冷剂 R717、R502 高压系统试验压力为 2.0MPa，低压系统试验压力为 1.8MPa；

制冷剂 R22 高压系统试验压力为 2.5MPa（高冷凝压力）或 2.0MPa（低冷凝压力），低压系统试验压力为 1.8MPa；

制冷剂 R12 高压系统试验压力为 1.6 MPa（高冷凝压力）或 1.2MPa（低冷凝压力），低压系统试验压力为 1.2MPa；

制冷剂 R11 高压系统和低压系统试验压力均为 0.3MPa。

③制冷系统的检漏和压力降试验

氨或氟里昂制冷系统的低压部分或高压部分充压达到规定试验压力时，应用肥皂水涂抹各个焊口、法兰、螺纹接口及阀门压盖、阀杆盘根等一切可能漏气的部位，仔细检查是否有气泡产生，在漏气量很小时，气泡的产生缓慢，而且很小，因此，这项工作必须精心进行。

在进行上述严密性试验和检漏工作时，应按下述方法观测、记录、计算其压力降：

严密性试验应在整个系统密封情况下保持 24h，其中前 6h 在压缩空气逐渐冷却并接近环境温度的过程中，压力会有一些下降，但一般不应超过 0.03MPa，再经过 18h，对压力和温度的变化进行观测和记录，其压力变化应符合式（11-1）的计算值：

$$P_2 = P_1 \frac{273 + t_2}{273 + t_1} \qquad (11\text{-}1)$$

式中　P_1——试验开始时系统中的气体绝对压力，10^5Pa；

P_2——试验结束时系统中的气体绝对压力，$10^5 Pa$；

t_1——试验开始时系统中的气体温度，℃；

t_2——试验结束时系统中的气体温度，℃。

如果压力变化超过计算值，则应再次检漏，查明泄漏原因，并加以消除，再重新进行试验，直至合格。

2）真空试验

制冷系统的严密性试验合格后，应进行抽真空试验，即利用真空泵或制冷压缩机本身，将系统中的剩余压力抽成真空。真空试验的剩余压力（绝对压力），氨系统不应高于 8.1kPa（60mmHg），氟里昂系统不应高于 5.4kPa（40mmHg），保持24h，氨系统压力以不发生变化为合格，氟里昂系统压力回升不应大于 0.5kPa（4mmHg）。

真空检漏的目的，一是检验制冷系统在真空条件下的严密性；二是为下一步的充灌制冷剂检漏及试运行创造条件。

3）充灌制冷剂检漏

由于制冷剂渗透性极强，制冷系统即使气密性试验、抽真空试验合格，也还需进行充液检漏。

氨制冷系统经真空试验合格后，即在真空条件下将制冷剂充入系统，使系统压力达到 0.2MPa 时，停止充液，用酚酞试纸进行检漏。用湿润的酚酞试纸对系统的各个焊口、法兰及阀门压盖等处进行检查，试纸遇氨呈玫瑰红色，即可查明泄漏处。检查时应防止酚酞试纸与肥皂水等碱性物质接触，以免影响检漏效果。

氟里昂制冷系统充液，压力达到 0.2～0.3MPa 时，即可用肥皂水、烧红的铜丝、卤素校漏灯或卤素检查仪进行检漏。烧红的铜丝接触到 R12 蒸气时呈青绿色。卤素校漏灯的检漏是用火焰的颜色来判断，如有泄漏，灯的火焰颜色就会呈绿色，绿色越深表明泄漏越多。氟里昂燃烧产生的光气对人体有毒，如发现火焰呈紫绿色或亮蓝色时就不要用卤素灯检漏，宜改用肥皂水作进一步试漏。

使用卤素检查仪时，首先将电源接通，把接收器的端头对准被检查部位进行检查，遇氟里昂泄漏，仪器响声加大，指针也有较大摆动。

氟里昂系统的修补比氨系统简单，只要将氟里昂排净，用空气吹扫后，即可进行更换或补焊。

4）充灌制冷剂

①充氨

当管道充液检漏合格，而且管道保温后，应对现场进行清理和清扫工作，方能开始对系统正式充氨。

充氨前，应按施工方案的要求做好安全防护和各项准备工作。加氨的接口一般有两处，一处是贮氨器上有加氨管，另外是调节站集管上设有专门的加氨管接头。

充氨过程中，高压侧不得超过 1.4MPa，低压侧不得超过 0.4MPa。若系统中用浮球阀供液时，充氨时应将手动膨胀阀打开，以防发生事故。

②充灌氟里昂

充灌氟里昂制冷剂有两种方法。

a）高压段充灌法

氟里昂制冷系统经抽真空试验合格后第一次充灌氟里昂时，从压缩机排气阀旁通孔充灌。充灌是利用钢瓶与管路系统中的压力差与高度差来自行灌入系统的，这种方法的优点是快而且安全。使用这种灌注方法时，不得启动压缩机。

b）低压段充灌法

当系统内氟里昂数量不够、需要补充加入时采用低压段充灌法。用这种方法是从压缩机吸气截止阀旁通孔充灌，当加入量足够时，立即关闭钢瓶阀，同时关闭吸气截止阀旁通孔，拆除连接管，充灌工作完毕。

(二) 溴化锂吸收式制冷

溴化锂吸收式制冷与蒸气压缩式制冷不同的是，前者是以消耗热能作为补偿来获取冷量的，而后者则需要消耗电能。吸收式制冷的优点是，运转机械少，结构简单，运行中噪声和振动小，耗电量小，便于维修，变负荷容易，调节范围广，可以利用低温热源，适用于宾馆办公楼等空调制冷系统。

1. 溴化锂吸收式制冷装置的工作原理

溴化锂水溶液具有在常温下强烈地吸收水蒸气，而在较高温度下则又能将其所吸收的水分释放出来，同时，水在真空状态下，蒸发时具有较低的蒸发温度。

图 11-14 为溴化锂吸收式制冷原理图。溴化锂吸收式制冷装置主要由发生器、冷凝器、蒸发器、吸收器、热交换器以及节流降压装置等部分所组成。其工作过程如下：

当吸收了水蒸气的溴化锂稀溶液经过热交换器 8 进入发生器 1 内，被发生器内管簇中的工作蒸汽加热，溶液中的水分汽化成为冷剂水蒸气，冷剂水蒸气经过挡水板，进入冷凝器 2，被冷凝器管簇内的冷却水冷却，而凝结成冷剂水。冷剂水经过节流装置 U 形管 11，进入蒸发器 3 的水盘（由于压力的急剧降低，冷剂水就有少量的蒸发，又由于蒸发过程夺取了冷剂水本身的热量，所以冷剂水就有一定程度的温度降低），并由蒸发器泵 5 送往蒸发器的喷淋装置，而被均匀地喷淋于蒸发器管簇的外表面，由于吸取了管内载冷剂的热量而汽化为水蒸气，同时载冷剂则由于放出了热量而被冷却到所需的温度，即达到了制冷的目的。蒸发器 3 中．由冷剂水汽化所形成的水蒸气则经过挡水板，进入吸收器 4 中，而被由吸收器回流泵 7 送来喷淋在吸收器管簇外表面的中间溶液（从发生器来的浓溶液与吸收器中溶液的混合溶液）所吸收。至于在吸收过程中放出的吸收热，则被吸收器管簇内的冷却水带走。这样，由于吸收了水蒸气而再生得到的稀溶液，再由发生器泵 6 送往发生器 1 中去加热。如此，就组成了一个连续的制冷循环。

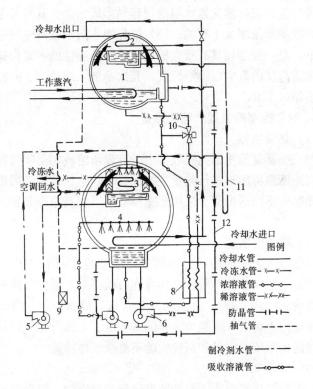

图 11-14　溴化锂吸收式制冷机流程图

1—发生器；2—冷凝器；3—蒸发器；4—吸收器；

5—冷剂水循环泵；6—发生器泵；7—吸收器泵；

8—热交换器；9—抽真空装置；10—溶液三通阀；

11—U 形管；12—防晶管

2. 溴化锂水溶液的性质

溴化锂是一种无色的呈粒状的结晶物，性质稳定，在大气中不会分解挥发和变质。溴化锂无毒（有镇静作用），对皮肤无刺激作用。无水溴化锂的分子式 LiBr，熔点为 549℃，沸点为 1265℃。

溴化锂具有很强的吸水性，并极易溶于水，生成溴化锂水溶液，它的特性主要有以下三点：（1）溴化锂水溶液对水蒸气有很强的吸收性；（2）溴化锂水溶液很容易形成结晶，其结晶温度主要与溶液质量浓度大小有关；（3）溴化锂水溶液在有空气存在的情况下，对一般金属具有极大的腐蚀性。防腐蚀的主要措施，首先是保持高度的真空以隔绝氧气，其次是加入缓蚀剂，并使溶液温度不超过 120℃。

3. 溴化锂制冷装置的辅助设备

（1）热交换器

热交换器是发生器到吸收器去的高温浓溶液和由吸收器到发生器去的低温稀溶液进行热量交换的设备。它让浓溶液回流把热量传递给稀溶液送出管。采用热交换器可以提高整个装置的经济性。

（2）抽真空装置

溴化锂吸收式制冷机是在很高的真空度下进行工作的，因此，即使是极少量的不凝性气体存在（大部分不凝性气体积存在吸收器的稀溶液上部），也会加剧对金属造成腐蚀，并降低机器的制冷能力。为了保证整个装置的真空度，必须有抽气设备，不断地将漏入系统的空气和系统内的不凝性气体抽除。

（3）屏蔽泵

为保持溴化锂吸收式制冷装置运行的真空度，因而对吸收器泵、发生器泵和蒸发器泵都是采用密闭性好的屏蔽泵。这种泵是由屏蔽电机和耐汽蚀性能较高的泵组装而成，安装屏蔽泵的吸入口液柱高度不得低于 1.5m。

（4）U 形管

由于冷凝器内的绝对压力比蒸发器内的绝对压力高，为了保持它们之间的压差并防止冷凝器的冷剂水在进入蒸发器时将水蒸气带入蒸发器，因此将进入蒸发器的冷剂水管的下端制成 U 形水封管，让出冷凝器的冷剂水经过 U 形水封再流至蒸发器内。

（5）三通阀

由热交换器到发生器的稀熔液管路上装有三通阀。它的作用是当制冷系统的负荷减轻时，由人工或自动调节三通阀，将部分稀熔液旁通到发生器至吸收器的浓液管中，使其短路流回吸收器。用三通阀来调节负荷，效果比较好。三通阀可根据冷冻水出口温度由人工或自动仪器加以控制。

(6) 防结晶管

防结晶管从发生器出口的溢流箱上部接出，与吸收器的液囊相连，是用来消除热交换器中溶液结晶的旁通管。

设备正常运转时，浓溶液沿着从发生器溢流箱底部接出的管道，流经热交换器而进入吸收器。如果浓溶液在热交换器中产生结晶，则管子被阻塞不能流通，此时发生器溢流箱内液位上升，当液位高于旁通管上端时，浓溶液即进入旁通管，并直接进入吸收器的液囊，由于热的浓溶液直接进入提高了吸收器内溶液的温度，因而使送入热交换器的稀溶液的温度大大提高，这样可使浓溶液中已经结晶的溴化锂溶解，重新经由回流管及热交换器而进入吸收器。

(7) 真空阀门

溴化锂制冷装置管路上的阀门，应具有良好的密封性，需要经常进行调节的应采用隔膜式真空阀，不经常开关仅作启闭用的可采用高真空蝶阀。

(三) 蒸汽喷射式制冷

蒸汽喷射式制冷也是靠消耗热能来制取冷量的，其特点是工艺简单，设备台数少，施工方便，维修容易。

它与吸收式制冷机的区别是：在吸收式制冷机中是用两种溶液物质作为循环工质，而在蒸汽喷射式制冷机中只用单一物质作为工质。因为应用于喷射器的工作介质和制冷工质都是同一工质，这样就不存在制冷工质与工作介质的分离问题，使制冷机的工作设备及过程简化。通常是用水作为制冷剂（也可用氨或氟里昂），适用于空调系统和 0℃ 以上低温水生产工艺中。

图 11-15 所示为蒸汽喷射式制冷的工作原理图。它由蒸发器、冷凝器和蒸汽喷射器等主要设备组成。当压力为 0.6～0.7MPa 的高压工作蒸汽通过喷射器时，把蒸发器抽吸成一定的真空。这时用泵送到蒸发器内的冷冻回水就要在低压下蒸发；蒸发时所需要的汽化热，只能从未蒸发的水中去夺取，从而水的温度降低，制备出所需要的冷冻水。蒸发器内产生的冷剂水蒸气被喷射器抽走，并在它的混合室中与工作蒸汽混合、扩压，进入冷凝器。冷凝器内压力仍低于大气压，蒸汽在冷凝器内被冷却水冷凝后，冷凝水从下部排入冷却水池。

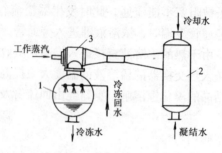

图 11-15　蒸汽喷射式制冷原理图
1—蒸发器；2—冷凝器；3—蒸汽喷射器

蒸汽喷射式制冷装置一般安装在 10m 以上的平台上，以保证冷冻水和冷凝水能利用高差和自重克服大气压力而流入水池中。

十二、锅炉、水泵及热工仪表安装

锅炉和水泵安装中只有少部分工作属于管道工的工作范围，但在锅炉试运行中又以管道工为主，水泵也是管道系统的循环和运行的动力，因此，本章概略的介绍锅炉及水泵安装，涉及《职业技能岗位鉴定规范》要求和管道工工作范围内的部分作为重点。

(一) 锅 炉 安 装

1. 锅炉的分类和附属设备

(1) 锅炉概述

锅炉是通过燃烧使燃料的化学能转化为热能，通过换热将水加热，产生一定温度和压力的蒸汽或热水的设备。锅炉是由锅炉本体、附件和仪表及附属设备三大部分组成的。

锅炉中的"锅"是指容纳水和蒸汽的受压部件，如锅筒（汽包）、对流管、集箱、水冷壁管等，是锅炉的吸热部分；锅炉中的"炉"是指锅炉燃料燃烧的空间（主要是燃烧室），是锅炉的放热部分。

工业锅炉的主要系统可分为汽水系统和煤烟系统两大部分。

汽水系统：经过水处理设备软化处理后的给水，由给水泵送至省煤器经预热进入上锅筒（上汽包）。上锅筒内的炉水，经过下降管和一部分温度较低的对流管进入下锅筒（下汽包）。下锅筒内的炉水，一部分进入炉膛的水冷壁和下集箱，另一部分进入温度较高的对流管。由于高温的作用，水在水冷壁管内和温度较高区域的对流管内汽化，汽水混合物上升进入上锅筒。在上锅筒内汇集成饱和蒸汽输出。如果锅炉设有过热器，则饱和蒸汽进入过热器继续受热，成为过热蒸汽，最后经出汽总管输送到室外管网。

煤烟系统：锅炉所需的燃煤，在经过机械筛选、破碎、斗式提升机、皮带输送至炉前煤仓。通过煤闸门，随着链条炉排的移动，连续地落到炉排上进入炉膛内燃烧。炉排后部燃尽的炉渣落入灰斗坑，由出渣机除去。锅炉燃烧所需的空气，由送风机送入锅炉后部的空气预热器，经提高温度后分段送到炉排下，穿过炉排缝隙进入煤层助燃。燃烧产生的高温烟气，首先将热量传递给炉膛的水冷壁管，然后从炉膛上部经过热器折转于对流管束，再进入后烟道、省煤器和空气预热器，进一步放出热量。此时烟气温度已大大降低，经除尘器，由引风机和烟囱排放至大气。

(2) 锅炉的主要基本特性

1) 蒸发量和供热量

蒸发量又叫锅炉的容量或出力，就是蒸汽锅炉每小时产生的额定蒸汽量，单位为 t/h。通常所说的蒸发量，是指锅炉的额定蒸发量。对于热水锅炉，用锅炉每小时的产热量来表示锅炉容量的大小，单位为 MJ/h。蒸汽锅炉和热水锅炉的供热量可统一为额定出力表示，单位为 MW。

2) 蒸汽参数

蒸汽参数表示蒸汽的压力和温度。用符号 P 表示压力，单位是 MPa。温度用符号 t 表示，单位是℃。

3) 锅炉的效率

燃料在锅炉中燃烧发出的热量，大部分被锅炉所吸收，用于将炉水加热变为蒸汽，小部分热量未被利用而损失掉。有效利用的热量与燃料中的总热量之比值，叫做锅炉的效率，也叫热效率，用符号 η 表示。

$$\eta = \frac{\text{有效利用的热量}}{\text{燃料总热量}} \times 100\% \qquad (12\text{-}1)$$

锅炉的效率约为 60% ~80%。

（3）锅炉的分类及型号

1）锅炉的分类

锅炉的类型较多，大致有以下几种分类方法：按输出介质可分为蒸汽锅炉和热水锅炉；按压力可分为低压锅炉、中压锅炉、高压锅炉；按锅筒放置的方式，可分为立式锅炉和卧式锅炉；按安装的方法，可分为整装式和散装式锅炉。大型现代锅炉一般采用组合安装方法。

2）锅炉的型号

我国工业锅炉产品的型号由三部分组成，各部分之间用短横线隔开，表示形式如下：

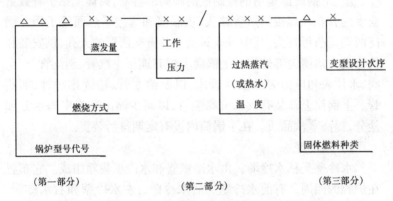

型号的第一部分表示锅炉型式、燃烧方式和蒸发量。共分三段：第一段用两个汉语拼音字母代表锅炉本体型式；第二段用一个汉语拼音字母代表燃烧方式；第三段用阿拉伯字母数字表示蒸发量。

型号的第二部分表示蒸汽参数，共分两段，中间以斜线分开，第一段用阿拉伯数字表示蒸汽出口压力，第二段也用阿拉伯数字表示过热蒸汽（或热水）的温度。对于生产饱和蒸汽的锅炉，则没有斜线和第二段。

型号的第三部分表示燃料种类和变型设计次序。

以上锅炉型号的表示规则并不是永久不变的,当国家有新标准颁发时,应以新标准的规定为准。

(4) 锅炉的构造

这里介绍的锅炉构造主要是锅炉本体与管道施工有关的部分,即锅筒、水冷壁、对流管、过热器、省煤器和各种附件。

1) 锅筒

锅炉的锅筒,又称为汽包,是锅炉最重要的部件。水管锅炉一般有两个锅筒,即上锅筒和下锅筒,上下锅筒用对流管连接起来。上锅筒的作用主要是补充给水和汇集、贮存、净化蒸汽,下锅筒的作用主要是贮存并分配炉水进行循环。

上、下锅筒都是用钢板制成的圆筒形容器,筒体上钻扩有数量众多的管孔和焊接的短管接头,供胀接和焊接受热面管子用。锅筒两端是凸形封头,其中一端封头上开有椭圆形的人孔,供安装和检修进入锅筒内部使用。上锅筒上焊有连接主汽管、副汽管、安全阀、水位表和压力表的法兰管座,以及给水管、连续排污管、加药管。上锅筒上部装有汽水分离装置,以减少输出蒸汽中的水分和盐分,提高蒸汽品质。在下锅筒内设有定期排污装置。

2) 水冷壁

水冷壁又称水冷墙,由水冷壁管和水冷壁集箱组成。它布置在炉膛的四周,有前水冷壁、后水冷壁、左水冷壁和右水冷壁,它的作用是吸收炉内高温烟气的大量辐射热,是现代锅炉的主要受热面。此外,水冷壁可防止高温烟气烧坏炉墙,也可防止熔化的灰渣在炉墙上结焦。

水冷壁管用锅炉钢管制成,直径一般为 $\phi 51 \sim \phi 76$mm。水冷壁集箱用直径较大的无缝钢管制成,集箱上除了有连接水冷壁管和下降水管的管接头外,底部还有定期排污管。

水冷壁上端与上集箱或上锅筒连接,下端与下集箱连接。上锅筒的给水经下锅筒和下降水管到下集箱,然后到水冷壁管受热,组成汽水混合物再回上锅筒,组成自然循环系统。

锅炉水冷壁与集箱的连接采用焊接，与上锅筒的连接有胀接和焊接两种，工业锅炉上以胀接为多。

3）对流管

对流管的上端连接上锅筒，下端连接下锅筒，它组成锅炉的对流受热面，也是锅炉的主要受热面。对流管用锅炉钢管制成，一般直径为32~63.5mm，对流管的中心距，一般横向为管径的2~3倍，纵向为管径的1.5~2.5倍。

对流管与上、下锅筒的连接一般是胀接。安装和胀接对流管是管道工在锅安装中的一项主要工作。

4）蒸汽过热器

蒸汽过热器的作用是将从锅筒引出的饱和蒸汽在定压下继续加热，提高到规定蒸汽温度，去除水分，使之成为过热蒸汽。

过热器是由多根无缝钢管弯制成的蛇形管，管子的两端分别连接于两个圆形或方形的集箱上。常用的管子直径为32~38mm，管壁厚度为3~4mm。过热器管与集箱的连接主要是采用焊接。

过热器一般设置在炉膛出口或对流管束中间。按照烟气和蒸汽的流向，可以将过热器布置为顺流、逆流，双逆流和混合流等形式。在实际使用中混合流和双逆流方式应用较多。

5）省煤器

省煤器设置在锅筒对流管后面的烟道中，它是利用锅炉排出的部分热量加热锅炉给水的一种换热设备。

省煤器按对给水加热的程度分为沸腾式和非沸腾式，按材质可分为铸铁式和钢管式，工业锅炉上常用非沸腾式铸铁省煤器。给水经过加热送入锅筒比蒸汽饱和温度约低20~50℃。

省煤器应设旁通烟道，当锅炉升火运行或省煤器发生故障时，烟气可由旁通烟道通过。为了清除积灰，保证烟气流动畅通，在省煤器烟道中装有吹灰器。

省煤器的管路系统装有控制阀、止回阀、安全阀、放气阀、泄水阀、压力表和温度计等附件，并设有旁通管。当省煤器停止使用时，给水由旁通管直接进入上锅筒。

6）空气预热器

空气预热器是利用排烟热量，加热燃料燃烧所需空气的装置。空气预热器安装在省煤器的后面，可将鼓风机鼓进的冷风变为100～300℃的热空气，以减少锅炉排烟热损失，提高锅炉热效率。

空气预热器有管式，板式和再生式3种。在工业锅炉上一般使用管式空气预热器。

7）锅炉附件

①吹灰器

锅炉经过长期运行，炉内受热面管子外壁和管子之间会积满灰尘，如不及时清除，会影响传热效果和烟气的流通，使锅炉的运行条件恶化。因此，必须在水冷壁管、对流管和省煤器设置吹灰器，由设在炉墙外的链条操作，通过钻有许多小孔的吹灰管喷出高压蒸汽清除灰垢。

②安全阀

安全阀是保证锅炉安全运行的重要附件。当炉内蒸汽压力超过设定压力时，安全阀能自动开启，排汽泄压，并发出响声，使值班人员及时采取措施。

常用的安全阀有弹簧式和杠杆式两种。对于蒸发量大于0.5t/h的锅炉，在锅筒上至少应装两个安全阀，在省煤器的出入口和过热器的出口处也应设置安全阀。

③水位表

水位表是用来观察锅炉内水位高低的仪表。水位表有玻璃管和玻璃板式两种。

水位表的上下端分别与上锅筒的汽，水空间相连通，一般常用两种连接方式：1）水位表与锅筒引出的连通管相连接；2）水位表与水表柱相连接。见图12-1。

④高低水位警报器

除了安装水位表外，在蒸发量大于2t/h的锅炉上，还必须

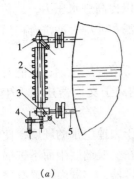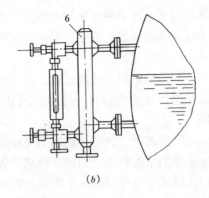

(a) (b)

图 12-1   水位表与锅筒的连接

(a) 水位表与锅筒引出的连通管连接；

(b) 水位表与水表柱连接

1—汽旋塞；2—玻璃管（板）；3—水旋塞；

4—吹洗旋塞；5—连通管；6—水表柱

装设水位警报器。水位警报器有装在锅内和锅外的两种。水位警报器的作用是，当锅内水位升高到最高水位线或降到最低水位线时，会鸣笛报警，以便使司炉值班人员及时采取措施，将水位控制在正常范围内。

⑤压力表和温度计

压力表是锅炉的重要附件之一，用来指示锅筒内的蒸汽压力，起到监视锅炉的作用。没有装设压力表或压力表损坏的锅炉是不准运行的。工业锅炉一般采用弹簧管压力表。压力表在安装前需经过计量部门的检验。

在锅炉上需要进行温度测量的有蒸汽温度、给水温度、炉膛温度、鼓风温度和烟气温度等。常用的温度计有：玻璃水银温度计、压力式温度计和热电偶温度计。

(5) 水处理和给水设备

1) 水处理设备

①压力式过滤器。当进入锅炉房的原水的悬浮物含量超过 $30 \sim 50 mg/L$ 时，要用压力式过滤器进行过滤处理。为了获得较

高的过滤速度，进水用水泵打入过滤器，以提高进水压力，故称为压力式过滤器。过滤器的运行工序是过滤和冲洗，冲洗合格后再进行正常过滤。

②盐溶解器。盐溶解器是在一定压力下溶解氯化钠，并能对盐水进行过滤的容器。过滤后的盐水供钠离子交换器还原再生用。

③钠离子交换器。钠离子交换器是用于去掉生水的硬度，使生水中的结垢物质（如钙，镁离子等）留在交换剂层中而不进锅炉。钠离子交换器是一个密闭的钢制圆筒容器，容器内配置有交换剂层。钠离子交换水处理的运行工作，按照软化——反洗——还原——正洗四个阶段进行。

④热力除氧器。热力除氧器的作用，是在给水进入锅炉之前，用通入蒸汽加热给水的方法，除去溶解在水中的氧气。

2）给水设备

工业锅炉上常用的给水设备离心式给水泵和蒸汽活塞式给水泵。

工业锅炉给水应以电动离心水泵为主，常用的有单吸单级悬臂式离心泵（如 IS 型）和单吸多级离心泵（如 DA1 型）两类。考虑到锅炉房可能中断电力供应和水泵的故障检修，给水设备还应设蒸汽活塞式给水泵，用锅炉自身的蒸汽压力保证向锅炉供水。

2. 锅炉本体安装

从总体上讲，锅炉安装以安装钳工为主，在烘炉、煮炉和试运行阶段以管道工为主。

（1）锅炉钢架和平台安装

钢架是整个锅炉的骨架，它几乎承受着锅炉的全部重量，钢架安装会直接影响到锅筒、集箱、水冷壁、过热器的安装和炉墙的砌筑。因此，锅炉钢架的安装质量十分重要。

经检查如有超出误差的变形构件，应进行矫正，使它达到规定的要求。矫正钢构件的方法，有冷态矫正，加热矫正和假焊法三种。对于变形不大、刚性较小的钢构件，可采用冷态矫正，用矫直器或千斤顶施力调整；对于变形较大，刚性较大的钢构件，可采用热矫法，加热温度不超过800℃（暗樱红色）。假焊法矫正只适用不重要构件上的局部变形。

钢架安装一般有组合安装和单件安装两种方法。

组合安装法是将钢架构件预先组焊成若干组合件，然后再进行吊装。限于工业锅炉房的场地比较狭小，组装工作通常在锅炉基础上进行。组装符合要求后，才可正式吊装。组合安装钢架的优点是可减少高处作业，有利于提高工作效率和安全施工。

单件安装法就是把锅炉钢架构件逐根进行起吊和安装。采用单件安装法施工时，安装的程序是先装立柱、后装横梁和连接梁。在整个钢架逐件安装点焊成形后，必须进行全面的复查，符合要求后方可进行焊接工作。单件安装法仅在安装场地极其狭小，不能采用组合安装法的情况下采用。

（2）锅筒和集箱的安装

锅筒、集箱的安装应在钢架安装完毕以后进行。简单地说，锅筒、集箱的安装顺序是检查、支撑、吊装、调整。

检查是指在吊装前对锅筒、集箱表面和管接头焊接处、胀接管孔的加工质量和胀接管孔的直径、偏差进行检查。

支撑是指锅筒临时支撑座的制备。锅筒的支撑方式是将下锅筒安置在制造厂提供的支撑座上，上锅筒则依靠受热面管束支撑。安装锅筒时，对于靠受热面管束支撑的上锅筒，需要制备临时性支撑座，供锅筒就位使用。

吊装是指锅筒、集箱的吊装就位。常用电动卷扬机和滚杠、桅杆进行锅筒、集箱的移动和起重吊装。

调整是指锅筒、集箱的找正。找正锅筒、集箱位置的次序是：先上锅筒，再下锅筒，然后是各集箱。通过反复的找正以后，应使上述各项的偏差符合施工验收规范的要求。

（3）对流管和水冷壁管安装

1) 管子的检查与矫正

在安装前必须对对流管和水冷壁管进行清点、检查和矫正。检查弯曲管的工作在钢板平台上进行的。先按图纸给定的弯曲形状，在平台上放出弯曲管的大样图，焊上若干块角钢制的定位块，作为检查弯曲管的样板。检查时如弯曲管能顺利地放入定位块中，管端伸入锅筒位置正确，则证明管子是弯制合格的，否则，就需要加以矫正。

胀接管口的端面倾斜度不应大于管子公称外径的 1.5%，且不大于 1mm。对流管和水冷壁管应作通球检查，通球后的管子应采取封闭措施，通球直径应符合表 12-1 的规定。

通球直径（mm） 表 12-1

弯管半径	$<2.5D_W$	$\geqslant 2.5D_W$，且$<3.5D_W$	$\geqslant 3.5D_W$
通球直径	$0.70D_n$	$0.80D_n$	$0.85D_n$

注：D_W—管子公称外径；D_n—管子公称内径；

2) 管端退火

为了保证管端在胀接时易于产生塑性变形，防止管端在翻边时发生裂口，在胀管前需将对流管两端的胀接部位进行退火。加热方法一般采取铅浴法和管端退火炉加热退火。管端的退火长度为 100～150mm，加热温度为 600～650℃，并应保持 10～15min。在管端加热退火时，不退火的一端管口应进行临时封堵，以防止空气在管内流通降温而影响退火质量。退火完毕取出的管端需放在热的干砂或干燥的白灰中缓慢冷却。当管端硬度小于管孔壁的硬度时，管端可不退火。

3) 管端打磨与管孔清理

胀接管端的锈蚀、斑痕和纵向沟槽会影响胀接质量，所以，需要将退火的管端打磨干净，磨光的长度至少比锅筒管孔的厚度长出 50mm。管端打磨的方法，一种是用锉刀进行手工打磨，最后用砂布将打磨段磨光。另一种是用管端磨光机打磨。经打磨后的管端，外圆不能有棱角和纵向沟痕，以免影响胀管质量。打磨后的管壁厚度不得小于公称壁厚的 90％。管端内壁 75～100mm 长度范围内，必须用钢丝刷或刮刀、砂布将锈层清理干净，以利于后一步胀管器插入进行胀接。

锅筒和集箱上的管孔，在胀管或焊接以前，应该除去防锈油并清洗干净，如有锈蚀，要用砂布沿圆周方向将管孔打磨光亮。遇有纵向沟痕，必须用刮刀沿圆周方向修刮。

4）管子和管孔的选配

由于管子的外径和锅筒管孔的直径各自略有差异，为了保证胀接的质量，打磨后的管子与管孔之间需进行选配。选配的原则是大管配大孔，小管配小孔。即是将同一规格中较大外径的管子，配在较大的管孔中，较小外径的管子配在较小的管孔中。使全部管子与管孔之间的间隙都比较均匀，符合表 12－2 的规定。

胀接管孔与管端的最大间隙（mm） 表 12-2

管子公称外径	32～42	51	57	60	63.5	70	76	83	89	102
最大间隙	1.29	1.41	1.47	1.50	1.53	1.60	1.66	1.89	1.95	2.18

5）胀管

安装上、下锅筒间的对流管时，应先在锅筒两端和中间安装基准管。安装基准管的作用是定位，为下一步继续安装对流管提供依据，同时核对管子在管孔中的露出长度。基准管安装固定后，可以从中部向两端安装其他对流管，管端和管孔都应保持洁净，每个管端都能自由伸入管孔内，且管端垂直管孔壁，在任何情况下都不得施加强力插入。对于一端胀接，另一端焊接的管子，在固定胀接一端的同时，应使焊接一端准确对口定位。

胀管的作用是使炉管与锅筒之间形成牢固而又严密的胀口，以便有能力承受蒸汽压力、重力及热膨胀所产生的负荷。胀管的实质就是将管端在锅筒的管孔内进行冷态扩张。在炉管内径扩大到与管孔壁接触后，由于管孔壁的阻碍，管壁被挤压变薄产生塑性变形，而管孔壁基本上是弹性变形，将炉管箍紧，使胀口牢固而又严密。

进行锅炉胀管的工具是胀管器。目前普遍使用的为自进式胀管器，自进式胀管器分为固定胀管器和翻边胀管器两种。根据胀杆的动力来源也可分为人工手动胀管和机械胀管。

胀管的操作方法分两次胀管法和一次翻边胀管法。两次胀管法是将胀管工作分成固定胀管（初胀）和翻边胀管（复胀）两个工序，当上述两个工序一次同时完成时，就称为一次翻边胀管法。胀管应符合以下要求：

①管端深入管孔的长度为：当管外径为 $\phi32\sim\phi63.5$ 时为 7~11mm；当管外径为 $\phi70\sim\phi102$ 时为 8~12mm；

②管端装入管孔后，应立即进行胀接；基准管固定后，宜从中间分向两边胀接；

③胀管率可按内径控制法或外径控制法计算。按照现行规范，当采用内径控制法时，胀管率 H_n 应控制在 1.3%~2.1% 的范围内（在过去执行的旧规范中，胀管率曾规定为 1%~1.9%）；当采用外径控制法时，胀管率 H_w 应控制在 1.0%~1.8%的范围内。胀管率的计算公式为：

$$H_n = \frac{d_1 - d_2 - \delta}{d_3} \times 100\% \qquad (12\text{-}2)$$

$$H_W = \frac{d_4 - d_3}{d_3} \times 100\% \qquad (12\text{-}3)$$

以上两式中　H_n——采用内径控制法时的胀管率；

$\quad\quad\quad\quad H_W$——采用外径控制法时的胀管率；

$\quad\quad\quad\quad d_1$——胀完后的管子实测内径，mm；

$\quad\quad\quad\quad d_2$——未胀时的管子实测内径，mm；

$\quad\quad\quad\quad d_3$——未胀时的管孔实测内径，mm；

$\quad\quad\quad\quad d_4$——胀完后紧靠锅筒外壁处的管子实测外径，mm；

$\quad\quad\quad\quad \delta$——未胀时管孔与管子实测外径之差，mm。

胀接管口应扳边，扳边起点宜与锅筒内表面平齐，扳边角度宜为 12°~15°。

当胀管率超出控制值时，超胀的最大胀管率，当采用内径控制法时，不得超过 2.6%；当采用外径控制法时，不得超过2.5%。在同一锅筒上的超胀口数量不得大于胀接总数的 4%，且不得超过 15 个。

当管子的一端为焊接，另一端为胀接时，例如管子的上端与上锅筒胀接，下端与集箱焊接时，应先焊后胀，以免胀口受焊接应力的影响。

(4) 过热器、省煤器安装简介

过热器是在水冷壁管安装前安装，还是与水冷壁管安装交叉进行，应视实际情况决定，但不能在水冷壁管安装之后进行，以免无法安装过热器而造成返工。过热器在安装过程中，应对蛇形管进行通球试验，以免杂物堵塞，投入运行后引起过热器损坏。

省煤器安装后应根据规范要求单独进行水压试验。

(5) 水压试验

锅炉水压试验的目的，主要是检验受热面管子的胀口、焊口及各连接处的严密性。锅炉的汽、水压力系统及其附属装置安装完毕后，必须进行水压试验。主汽阀、出水阀、排污阀和给水截止阀应与锅炉一起作水压试验；安全阀应单独作水压试验。水压试验的压力应符合表 12-3 的规定。

水压试验的压力（MPa） 表 12-3

名　　称	锅筒工作压力 P	试验压力
锅炉本体及过热器	<0.59	$1.5P$，且不小于 0.20
	$0.59 \sim 1.18$	$P+0.29$
	>1.18	$1.25P$
可分式省煤器	$1.25P+0.49$	

水压试验前应按施工验收规范的要求进行检查。水压试验的环境温度不应低于 5℃，当环境温度低于 5℃时，应有防冻措施。水温应高于周围露点温度。锅炉充水应从下部进行，高处设排气口，待锅炉充满水并排尽空气后，方可关闭放气阀。初步检查无

漏水现象时，再缓慢升压。当升到 0.3～0.4MPa 时应进行一次检查，必要时可拧紧人孔、手孔和法兰等处的螺栓。当水压上升到锅炉额定工作压力时，暂停升压，检查各部分，应无漏水或变形等异常现象。然后应关闭就地水位计，继续升到试验压力，并保持 5min，其间压力下降不应超过 0.05MPa。最后回降到额定工作压力进行检查，检查期间压力应保持不变。水压试验时受压元件金属壁和焊缝上，应无水珠和水雾，胀口不应滴水珠。

水压试验后，应及时将锅炉内的水全部放尽。当立式过热器内的水不能放尽时，在冰冻期应采取防冻措施。

当水压试验不合格时，应进行返修。返修后应重做水压试验。

（6）烘炉、煮炉和严密性试验

1）烘炉

锅炉机组全部安装、调试完毕，砌筑和保温结束，即可进行烘炉。烘炉是为了将炉墙中的水分慢慢地烘干，以免在锅炉运行时因炉墙内的水分大量蒸发而出现裂缝。烘炉前必须具备下列条件：

①锅炉及其附属装置全部安装完毕，水压试验合格；

②炉墙和保温工作已结束，并经过自然干燥；

③烘炉需用的各附属设备试运转完毕，能随时运行；

④热工和电气仪表已安装、校验和调试完毕，性能良好；

⑤炉墙上的测温点和取样点，锅筒上的膨胀指示器已设置好；

⑥做好各项临时设施，有足够的燃料、必需的工具、材料、备品和安全用品等。

常用的烘炉方法有火焰法和蒸汽法，火焰法较为多用，蒸汽法仅适用于有水冷壁的锅炉。烘炉时间主要根据炉墙结构及潮湿情况而定，一般为 14～16 天，但整体安装的锅炉为 2～4 天。

2）煮炉

煮炉的目的在于清除锅炉内的锈蚀和污垢。煮炉的最早时间可在烘炉末期，当炉墙红砖灰浆含水率降到 10% 以下时开始进行。

煮炉时炉水中的药量，应按施工及验收规范规定的品种和数量加入。加药时应将药品配制成溶液，在低水位时加入锅炉内，煮炉时药液不得进入过热器。煮炉应持续 2~3 天，最后 24h 应使压力保持在锅炉额定工作压力的 75%，煮炉结束后，应交替进行给水和排水，直到水质达到运行标准，再停炉排水，清洗锅炉内部和药液接触过的阀门，清除锅筒和集箱内的沉积物。

3）严密性试验

按照锅炉试运行的要求点火升压至 0.3~0.4MPa，并对锅炉范围内的法兰、人孔、手孔进行热态紧固，然后继续升压至额定工作压力，再次全面检查锅炉及相关连接部位的严密性，并观察膨胀情况。有过热器的锅炉，应使用蒸汽吹洗过热器。严密性试验合格后，应按施工及验收规范的规定，对安全阀进行最后调整定压。

3. 锅炉试运行中的故障及其处理

（1）锅炉试运行中的几个问题

锅炉试运行过程中，要严密控制和监视水位和压力的正常稳定，保证安全阀灵敏可靠，做好水质管理，坚持按时排污，烟气的出口温度保持在一定范围内。锅炉运行中常见故障及处理方法有以下几个方面：

1）锅炉运行中遇有下列情况之一时，应紧急停炉：

①锅炉汽压升高超过允许工作压力，当安全阀已动作，燃烧已减弱，并采取了加强给水、排水等措施后，汽压仍继续上升时；

②锅炉严重缺水，用叫水方法见不到水位时（此种情况严禁向锅炉进水）；

③锅炉水位下降很快，虽经加强给水，水位仍继续下降时；

④锅炉满水超过水位表上可见水位，虽经排水，仍不能见到

水位时；

⑤所有给水设备损坏，锅炉无法进水时；

⑥所有水位表损坏或失效，无法观察水位时；

⑦炉墙发生裂缝有倒塌危险，或炉架、横梁被烧红时；

⑧烟道中的气体发生爆炸或燃烧时；

⑨锅筒、炉胆过热鼓包及炉管爆裂时；

⑩锅炉运行中发现下列情况，应及时报告有关人员，然后停止运行：a）炉管、水冷壁管、过热器管、省煤器管泄漏时；b）过热器蒸汽出口温度超过规定温度，经调整仍无法恢复正常时；c）锅炉严重结焦，难以维持正常运行时；d）锅炉给水、炉水及蒸汽品质严重恶化，经努力调整无法恢复正常时。

2）锅炉缺水

缺水是锅炉运行事故中最常见的重大故障。锅炉严重缺水，会造成爆管、锅筒鼓包、变形。如果处理错误，在锅炉缺水情况下进水，会引起锅炉爆炸，造成极其严重的后果。锅炉缺水分两种情况：

①轻微缺水：当水位在玻璃管（板）内消失后，用"叫水"方法，水位能出现在水位表中，称为轻微缺水；

②严重缺水：在采用"叫水"法后，水位仍不能在玻璃管（板）内出现的，称为严重缺水。

"叫水"的操作方法是先把水位表放水旋塞打开，再关闭汽旋塞，然后反复地关、开放水旋塞。

如经"叫水"后，水位在水位表内出现时（即轻微缺水），应谨慎地向锅炉进水，并注意水位变动情况；如经"叫水"后，水位表中仍见不到水位时（即严重缺水），应紧急停锅。此时严禁向炉内进水。对于装有自动给水调节器的锅炉，在发生缺水时，应改自动调节切换为手动。

3）锅炉满水

锅炉满水的现象是水位表内水位超过最高许可水位或看不到水位，水位警报器发出高水位信号，当严重满水时，锅炉出口的蒸汽管道内会发生水击。

当发现锅炉满水时,应立即进行两个水位表的冲洗与对照,以确认是否确实是满水,确认后应立即将给水由自动调节切换为手动,停止或减少锅炉进水量,并开启锅炉排污阀进行放水,此时应密切注意水位变化,直到水位恢复正常。

采取以上措施无效时,应紧急停炉。

4)汽水共腾

汽水共腾的现象是:水位发生激烈波动,水位表内看不清水位;过热蒸汽温度急剧下降;严重时蒸汽管内发生水冲击和法兰处向外冒汽。

汽水共腾的原因是:炉水品质不良,水中含盐浓度太高;没有及时进行排污,造成炉水含碱度增高,悬浮物多,油质过大;锅炉负荷突然增加,造成蒸汽大量带水。

当发生汽水共腾时,应采取以下措施进行处理:(a)降低锅炉负荷;(b)完全打开连续排污阀,并开启锅炉底部排污阀,同时加强给水,防止水位过低;(c)开启过热器疏水阀和蒸汽管上的直接疏水阀;(d)取水样化验,在炉水质量未改善前,不容许增加锅炉负荷。

5)锅炉排管和水冷壁管损坏

造成锅炉排管和水冷壁管损坏的原因是多方面的,例如:(a)锅炉给水处理质量不合格,或对炉水的质量监督不够,使排管和水冷壁管内部结垢腐蚀;(b)检修或安装时,不慎掉入异物将管子阻塞,使水循环受阻,而引起管壁局部过热,造成鼓包或爆管;(c)给水温度过低,并在进入排管前未与炉水充分混合,因此使排管温度不均而变形,在胀口处发生较大应力,造成胀口漏水;(d)锅筒或水冷壁联箱的支架安装不正确,阻碍了管子的自由膨胀,使胀口漏泄和产生环形裂纹;(e)焊接质量不合格,材质不合标准或管子在制造方面有缺点。

当锅炉排管或水冷壁管损坏时,应采取以下措施处理:(a)立即停止锅炉运行。熄灭燃烧室火焰,维持烟道通风,排除炉内烟气和蒸汽；（b）如有数台锅炉并联供汽时，应将故障炉与蒸汽母管用阀门切断；（c）在停炉后尽量维持炉内水位，并向上级报告。

6）省煤器管损坏

造成省煤器管损坏时的原因是：（a）给水质量不合格，使管壁腐蚀；（b）给水温度和流量变化太大，使管壁产生热应力；（c）烟气温度低于露点，使管壁外部腐蚀，或因飞灰磨损而使管壁减薄；（d）材质不好或检修不良。

当发现省煤器管损坏泄漏时，应采取以下处理措施：（a）省煤器能隔开的应立即隔开，打开旁路烟道挡板，关闭省煤器的烟气进出口挡板，并开启旁通管给水管阀门直接向锅炉进水；（b）隔开省煤器后，在同一负荷情况下，过热蒸汽温度可能发生变化，应设法控制其温度不超过允许的范围；（c）在隔开故障省煤器后，应将其中存水放掉；（d）如省煤器不能隔开时应立即停炉。

7）烟道尾部燃烧或烟气爆炸

烟道尾部燃烧或烟气爆炸的原因主要是燃烧不正常，这类事故多发生于燃油锅炉及煤粉锅炉，其原因是燃油雾化不良，配风不当，煤粉和风量不匹配，炉膛温度不够，以致油或煤粉在炉膛内未能完全燃烧，进入尾部烟道后造成沉积，到一定程度就会发生烟道尾部燃烧或烟气爆炸。因此，必须高度重视严加防范，避免发生这类事故。

8）炉膛灭火

燃油、燃气和煤粉炉可能会因为意外的原因造成灭火。当发现锅炉灭火时，应立即切断燃料供应，同时继续进行引风和鼓风，排除炉内可燃气体和煤粉尘，然后查找原因予以消除，重新进行点火。锅炉灭火发现不及时，或虽发现而没有立即切断燃料供应，反而用增加燃料供应抢救灭火，极可能导致炉膛爆炸事故的发生。

（2）锅炉泄漏及其处理

1）锅炉泄漏的主要部位是铆缝、胀口，焊口处的渗漏。

①对于铆缝渗漏可针对具体情况采用以下处理方法：（a）如果铆杆牢固，钉头正常，仅钉头边缘渗漏，可以沿钉头边缘捻紧；（b）如果钉头松弛，钉杆或钉头严重腐蚀，则更换铆钉；（c）如果铆缝渗漏，而铆钉和钢板正常，可以沿局部铆缝重捻一下；如铆缝渗漏，铆钉松弛，则应更换铆钉并捻紧。

实际上，铆接作为一种连接方式，在锅炉制造中已经很少使用了。

②管子焊口渗漏，应将原焊缝铲掉重焊，不允许在原有的焊缝金属上再堆焊上去；

③管子胀口渗漏，可进行补胀。

2）水击造成的泄漏

由于操作不当等原因，锅炉的下列部位会发生水击而造成泄漏：蒸汽管路内；锅炉房给水管道内；省煤器内；锅炉内。

蒸汽管道内发生水击是最多见的，原因一般是由于送汽之前，没有很好地暖管或疏水排水准备不足。送汽时阀门开得太快，先进入冷态管道内的蒸汽很快凝结成水，而凝结水又未能很好排除，在后面继续而来的蒸汽推动下形成水塞，从而发生水击。发生水击的其他原因还有锅炉漏水、汽水共腾或蒸汽带水严重，管道的坡度、坡向不正确，局部管段"塌腰"凝结水不能顺利排除等。

为了消除蒸汽管道中的水击危害，送汽时应缓慢开启送汽阀，并进行暖管和疏水工作（暖管时打开疏水阀前面的冲洗管，使大量污浊的凝水不经过疏水阀即可迅速排除），在平时应加强管道系统的维护管理，当发生水击时，应停止送汽，打开管道上的疏水阀进行疏水，同时检查管道上的支吊架是否完好，管道坡道和坡向是否有利于疏水。

（二）水泵安装

虽然管道系统常常涉及到水泵，但水泵及其安装属于安装钳工的工作范围。这里我们重点介绍离心水泵及其管道安装。

1. 离心水泵的型号及性能参数

水泵的型号很多，一般单级单吸离心泵应用最多，原 B 型、BA 型已被淘汰，被 IS 型代替。IS 型单级单吸离心泵的型号示意如下：

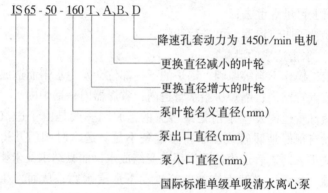

当流量大时，也采用单级双吸离心泵（如 150sh-50A，sh 表示单级双吸），锅炉给水要求高扬程、小流量，一般采用多级泵，此外，管道泵应用也比较广泛。

泵的扬程常用符号 H 表示，单位通常用 m 表示。泵的扬程实质上是指泵输送单位重量液体时，由泵进口至出口的能量增加值。水泵的扬程包括地形扬程、阻力扬程和设备扬程。

泵的流量是指单位时间内排送液体的体积数量。常用符号 Q 表示，单位为 m^3/h 或 L/s。

泵的转速常用符号 n 表示，单位为 r/min，又称转数，是指水泵叶轮每分钟的转动次数。

泵的功率分为有效功率、轴功率和配套功率三种。一般所说的水泵功率是指轴功率。功率的单位为 kW 或 W。有效功率是指单位时间内，流过泵的液体从水泵那里所获得的能量。轴功率是指电机传到泵轴上的功率，任何水泵都不可能将传入的功率完全变为有效功率，所以轴功率总是大于有效功率。而有效功率与轴功率之比，即为水泵的效率。配套功率是指水泵应选配电机的功率值，配套功率比轴功率要大。

允许吸上真空高度是指水泵在1个标准大气压、温度为20℃状态下运行时，所允许的最大吸上真空高度，用单位 m 表示。

2. 水泵机组的安装

水泵机组是指水泵与电机或其他动力机的组合体。水泵机组的安装顺序是：先安装水泵，后安装动力机和传动装置。安装前应对水泵及附件进行清点检查，对于出厂时间不长，保管得当，没有锈蚀的水泵，可直接进行安装。在现场进行组装的大型水泵或旧泵在安装前均应经拆卸检查，清洗后再安装。

离心水泵机组分带底座和不带底座两种形式。一般小型泵在出厂时均与电机装配在同一铸铁底座上，较大型泵与电机没有共同底座，水泵和电机分别安装在基础上。

3. 离心水泵的配管及附件安装

水泵配管分吸水管道和压水管道两部分。

吸水管如果不严密致使管道漏气，水泵流量就会减少，甚至吸不上水。吸水管的安装要尽可能减少管件和管道长度，即尽可能减少阻力，泵的水平吸入口连接异径管时，要采用偏心异径管，顶部平齐，整个吸入管从泵吸入口起至吸水端应保持下降坡度，吸水喇叭口要安置在水源的最低水位以下，大流量水泵的吸水管口要浸入水下至少 0.5～1m。吸水管道的连接件必须严密，不得漏气。

对于位置高于自由水面的双吸式水泵，在吸入管段上，接近泵吸入口的弯头必须直立，而不能安装成水平或倾斜的形式，否则吸入水就不可能均匀地流到叶轮两侧，不但容易造成流量锐减，两侧进水的不平衡也会影响水泵的使用寿命。

采用引水启动的水泵，吸水管末端应安装底阀。底阀管上应装设过滤器，防止水草等杂物吸入泵内。底阀应保持浸入水中，与水底距离不能小于底阀外径。

对于管道系统中的水泵，吸水管中如果有压力，配管基本上就没有以上所述要求，但严密性要求还是必要的。

水泵的压水管道经常处在较高的压力下工作，要求具有较高的强度，一般采用钢管，除了在适当部位采用法兰连接外，均采用焊接连接。为了减少压水管路上的水头损失，泵站内管道要尽可能短，弯头、附件等应尽量减少。

在压水管上一般应设置止回阀。当压水管上装有异径管时，止回阀应靠近异径管安装，然后再装闸阀或蝶阀。水泵出口的压水管道上，过去一般都装设闸阀，闸阀安装在止回阀的后面（比止回阀远离泵出口），现在多采用蝶阀，因为蝶阀比闸阀更易于调节泵的流量和扬程。

泵房内压水管道，不许架设在水泵、电机及电气设备上方，以免管道漏水或结露时，影响电气设备的安全。架空管道的支架不得妨碍机组检修。管道与泵进出口不得强力对口连接。

离心水泵试运行前要先用手盘动联轴器，看转动是否灵活，有无卡阻、摩擦现象。检查电机的旋转方向是否正确。启动前泵体内和吸水管中要充满水。启动时要先关闭压水管上的阀门，待合上电源开关，水泵开始运转正常后，再逐渐开启压水管上的阀门。

（三）常用热工仪表及其管道安装

1. 常用热工仪表安装

（1）压力仪表

最常用的是弹簧压力表。弹簧压力表的种类很多，测量管道和容器内部表压力的仪表叫压力表，测量负压力的仪表叫真空表，既可以测量正压、又可以测量负压的仪表叫压力真空表。

常用的有普通压力表（按介质分有氧气压力表、乙炔压力表、氨气压力表等）和电触点压力表。

安装和使用各种弹簧压力表时，应注意以下几点：

按实际需要选择压力表的测压范围。测量值应不超过压力表刻度的 2/3；

压力表工作的环境温度一般为 10~60℃，相对湿度为 30%~80%，并且不应有过多的粉尘或腐蚀性气体，否则应采取保护措施；

压力表一般应当测取静压力，故取压开口应设在直线管段上，而不应设在弯头、三通、孔板、阀门等附近有涡流的地方，以免受到动压或负压的影响；

压力表表壳直径的选择依安装高度而定。安装高度在 2m 以内时，采用 60~100mm，安装高度在 2m 以上时，采用 150mm；

测量蒸汽压力时，压力表应通过表弯与被测管道或容器相连，以便使表弯内积存的凝结水阻止高温蒸汽直接冲击压力表。

测量较低的压力可以使用 U 形管压力计。U 形管压力计由一个 U 形玻璃管和一个有刻度的标牌组成（见图 12-2），根据测压的需要，可以将水或水银灌注到 U 形玻璃管中，测出的压力即为毫米水柱（mmH$_2$O）或毫米水汞柱（mmHg）。

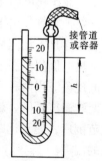

接管道或容器

图 12-2 U 形管压力计

（2）温度仪表

测量温度常用的仪表有玻璃温度计、压力式温度计和热电阻、热电偶。

1）压力式温度计安装

压力式温度计由温包、毛细管和弹簧管、扇形齿轮、指针、刻度盘等组成，在温包、毛细管和弹簧管中充满了工作介质，温包受热或受冷时工作介质体积膨胀或收缩，通过毛细管压迫弹簧自由端移动，使杠杆和扇形齿轮带动指针，在刻度盘上指示出相应的温度数值。温包作为测量元件，所充工作介质可以是液体或气体，也可以是某种液体的蒸气。因此，压力式温度计按工作介质的不同分成充液式、充气体式和充蒸气式三种。

安装压力式温度计时一般应用套管保护温包，套管的材质应与工艺设备和管道的材质相同。充蒸发液体的压力式温度计其温包应立装，毛细管的敷设应避免通过过热、过冷和温度经常变化的地点，应尽量减少弯曲，其弯曲半径不得小于50mm。测温包的中心应伸入至管道中心处，并应将温包全部浸入被测介质中。

2）热电阻和热电偶安装

热电阻测温是基于物质在温度变化时本身电阻也随着变化的特性来工作的。它的特点是：测温精度高，可以进行远距离测量，易于实现多点测量，适于测量500℃以下的温度，其测温范围是-200~500℃。

工业用热电阻有铂热电阻和铜热电阻两大类，一般由感温元件，保护套管，引出线和接线盒等主要部分组成。各种热电阻的外形往往是不相同的。

热电偶测量温度的原理是基于一种金属和另一种金属之间的热电现象。当两种不同导体（电极）的两端连成一闭合回路时，若两端温度不同，就会在回路中产生热电势。它具有精度高、测量范围广，便于远距离和多点测量等优点，常用于测量500℃以上的温度。

热电阻和热电偶的安装分别采用带螺纹插座、法兰、活动紧固装置三种形式。热电偶的热端和热电阻的感温元件的中心点，应插至管道中心处，在垂直弯管处，应迎着流动方向插入。在上升流动的垂直管道上应向上倾斜成45°角，当温度计插入深度超过1m时，应尽可能垂直安装。水平装设时，其接线盒的进线口一般应朝下。热电阻（偶）不得安装在有振动的管道或设备上。安装在公称通径小于80mm的管道时，应用扩大管。

（3）流量仪表

1）转子流量计

转子流量计是最常用的流量计之一。它由一个从下向上逐渐扩大的锥形管和置于锥形管中可以上下自由移动的转子组成，如图12-3所示。被测流体从锥形管下端流入，介质的流动冲击着转子，对它产生的作用力随流量而变化。当流量足够大时，作用力能将转子托起并升高。转子在锥形管中的高度位置与所通过的流量有着对应的关系，因此转子在锥形管中的高度表示相应的流量值。

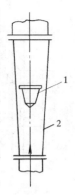

图 12-3 转子
流量计
1—转子；
2—锥形管

玻璃锥形管转子流量计适宜测量压力低于0.5MPa、温度低于 100℃ 的液体或气体的流量。金属锥形管的转子流量计可以测压力为 1.2MPa以下的液体或气体流量。

转子流量计的材质必须符合被测介质的要求。转子流量计的连接方式可以用法兰、螺纹或软管连在管道上。转子流量计必须垂直安装。被测介质流过流量计锥形管的方向应自下而上。转子流量计前后的管道，应有 500mm 长的直管段，在流量计两端应装有阀门，并应有带阀门的旁通管。

2）差压式流量计

差压式（也称节流式）流量计是根据流体流动的节流原理，利用液体流经节流装置时产生的压力差实现流量测量的。将被测流体的流量变化转换成压（力）差信号。差压流量计的测量元件是节流装置，节流装置应用最广的是孔板和喷嘴（见图12-4）。差压式流量计由节流装置、差压引导管和差压计三部分组成，适于测量液体、气体和蒸汽的流量，它是工业上应用最广的流量测量仪表之一。

差压式流量计应安装在便于观察、维护和操作的地方，并避免振动、灰尘及潮湿。就地安装时应按其本体上的水平仪找正。当测量液体流量或引压导管中是液体介质时，应使两根导压管道内的液体温度相同，接至差压计的管子接头必须对准，不应使仪表承受机械应力。

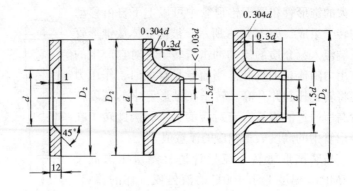

图 12-4 孔板和喷嘴

2. 仪表管道安装

（1）仪表管道的分类、管材及连接方式

按照用途的不同，仪表管道可分为测量管道、取样管道、信号管道、气源管道、冷却管道和排放管道等。

仪表管道的管材及连接方式主要有以下几种：

①紫铜管。紫铜管主要是用作传递气动信号、介质信号以及气源管道，其中 $\phi6$、$\phi8$、$\phi10$、$\phi14$（mm）规格的紫铜管常用作传递信号，管道的连接形式主要是承插连接（承口是管端退火后扩胀而成），然后在承插口上进行铜焊或银焊。除承插连接方式外，也有用金属接头连接的。$\phi25 \sim \phi100$mm 规格的紫铜管常用作气源管道，管道对口连接采用铜焊；

②塑料管。塑料管通常用尼龙、聚氯乙烯或聚乙烯管道。$\phi6$、$\phi8$mm 的尼龙管可用尼龙或金属接头连接；采用承插连接的塑料管可在粘接连接后用同材质的焊条在承插口上增加一道焊接；

③碳钢管。通常用规格为 $\phi12$、$\phi14$mm 的无缝钢管作为测量管道的导压管和伴热管，用气焊连接。而 $\phi8$、$\phi10$mm 的不锈钢或碳钢管，应先用套管连接后再用氩弧焊或气焊焊接套管两端，以防焊瘤进入管腔而减小管内通径。镀锌钢管常用作压缩空

330

气气源管道，常用规格为 $DN15\sim DN100$，采用螺纹连接，填料用聚四氟乙烯生料带，禁用白厚漆和麻丝；

④铝管。铝及铝合金管仅用于因介质具有腐蚀性而不能采用铜管的地方，例如输送或测量氨液介质的管道。铝及铝合金管道的连接，管径在 $\phi15mm$ 以下采用承插连接，$\phi15mm$ 以上采用氩弧焊对口焊接；

⑤管缆。管缆是用聚氯乙烯软膜将几根尼龙管或紫铜管芯包缠而成，一根小管子为一芯，分 4 芯、7 芯和 12 芯等几种。管缆中的导管用同材质的接头连接。

(2) 仪表管道安装

数根仪表管共架敷设，一般用角钢、扁钢制成桥式或吊桥形式，根据需要可多层敷设。管槽支架应尽量安装在垂直平面上，成排敷设的管道间距应均匀一致，支架的安装应符合管道坡度要求。管道支架的间距应尽量相等或均匀。

仪表管道安装前应吹洗干净，一般可用蒸汽吹洗或用干净布浸以煤油用镀锌低碳钢丝来回拉洗，除净管内油垢，如属氧气等禁油管道，必须进行脱脂清洗。清洗后的管道两端应临时封闭，并防止再次污染。

如设计对仪表管道的敷设位置无明确规定时，应按下列原则确定：

①仪表管道的敷设应尽量短，以减少测量仪表的时间滞后，提高灵敏度。测量管道的长度应符合下列规定：微压管道不超过 30m；压力管道不超过 50m；差压管道不超过 15m；烟气分析取样管道不超过 10m，黏性介质的测量管道不超过 30m；液压信号管道不超过 40m；气动信号管道不超过 100m；

②仪表管道的水平段应有一定的坡度，测量管道一般应大于 $1:100$；差压管道应大于 $1:20$，回油管道应大于 $1:10$。若管道较长，不能保持一定坡度时，可分段改变坡向，如管内传送的介质为液体时，管道最高点应设排气装置，如管道内传送介质为气体时，管道最低点应设排液装置。高压及放空管敷设时可不设坡

度;

③管道避免敷设在易受机械损伤、潮湿、腐蚀或有振动的场所;

④差压测量管道不应靠近热表面,使其正、负压管的环境温度一致,以免产生测量误差。

各种仪表管的敷设应力求牢固整齐美观,并尽量减少弯曲和交叉,弯管处不得使用活接头。

仪表管穿墙或楼板时,应加保护套管。管道由防爆或有毒厂房进入非防爆或非有毒厂房时,在穿墙或楼板处应密封。管子的接口不得放在套管内。

紫铜管敷设前应退火,管道间应留有与管径相同的间隙,交叉处应有非金属垫隔离;铜管穿过箱壁时应用填料加以密封。

管缆敷设时应避免阳光直射,其周围环境温度不得大于60℃;敷设时应防止机械损伤与交叉摩擦。

仪表管道敷设完毕后,应进行冲洗、试压和严密性试验。

十三、管道的试验、吹洗和防腐、绝热

（一）管道的检验与试验

1. 管道焊缝的内部质量检验

工业金属管道焊缝的内部质量，应按设计文件的规定，及时进行射线照相检验或超声波检验。

管道焊缝的射线照相检验数量应符合下列规定：

下列管道焊缝应进行 100% 射线照相检验，其质量不得低于Ⅱ级：

（1）输送剧毒流体的管道；

（2）输送设计压力大于等于 10MPa，或设计压力大于等于 4MPa 且设计温度大于等于 400℃ 的可燃流体、有毒流体的管道；

（3）输送设计压力大于等于 10MPa 且设计温度大于等于 400℃ 的非可燃流体、无毒流体的管道；

（4）设计温度小于 -29℃ 的低温管道。

（5）设计文件要求进行 100% 射线照相检验的其他管道。

输送设计压力小于等于 1MPa 且设计温度小于 400℃ 的非可燃流体管道、无毒流体管道的焊缝，可不进行射线照相检验。

其他管道应进行抽样射线照相检验，抽检比例不得低于 5%，其质量不得低于Ⅲ级。抽检比例和质量等级应符合设计文件的要求。

经建设单位同意，管道焊缝的检验可采用超声波检验代替射线照相检验，其检验数量应与射线照相检验相同。

2. 管道的水压试验

水压试验分为强度试验和严密性试验。强度试验是检查管道的机械强度，严密性试验是检查管道连接的严密性。

水压试验前应当做好准备工作和检查工作。准备工作包括试压方案、检漏方法的确定及相应的试压机具、材料等的准备。检查工作包括施工技术资料是否齐全，管道的走向、坡度、各类支架、补偿器、法兰螺栓、焊缝的热处理、应设的盲板、压力计等项工作是否达到要求。

管道试压前，管道接口处不应进行防腐及保温，埋地敷设的管道，一般不应覆土，以便试压时检查。

试压前应将不应参与试验的设备、仪表、阀件等临时拆除。管道系统中所有开口应封闭，系统内阀门应开启。水压试验时，系统最高点装放气阀，最低点设排水阀。充水应从系统底部进行。试压时，应用精度等级为 1.5 级的压力表 2 只，表的满刻度为最大被测压力的 1.5～2 倍。试验时应缓慢升压至试验压力，然后检查管道各部位的情况，如发现泄漏，应泄压后进行修理，不得带压修理。泄漏或其他缺陷消除后重新试验。

管道系统的压力试验一般以水为试验介质。试压用水应当清洁，对奥氏体不锈钢管道和容器进行试验时，水中氯离子含量不得超过 25×10^{-6}（25ppm）。当管道的设计压力小于或等于 0.6MPa 时，也可采用气体为试验介质，但应采取有效的安全措施。脆性材料严禁使用气体进行压力试验。

根据 GB50235 的有关规定，工业金属管道的水压试验如设计无规定时，可按表 13-1 规定进行。

当管道与设备作为一个系统进行试验，管道的试验压力大于设备的试验压力，且设备的试验压力不低于管道设计压力的 1.15 倍时，经建设单位同意，可按设备的试验压力进行试验。

当碳钢管道的设计温度高于试验温度时，试验压力应按下式计算：

工业金属管道的水压试验压力 (MPa)　　　　　　表 13-1

管道类别		设计压力 P	试验压力
承受外压力的管道		内压 P_N，外压 P_w	$2(P_N-P_w)$，且不小于 0.2
地上钢管及有色金属管道		—	1.5P
埋地管道	钢管	—	1.5P，且不小于 0.4
	铸铁管	≤5	2P
		>5	P+0.5

注：本表与过去规范不同的是：不再区分强度试验和严密性试验；钢管及有色金属管道的试验压力一般为设计压力的 1.5 倍。而在旧规范中，中低压地上管道的强度试验压力为设计压力 1.25 倍，高压管的强度试验压力为设计压力的 1.5 倍。

$$P_s = 1.5P \times \frac{[\sigma]_1}{[\sigma]_2} \qquad (13\text{-}1)$$

式中　P_s——试验压力，MPa；

　　　P——设计压力，MPa；

　　　$[\sigma]_1$——试验温度下，管材的许用应力，MPa；

　　　$[\sigma]_2$——设计温度下，管材的许用应力，MPa。

当 $[\sigma]_1/[\sigma]_2$ 大于 6.5 时，取 6.5。

水压试验应在气温 5℃ 以上进行，气温低于 0℃ 时要采取防冻措施，试压后及时把水放净。

各种民用管道的压力试验规定如下：

(1) 室外给水管道

室外给水管道水压试验压力 (MPa)　　　　　表 13-2

管材	工作压力 P	试验压力 P_S
碳素钢管	P	P+0.5，但不小于 0.9
铸铁管	P≤0.5	2P
	P>0.5	P+0.5
预应力、自应力 钢筋混凝土管	P≤0.6	1.5P
	P>0.6	P+0.3

注：本表适用于市政给水管道。

（2）室内给水排水管道

室内给水管道水压试验的要求见表 13-3。

隐蔽、埋地的室内排水管道隐蔽前必须进行灌水试验，其灌水高度应不低于底层地面的高度并符合设计要求，满水 15min，水面下降后再满水 5min，水面不降为合格。楼层排水管道应做通水试验。全部排水管道应做通球试验。

一般建筑物雨水管道的灌水高度必须达到每根立管最上部的雨水漏斗。

室内给水管道水压试验压力　　　　　　　　表 13-3

管道分类	工作压力（MPa）	试验压力 P_S（MPa）	合格标准
室内给水系统及其与消防、生产合用的系统	P	$P_S = 1.5P$，但不得小于 0.6	10min 内压力降不大于 0.05MPa，然后降压至工作压力 P 作外观检查，以不漏为合格

（3）室外供热管网

室外供热管网的水压试验　　　　　　　　表 13-4

管道分类	工作压力（MPa）	试验压力 P_S（MPa）	合格标准
室外供热管网	P	$P_S = 1.5P$，但不小于 0.6	在试验压力下观测 10min，如压力降不大于 0.05 MPa；然后降至工作压力进行检查，以不漏为合格

（4）室内采暖及热水供应管道，室内采暖及热水供应系统的水压试验要求见表 13-5。

（5）室外燃气管道

室外燃气管道压力试验的要求见表 13-6。

根据《城镇燃气输配工程施工及验收规范》（CJJ 33—89）的规定，室外燃气管道的严密性试验时间为 24h，如压力降不超过以下计算结果，则认为合格。

室内采暖系统及热水供应系统水压试验压力　　　表 13-5

管道分类	工作压力 P（MPa）	试验压力 P_S（MPa）	合格标准
低压蒸汽采暖系统（$P \not> 0.07$ MPa）	P	以系统顶点工作压力的 2 倍作水压试验，但在系统低点的试验压力不得小于 0.25	在 5min 内压力降不大于 0.02 MPa 为合格；如采暖系统低点的试验压力大于散热器所能承受的最大压力，应分层作水压试验
热水采暖系统、热水供应系统及工作压力超过 0.07MPa 的蒸汽采暖系统	P	以系统顶点工作压力加 0.1 作水压试验，但系统顶点的试验压力不得小于 0.3	

室外燃气管道的压力试验　　　表 13-6

管道分类	工作压力 P（kPa）	强度试验压力 P_S (kPa)	严密性试验压力 P_S (kPa)
室外燃气管道	P	$P_S = 1.5P$，但钢管 $P_S \not< 300$，铸铁管 $P_S \not< 50$。稳压 1h 后进行检查	当 $P \leqslant 5$ 时，$P_S = 20$；当 $P > 5$ 时，$P_S = 1.15P$，但 $P_S \not< 100$

1）当设计压力为 $P \leqslant 5kPa$ 时：

对于同一直径的管道

$$\Delta P = 40 \frac{T}{d} \qquad (13-2)$$

对于不同直径的管道

$$\Delta P = \frac{40T\ (d_1 L_1 + d_2 L_2 + \cdots d_n L_n)}{d_1^2 L_1 + d_2^2 L_2 + \cdots d_n^2 L_n} \qquad (13-3)$$

2）当设计压力为 $P > 5kPa$ 时：

对于同一直径的管道

$$\Delta P = 6.47 \frac{T}{d} \qquad (13-4)$$

对于不同直径的管道

$$\Delta P = 6.47 \frac{T\ (d_1 L_1 + d_2 L_2 + \cdots d_n L_n)}{d_1^2 L_1 + d_2^2 L_2 + \cdots d_n^2 L_n} \qquad (13\text{-}5)$$

式中　　　ΔP——允许压力降，Pa。

　　　　　T——试验时间，h；

　　　　　d——管道内径，m；

d_1、$d_2 \cdots d_n$——各管段内径，m；

L_1、$L_2 \cdots L_n$——各管段长度，m。

试验实测的压力降，应根据在试压期间管内温度和大气压的变化，按下式予以修正：

$$\Delta P' = (H_1 + B_1) - (H_2 + B_2) \frac{273 + t_1}{273 + t_2} \qquad (13\text{-}6)$$

式中　$\Delta P'$——修正压力降，Pa；

H_1、H_2——试验开始和结束时的压力计读数，Pa；

B_1、B_2——试验开始和结束时的气压计读数，Pa；

t_1、t_2——试验开始和结束时的管内温度，℃。

计算结果 $\Delta P' \leqslant \Delta P$ 为合格。

（6）室内燃气管道

室内燃气管道的压力试验要求见表 13-7。

室内燃气管道的压力试验　　　　　　　　表 13-7

管道分类	严密性试验	合格标准
工作压力 $P \not> 5\text{kPa}$ 的低压燃气管道	介质为空气，试验压力 $P_S = 5\text{kPa}$	压力测量采用最小刻度为 1mm 的充水 U 形压力计，稳压 10min，压力降不超过 40Pa（4mmH$_2$O）为合格

3. 管道的气压试验

在工业金属管道中，钢管和有色金属管道的试验压力应为设计压力的 1.15 倍。当管道的设计压力大于 0.6 MPa 时，必须有设计文件规定或经建设单位同意，方可用气体进行压力试验。试验前必须用空气进行预试验，压力宜为 0.2MPa。试验时应逐步缓慢加压，当压力升至试验压力的 50％时，如未发现泄漏，可按试验压力的 10％逐级升压，每级稳压 3min，直至试验压力，稳压 10min 再降至设计压力，以发泡剂检查不泄漏为合格，停压时间应根据检查工作需要而定。

过去的施工验收规范规定，对介质为剧毒、易燃、易爆的管道系统，应在系统吹洗后进行泄漏量试验，试验压力应为设计压力，并保持 24h。但现行《工业金属管道施工及验收规范》（GB50235—97）的规定，输送剧毒流体、有毒流体和可燃流体的管道，必须按以下规定进行泄漏性试验：泄漏性试验应在压力试验合格后进行，试验介质宜为空气。泄漏性试验压力应为设计压力。试验可结合试车工作一并进行，应重点检查阀门填料函、法兰或螺纹连接处，以发泡剂检验不泄漏为合格。经气压试验合格后未拆卸过的管道，可不进行泄漏性试验。

真空管道的试验压力应为 0.2MPa，在压力试验合格后，还应按设计文件的规定进行 24h 的真空度试验，增压率不应大于 5％。

（二）管 道 的 吹 洗

为保证管道内的清洁，在经过压力试验后投入运行前，还要进行管道系统吹扫和清洗，以清除管道内的铁屑、铁锈、焊渣、尘土及其他污物。

吹洗工作应按施工技术方案进行。吹洗顺序一般按主管、支管、疏排水管依次进行。应尽可能避免产生吹不到的死角。吹洗所常用的介质是水、压缩空气和蒸汽，一般可用装置中的气体压缩机、水泵和蒸汽锅炉等为吹洗动力设备。

吹洗前应考虑对管道系统内的仪表应加以保护，并将孔板、喷嘴，滤网等拆卸，待吹洗后复位。对不允许吹洗的设备与管道应用盲板隔离。吹洗排放管道应选择在安全地区。管道吹洗应有足够的流量，吹扫压力不得超过设计压力，流速不应低于工作流速。

管道在投入使用前，必须进行清洗，工作介质为液体的管道，一般应进行水冲洗，以清除管道内杂物。热水采暖和热水供应虽然不属于饮用水管道，投入运行前仍要进行冲洗，目的是清除从运输、保管到施工时残留在管内的污物。

冲洗用水可根据管道工作介质及材质选用饮用水、工业用水、澄清水或蒸汽冷凝水等。冲洗应以系统内可能达到的最大流量或不小于 1.5m/s 的流速进行，直到出口处的水色与入口处一致为合格。管道冲洗后应将水排尽，必要时可用压缩空气或氮气吹干。

工作介质为气体的管道，一般应用空气进行吹扫。氧气管道用不带油的压缩空气或氮气进行吹扫，仪表管道应用无油干燥空气进行吹扫，应保证流速不小于 20m/s。在排气口用白布或涂有白漆的靶板检查，如 5min 内上面无铁锈、尘土、水分和其他污物为合格。

（三）管道的涂漆、防腐与绝热

1. 管道的刷油

（1）管道的表面清理

钢管的刷油应在管道试压合格后进行。实际工作中一般是在管道安装前刷第一遍油漆，但要留出焊接部位，待安装及试压完毕后再完成全部油漆工作。

刷油前，要将管道表面的尘土、油垢、浮锈和氧化皮除掉。焊缝应清除焊渣、毛刺。金属表面粘有较多的油污时，可用汽油或浓度为 5% 的烧碱溶液清刷，等干燥后再除锈。如不清除杂物，将影响油漆与金属表面结合。

管道除锈有人工除锈、机械除锈和酸洗除锈。人工除锈使用钢丝刷或砂布进行。机械除锈使用电动除锈机、各种电动除锈工具或喷砂法进行。钢管酸洗除锈一般用硫酸或盐酸进行。硫酸浓度一般为 10%～15%，在室温下浸泡时间 15～60min，如将酸液加热到 60～80℃，除锈明显加快。配制硫酸溶液时，应把硫酸徐徐倒入水中，严禁把水倒入硫酸中。盐酸浓度一般为 10%～15%，酸洗在室温下浸泡时间约 120min。酸洗后要用清水洗涤，并用 50%浓度的碳酸钠溶液中和，最后用热水冲洗 2～3 次，并干燥。

（2）管道的涂漆

油漆原指用于防锈防腐蚀的各种油性漆料，由于化学工业的飞速发展，各种有机合成树脂原料被广泛采用，使油漆材料发生了根本变化，如果再沿用油漆一词，已不大恰当，应统称为涂料。当然，涂料只是泛指，对于具体的涂料品种仍称为某某漆。

按涂料的作用划分，可分为底漆和面漆。常用的底漆有红丹油性防锈漆、红丹酚醛防锈漆、铁红醇酸底漆等，常用的面漆有酚醛漆、醇酸漆、沥青漆、过氯乙烯漆、醇酸耐热漆、环氧树脂漆等。

管道涂漆可采用手工涂刷或喷漆法。手工涂刷时，应往复、纵横交错涂刷，保证涂层均匀；喷漆是利用压缩空气为动力进行喷涂。

涂漆施工的程序是：第一层底漆或防锈漆（一道或两道，一般两道），第二层面漆（调和漆或磁漆等，一般两道）。如果设计有要求，第三层多为罩光清漆。现场涂漆一般任其自然干燥，多层涂漆的间隔时间，应保证漆膜干燥，涂层未经干燥，不得进行下一工序施工。

涂层质量应符合下列要求：漆膜附着牢固，涂层均匀，无剥落、皱纹、流挂、气泡、针孔等缺陷；涂层完整，无损坏，无漏涂。

为了操作、管理和检修的方便，应在不同介质的管道表面或保温层表面，涂不同颜色的油漆和色环，以区别各管道输送的介质种类。如过热蒸汽的底色为红色，色环为黄色；软化给水管底色为绿色，色环为白色；废气管底色为红色，色环为绿色。色环的间距为 1.5~2.5m，色环宽度为 50mm。

2. 管道的防腐

埋地的钢管和铸铁管一般均需进行防腐。铸铁管具有较好的耐腐蚀性，因此，埋地时只需涂 1~2 道沥青漆。铸铁管出厂时防腐层良好，在现场无需再涂沥青漆。

钢管的防腐层做法由设计根据土壤的腐蚀性要求决定，一般分为三种，即普通防腐层、加强防腐层和特加强防腐层，见表 13-8。对于含盐量、含水量都小的土壤，可采用普通防腐层。实际工程中大部分埋地钢管采用加强防腐层。

防腐层种类 表 13-8

防腐层层次	防腐层类型		
	普通防腐层	加强防腐层	特加强防腐层
1 2 3 4 5 6 7	冷底子油 沥青涂层 外包保护层	冷底子油 沥青涂层 加强包扎层 沥青涂层 外包保护层	冷底子油 沥青涂层 加强包扎层 沥青涂层 加强包扎层 沥青涂层 外包保护层
防腐层厚度不小于 （mm）	3	6	9

从表 13-8 可以知道，常用的防腐材料有冷底子油、沥青涂层、加强包扎层和保护层材料。

冷底子油（底漆）的作用是增强沥青层与钢管表面的粘结力。它是由建筑石油沥青和无铅汽油按 1:(2~2.5) 的重量比或 1:(2.5~3) 的体积比调配而成。

沥青涂层即沥青玛琋脂，是防腐层的主要材料，由加热熔化的石油沥青与无机填料（高岭土、石棉粉、滑石粉、橡胶粉等）调配而成，以提高沥青的软化点，并使其浇涂到管子上能保持一定的厚度。沥青玛琋脂是一个很老的名称。

加强包扎层的作用是提高沥青绝缘层的强度和稳定性，一般采用玻璃纤维布。有的书籍在防腐结构表中称为防水卷材，但在叙述到具体材料时，仍是指玻璃纤维布。

保护层的作用是提高防腐层的强度和热稳定性，一般选用聚氯乙烯薄膜或牛皮纸。

防腐层一般在防腐预制加工场地进行，但在管子两端要做好阶梯式接茬，并留除 200mm 的光管，在管道连接并试压合格后补做防腐层。

对防腐层的厚度应进行检查，每 100m 抽查不小于 4m，其厚度偏差不应超过设计规定厚度的 1/10（可针刺法检查）。防腐层粘着的好坏，至少每 500m 检查一处。其方法是在防腐层上切一夹角为 45°～60°的切口，并从角尖撕开，此时防腐层不成层剥落为合格。防腐层的绝缘性能检查，应用电火花检验器检测。检测时电压，普通防腐层为 12kV，加强防腐层为 24kV，特加强防腐层为 36kV，均不应有击穿现象。

3．管道的绝热

管道的绝热按其用途可分为保温、保冷和加热保护三种。管道的绝热层结构由绝热层、防潮层、保护层三部分组成。常用的保温材料有；膨胀珍珠岩、玻璃棉、矿渣棉、岩棉、膨胀蛭石、泡沫塑料、聚苯乙烯泡沫塑料、泡沫混凝土、石棉硅藻土等。

根据保温材料的不同，管道保温常用的施工方法有预制管壳法、涂抹法、缠绕法和填充法四种，其中以预制管壳法应用最多，如带铝箔的岩棉保温管壳和玻璃棉保温管壳在管道绝热工程中得到了广泛的应用。

管道绝热施工应在试压合格，除去管子表面污物和铁锈，涂刷两遍防锈底漆后进行，一般按绝热层、防潮层、保护层的顺序进行。如需在试压前施工，则应留出管道连接处的焊缝、阀门等部位暂缓施工，待试压合格后，再补做。

绝热层施工时，预制管壳的接缝应严密，缝隙应填充密实。每对预制管壳最少要用镀锌低碳钢丝或箍带绑扎两处。非水平管道的绝热施工应自下而上进行。硬质绝热层应按设计规定的位置、大小和数量设置绝热膨胀缝，并填塞软质绝热材料。垂直管道作保温层时，层高小于或等于 5m，每层应设 1 个支撑托板，层高大于 5m，每层应不少于 2 个。支撑托板应焊在垂直管道的管壁上，位置应在立管卡的上部 200mm 处。

冷介质管道或架空、地沟内的热介质管道的绝热应有防潮层。防潮层的作用是防止水和空气中水蒸气的侵入，从而导致绝热层内积水。管道输送介质不同，所处环境不同，防潮层的做法是不一样的，在工程设计中会有具体规定。

保护层种类有石棉水泥保护层，玻璃布缠绕式保护层和镀锌薄钢板或铝皮保护层。无防潮层的绝热结构，保护层在绝热层外。石棉水泥保护层应有镀锌低碳钢丝网，保护层抹面应分两次进行，要求平整、圆滑、端部棱角整齐、无显著裂缝，玻璃布保护层也应有镀锌低碳钢丝网，外涂沥青橡胶粉玛琋脂，外面再缠绕玻璃布。

十四、管道工相关知识

按照《职业技能岗位鉴定规范》的要求，室内给水排水设计、室内采暖设计属于专业知识，动力设备和液压传动属于相关知识，上述几个题目中，任何一个都有很丰富的内容，即使是概括的介绍上述几个题目，也需要大量的篇幅。因此，我们只能就《职业技能岗位鉴定规范》涉及到的内容，点到为止。

（一）室内给水排水设计知识

本部分室内给水排水设计方面的内容一般不涉及高层建筑和自动喷水灭火系统。

由于进行给水排水管道的水力计算要利用多种资料和数据，而且进行水力计算是设计范围的工作，因此，这里只是介绍设计的一般知识，而不介绍具体的计算方法，也没有水力计算方面的例题。

1. 室内给水管道

根据用途的不同，室内给水分为生活给水系统、生产给水系统和消防给水系统，按实际需要，上述三个系统可以合并或单设。

（1）室内给水管道的布置

室内给水系统由引入管、水表节点、室内管道系统、给水附件、升压和贮水设备、室内消防设备组成。引入管是指建筑物与室外管网的连接管。

室内给水系统应尽量利用室外管网水压直接给水，当外管网水压不能满足要求时，则建筑物的下层仍尽量利用外部管网水压直接供水，而上层则设置加压供水。生活给水系统中，卫生器具处最大静压力不宜过大，否则，会给使用造成不便，卫生器具零部件易损坏，易形成水锤。所以生活给水系统中使用器具处静水压力不得大于 0.6MPa，当大于此值时宜分区给水。在《建筑给水排水设计规范》（1997 年版）中，没有提及上述器具处静水压力不得大于 0.6MPa 的传统规定，而是规定为：生活、生产、消防给水系统中的管道、配件和附件所承受的水压，均不得大于产品标准规定的允许工作压力。高层建筑生活给水系统的竖向分区，分区最低卫生器具配水点处的静水压，住宅、旅馆、医院宜为 300~350kPa；办公楼宜为 350~450 kPa。

室内给水系统常见的给水方式有：①直接给水方式；②设水箱给水方式；③设水池、水箱和水泵的给水方式；④设水池、水泵的给水方式；⑤分压分区的给水方式。最简单的是直接给水方式，其优点是供水可靠，系统简单，投资省，安装维修方便，可充分利用外网水压，缺点是内部无贮备水量，外网停水时内部立即断水。因此，直接给水方式适用于外网水压、水量能经常满足用水要求，室内用水无特殊要求的单层、多层建筑。

给水引入管的布置。引入管是室外给水管网至室内干管的一段水平管段。建筑物的引入管一般只设一根。给水引入管与排水排出管的水平净距不得小于 1.0 m，交叉铺设时垂直净距不得小于 0.15m，且给水管应在排水管上面，如给水管必须铺设在排水管下面时应加套管，其长度不应小于排水管径的 3 倍，给水引入管与电线管平行铺设时，两管间的水平距离不得小于 0.75m，煤气管道引入管与给水管道、供热管道的水平距离不应小于 lm，与排水管道的水平距离不应小于 1.5m。

对不允许间断供水或消火栓总数在 10 个以上的大型或高层建筑，应设置二根或二根以上的引入管，如由室外环状管网同侧引入，两根引入管的间距不得小于 l0 m，并在接点间的室外管道上设置阀门，以便当一面管网损坏或检修时，关闭阀门后另一面仍可供水。

引入管应有不小于 0.003 的坡度，坡向室外给水管网或水表井、闸门井。每根引入管上应装设阀门，必要时还应装设泄水装置。引入管穿越承重墙或基础时，一定要预留洞口，管顶上部净空一般不小于 0.1m。对单独计算水量的建筑物，应在引入管上装设水表，水表前应设阀门，水表后可设阀门和止回阀。设有消火栓的建筑物和对因断水影响正常生产的工业企业建筑物，只有一条引入管时，应绕水表设旁通管。

室内给水管网根据水平干管位置的不同，可布置为下行上给式、上行下给式和环状式三种方式。

给水干管、立管和横管应尽量布置在靠近用水量最大或不允许间断供水的用水点，以保证安全供水和流量的合理分配，同时又能减少大口径管道的长度。对于楼层较高，用水点集中的建筑宜多用横向支管，少用立管，对楼层较低，用水点分散的建筑，可少用支管，多用立管。

工厂车间内的给水管道埋地敷设时，应符合规定深度，以免结冻和被重物压坏。给水管道一般不得穿越生产设备基础和铁道，若必须穿越时，须征得有关方面同意，并设钢套管。当管顶埋深大于 1.0 m 时，可不设套管。

给水管道不得敷设在排水沟、烟道、风道内，不得穿过大、小便槽。给水管道与排水管道平行或交叉敷设时，管外壁最小允许间距分别为 0.5m 和 0.15m，且给水管在污水管上面。给水管道不宜穿过伸缩缝、沉降缝、抗震缝，必须穿过时，应采取有效措施，如软性接头法、螺纹弯头法、活动支架法等。给水横管还宜有 0.002~0.005 的坡度并坡向泄水装置，以利维修。给水管如与热介质管道同沟敷设，给水管应在下面。

(2) 室内给水管道的计算

首先要计算建筑物的用水量。用水量有生产用水量、消防用水量、生活用水量，是根据工艺要求和用水量标准计算出来的。

设计室内给水管网，要通过水力计算求出管径及水头损失，其主要依据就是管网中各管段所通过的设计秒流量值。生产用水量根据生产工艺过程的要求确定，消防用水量根据消防要求按用水量标准确定。生活用水的设计秒流量则必须考虑室内生活用水的实际情况，用水量不均匀性等因素。

尤其是住宅，用水不均匀性更为突出，为简化计算，以污水盆用的一般 $DN15$ 水龙头在流出水头为 $19.6kPa$（$2mH_2O$）时，全开时的流量 $0.2L/s$ 为一个给水当量（N），其他卫生器具的配水龙头的流量以此为准，换算成相应的当量数。如小便器手动冲洗阀的额定流量为 $0.05L/s$，则它的当量为：$0.05 \div 0.2 = 0.25$。必须注意，流出水头是保证额定流量条件下，出流控制阀前所需的静压水头值，而不是出水口处的水头值。

根据各管段所承担的卫生器具的数量，可以计算出相应的给水当量数，进而可以利用公式计算出管段的设计秒流量。

得出各管段的设计秒流量以后，即可利用水力计算表进行室内给水管道的水力计算，确定各管段的管径、水头损失，决定室内给水管道进口所需的水压。在进行水力计算的过程中，要合理地选定流速，一般不宜大于 $2.0m/s$，其中干管流速一般采用 $1.2 \sim 2.0m/s$，支管流速一般采用 $0.8 \sim 1.2m/s$，当噪声有严格要求时，应适当降低流速。消防给水管道消火栓系统流速不宜大于 $2.5m/s$。室内给水管道沿程水头损失，可以在选定流速后利用水力计算表进行计算，而管道局部水头损失的计算通常采取简化方法进行估算，以下管道局部水头损失占沿程水头损失的百分比为：

生活给水管网为 $25\% \sim 30\%$；

生产给水管网；生活、消防共用给水管网；生活、生产、消防共用给水管网均为 20%。

生产、消防共用给水管网为 15%

消火栓消防给水管网为 10%；

在计算室内给水管网所需水压时，一般要选择管网中若干个较不利的配水点进行水力计算，经比较后确定最不利配水点所需水压，这样便能保证所有配水点的水压要求。

室内给水管网所需水压根据下式确定：

$$H_m = H_1 + H_2 + H_3 + H_4 \qquad (14-1)$$

式中　H_m——建筑物给水引入管前所需水压，kPa；

H_1——最不利配水点至引入管的静压差（高差为 10m，静压差为 98.1 kPa），kPa；

H_2——管网沿程和局部水头损失之和，kPa；

H_3——水表的水头损失，kPa；

H_4——最不利配水点所需流出水头 kPa，按设计规范选用，一般为 15～40kPa。

此外，还应考虑一定的富裕水头，如 19.6～30kPa（2～3mH$_2$O）。

居住建筑生活给水所需水压的最小值可根据建筑层数估算：一般一层建筑最小水压值为 98.1kPa（10mH$_2$O），二层建筑最小水压值为 118kPa（12mH$_2$O），三层建筑最小水压值为 157kPa（16mH$_2$O），超过三层的建筑每超过一层，比三层的最小水压值增加 39.2kPa（4mH$_2$O）。

经过水力计算，如果室外管网的资用水头大于室内给水系统需要的水压是最理想的；如果室内给水系统需要的水压大于室外管网的资用水头，则必须设置升压设备。

2. 室内消火栓给水系统

低层建筑室内消火栓给水系统是指 9 层及 9 层以下的住宅、24m 以下的其他民用建筑以及高度不超过 24m 的单层厂房、库房和单层公共建筑的室内消火栓给水系统。

室内消防给水系统有消火栓系统、自动喷水灭火系统及水幕消防系统等，我们这里仅介绍室内消火栓给水系统。

（1）低层建筑室内消火栓给水系统的给水方式

低层建筑室内消火栓给水系统的功能主要是扑灭建筑物的初期火灾。室内消火栓给水系统的给水方式可分为三类：

1）无加压泵和水箱的消火栓给水系统。这种给水系统用在建筑物高度不大，室外给水的压力和流量完全能满足室内最不利点消火栓的水压和流量的情况下。消防时旋翼式水表水头损失宜小于 5m，螺翼式水表宜小于 3m。

2）设有水箱的室内消火栓给水系统。这种给水系统常用在水压变化的地区，当生活、生产用水量最大时，室外管网不能保证室内最不利点消火栓的压力和流量，而生活，生产用水量较小时，室内管网的压力又较大，因此，常设水箱进行用水量的调节，同时储存 10min 的消防用水量。水箱应有保证消防用水不作他用的技术措施。水箱的安装高度应满足室内最不利点消火栓水压和水量的要求。

3）设置消防泵和水箱的室内消火栓给水系统。这种系统用于室外管网压力经常不能满足室内消火栓给水系统的水压要求的情况下。消防用水与其他用水合并的室内给水系统，其消防泵应保证供应生活、生产、消防用水的最大秒流量，并应满足室内管网最不利点消火栓的水压。消防水箱应储存 10min 的消防用水量，其设置高度应保证室内最不利点消火栓的水压，并有消防用水不被他用的技术措施，在消火栓处设置远距离启动消防泵的按钮。

室内消防给水一般设一条进水管，但当室内消火栓超过 10个，且室外为环状管网时，室内消防给水管道至少应有两条进水管与室外管网连接。并将室内管道连成环状或将进水管与室外管道连接成环状。

（2）消火栓口径的选择

当消防水枪射水流量小于 3L/s 时，应采用 50mm 口径的消火栓和水龙带，13 或 16mm 口径的水枪；大于 3L/s 时，宜采用65mm 口径的消火栓和水龙带，19mm 口径的水枪。同一建筑物内应采用同一规格的消火栓、水龙带和水枪。

（3）消火栓及消火栓管道系统的布置

室内消火栓的布置要保证有两支水枪的充实水柱到达室内任何部位，不允许有任何死角。一般消火栓的服务半径约与消防水带长度相等。每根水龙带长度不应超过25m，相邻两消火栓间距不应大于50m。

设有消防给水的建筑，其各层（无可燃物的设备层除外）均应设置消火栓。室内消火栓应布置在楼梯间、门厅、走廊及车间出入口等明显地点，在消防电梯前室也应设消火栓。室内消火栓口离地面高度为1.1m。

消火栓口处所需水压包括水龙带的水头损失和水枪所需水压。水龙带的水头损失可根据其长度、材质的阻力系数和流量计算得出。水枪所需水压可根据充实水柱高度、水枪喷嘴直径、压力和流量用计算表查出来。低层建筑室内消火栓水枪充实水柱的高度不应小于7m。

3. 室内排水管道

（1）室内排水管道的布置

1）排出管。排出管应以尽可能短的距离排入室外检查井，以减少堵塞并便于疏通。但排出管自建筑外墙面至排水检查井中心的距离不宜小于3.0m。排水管立管至室外检查井的最大长度如超过表14-1的规定时，应在其间设清扫口或检查口。排出管与室外排水管道连接时，排出管的管顶标高不得低于室外排水管管顶标高，为保证水流畅通其连接处的水流转角不得小于90°（即顺流向），如有落差并大于0.3m时，水流转角不受限制。

排出管的最大长度 表14-1

排出管管径（mm）	50	75	100	＞100
排出管最大长度（m）	10	12	15	20

排出管与排水立管的连接，宜用二只45°弯头或弯曲半径大于4倍管径的90°弯头连接。穿越承重墙或基础时应预留孔洞，管顶上部净空一般不小于0.15m。排出管的坡度应满足流速和充满度的要求，一般情况下采用标准坡度，其最大坡度不得大于0.15。

2）排水立管。在多层建筑物中，为防止底层卫生器具或受水口污水外溢现象，底层生活污水管道应采取单独排出方式。

排水立管应布置在靠近最脏、杂质最多的排水点处。民用建筑厕所间排水立管应靠近大便器。排水立管上应设检查口。立管应避免偏置，如必须偏置时宜用乙字管或两只45°弯头连接。

高耸构筑物和建筑高度超过100 m的建筑物内，排水立管应采用柔性接口。

排水立管高度在50 m以上，或在抗震烈度设防8度地区的高层建筑，应在立管上每隔两层设置柔性接口；在抗震烈度设防9度地区，立管和横管均应设置柔性接口。

3）排水横管。排水横管在底层可埋地敷设，应避免布置在可能被重物压坏或设备振裂处，且不得穿越设备基础，在特殊情况下应与有关部门协商处理。一般不允许沿建筑物基础的底部布置排水管。在地下室时，应尽量布置在地下室顶棚下。楼层中通常悬吊在楼板下面。

布置排水横管应满足以下要求：架空管道的布置，应考虑建筑美观的要求，尽量避免通过大厅；排水横管不应布置在有特殊卫生要求的厂房、食品库、通风小室及变电室内，并尽量避免布置在食堂、饮食业的主副食操作烹调间的上方；不得穿越建筑的沉降缝、伸缩缝、风道和烟道，必须穿过伸缩缝时，应采取相应的技术措施；排水管道的横管与横管、横管与立管的连接，宜采用45°三通、45°四通、90°斜三通或90°斜四通，也可采用直角顺水三通或直角顺水四通等管件；排水横管不宜过长，一般不超过10m，且应尽量少转弯，有一定坡度，以保证水流畅通。

4）器具排水管。器具排水管是指卫生器具排水口与排水横管之间的短管。除坐式大便器和地漏外，器具排水管均设有存水弯。各种卫生器具都规定了其排水管最小管径，不必计算。各种大便器的排水管均为100mm，其他卫生器具均在50mm以内。

5）通气管。生活污水管道或散发有害气体的生产污水管道，均应将立管伸出屋面作为通气管进行通气。设置通气管的目的是保护存水弯水封，使排水管内排水畅通，减少排水系统噪声。

一般对层数不高，卫生器具不多的建筑均采用上述通气方式，自最高层立管检查口至屋面以上一段管路称为伸顶通气管。其管顶高出屋面不得小于 0.3m，并大于最大积雪厚度。顶端应装设风帽或网罩。在经常有人停留的屋面上，通气管应高出屋面 2.0m 以上，并考虑防雷装置。

在冬季室外采暖计算温度高于 - 15℃ 的地区，通气管顶端可装网形低碳钢丝球，低于 - 15℃ 的地区应装伞形通气帽（在 1997 年版《建筑给水排水设计规范》中已无此项规定）。

6）检查口和清扫口。立管上检查口之间的距离不大于 10m（如采用机械清通时，立管检查口间的距离不宜大于 15m）。民用建筑中，一般每隔两层设一个检查口，但在最低层和设有卫生器具的二层以上坡顶建筑物的最高层，必须设置检查口，平顶建筑可用通气管顶口代替检查口。立管上如有乙字管，在其上部应设检查口。检查口的设置高度，从地面至检查口中心一般为 1.0m，并应高出该层卫生器具上边缘 0.15m。

在连接 2 个及 2 个以上的大便器或 3 个及 3 个以上的卫生器具的污水横管上，宜在污水横管始端设置清扫口，并将清扫口设置在楼板或地坪上与地面平。污水管起点的清扫口与管道相垂直的墙面的距离不得小于 0.15m。污水支管起点设置堵头代替清扫口时，与墙面应有不小于 0.4m 的距离。直径小于 100mm 的排水管道上设置清扫口，其直径与管道相同，等于或大于 100mm 的排水管道上设置清扫口，其直径为 100mm。

（2）室内排水管道的计算

1）排水当量。为了计算方便，将卫生器具排水量折算成当量，以一个污水盆的排水量 0.33L/s 作为一个排水当量，其他卫生器具的排水当量按污水盆排水量折算。例如：低水箱大便器（虹吸式）的排水量为 2.0L/s，则其排水当量为 2.00÷0.33＝6；洗手盆、洗脸盆（无塞）的排水量为 0.10L/s，则其排水当量为 0.10÷0.33＝0.3。卫生器具的排水量和当量在设计规范中有明确的规定。

2）管段的流量。排水管道某一管段的设计秒流量，是根据建筑物的类型和该管段承担的卫生器具的排水当量，用规定的计算公式计算出来的，在设计规范中有具体的规定。排水管道的水力计算应遵守以下规定：

（A）管道充满度。管道充满度为管内水深 h 与管径 D 的比值，即 h/D。排水管道应处于非满管流状态下，各类排水管道的充满度设计规范中有规定。

（B）排水流速。为使悬浮在污水中的杂质不致沉淀在管底，并使水流能及时冲刷管壁上的污物，必须有一个最小保证流速，这个流速亦称为自清流速。

根据旧设计规范的规定，排水铸铁管的最小流速（或称自清流速）在设计充满度下，当管径小于 150mm 时为 0.60m/s，管径 150mm 时为 0.65m/s，管径 200mm 时为 0.70m/s。雨水及合流制排水管最小流速为 0.70m/s。各种明渠（沟）的最小流速为 0.40m/s。各种管材的排水管道均有最大允许流速的限制，例如，排放生活污水的金属管道的最大允许流速为 7m/s。但在《建筑给水排水设计规范》（1997 年版）中，没有提及以上流速数据。

（C）管道坡度。一般情况下排水管道的坡度应采用通用坡度。生活污水管道的通用坡度见表 14-2。

生活污水管道的坡度 表 14-2

项次	管径（mm）	通用坡度	最小坡度
1	50	0.035	0.025
2	75	0.025	0.015
3	100	0.020	0.012
4	125	0.015	0.010
5	150	0.010	0.007
6	200	0.008	0.005

3）按经验确定的最小排水管径

排水管道的水力计算较为繁琐，当室内卫生器具数量不多时，可采用根据经验确定最小排水管径的方法：

(A) 除了单个的饮水器、洗脸盆、浴盆等卫生器具排出管允许采用小于 50mm 的钢管外，其余室内污水管道管径均不得小于 50mm；

(B) 连接大便器的排水管段，其管径不得小于 100mm；

(C) 小便槽或连接两个及两个以上小便器的排水支管，其管径不得小于 75mm；

(D) 公共食堂厨房的污水含有油脂等杂物，其排水干管不得小于 100mm，支管不得小于 75mm；

(E) 医院住院部病房卫生间内，洗涤盆或污水盆的排水管不得小于 75mm；

(F) 公共浴室的排水管，考虑到有被油污，毛发堵塞的可能，其管径不得小于 100mm。

4）排水立管管径的确定。排水立管中水流速度和通过的流量比相同管径的排水横管大得多，因此排水立管管径不做水力计算。立管管径不得小于接入的任何一个横管管径，可采用所接入的最大横管管径。当建筑物层数不多时，立管上、下管段常用相同的管径。

5）通气管管径的确定。污水立管上部的伸顶通气管管径，一般与污水管径相同，但在最冷月平均气温低于 -13℃ 地区，从室内顶层平顶或吊顶以下 0.3m 处管径应放大一号。如几根污水立管通气部分汇合为一根总管时，总管断面积应取各汇合管中最大管断面积加上其余各管断面积之和的 0.25 倍。

（二）采暖工程的设计和运行知识

1. 建筑物采暖热负荷的计算

在冬季，人们为了正常生活和生产的需要，要求室内保持一定的温度，而室外温度大大低于室内温度，由于这一温度差的存在，建筑物便会通过其围护结构（即墙壁，屋顶、地面和门、窗等建筑物与室外隔离的结构）向室外散失热量，为了保持室内的温度，就必须通过采暖系统向室内补充热量，当补充的热量与建筑物散失的热量（即耗热量）达到平衡时，室内的温度便能稳定在要求的范围内。采暖系统向室内补充的热量，便称为建筑物采暖热负荷。

建筑物耗热量主要由围护结构耗热量和加热由门、窗缝隙渗入室内的冷空气的耗热量两部分组成。而围护结构的耗热量又分为基本耗热量和附加耗热量。

（1）建筑物围护结构的基本耗热量

建筑物围护结构的基本耗热量是指通过各部分围护结构由室内向室外传递的热量。要计算基本耗热量涉及的因素和技术参数很多（如墙壁，屋顶、地面和门、窗各种围护结构的面积及传热系数、温差修正系数、室内及室外采暖计算温度等），必须用大量的篇幅介绍，但这并不是管道工人的学习任务。现仅就《职业技能岗位鉴定规范》涉及的内容，做简要的介绍。

室内计算温度一般是指距地面 2m 以内人们活动地区的平均温度，室内计算温度的高低应满足人的生活要求和生产的工艺要求。采暖室内计算温度，应根据建筑物的用途有具体规定，民用建筑的主要房间宜采用 16～20℃。采暖室外计算温度按不同地区有具体规定。

（2）附加耗热量

建筑物围护结构的耗热量还与它的朝向、高度和当地冬季的主导风向、风速等因素有关。这些因素在计算它的基本耗热量时并没有考虑进去，所以对围护结构的基本耗热量要根据建筑物的具体条件进行修正，即计算出它的附加耗热量。在具体修正内容上包括朝向修正、风力附加、外门附加和高度附加。

规范规定，各附加耗热量，按基本耗热量的百分率进行附加。

下面只介绍一下朝向修正。朝向修正耗热量是考虑建筑受太阳照射影响而对外围护结构传热损失的修正。由于太阳照射强度随地区和建筑物的朝向而不同，所以采用不同的修正率。规范规定的朝向修正率可选用下列数值：

北、东北、西北	0%～10%
东、西	−5%
东南、西南	−10%～−15%
南	−15%～−30%

选用上面的朝向修正率时，还应考虑冬季日照率和建筑物被遮挡的情况进行调整。

（3）渗入冷空气耗热量

室外冷空气通过建筑物的门、窗缝隙渗入室内，把这部分冷空气加热到室内温度所消耗的热量，称为渗入冷空气耗热量。渗入冷空气耗热量与建筑物的门、窗结构和朝向、热压、室外风速、风向有关，计算方法有缝隙法、换气次数法和百分比法，设计规范中推荐采用缝隙法。每一种计算方法都涉及多种数据和技术参数，这里不再介绍。

2. 散热器的布置与计算

（1）散热器的布置

散热器一般布置在房间内靠外墙的窗台下，这样散热器加热的上升气流就能阻止透过玻璃窗缝隙下降的冷气流和玻璃冷辐射作用的影响。必要时也可靠内墙布置，以便于使室内空气形成环流，增强对流放热效果。散热器一般为明装，这种形式传热效果好，易于清扫和检修。有时也采用半暗装。只有在美观上要求较高或由于热媒温度高，须防备烫伤时，才采用暗装的形式。楼梯间的散热器应尽量布置在底层。当散热器数量过多时，可适当合理地布置在下部其他层。因为底层散热器所加热的空气能够在楼梯间内自由上升，补偿上部的热损失。

（2）关于散热器的计算

在确定了建筑物的采暖热负荷、采暖系统形式和散热器的类型后，即可根据公式进行散热器的计算。根据散热器所需的散热量、散热器内热媒（热水或蒸汽）的平均温度和规定的散热器传热系数 K 值、若干修正系数，即可按规定的公式计算出房间所需的散热器的总面积，将散热器的总面积除以每片散热器的面积，即为散热器的总片数，最后将总片数分为若干组并确定每组的片数。

考虑到组装方便，柱形铸铁散热器的组装片数不宜超过 20 片。

3. 采暖系统的运行和故障排除

常见的采暖管道系统有热水采暖系统、蒸汽采暖系统和过热水采暖系统。

热水采暖系统的设计供水温度为 95℃，设计回水温度为 70℃；蒸汽采暖系统当蒸汽压力高于 0.07MPa 时称高压蒸汽采暖系统，蒸汽压力低于 0.07MPa 时称低压蒸汽采暖系统；过热水采暖系统一般用于工厂车间的采暖或用于室外管网作为一次热媒。过热水的供水温度均在 100℃ 以上，一般为 115～130℃ 左右，回水温度约为 90℃ 左右。

在"九、（三）采暖管道安装"中，已经介绍过一些常见的采暖系统，这里不再重复。

（1）采暖系统的试运行

热水采暖系统在水压试验合格后方能进行试运行。试运行前应对整个系统进行冲洗，清除系统内的杂物，以免阻塞。冲洗合格后进行充水。充水的顺序是锅炉→室外管网→用户管道系统。热水锅炉的充水应从下锅筒或下联箱进行。室外热网充水一般从回水管开始，充水前关闭通向用户的供、回水阀门。室内管网充水时，应先关闭用户入口处供、回水管之间的循环阀，从回水管往系统内充水。充水时，打开用户系统回水管上的阀门，再把回水管上的阀门和系统顶部集气罐上的放气阀全部开启，当集气罐上放气阀冒出水时即可关闭。

循环水泵启动前，应先开放管网末端的 1～2 个热用户系统，或者开启管网末端连接热水管和回水管的循环阀。锅炉点火后，循环水泵随之启动，随着循环水温度的逐渐上升，先远后近地开启热用户的供、回水阀门，并检查用户入口处供水管和回水管的压力。压力大阀门开启程度小些，压力小则阀门开得大些，直至全开。

蒸汽采暖系统的通汽试运行，应先检查系统的外部安装情况，再进行水压试验，之后即可进行室外管网的蒸汽吹扫。管网吹扫通汽时，应先将疏水阀前的冲洗管或旁通管打开，以便使暖管操作时产生的大量凝结水得以排除。

蒸汽采暖系统在冷态投入试运行时，也要经历上述暖管和排除启动初期大量凝结水的过程，待通汽正常后再通过疏水阀来疏水。

（2）采暖系统运行中常见故障及其排除

1）热水采暖系统常见故障及其排除

双管上分式热水采暖系统层数较多时，很容易发生垂直失调现象，造成上层散热器过热，下层散热器不热，其原因是由于通过上层散热器的热媒流量过多，而下层散热器的流量过少。可通过关小上层散热器支管上的阀门，使通过各层散热器的热媒流量趋于平衡的办法来解决。

异程式热水采暖系统循环管路较长的环路散热器不热是常见的，造成这种热力失调现象的原因是由于异程式采暖系统各环路压力损失较为悬殊，可通过关小系统近端环路立管或支管上的阀门进行调节，排除故障。此外如系统末端存有空气也会造成末端散热器不热，可排除空气使故障消除。

下分式热水系统的上层散热器不热也是一种常见现象，其原因是上层散热器充水不足，或上层散热器中存有空气。可通过给系统补充水至规定水位或给上层散热器放气来排除故障。

局部散热器不热的原因有：①管道堵塞，使水无法通过。可采用敲击振打或拆开检查清除堵塞物的方法来排除故障；②阀门失灵，应打开阀门检修或更换阀门；③系统内排气装置安装位置不当或集气罐集气太多而造成气塞，使系统内的空气不能顺利排出。对前者应检查排气装置位置是否正确，对于后者则可打开排气阀放掉空气；④如发现系统的供、回水管接反，应及时纠正；⑤干管敷设的坡度不够、倒坡或坡度不均匀，会造成系统局部不热，所以在施工中应严格保证干管、水平支管的坡度要求。

热水采暖系统回水温度过高可能是锅炉供水温度过高，或采暖系统热用户入口处循环管阀门未关闭或关闭不严造成的，也可能是热负荷小、循环水量过大所致。通过降低供水温度，关严循环管阀门和关小系统入口阀门而减少热媒流量的方法可以解决；回水温度过低则可能因外管网漏水或热损过大，也有可能是锅炉供水温度太低或系统循环水量太小。可通过查找外管网漏水及保温情况，以及提高锅炉供水温度和调节供水管阀门增大循环水量来解决。

2）蒸汽采暖系统常见故障及其排除

蒸汽采暖系统不热的主要原因有：①散热器内存有空气，会影响散热器的放热效果，因为蒸汽不能充满整个散热器；②疏水阀失灵，凝结水不能顺利排出；③系统中存有空气及疏水不畅而造成系统凝结水过多，使蒸汽无法顶出凝结水；④蒸汽干管反坡，无法排除干管中的沿途凝结水；⑤蒸汽或凝结水管在返弯或过门高点未安装排气阀，低点未安装排水阀门；⑥系统各环路压力不平衡导致末端散热器不热。消除以上故障，针对具体原因，采取排气疏水措施。

蒸汽采暖系统的跑汽漏水也是一种较常见的现象，其原因既有安装质量、材料质量的问题，同时也与热膨胀问题没有解决好和送汽时阀门开得过急等原因有关，应根据不同原因加以消除。

（三）起重吊装知识

1. 起重索具

（1）白棕绳

白棕绳质地柔韧轻便，便于捆扎，但强度较低，其抗拉强度仅为钢丝绳的1/10左右，在管道吊装中主要用于：（1）捆扎各种构件；（2）吊装较轻的构件；（3）在吊装过程中用以拉紧重物，使之在空中保持稳定；（4）用作起重量较小的拔杆缆风绳索。

机制白棕绳在起重吊装作业中，被广泛采用。白棕绳有三股、四股和九股捻制的，最为常用的以三股最多。

白棕绳的受力可用以下近似算法：

破断力 $\qquad Q \approx 49d^2$ （14-2）

使用拉力 $\qquad P \approx \dfrac{49d^2}{K}$ （14-3）

式中　Q——破断力，N；

　　　P——使用拉力，N；

　　　d——白棕绳直径，mm；

　　　K——白棕绳安全系数一般取 3～10。

（2）钢丝绳

钢丝绳是由高强度的钢丝捻制制成。它具有挠性好、强度高、弹性大，能承受冲击载荷、破断前有预兆等优点，是起重吊装作业中最常用的绳索。

起重吊装作业中一般使用多股的钢丝绳。有 $6 \times 19 + 1$、$6 \times 24 + 1$、$6 \times 37 + 1$ 和 $6 \times 61 + 1$ 等多种。6 代表钢丝绳由 6 股捻成，每股有 19 根或 24、37、61 根钢丝，1 则代表一根纤维绳芯。

捻制普通钢丝绳的强度按国家标准规定，分为五个级别，即 1372MPa、1519MPa、1666MPa、1813MPa 和 1960MPa。

钢丝绳的受力可用以下简易方法计算：

破断拉力 $\qquad Q \approx 5.2 \times 10^2 d^2$ （14-4）

允许使用拉力 $\qquad P \approx \dfrac{5.2 \times 10^2 d^2}{K}$ （14-5）

式中　Q——公称抗拉强度 $1.4 \times 10^2 \text{N/mm}^2$ 时的破断拉力，N；

　　　d——钢丝绳直径 mm；

　　　P——钢丝绳使用拉力，N；

K——钢丝绳的安全系数。按有关规定选取。

【例】 用一根直径为 20mm 的钢丝绳吊运重量为 3600kg 的重物是否安全（设 $K=5$）？

【解】 钢丝绳的允许使用拉力为：

$$P \approx \frac{5.2 \times 10^2 d^2}{K} = \frac{5.2 \times 10^2 \times 20^2}{5} = 41600\text{N} = 41.6\text{kN}$$

而重物的重力为：

$$3600 \times 9.81 = 35316\text{N} \approx 35.3\text{kN}$$

由于 41.6kN＞35.3kN，所以吊运是安全的。

在起重作业和运输设备工作中，可根据实际需要，选用不同的钢丝绳：

(1) 6×19 钢丝绳用于缆风绳及拉索等不受弯曲或磨损的场合；

(2) 6×24 钢丝绳用于吊索或插缆等不受弯曲和受力较大的场合；

(3) 6×37 钢丝绳用于捆扎、穿绕滑车组及绳子承受弯曲的场合。可作为穿绕滑车组的起重绳，也可制作吊索；

(4) 6×61 钢丝绳刚性较小，易于弯曲，用于捆绑各类构件和受力不大的地方。

2. 起重机具

卸扣和吊环

卸扣又称卡环或卸甲，是起重作业中广泛使用的连接件，常用于滑车、滑车组、钢丝绳的固定和钢丝绳与钢丝绳之间的连接等。

卸扣使用应注意以下事项：

1) 卸扣在安装横销时，螺牙旋足后，应向放松方向回旋半个牙，防止螺牙旋紧受力后横销旋不动；

2) 卸扣在使用时，应检查受力点是否在横销上，如发现受力点在卸扣本体上，则应作调整，以防受力后卸扣变形；

3) 卸扣在使用过程中，须注意其方向性，如卸扣的使用方法有误，会影响起重作业的顺利进行；

4）卸扣不得超负荷使用。

吊环是吊装作业中方便、安全、可靠的取物工具，它不仅是起重机上一个部件，而且可与钢丝绳、链条等组成各种吊具。

吊环使用应注意以下事项：

1）吊环使用时必须注意其受力方向，一般垂直受力最佳，纵向受力稍差，严禁横向受力；

2）吊环螺纹必须拧紧，最好用扳手旋紧，以防止吊索受力时打转，使物件脱落，造成事故；

3）吊环在使用中如发现螺牙太长，拧的不足时，须加垫片，然后再拧紧方可使用；

4）如果使用两个吊环螺钉工作时，两个吊环间的夹角不得大于90°。

3．滑车、滑车组

滑车是一种具有旋转滑轮的起重用具，使用滑车和滑车组可以省力或用来改变力的方向，以提升或拖运重物。

按照滑轮数目，可分为单轮滑车、双轮滑车、三轮滑车和多轮滑车。单轮滑车主要用以起重和改变绳索运动的方向（导向滑车），多轮滑车用于穿绕滑车组。

使用滑车组应注意保持清洁、润滑，滑轮直径按规定为钢丝绳直径的16~28倍，即最小不得小于钢丝绳直径的16倍，要注意钢丝绳的牵引方向和导向滑轮的位置是否协调一致，防止绳索脱出轮槽被卡住，以致发生事故。

4．链条葫芦

链条葫芦又叫倒链、环链手拉葫芦，是起重吊装作业中广泛采用的工具。使用倒链的注意事项是：

（1）使用前应检查吊钩、链条及轴是否有变形或损坏，销子是否松动，传动是否灵活，手链是否有滑链或掉链现象，且注意其铭牌起重量是否与使用要求相符；

（2）使用时先将倒链拉紧，试摩擦片、圆盘和棘轮圈的自锁情况（刹车）是否良好；

（3）使用倒链不能超载，且操作用力要适当、均匀；

（4）按倒链起重能力的大小配备拉链人数。一般起重能力5t以内为1人拉链，等于或大于5t为2人拉链；

（5）倒链无论挂在任何方向，链与链轮的方向应保持一致。如吊起中间停顿时间过长时，应将手链在起重链上栓住，以防自锁失灵。

5．千斤顶

千斤顶可用较小力量顶升或降落重物，也可用于钢构件变形的矫正。根据结构和工作原理的不同，千斤顶分为液压千斤顶、齿条千斤顶和螺旋式千斤顶。

使用千斤顶的使用注意事项是：

（1）放置千斤顶的基础须稳固可靠。设置在地面时，应垫道木或木板，以扩大支撑面积。

（2）在顶升过程中应保持千斤顶垂直，如有偏斜，应及时调整方可继续顶升，且在被顶升的重物下垫枕木，以策安全；千斤顶不得超负荷使用，也不准任意加长手柄；

（3）当几台千斤顶联合起升时，每台的起重能力不得小于其计算载荷的1.2倍，以防止因顶升不同步而造成千斤顶超载损坏；

（4）齿条千斤顶下降应缓慢，一齿一齿地往下放，以免内部失控，致使摇把晃动伤人；

（5）千斤顶顶升高度不得超过有效顶程。被顶升重物的受力点应选择在有足够强度的部位，以防重物变形或损坏；

6．起重作业四要素

从事起重作业，必须知道以下四要素：

（1）了解工作环境。工作环境是指作业处的进、出道路是否畅通，地面是否坚固，吊装的管道与设备之间的尺寸关系是否清楚，卷扬机等的生根抗拉是否坚固可靠，地面空间是否有设备和障碍物，吊运管道设备周围是否有人，操作人员站立在上风向、还是下风向，室内吊装环境是否有充分的条件；

（2）了解工作物的形状体积结构。了解工作物的形状、体积、结构的目的是掌握工作物的特点和重心位置，正确地选择起重吊挂点；

（3）了解工作物的重量。了解重量的方法有：1）设备可查阅图纸、铭牌及说明书；2）经验比较估算法；3）计算法。钢管可用下式计算重量：

$$Q = 0.025s(D_W - s) \qquad (14\text{-}6)$$

式中　Q——钢管重量，kg/m；

　　D_W——外径，mm；

　　s——壁厚，mm。

（4）工具设备的配备。工具设备是一个重要的环节，配备工具设备时必须要根据起重物的大小、高低、轻重、形状结构、材料性质及各种复杂系数等情况。

由于起重作业是一项复杂而危险性较大的工作，国家劳动部门列为特种作业，安装起重工必须进行专业培训，持证上岗。管道工只能从事简单的起重作业或配合起重工工作。

在起重作业时，必须正确地选择起吊点。吊运有起吊耳环的物体，吊点应使用原设备的吊耳环。吊管子、圆钢及长形物件时采用两个吊点，吊点位置应选在重心两端的对称点上。吊装方形物件一般采用四个吊点，吊点的位置宜选择在四边对称的位置上。

（四）动力设备知识

1. 压缩空气站

（1）压缩空气站的工艺流程

将空气进行过滤、压缩、贮存并输送的装置，称为压缩空气站。压缩空气站主要由空气过滤器、压缩机、空气冷却设备、贮气罐及废油收集装置等组成。

压缩空气的生产过程，主要包括空气的过滤、压缩、冷却并排除油分和水分，然后即可贮存并输送至用户。

（2）空气压缩机

在工厂中应用得最多的是活塞式空气压缩机。活塞式空气压缩机是靠气缸内活塞往复运动对空气进行压缩的，在气缸上设有吸气阀和排气阀，以保证空气的进入和压缩后空气的排出。气缸只在一端设有吸、排气阀的称为单作用式，如果气缸两端均设有吸、排气阀称为双作用式，双作用式不论活塞向哪一个方向运动，都能在活塞前方进行气体压缩，在活塞的后方进行吸气。

空气自空气过滤器进入空气压缩机的气缸，在气缸中经过压缩后即自排气阀排出。单级压缩机只能生产压力较低的压缩空气（一般为 $0.6 \sim 0.8MPa$），为了得到较高的压力，可以采二级、三级或更多级的压缩机。

（3）气过滤器

空气中含有灰尘及各种杂质，因此在空气进入压缩机前要进行过滤。常用的空气过滤器有金属网空气过滤器、袋式空气过滤器、填充纤维空气过滤器和自动浸油过滤器。

金属网空气过滤器由钢板制成的金属壳体内填装多层金属丝波状网构成，网上涂浸粘油，空气通过金属网时灰尘被粘附下来。这种过滤器过滤效率较低，一般为 $70\% \sim 75\%$。

袋式空气过滤器是用羊毛毡或锦纶布制成袋状，空气自上部进入，从下面出来，灰尘被阻隔在袋子内，这种过滤器效率较高，可达 98%，但阻力较大。

填充纤维空气过滤器是由钢板制成的金属壳体内装玻璃纤维或聚苯乙烯纤维，并在壳体前后框内侧装有平的金属网所构成，过滤效率较高，可达 90%。

自动浸油空气过滤器是由片状链带、油槽，及电动机等组成。这种过滤器效率较高，可达 $96\% \sim 98\%$，缺点是过滤后的空气中含有少量的油分。

（4）后冷却器

空气在压缩过程中要用水冷却设备，以降低压缩空气的温度。冷却水管路由进水管和排水管组成，冷却水管接至压缩机气缸的冷却水套，用以冷却气缸壁，冷却水管接入冷却器，用以冷却压缩空气，使其温度降低。

后冷却器又称终点冷却器，设在多级空气压缩机最末一级的出口处，用以降低进入贮气罐前压缩空气的温度，使压缩空气中的水蒸气和油雾在降温后析出，防止油和水分进入贮气罐和管网。

常用的后冷却器有列管式、散热片式和套管式等。列管式冷却器由圆筒形外壳内装管束组成。冷却水在管束内流动，空气在管束间流动；散热片式冷却器的构造与列管式冷却器不同，它是在圆筒形外壳内单独设置带散热片的冷却水管，空气在管间流动。由于冷却水管上装有散热片，增加了传热面积，从而提高了热交换能力，使冷却器尺寸缩小；套管式冷却器是由内外管组成，空气在内管内流动，冷却水在内外管之间与空气成相反方向流动，空气和水在流动中进行热交换。

(5) 贮气罐

贮气罐一般设在室外，是压缩空气进入管网前的最后一个设备。它的作用是贮存压缩空气，以稳定管网中的压力。贮气罐是用钢板制成的圆筒形容器，有立式和卧式两种。

2. 氧气站

(1) 制氧原理及工艺流程

空分制氧是以空气为原料，在压力下采用深度冷冻的方法，使空气变成液体，然后利用氧和氮的沸点不同（在大气压力下，氧的沸点 $-182.8℃$，氮的沸点 $-195.8℃$），经过多次部分蒸发和冷凝的方法，将氧气和氮气进行分离，得到纯度合格的氧气产品。

空分制氧获得低温的方法一般有两种。一种是在气体流动的管道上装设节流阀，气体经过节流阀后压力降低，体积膨胀，使气体的温度降低；另一种方法是使气体在膨胀机内膨胀，并对外作功，获得冷量，降低温度。利用这两种获得低温的方法，使空气不断地进行冷却循环，得到液体空气。在制氧装置中要对空气进行压缩、冷却、热交换，然后在精馏塔内进行多次的蒸发和冷凝。

低温空分制氧的基本工艺流程分为高压、中压及低压流程三种。高压流程用于小型生产，较少采用；中压流程主要用于中、小型生产，在工厂采用较多；低压流程用于大型制氧装置，多用于钢铁厂、石化厂及商品氧气站，应用较广。

（2）主要设备

1）精馏塔。精馏塔的作用是分离空气，由上塔、下塔和冷凝蒸发器组成。下塔的作用是空气的初步分离，上塔的作用是进一步分离空气；冷凝蒸发器的作用是将下塔顶部所得到的气体冷凝为液体，作为上塔和下塔的回流液体，并将上塔底部得到的液氧蒸发为气氧。

2）切换式板翅式换热器。切换式板翅式换热器是使冷热流体按一定时间周期性进行交替工作的一种热交换器。它的作用是使空气冷却到接近液化的温度，然后送入下塔，同时能清除空气中的水分和二氧化碳。

3）透平膨胀机。透平膨胀机是全低压空分装置中产生冷量的主要设备。膨胀机旋转速度很高，在 20000r/min 以上，为防止微小颗粒损坏机器，必须在膨胀机前设置空气过滤器。

3. 乙炔站

（1）乙炔站的工艺流程

乙炔站是生产乙炔的装置。乙炔站主要由乙炔发生器、贮气罐、安全水封、水分离器、乙炔压缩机、干燥器、净化器，洗涤器等设备组成。由于乙炔属于易燃易爆气体，所以乙炔站的设置要特别处理好安全问题。乙炔站分为气态乙炔站和溶解乙炔站。

气态乙炔站分为低压和中压两种生产流程。低压乙炔生产工艺用低压乙炔发生器生产乙炔，贮存于湿式贮气罐内，经过水分离器除去部分水分后直接送往用气地点；中压乙炔生产工艺用中压乙炔发生器生产乙炔，经中压安全水封、水分离器，用管道输送给用户。

溶解乙炔站首先生产低压气态乙炔，再用压缩机加压至2.5MPa，灌入充满多孔物质和丙酮的钢瓶中，保证了运输与使用的安全。

(2) 乙炔站的主要设备

1) 乙炔发生器。乙炔发生器是乙炔站的主要设备，其种类和型式很多。

按电石与水作用方法可分为：①接触式乙炔发生器。在水和电石断续接触下产生乙炔，用改变水和电石接触时间调节产气量；②水入电石式乙炔发生器。电石被加入的水进行分解，用改变供水量调节产气量；③电石入水式乙炔发生器。将电石投入水中进行分解，用改变电石投入量调节产气量。

按压力可分为：①低压乙炔发生器。压力在 $2.5 \sim 7kPa$ 之间；②中压乙炔发生器。压力在 $7 \sim 150kPa$ 之间。

按装置形式可分为：①移动式乙炔发生器。每台设备生产能力在 $3m^3/h$ 以下，②固定式乙炔发生器。每台设备生产能力在 $3m^3/h$ 以上。

2) 安全水封。为了保证乙炔发生器和管路正常运行，必须在乙炔发生器出口、车间入口和用气点上设置安全水封。安全水封按压力可分为低压、中压两种，按结构形式分为开口型、封闭型，按安装位置分为集中式、岗位式。

3) 乙炔洗涤器。乙炔洗涤器用于洗涤、吸收乙炔中的氨和硫化氢，同时兼有沉淀残渣和冷却乙炔的作用。

4) 贮气罐。乙炔贮气罐用来贮存乙炔发生器生产的乙炔，以调节乙炔生产量和消耗量之间的不平衡，减少供气的压力波动。

贮气罐有两种结构型式，一种是用于低压系统的湿式贮气罐，它除了能平衡压力外，还能保证水环式加压泵吸入压力的稳定；另一种是中压乙炔发生器本身附有的密闭型贮气罐，为保证安全在贮气罐上装有安全阀和防爆膜。

5) 化学净化器。在生产溶解乙炔或对气态乙炔质量要求较高时，必须清除乙炔中的磷化氢和硫化氢等杂质。净化方法有固体净化和液体净化，固体净化法用得较多。

6) 乙炔干燥设备。乙炔发生器生产的乙炔都含有水分（水蒸气），容易在高压系统中生成含水晶体堵塞管道，清除乙炔中的水分采用化学干燥器。化学干燥器利用无水氯化钙吸收乙炔中的水分。

4. 煤气发生站

（1）煤气发生站简介

生产煤气和对煤气进行处理的装置称为煤气发生站。煤在煤气发生炉中气化可获得煤气。根据气化设备和生产方法不同，煤气站可以分为混合煤气发生站、水煤气发生站等。

煤气发生站主要设备有：输送和装煤设备、煤气发生炉，煤气清洗和冷却设备、鼓风和煤气加压设备、蒸汽和水的供应设备等。

在大型现代化企业中，一般单独设置中央煤气发生站，这种煤气发生站基本上是回收焦油或不回收焦油的冷煤气发生站。在使用煤气的车间内设置的煤气发生站，通常属于热煤气发生站。

（2）热煤气发生站

热煤气发生站所用燃料一般是焦炭、无烟煤，这些燃料水分含量少，供应用户的煤气温度较高。煤气主管内一般应砌有耐火砖。煤气管道内的压力是靠鼓风机鼓入发生炉而产生的，发生炉出来的煤气应具有 $250 \sim 500Pa$ 的压力。为了保证煤气气路关闭得更加可靠，通常在除尘器上和热煤气总管上各设一个盘形阀。

（3）冷煤气发生站

冷煤气发生站分不回收焦油和回收焦油两种工艺流程。

不回收焦油冷煤气发生站使用不产生焦油的无烟煤、焦炭作燃料。发生出来的煤气经过冷却和除尘处理后温度为 20℃ 左右，然后用排送机加压，并经除滴器除去水滴后送入管网。

回收焦油的冷煤气发生站使用含焦油的褐煤或烟煤作燃料，其工艺流程见图14-1。煤气从发生炉1出来之后进入竖管冷却器2，被喷淋的冷水冷却至80～90℃，并把部分灰尘除掉，然后经过水封槽3，进入静电除焦器4除去煤气中的焦油。水封槽的作用是当检修静电除焦器时用以切断煤气通路。煤气通过洗涤塔5进一步除去残留的轻质焦油和尘埃。冷却后的煤气用排送机6加压，通过除滴器7清除水滴之后送入煤气管网至用户。

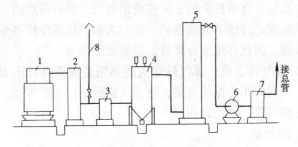

图14-1　回收焦油的冷煤气站工艺流程
1—煤气发生炉；2—竖管冷却器；3—水封槽；4—静电除焦器；
5—洗涤塔；6—排送机；7—除滴器；8—放散管

（4）煤气发生站的设备

1）煤气发生炉。煤气站的主要设备是煤气发生炉，它主要由加料机、炉身、炉箅、出渣设备和水封等组成。

2）煤气的冷却设备。煤气发生站一般采用直接冷却器来冷却煤气。这种冷却器是一个煤气和水逆向流动的圆筒形塔，被冷却的煤气由下部进入向上流动，而冷却水从塔的上部喷入，经下部水封流出。无填料直接冷却器的称为竖管冷却器，有填料的直接冷却器称为洗涤塔。

3）除尘器。在煤气的干法除尘中，常用的除尘器有两种：依靠重力作用使灰尘沉降的重力式除尘器和依靠气流旋转而产生离心力使灰尘沉降的旋风式除尘器。

4）除焦油设备。煤气除焦油设备有离心式焦油分离器和静电除焦油器两种。

离心式焦油分离器是用洗涤液将煤气中焦油颗粒捕捉下来，效率可达75%～90%，由于耗电大，通常不采用，仅焦油黏度很大时才采用。

静电除焦油器被广泛采用，其工作原理是：含有焦油悬浮颗粒的煤气，通过两个电极之间的电场时，由于放射极放出的电子使煤气发生离子化作用，其中带电微粒在电场作用下向带异性电的电极运动，在电极上沉下来并放出电荷，然后将焦油排出。

煤气在经过焦油分离器后仍含有大量因机械作用被带走的焦油和水滴，因此在焦油分离器后应装设除滴器。

5）煤气排送机。煤气排送机的作用是调节吸气压力，使煤气发生炉内的压力保持稳定，将煤气送到用户或贮气罐。煤气排送机有离心式、滑片式和罗茨式。

5．燃油站

这里所称的燃油站是用来卸油、贮油和向燃油锅炉或其他工业炉输送燃料油的装置。燃料油常用的是重油和渣油，由于其黏度大、凝固点高，因此在卸车、贮存和输送过程中，必须有加热和保温措施。

（1）燃油站的工艺流程

燃油站的工艺流程已经在"十、（二）6．输油管道安装"中介绍过，这里不再赘述。当然燃油站的工艺流程不会只有一种模式，在实际工作中要学会举一反三，融会贯通。

（2）燃油站的主要设备

1）卸油设备。卸油设备主要有卸油栈桥、鹤管、汇油总管或油沟、卸油泵、输油管和油罐。

2）油罐。燃油站设置油罐是为贮存一定数量的燃油，以便经油泵加压后送入管网，保证用户的使用。油罐有金属油罐和钢筋混凝土油罐，一般常用金属油罐。

油罐上要设清扫口，以便将油罐底部油渣清除掉。清扫口可以当人孔使用。油罐顶部设通气孔，以使油料进出时罐内与罐外的气压保持平衡。通气管顶部应装铜丝网和防雨帽，以防雨水和污物进入。

油罐的进油管一般从油罐上部引入，并伸向罐底，要防止进油时冲击、搅动，否则会积聚静电，造成隐患。出油管设置在距罐底 300~500mm 高处，防止罐底污物流入管道。

3）油泵。用于从油罐车或卸油罐卸出油品，输入贮油罐的油泵称卸油泵，要求流量大，扬程低，常用离心式油泵。

用于从贮油罐沿输油管线输送油品的油泵称为输油泵。该泵扬程要求不高，可采用离心泵或往复泵。

用于向特定用户供油的泵称为供油泵，该泵要求流量、压力应符合用户要求，油压要稳定，根据需要可采用往复泵、离心泵、齿轮泵和螺杆泵。

4）加热器。燃料油的凝固温度较高，在常温下流动性很差，需要加热增加其流动性，国内普遍采用蒸汽加热方式，在油罐内采用排管式加热器。

在燃油输送到锅炉燃烧器之前，要再次对燃油进行加热、加压，以便达到雾化要求。

（五）液压传动知识

1. 液压传动的基本原理

处于密封容器内的静止液体，其外加压力发生变化时，只要液体仍保持原来静止状态不变，液体内任意一点的压力，将发生同样大小的变化。也就是说，在密闭容器内施加于静止液体上的压力，将等值传递到液体内的各点，这就是静压力传递的基本原理，即帕斯卡定律。

如果在密闭的容器内充满油液，活塞上不加外力（活塞和油液的重量略去不计），这时容器内便没有压力，若活塞上施加外力 P，压力表的指针便会发生偏转，表明油液内有了压力。压力的计算公式为：

$$P = \frac{F}{A} \qquad (14\text{-}7)$$

式中　P——油液的压力，Pa；

　　　F——作用在油液上的负载，N；

　　　A——活塞面积，m^2。

由上式可知：液压系统中，油液压力的大小决定于负载的大小。

2．液压系统的组成和元件

（1）液压系统的组成

液压系统由以下四个基本部分组成：

1）动力部分。动力部分由液压泵及其电机组成，作用是利用电动机的机械能转换为油液的压力；

2）执行部分是液压缸或液压马达，作用是把液压泵输出的压力能转换为驱动工作部件的机械能；

3）控制部分包括各种阀，如压力阀、流量阀、换向阀等，作用是控制液压传动系统的压力、速度和方向；

4）辅助部分是指各种管连接件、油箱、油管、滤油器、蓄能器、压力表等，它们的作用是将前三部分连成一个系统，并有输油、贮油、过滤、贮存压力和测量等辅助作用。

（2）液压元件

1）液压泵和液压马达。液压泵是依靠密闭工作容积的变化实现吸、压油作用，从而将机械能转换为液压能的装置。在液压系统中，液压泵是动力元件，它向系统提供压力油；液压马达是把液压能转换为机械能的装置。在液压系统中，它是作连续旋转运动并输出转矩的液压执行元件。

从原理上讲，液压泵和液压马达是可逆的。当用电动机带动液压泵转动时输出压力能，即为液压泵，而当输入压力油输出机械能时，即为液压马达。

常用的液压泵（液压马达）按其在单位时间内输出（输入）

油液的体积能否调节可分为：定量泵（定量马达）和变量泵（变量马达）。按其结构可分为：齿轮泵、叶片泵和柱塞泵三大类。

2）液压缸和液压控制阀。液压缸也是液压系统中的执行元件。由液压泵输出的压力油经油管流入液压缸后，推动活塞完成直线运动。

双出杆活塞式液压缸的活塞两端各有一根直径相等的活塞杆伸出缸外。当油液从左腔进入液压缸时，活塞带动活塞杆向右运动；当油液从右腔进入液压缸时，活塞带动活塞杆向左运动。当交替进入液压缸两腔的流量一定时，活塞的往复运动速度是相等的。这是双出杆活塞液压缸的特点。

单出杆活塞式液压缸只有一根活塞杆伸出缸外，这样就使活塞两端的受液压作用力面积不相等。如果交替输入左右两腔的油液流量相等时，则活塞往复运动的速度不一样。这是单出杆活塞液压缸的特点。

液压控制阀的作用是控制和调节液压系统中的油压、流量和液流方向，保证液压传动装置中各机构平稳、协调地动作。根据控制阀的用途和工作特点的不同分为三大类：方向控制阀、压力控制阀和流量控制阀。

方向控制阀的作用是控制油液的流动方向，从而改变机构的运动方向和工作顺序。它可分为单向阀和换向阀两类。

压力控制阀是用来控制液压系统压力的阀件。在液压系统中，液压的大小，由外界负载来决定。负载不同，液压系统所需要的液压大小也不同，因此，就要根据负载的大小来调节系统的工作压力。常用的压力控制阀有溢流阀、减压阀、顺序阀、压力继电器等几种。它们的基本工作原理都是依靠油液的压力与阀内弹簧力平衡的原理来实现压力控制的。

流量控制阀简称流量阀。执行元件的运动速度取决于液压缸的流量大小，要想获得不同速度，就应设法控制进入液压缸的流量。流量阀是依靠改变阀内通流截面积大小和流道长度来实现流量变化的，从而实现调节元件运动速度的目的。

3．液压管道

液压管道的压力分为五级，见表 14-3。

液压管道的压力等级（MPa）　　　　　　表 14-3

压力分级	低 压	中 压	中高压	高 压	超高压
压力范围（MPa）	0~2.5	2.5~8	8~16	16~32	>32

液压管道的试验压力应根据设计规定，如设计无规定时，可参照表 14-4。

管道试验压力（MPa）　　　　　　表 14-4

公称压力 P_g	0.2	0.4	0.6	1.0	1.6	2.5	4	6.4	10
试验压力 P_s	0.4	0.6	0.9	1.5	2.4	3.8	6	9.6	15
公称压力 P_g	16	20	25	32	40	50	64	80	100
试验压力 P_s	24	30	35	43	52	62.5	80	100	125

（1）压力管道材料及连接方式

压力管道常用无缝钢管。卡套式管接头用管，采用高精度冷拔钢管，焊接式管接头用管，采用普通精度钢管。连接方式有：

1）螺纹连接。液压系统中常用的连接螺纹有：①55°圆柱管螺纹；②55°圆锥管螺纹；③60°圆锥管螺纹；④普通细牙螺纹。前三种是英制管螺纹，后一种是公制螺纹。

2）法兰连接。液压管道口径在 DN32 以上采用法兰连接。

3）管接头。连接液压管路用的管接头类型有扩口管接头及非扩口管接头。扩口管接头适用于薄壁管件连接，工作压力小于8MPa；非扩口管接头有多种型式，适用于更高的压力。

（2）液压管道安装要点

管材内壁应光滑清洁，无锈蚀等缺陷，若管子有裂痕深度为壁厚 10%以上等严重缺陷则不能使用。

管子弯曲加工时，允许椭圆度为 8%。钢管的弯曲加工，一律采用机械冷弯，其弯曲半径应大于 3 倍管子外径，一般为4~5倍管子外径。

管道支架应按图纸要求设置，应将管子安装在用木块、硬橡胶做衬垫的支架上，使支架不直接接触管子，以减少振动。高压管道支架要用包着钢板的两块柞木夹住管子，再用螺钉固定。中、低压管道用木块托住钢管，用螺钉固定。

在液压系统中，对于用橡胶软管连接的管件和设备，在安装时应注意避免急转弯，其弯曲半径 $R \geqslant (9 \sim 10) D$。

液压回油管道应进行二次安装。第一次试装，试装后拆下管道进行酸洗、水冲洗、干燥、涂油，再进行第二次安装，以保证管腔的净洁。

全部液压管道安装后，必须对油管道、油箱进行清洗，清洗油可用 38℃时黏度为 20 厘泡（100SSV，100°F）的透平油。

（3）液压元件的安装

各种液压元件在安装前应以汽油或煤油清洗，并进行压力和密封性能试验。

各种自动控制仪表（如压力计、压力继电器等），安装前应进行校验。

油泵的入油口、出油口和旋转方向，在泵上均有标示，不得误接。

安装各种阀时，应注意进油口和回油口的方向，某些阀门如将进油口与回油口装反，会造成事故。

为了安装方便，有些阀件往往开有作用相同的两个孔，安装后不用的孔应堵死。

（4）试压和酸洗

液压系统的试验压力按设计要求或规范要求进行，在首次试装后拆下，将管道任意连接，用试压泵进行强度试验，合格后进行酸洗，二次安装后再进行油清洗．然后用工作泵进行系统的强度和严密性试验，并同时进行系统调试。

酸洗应在管道安装前进行。酸洗前应先进行脱脂。整个酸洗过程有以下几道工序：

1）脱脂。酸洗前应先进行脱脂，具体操作方法见"十、

（二）2. 氧气管道安装"部分。

2）酸洗。酸洗溶液可用盐酸溶液，也可用硫酸溶液，均能除掉管道表面的氧化物，现场施工应尽量使用盐酸溶液。关于酸洗可参见"十三、（三）管道的涂漆、防腐与绝热"部分的有关内容。

为了使管道不致过度腐蚀，酸洗液中应加入一定量的缓蚀剂；如乌洛托品、洛丁等。盐酸溶液最好加乌洛托品作缓蚀剂，合理的质量浓度是 1%～3%。

3）中和。对酸洗后的管道，要用弱碱溶液对管壁上的残余酸液进行中和处理，弱碱溶液可采用稀释的氨水，常温下，中和液 pH 值在 9～11 为宜。

4）钝化。中和处理后的管道表面但仍处于活化状态，为防止再次锈蚀，应将中和后的管道浸泡在钝化液中（槽式清洗时），或将钝化液打入管道内（循环清洁时），让管道表面形成一层致密的氧化铁钝化膜，从而获得化学稳定性，这就是钝化。黑色金属常用的钝化剂有亚硝酸钠、重铬酸钾、碳酸铵等，一般选用亚硝酸钠。经钝化处理的管道两个月内不会生锈。

5）干燥、涂油。经过钝化的管道用水冲洗后，还必须尽快用干燥空气（循环清洗的管道要用过热蒸汽）进行干燥。当管道干燥后，在未冷却之前，应立即用过滤干净的压缩空气将防锈油均匀地喷入管道内。循环清洗的管道是用油泵将工作油打入管道内进行循环涂油。

在脱脂、酸洗、中和、钝化每道工序之后，都要用自来水或其他 pH 值为 6.8～7.2 净化水对管道进行冲洗，去掉上道工序中的杂质和残留溶液，以保证下道工序的操作质量。

十五、施工管理知识简介

（一）施工验收规范与质量标准

1. 施工验收规范

管道工程施工及验收规范是指导性技术法规，工程施工时，必须按照规范的规定施工。由于管道工程种类很多，施工验收规范的要求和内容各有差异，在施工中应选用相应的规范执行。

管道工程中主要的施工验收规范有：《建筑给水排水及采暖工程施工质量验收规范》（GB50242—2002），此项规范正在修订中，新规范将包括质量评定标准；《自动喷水灭火系统施工及验收规范》（GB50261—96）；《工业金属管道工程施工及验收规范》（GB50235—97）；《现场设备、工业金属管道焊接工程施工及验收规范》（GB50236—98）；《通风与空调工程质量验收规范》（GB50243—2002）；《给水排水工程施工及验收规范》（GB50268—97）；《工业锅炉安装工程施工及验收规范》（GB50273—98）；《城镇燃气输配工程施工及验收规范》（CJJ33—89）；《建筑排水硬聚氯乙烯管道工程技术规程》（CJJ29—98）。

施工及验收规范的组成：由总则、通用规定和各分项工程系统组成。其内容一般包括：总则、材料检验、材料加工、焊接、安装、试压、吹扫与清洗、涂漆等。今后新编的施工及验收规范将包括质量评定标准方面的内容。

管道工程在竣工后，按施工验收规范进行验收时，施工单位应向建设单位提供以下竣工资料：

（1）管路系统强度试验、严密性试验和其他试验报告以及吹扫清洗记录；

（2）管道焊缝探伤拍片报告及探伤焊缝位置单线图；

（3）安全阀、减压阀的调整试验报告；

（4）隐蔽工程及系统封闭验收报告；

（5）部分单体项目的中间交工记录；

（6）管道补偿器的预拉伸（压缩）记录；

（7）管道焊缝的热处理及着色检验记录；

（8）竣工图。

2．质量评定标准

（1）建筑采暖卫生与煤气工程质量评定标准

在建筑工程中，管道工程质量等级评定现行的标准是《建筑给水排水及采暖工程施工质量验收规范》（GB50242—2002），它适用于工业与民用建筑的室内采暖、卫生与煤气工程和民用建筑群的室外给水、排水、供热、煤气管网以及锅炉安装工程；适用于工作压力不大于 0.6MPa 的给水和消防管道，工作压力不大于 0.6MPa、温度不超过 150℃ 的采暖和供热管道。

按照 88 标准的要求，在进行工程质量检验评定时，必须将工程划分为分项工程、分部工程和单位工程三个级别。分项工程一般应按工种种类及设备组别等划分。分部工程按专业划分为建筑采暖卫生与煤气工程、建筑电气安装工程、通风与空调工程等。各分部工程中的分项工程可按系统、区段划分。单位工程是由建筑工程和建筑安装工程共同组成或由新（扩）建的居住小区和厂区室外的给水、排水、供热、煤气等建筑采暖卫生与煤气工程组成。在进行工程质量的检查、验收和评定等级时，以每一个分项工程为对象逐个进行。

根据 88 标准规定，建筑采暖卫生和煤气工程共分 17 个分项工程。

按 88 标准规定，分项工程、分部工程和单位工程的质量等级均分为合格与优良两个等级。

在进行质量检验评定时，每一个分项工程，都包括保证项目、基本项目、允许偏差项目等检查内容。每个方面的检查内容里，又包括若干检查子项，每个检查子项的检验方法和检查数量又有具体的规定。

分项工程的质量等级应符合以下规定：

1）合格：①保证项目必须符合相应质量检验评定标准的规定；②基本项目抽检的处（件）应符合相应质量检验评定标准的合格规定；③允许偏差项目抽检的点数中，有80%及其以上的实测值应在相应质量检验评定标准的允许偏差范围内。

2）优良：①保证项目必须符合相应质量检验评定标准的规定；②基本项目每项抽检的处（件）应符合相应质量检验评定标准的合格规定，其中有50%及其以上的处（件）符合优良规定，该项即为优良，优良项数应为检验项数50%及其以上；③允许偏差项目抽检的点数中，有90%及其以上的实测值应在相应质量检验评定标准的允许偏差范围内。

分部工程的质量等级应符合以下规定：

1）合格：所含分项工程的质量全部合格；

2）优良：所含分项工程的质量全部合格，其中有50%及其以上为优良（必须含指定的主要分项工程）。

单位工程的质量等级应符合以下规定：

1）合格：①所含分部工程的质量应全部合格；②质量保证资料应基本齐全；③观感质量的评定得分率应达到70%及其以上。

2）优良：①所含分部工程的质量应全部合格，建筑设备安装工程为主的单位工程，其指定的分部工程必须优良；②质量保证资料应基本齐全；③观感质量的评定得分率应达到85%及其以上。

当分项工程质量不符合相应质量检验评定标准合格的规定时，必须及时处理，并应按以下规定确定其质量等级：①返工重做的可重新评定质量等级；②经加固补强或经法定检测单位鉴定能够达到设计要求的，其质量仅应评为合格；③经法定检测单位鉴定达不到原设计要求，但经设计单位认可能够满足结构安全和使用功能要求可不加固补强的，或经加固补强改变外形尺寸或造成永久性缺陷的，其质量可定为合格，但所在分部工程不应评为优良。

《建筑给水排水及采暖工程施工质量验收规范》（GB50242—2002）及《通风与空调工程质量验收规范》（GB50243—2002）两项规范已修订完成，新规范包括质量检验评定方面的内容。

（2）工业金属管道工程的质量检验评定

按《工业金属管道工程质量检验评定标准》（GB50184—93）执行。

（二）安 全 生 产

1. 施工现场安全生产的基本要求

（1）进入现场必须戴好安全帽，扣好帽带；并正确使用个人劳动防护用品；

（2）2m 以上的高处作业要有安全措施，脚手架以及劳保用品必须是合格产品；

（3）高处作业的要点是防止坠落和砸伤。操作时不准往下或往上抛材料和工具等物体；

（4）施工现场供电、用电必须遵守《建设工程施工现场供用电安全规范》（GB50194—93）的规定。如使用照明行灯，电压不能超过 36V，在金属容器内或潮湿环境使用时电压应不超过 12V。

施工现场应创造一个良好的施工环境，及时清除杂物，在施工现场的危险处应设立明显的警告标志。对建筑物中的预留孔洞要采取专门防护措施。尽量避免立体交叉施工，如必须交叉施工时，必须采取安全措施。开挖管沟时应及时排除地下水，挖沟至 1m 深度时，如土质较松必须采取措施做好防塌方的安全工作，然后才能施工，挖出的土应堆放在离沟边 0.5m 以外。

2. 操作安全技术

管道工的操作安全技术包括的内容是很多的，具体可分为手动工具操作安全技术、电动工具操作安全技术、吊装安全技术、焊接安全技术和管道试压及吹扫的安全技术等几个方面。每一个方面都有许多具体内容和细节，如使用管子钳时应防止打滑，高处作业安装 DN50 以上管子应用链条钳，不得使用管子钳。使用砂轮切割机时砂轮片上必须有保护罩，操作时应缓慢加力。操作钻床时钻头应夹紧，并不得戴手套。安全技术的许多具体内容，因受篇幅的限制，难以详述，好在每一个公司和项目部都有具体规定。

施工现场必须有防火管理措施。要遵照规定设置灭火器材，并保证完好。加强现场管理，清除易燃物，消除引起火灾的火种。施工后应及时切断电源。易燃品应有专门危险品仓库。一般物品着火可用水、灭火器或砂土扑灭。油类物品着火可用泡沫灭火机扑灭，严禁用水。电气设备着火首先应切断电源，并用干粉灭火器灭火，禁止用水或泡沫灭火器灭火，以免触电。

2m 以上高处作业人员必须通过体检，患有严重心脏病、高血压、贫血症等不得从事高处作业。高处作业必须系上安全带。管道工在 6m 以上高空架设管道时，应搭脚手架或采取其他措施后方可进行施工，必要时要配备起重工。

（三）班组管理

1. 班组施工计划管理

班组要完成施工任务，既要靠技术，也要靠管理。班组通过加强计划管理来保证生产任务的实现。

班组施工准备工作主要包括以下几方面：

（1）熟悉图纸及有关技术资料。针对工程特点和主要施工工序，工艺流程、工程内容、工程量，掌握施工方法、质量标准及有关技术要求；

(2) 查看现场，了解现场施工条件。如暂设工程、土建施工进度等方面是否具备安装条件；

(3) 配齐施工机具；

(4) 接受技术交底，包括质量、安全交底。技术交底的主要内容应包括:1)对工期、技术、质量、安全等方面的要求;2)有针对性的具体施工措施;3)施工工艺及工种之间的交叉配合要求。

(5) 接受施工任务书。施工任务书的主要内容，一般包括以下几个方面：

1) 工程名称、内容及工程量；

2) 限额领料卡；

3) 定额用工量和定额机械台班；

4) 实际用工记录和机械使用记录；

5) 工期、质量、安全等方面的要求；

6) 施工员、劳资员、质检员、安全员、材料员和队长的考核意见。

根据上级下达的任务及施工计划，编制班组施工进度计划，把施工任务落实到每个作业小组和每个工人。工程项目的综合进度计划，目前普遍采用网络计划。对于班组，应知道本班组在整个施工中的地位，在此基础上编制施工进度计划。班组施工进度计划应简明、方便、适用，一般采用表格式。

2.全面质量管理的基本知识

全面质量管理简称 TQC。T 为全面，Q 为质量，C 为管理。TQC 是保证企业优质、高效、低消耗，取得好的企业和社会经济效益的一种科学管理方法，也是加强班组建设的重要方法。

全面质量管理的特点是：全面质量管理具有全面性、全员性、科学性和服务性。全面性，即对产品质量、工序质量和工作质量进行全面管理。全员性，即全面质量管理是全体职工的本职工作，人人都得参加管理。科学性，即产品质量是干出来的，不是检查出来的，一切用数据说话，按科学程序办事，实事求是，预防为主，防检结合。服务性，即质量第一，一切为了用户，下道工序就是用户。

PDCA 循环法。PDCA 循环法是提高产品质量的一种科学管理方法。它的每一次循环都会把质量管理推向一个新的高度，是全面质量管理必须采用的工作方法。

PDCA 循环法分为一个过程，四个阶段，八个步骤。

一个过程：就是一个管理周期。

四个阶段：（1）计划阶段（P）；（2）执行阶段（D）；（3）检查阶段（C）；（4）处理阶段（A）。

八个步骤：

第一步，分析现状，找出问题。分析时要通过数据来说明存在的质量问题；

第二步，分析产生质量问题的各种原因或影响因素，问题和原因都要逐个加以分析；

第三步，找出影响质量的主要因素。影响质量的因素有人、材料、设备、工具的因素，也有施工工艺、方法的因素，要找出其中的主要因素；

第四步，针对主要影响因素，制定对策、措施。

以上四个步骤是 P 阶段的内容。

第五步，执行对策或措施。这是 D 阶段的工作内容。

第六步，检查工作效果。这是 C 阶段的工作内容。

第七步，巩固已取得的成绩，并实行标准化。

第八步，将遗留问题转入下期循环。

第七、第八两个步骤是 A 阶段的工作内容。

3. 安全管理

班组的安全管理制度主要有：

安全生产责任制。明确班组长、班组安全员及操作人员各自的安全责任，真正做到"安全生产，人人有责"。

安全教育制度。包括经常性的安全施工教育、新工人和调动工作岗位工人的三级安全教育、特种作业人员的教育。

安全检查制度。班组除了上级的定期检查和专业性检查外，工人在每天开工之前应作自我检查。

事故处理制度。事故发生后要按有关规定及时组织调查、分析，做到"三不放过"。

4.班组材料管理

班组材料管理是指在施工过程中对材料的供、管、用所进行的管理活动。它的任务是：

（1）有计划、按顺序及时领料，保证正常施工；

（2）搬运、保管方便，减少不必要的损失；

（3）合理使用，降低消耗；

（4）材料码放整齐，品种、规格、数量一目了然，防止乱用、错用；

（5）便于材料核算，提高经济效益。

（四）施工组织设计的编制与实施

1.施工组织设计编制依据

（1）施工组织总设计；

（2）施工图，包括工程设计施工图、设计说明书和标准图；

（3）国家和行业现行的施工及验收技术规范和有关安全、消防、环境保护等国家或地方性法规、法令、条例等；

（4）建设单位的投产使用计划，土建单位的施工进度计划、开竣工时间、安装施工工期以及土建、安装相互交叉配合施工的要求；

（5）预算定额、劳动定额、材料消耗定额和工期定额等；

（6）设备、材料的申购订货条件资料（引进设备、材料的到货日期）和有关物资、劳务、运输市场的调查资料；

（7）类似工程项目施工的经验资料，标准工艺卡以及新技术、新工艺等资料。

2．施工组织设计的基本内容

施工组织设计的内容根据工程项目的性质、规模、技术复杂程度有所不同，基本内容有：

（1）编制依据；

（2）工程概况和特点分析。如1）工程建设项目的性质、规模、地点、占地面积、总平面图；2）工程项目的生产工艺流程简要说明和主要技术经济指标；3）建设地点的自然条件，如气象、水文、地质；4）工程特点，如施工的关键技术、施工难点和施工工期上的要求；5）工程设备的交付日期；6）工程的主要安装实物量。

（3）工程项目施工的组织管理体系；

（4）施工部署及总进度计划。施工部署和总进度计划是工程施工组织设计的核心内容；

（5）施工方法和技术措施。简明扼要地提出施工方法或技术措施；

（6）保证质量和安全的主要措施；

（7）设备和物资需用计划和运输计划；

（8）劳动组织和劳动力需用计划；

（9）现场临时设施规划；

（10）成本的控制和降低成本的措施。

3．组织施工的基本原则

（1）保证按期完成施工任务，严格遵守工程合同规定的竣工期限；

（2）合理安排施工程序，使之紧密衔接，避免不必要的返工或混乱。应先施工全场性公用工程，然后进行其他工程的施工。全场性工程是指涉及全工地的平整场地、修筑道路、铺设电缆和安装水、电、气管网等。管道施工在室外要遵循先地下后地上、地下的要先深层后浅层的施工原则；在室内，各部分管道的施工按照先干管后支管，先大口径管后小口径管的施工原则；

（3）组织流水施工；

（4）安排好冬、雨季施工项目，增加全年作业天数，提高施工的连续性和均衡性；

（5）充分利用机械，提高施工机械化程度；

（6）采用先进施工技术、合理的施工方案，确保工程质量、施工安全和降低工程成本。

（7）合理布置施工平面，减少施工用临时设施，节约施工用地。

（五）管道施工技术展望

1. 管道施工的发展方向

管道工程近年来发展的一个显著特点，是民用管道中出现了许多新型管材，这方面的内容已经在有关章节介绍过了。但是，也必须看到，在目前的许多生产厂家中，产品质量并非完全可靠，被设计、施工和广大用户认可的主流品牌也较少，随着时间的推移，某些产品的质量问题将会暴露出来，某些管道连接方式也将面临考验。

管道施工（尤其是工业管道）的发展，首先是不断推广工厂化预制加工，以提高管道制作质量和缩短施工周期；其次是施工工艺不断革新，提高劳动生产率；第三是大力加强施工程序、施工方法、施工技术的规范化、标准化；第四是积极采用新材料。

2. 管道施工"四新"简介

近年来，随着国民经济的迅猛发展和科技的进步，管道工程方面有不少新技术、新工艺、新材料、新设备面世，此处仅举例作简单介绍。

（1）钛和钛合金管道

钛和钛合金管道具有重量轻、强度高、耐腐蚀性能好等优点，在许多工业领域被采用。钛和钛合金管道的施工已经在"十、（一）3. 节有色金属管道安装"中介绍过。

（2）电加热保温夹套管和保冷夹套管

近年来，国外设计了电加热保温夹套管。用这种夹套管，远距离输送原油，特别适用于把海底原油向陆地的输送。这类用加热电缆保温的夹套管有：1）SECT法（商品名）。所谓SECT法是把内穿耐热电缆的发热钢管焊接于夹套管的内管上，耐热电缆和发热钢管形成电气回路，连接交流电源就能使钢管发热，以便对内管中的流体进行保温；2）MI电缆法。将电缆敷设于夹套管的夹套间隙内，并在夹套间隙内填塞绝缘材料氧化镁的方法；3）内、外管自成回路的电热保温夹套管。

对于输送超低温流体的管道，只有选用保冷夹套管才能达到保冷目的。这类保冷夹套管有：1）高真空保冷夹套管；2）粉末充填真空夹套管；3）叠层真空绝缘夹套管。

（3）管道的水浮法施工

管道的水浮法施工，是将水灌入开挖好的沟漕内，灌水深度应能使管道漂浮在水面上，沉入水中的深度不触及沟底，然后将在陆地上连接成一定长度的管段，在做好内、外防腐层以后，沿着管沟边坡把管道放入已灌水的沟槽中，再利用浮箱进行管段的焊接连接，并补作焊缝处内壁和外壁防腐处理。

管道的水浮法施工，应具备以下条件：（1）应有充足的水源；（2）管道沿线的土质应该是渗水性差或较差的黏土或粉质黏土；（3）管道要有足够的浮起高度；（4）管道经过地段，地势要求平坦，大部分管道沟底基本上在同一水平面上；（5）管道的水平弯曲少；（6）管道沿线障碍物要少，否则是否适宜水浮法施工，要加以论证。

当管道需要穿越宽阔的水面时，也可采用水浮法施工。有资料介绍，某管道穿黄河时，先在河底爆破出管道沟槽，然后将预制好的管道从水面牵引至河底沟槽部位，再向管道内充水使之下沉就位。

管道水浮法施工的基本原理，就是利用了阿基米德定律，即浸在液体里的物体受到向上的浮力，浮力的大小等于被物体排开的液体的重量。但是，管道水浮法施工，并不像前面所说的那么简单，需要编制周密的施工方案和多工种的配合。

（4）装置的集成块化施工

据有关资料介绍，装置的集成块化施工，在某些领域有独特的优势，大型装置的集成块化施工现在已经应用于海水淡化、炼油、石油化工装置、输油站甚至核电站的建设。我国已引进多套国外的空分装置，装置分几部分由集装箱运达，设备、管道、电气、仪表等各种设备的组装和保温、保冷都由厂家完成，在现场只进行几大块的组装和试车。

（5）地下管线无沟渠施工技术

地下管线无沟渠施工技术是一种对环境无公害的地下管道施工新技术。近十年来，英、美、德、日等国的许多高等院校、研究机构、企业也投入了大量人力物力研究开发这一新兴技术，取得了大量研究成果，并逐步应用于工程实践中。目前无沟渠技术以其综合成本低、工期短、环境影响面小等优点，在市政给排水管线、通讯电视电缆、燃气管道及电力电缆等地下管线工程项目中得以广泛应用。

1986 年，国际无沟渠技术学会（ISTT）成立，总部设在伦敦，现有 19 个国家和地区成立了自己的专业学会。

所谓无沟渠施工技术，是指毋需开挖沟槽而对地下设施（一般指直径小于 900mm 管线的管道、导管、电缆）进行定位、检测、改建维护和新建安装的成套技术工艺。这些工艺利用制导钻孔、微型隧道顶管、冲击成孔、夯管、破管等技术，使工程项目作业对周围环境的破坏性减至最低。

附　录

管道工职业技能岗位鉴定习题集

第一章　初级管道工

一、理论部分

（一）是非题（对的打"√"，错的打"×"，答案写在每题括号内）

1. 直线垂直于水平投影面叫正垂线。（×）

2. 一般位置直线对于 3 个投影面都是倾斜的直线，其长度都保持不变。（×）

3. 把管道看成一条线，用单根线条表示管道画出的图叫管道单线图。（√）

4. 管道连接方式为螺纹连接，它的规定符号为 ●━━ 。（×）

5. 管道正等测图中，它的 3 个轴测轴之间的夹角为 120°。（√）

6. 《机械制图》国家标准中规定，金属材料（已有规定剖面符号者除外）剖面符号为 ▨ 。（√）

7. 固定型支架在单根管线上的表示方法为 ━╪━ 。（×）

8. 管道系统轴测图分为管道正等测图和管道斜等测图两大类。（√）

9. 某图纸标注比例为 1:50，图纸上量出管子的长度为 2cm，它的实际长度应为 100cm。（√）

10. ▧ 是减压阀的图例，左侧为低压，右侧为高压。（×）

11. 无缝钢管管径以公称直径×壁厚来表示，如 $DN100×4$。（×）

12. 管道坡度用"i"表示，坡向用单面箭头，箭头指向高的一端。（×）

13. 压力管道标注标高时，宜标注管中心标高。（√）

14. 根据国家标准规定，蒸汽管的规定代号为"×"。(×)

15. 在排水系统图中，卫生器具不画出来，只画出存水弯和器具排水管。(√)

16. 图样上的尺寸单位均以"米"为单位。(×)

17. 剖面图的编号一般采用数字和英文字母，按顺序编排。(√)

18. 绝对标高一般以新建建筑物的底层室内主要地坪面定为该建筑物绝对标高的零点。(×)

19. 给水系统图中，卫生器具不画出来，只画出水龙头、冲洗水箱等图例符号。(√)

20. 管道双线图是一种将管壁画成一条线的表示方法。(√)

21. 当剖切平面剖切一个物体时，剖面平面与物体相交得到的图形，称为剖面图。(×)

22. 在管道工程图中，剖切位置线一般由两段细实线表示。(×)

23. 室内采暖施工图中，保温管道的图例为：⋯⋯⋯⋯。(×)

24. 室内给水管道系统图，一般按用水设备、支管、立管、干管及引入管的顺序识读。(×)

25. 室内采暖施工图上的采暖立管一般都进行编号，编号写在直径为8~10mm 的圆圈内。(√)

26. 标准图是室内采暖管道施工图的一个重要组成部分，供热管、回水管与散热器之间的具体连接形状、详细尺寸和安装要求，一般都由标准图反映出来。(√)

27. 站房是工业企业的公用辅助设施，包括水泵站、锅炉房、空调机房等。(√)

28. 压强单位为 N/m^2，$1N/m^2 = 1Pa$（帕）。(√)

29. $1mH_2O$ 等于 98.1kPa，$1mH_2O$ 等于 $1000kgf/cm^2$。(×)

30. 矩形的面积等于它的长 a 和宽 b 的积的一半。(×)

31. 圆柱体的体积等于它的底面积与高 h 的积。(√)

32. 物体的重量就是该物体的密度与其表面积的乘积。(×)

33. 绝对温度以 T_k 表示，0℃即为 $-273.15K$。(×)

34. 单位质量的某种物质，温度升高或降低 1K，吸收或放出的热量叫该物质的比热容。(√)

35. 温度的测定目前常用摄氏温标（℃）和国际温标（K）。(√)

36. 热传递的3种基本方式是导热、对流和热辐射。(√)

37．混凝土有较好的抗拉强度，而钢筋则有较好的抗压强度。（×）

38．公称通径等于管子的实际外径，采用国际标准符号 DN 表示。（×）

39．导热是指发生在直接接触的物体之间，或发生在物体本身各部分之间的能量传递。（√）

40．材料的机械强度与温度有关，温度越高，材料的机械强度越高。（×）

41．为了增强铸铁管的防腐蚀性能，在管子的外表面往往涂防锈漆。（×）

42．低压流体输送钢管，其钢管都是有缝钢管，一般用 Q235 钢制成。（√）

43．白铁管是由无缝钢管镀锌而成的，主要输送水、煤气等。（×）

44．镀锌钢管材质软，焊接性能好，常采用焊接连接方式。（×）

45．镀锌管因防腐性能好，可直接存放在地上或室外。（×）

46．国外钢管的壁厚不以公称压力分级，均以管子表号分级。管子表号以 p 与 $[\sigma]$ 的比值来表示。（√）

47．螺母与螺栓或螺柱配套，一般螺母材质硬度低于螺栓，这样可减轻螺母与螺柱或螺栓的粘结程度，便于拆卸。（√）

48．用作铸铁管接口密封材料的水泥一般是 32.5 级以上的硅酸盐水泥。（√）

49．聚四氟乙烯化学稳定性差，不能作为输送腐蚀性介质的管道螺纹连接的填料。（×）

50．圆钢在管架中用作拉杆、吊杆，但更多的是被用作管卡子。（×）

51．扁钢的规格以宽度×厚度来表示。（√）

52．等边角钢规格为 30×4，表示该角钢长 30m，边宽 4cm。（×）

53．根据能承受的压力，给水铸铁管可分为低压、中压和高压 3 个压力级别。（√）

54．阀门类别用汉语拼音字母表示，如闸阀代号为"Z"。（√）

55．明杆式闸阀适用于腐蚀性介质及室内管道上，暗杆式适用于非腐蚀性介质及安装操作位置受限制的地方。（√）

56．减压阀不仅适用于蒸汽、空气等清洁气体介质，也适用于液体的减压。（×）

57．止回阀一般适用于清洁介质，对有颗粒和黏度较大的介质不适用。

（√）

58. 蝶阀适用于高温、高压场所，但启闭较慢。（×）

59. 测量负压力的仪表叫气压表。（×）

60. 常用的弹簧压力表有普通压力表和电触点压力表，氧压力表、乙炔压力表属于普通压力表。（√）

61. 玻璃温度计按结构分有棒式、内标尺式和外标尺式，其测温范围为 $-50\sim300℃$。（×）

62. 虾壳弯节数越多，弯头越顺，对介质流动的阻力越小。（√）

63. 虾壳弯弯曲半径 $R=mD$，m 一般取 4。（×）

64. 管子弯曲壁厚减薄率 $=\dfrac{弯制前壁厚-弯制后壁厚}{弯制前壁厚}\times100\%$。（√）

65. 中低压弯管内侧波浪度 H 值应符合规定要求，波距 t 应小于 $4H$。（×）

66. 一般情况下，中　低压管道弯管的椭圆率不超过 10%。（×）

67. 热弯弯管的弯曲半径不应小于管子外径的 2 倍。（×）

68. 电动弯管机冷弯外径大于 60mm 的管子，须在管内放置心棒。（√）

69. 当管子弯曲角度为 90°时，其弯曲长度 L 应等于 $1.57R$（R 为弯曲半径）。（√）

70. 管子热管合格后，应在受热表面上涂一层废机油，防止再次氧化生锈。（√）

71. 当管径较小，钢板卷制异径管有困难，并且两管径大小相差在 25%以内时，常用摔制的方法制作异径管。（√）

72. 热弯管子外径在 50mm 以上的管子应充砂。（×）

73. 管子焊接，管子坡口可用坡口机、角向砂轮打磨机等加工，而不允许用氧-乙炔焰坡口加工。（×）

74. 用气割加工的坡口，必须除去氧化皮，并将影响焊接质量的凹凸不平处打磨平整。（√）

75. 壁厚不同的管子焊接组对时，外壁错边量当薄件厚度大于 10mm，厚度差不应大于 5mm。（√）

76. 管道坡口有 I 型、V 型、双 V 型，U 型，X 型等多种形式。（√）

77. 管子对口对好后，宜用点焊固定。点固焊的长度一般为 10~15mm，高度为 2~4mm 且不应超过管壁厚度的 2/3。（√）

78. 管子对口对好后，用点焊固定。点固焊的焊内如发现裂纹气孔缺陷，应及时处理。（√）

79. 管子焊接应尽可能用固定焊接，减少转动焊接，以保证焊接质量。（×）

80. 手工电弧焊几乎适用于各种钢材的焊接，也适用于部分有色金属及合金的焊接。（√）

81. 手工电弧焊所用焊条，一般可直接用来焊接，若发现焊条受潮，则可烘干后再用。（×）

82. 气焊熔剂主要用于改善焊缝质量，防止金属的氧化及消除已经形成的氧化物。（√）

83. 气焊用的氧气一般贮存在氧气瓶中，氧气瓶体外表涂白色，并用红漆注明"氧气"字样。（×）

84. 气焊工作时，乙炔瓶应直立，瓶体的表面温度不应超过 40℃。（√）

85. 乙炔减压器与氧气减压器外表均涂蓝色，需要时，可调换使用。（×）

86. 气焊点燃火焰时，应先开一点乙炔气，再开氧气阀。（×）

87. 气焊停止工作时，应先关闭氧气阀，再关闭乙炔阀。（×）

88. 气焊工作，发生回火时，应迅速关闭乙炔阀，再关闭氧气阀。（×）

89. 氩弧焊是氩气做保护气体的一种焊接方法，可焊接的材料范围广，特别适宜焊接化学性质活泼的金属。（√）

90. 焊接缺陷"咬边"产生的主要原因是焊接工艺参数选择不当，焊接电流太大，电弧过长，运条速度和焊条角度不适合等。（√）

91. 焊接缺陷"焊瘤"产生的主要原因是接缝间隙太大，操作不当，运条方法不正确。（√）

92. 管道敷设顺序一般是先装地上，后装地下，先装小管，后装大管。（×）

93. 管道的敷设形式，主要分地上敷设和地下敷设两大类，地上敷设的低支架敷设，一般支架距地面为 0.5～1.0m。（√）

94. 铸铁管承插连接，连接的工序一般分为：管材检查和接口前准备、打麻丝（或橡胶圈）、打接口材料和养护 4 个阶段。（√）

95. 拌好的自应力水泥砂浆应在 2h 内用完。（×）

96. 铸铁管承插连接纯水泥接口，所用水泥强度等级不应低于新软炼强度等级 32.5 级的硅酸盐水泥，水与水泥重量比是 1:10。（✓）

97. 室内给水管道不宜穿过沉降缝、伸缩缝、如必须穿过时，宜采取有效措施。（✓）

98. 给水系统中使用的阀门，在一般情况下，管径大于 50mm 时采用截止阀。（✗）

99. 给水立管管卡安装在距地坪 1.0m 处，2 个以上管卡可均匀安装。（✗）

100. 给水立管一般应在底层高出地坪 1m 处装设阀门，阀门后应设活接头。（✗）

101. 冷、热水立管平行安装时，热水立管应装设在冷水立管的右侧。（✗）

102. 冷、热水管平行安装时，热水管应在冷水管的上面。（✓）

103. 室内给水横管宜有 0.002～0.005 坡度坡向泄水装置。（✓）

104. 当给水水箱的进、出水管共管时，出水管上应设止回阀。（✓）

105. 室内消火栓应分布在建筑物的各层中，并宜设在楼梯间、门厅、走廊等显眼易取用的地点。（✓）

106. 排水铸铁管承插接口可用石棉水泥、纯水泥等作填料，也可用水泥砂浆抹口。（✗）

107. 室内排水排出管端部与排水立管连接宜采用两只 45° 弯头连接，在弯头下面砌筑砖支墩。（✓）

108. 排水横管坡度应符合设计要求，一般不得小于最小坡度，但也不宜大于 0.15。（✓）

109. 住宅室内排水塑料管伸缩节一般安装高度为距地坪 2.0m。（✗）

110. 室内排水排出管穿越承重墙或基础时应预留孔洞，一般上部净空不小于 0.15m。（✓）

111. 伸顶通气管高出屋面不得小于 1.0m，且必须大于最大积雪厚度。（✗）

112. 硬聚氯乙烯排水管与排水铸铁管连接时，捻口前应先打毛管外壁，再以油麻、石棉水泥进行接口。（✓）

113. 做灌水试验时，雨水管道的灌水高度必须达到每根立管最上部的雨水漏斗。（（✓））

114. 卫生器具安装位置的坐标、标高应正确，允许偏差：单独器具

20mm，成排器具 10mm。（×）

115．洗脸盆水龙头红色为热水龙头，装在左侧。（√）

116．低温热水采暖，供水温度为 95℃。（√）

117．高压蒸汽采暖，供汽压力高于 0.7MPa。（×）

118．一般片式散热器采暖都是对流采暖。（√）

119．供热管道有热胀冷缩现象，故应在适当部位采取各种补偿措施。（√）

120．室内热水供应管道，禁止使用镀锌钢管。（×）

121．连接散热器的支管应水平，不设坡度。（×）

122．工作压力不大于 0.07MPa 的蒸汽采暖系统，应以系统顶点工作压力的两倍作水压试验，同时，在系统低点，不得小于 0.25MPa。（√）

123．热水采暖和热水供应系统要进行冲洗，目的是清除从运输、保管到施工时残留在管内的杂物和铁锈等。（√）

124．管道系统严密性试验是检查管道的机械性能。（×）

125．管道试压前，管道接口处，应先做好防腐及保温。（×）

126．管道试压前，埋地敷设的管道可先覆土。（×）

127．管道系统试压时，应将压力缓缓上升至试验压力，如发现问题，允许带压修理。（×）

128．管道系统水压试验应用洁净水作介质。（√）

129．管道系统进行吹扫和清洗，是为了保证系统内部清洁，清除管道内的铁屑、铁锈、焊渣等污物。（√）

130．管道系统水压试验压力设计无规定时，高压管道的强度试验压力为 $1.5P_N$。（√）

131．管道油漆分为底漆和面漆，红丹酚醛防锈漆是常用的面漆。（×）

132．管道涂漆前，金属表面粘有较多油污时，可用汽油或浓度为 5% 的烧碱熔液清刷，等干燥后再除锈。（√）

133．防腐用底漆是直接涂在金属表面作打底用，底漆有很强附着力，防水和防锈性能良好。（√）

134．管道涂漆施工一般应在试压前进行。（×）

135．管道表面的锈层消除方式有人工除锈、机械除锈和酸洗除锈等方法。（√）

136．铸铁管耐腐蚀性强，因此埋地后只需涂 1~2 道沥青漆。（√）

137．一般土壤由于含盐量、含水量都小，可采用普通防腐等级。（√）

138. 绝热施工的管道应在试压合格，除去管道表面污物、铁锈，涂好两遍防锈漆后进行。（√）

139. 管道绝热工程一般按绝热层、防潮层、保护层的顺序施工。（√）

140. 沥青玛琦脂是碳钢管防腐层的主要材料，是由石油沥青与无机填料组成。（√）

141. 管道工程施工及验收规范是指导性技术法规，工程施工时，必须按照规范的规定施工。（√）

142. 根据《建筑采暖卫生与煤气工程质量检验评定标准》，单位工程质量等级分为合格、良、优3个等级。（×）

143. 在进行质量检验评定时，每一分项工程，都包括保证项目、基本项目、允许偏差项目等检查内容。（√）

144. 单位工程的质量等级为合格，则所含的分部工程的质量应95%以上全部合格。（×）

145. 在进行工程质量检验评定时，须将工程划分为3个级别（分项工程、分部工程和单位工程）。分项工程一般应按工种种类及设备组别等划分。（（√）

146. 《建筑采暖卫生与煤气工程质量检验评定标准》适用于工作压力不大于0.3MPa，温度不超过100℃的采暖和供热管道。（×）

147. 高空作业的要点是防止坠落和砸伤，操作时不准往下或往上抛材料、工具等物体。（√）

148. 使用凿子时，凿子头部呈蘑菇状时，应用砂轮磨掉后再使用，否则锤击时碎片易伤人。（√）

149. 钻床操作时应戴手套操作。（×）

150. 油类物品着火可用泡沫灭火机灭火，但严禁用水。（√）

（二）选择题（正确答案的序号写在各题的横线上）

1. 在正立投影面上得到的视图叫做___A___。

A. 主视图　　　B. 俯视图　　　C. 左视图　　　D. 右视图

2. 当直线平行于投影面时，投影显示___A___。

A. 实际长度的直线　　　　　　B. 缩短了的直线

C. 一个点　　　　　　　　　　D. 延长了的直线

3. 俯视图在管道工程图中称为___B___。

A. 立面图　　　　　　　　　　B. 平面图

C. 左侧立面图　　　　　　　　D. 右侧立面图

4. 每个视图都可以反映物体两方面尺寸，左视图反映物体的　C　。

A. 长和高　　　　B. 长和宽　　　　C. 高和宽

5. 在三投影面体系中，直线平行于正立投影面，叫　B　。

A. 水平线　　　　　　　　　B. 正平线

C. 侧平线　　　　　　　　　D. 一般位置线

6.　C　图是用平行投影法，将物体长、宽、高3个方向的形状在一个投影面上同时反映出来的图形。

A. 平面　　　　B. 立面　　　　C. 轴测　　　　D. 剖面

7.　B　一般适用于内外形状对称，其视图和剖面图均为对称图形的管件或阀件。

A. 全剖面图　　　　　　　　B. 半剖面图

C. 局部剖面图　　　　　　　D. 阶梯剖面图

8. 根据国家标准规定，热水管的规定代号为　A　。

A. R　　　　B. S　　　　C. X　　　　D. H

9. 管道施工图中，止回阀的图例为　B　。

A. ▶●◀　　B. ▶◀　　C. ▶◀　　D. ⊠

10. 管道施工图中，主要管线常用　A　来表示。

A. 粗实线　　　B. 细实线　　　C. 细点画线　　　D. 波浪线

11. 标高值应以　C　为单位。

A. 毫米　　　B. 厘米　　　C. 米　　　D. 英寸

12. 在一般图纸中，标高值宜注写到小数点后　C　位。

A. 1　　　B. 2　　　C. 3　　　D. 4

13. 管道施工图可分为基本图和详图，详图包括节点图、大样图和　D　。

A. 流程图　　　B. 平面图　　　C. 立面图　　　D. 标准图

14. 图纸比例的代号为　B　。

A. N　　　B. M　　　C. S　　　D. H

15. 室内外重力流管道一般宜标注　C　标高。

A. 管中心　　　B. 管顶　　　C. 管内底　　　D. 管外底

16. 一管道实际长度为5m，它在图纸上的长度为1cm，则该图纸的比例为　B　。

A. 1:50　　　B. 1:500　　　C. 50:1　　　D. 500:1

17. 给水排水工程图中，存水弯的图例为　A　。

A. B. C. D.

18. 1MPa 等于 __D__ Pa。

A.10　　　　　B.10^2　　　　C.10^3　　　　D.10^6

19. 1kgf/cm² 等于 __D__ Pa。

A.9.81　　　　B.98.1　　　　C.9.81×10^2　　　D.98.1×10^3

20. cos60°等于 __A__。

A. $\dfrac{1}{2}$　　　B. $\dfrac{\sqrt{2}}{2}$　　　C. $\dfrac{\sqrt{3}}{2}$　　　D.1

21. 三角形的底为 6cm，高为 3cm，它的面积是 __C__ cm²。

A.36　　　　　B.18　　　　C.9　　　　　D.3

22. 某长方体的长为 10cm，宽为 5cm，高为 1cm，它的体积为 __B__ cm³。

A.100　　　　B.50　　　　C.25　　　　D.5

23. 依靠流体的流动，把热量由高温部分转到低温部分的现象称为 __B__。

A. 导热　　　　B. 对流　　　　C. 辐射

24. DN100 管子的 __C__ 为 100mm。

A. 外径　　　B. 内径　　　C. 公称直径　　　D. 平均内径

25. 某管段长 30m，坡度为 0.003，高端的标高为 2.000m，则低端的标高为 __B__ m。

A.1.100　　　B.1.910　　　C.1.997　　　D.1.700

26. 热量的计量单位为焦耳（J），1kg 水的温度升高 1K 时，吸收的热量为 __C__ J。

A.4.18　　　B.4.18×10　　　C.4.18×10^3　　　D.4.18×10^6

27. 已知直角三角形的一锐角为 α，三边长为 a，b，c（如图），则 $\sin\alpha = $ __A__。

A. $\dfrac{a}{c}$ B. $\dfrac{b}{c}$ C. $\dfrac{a}{b}$ D. $\dfrac{b}{a}$

28. 铸铁排水管，一般承口内表面与插口外表面的间隙为 __B__ mm。

A.2　　　　　B.6　　　　　C.10　　　　D.20

29. 低压流体输送钢管（普通管）能承受 __B__ 压力。

A.1MPa　　　B.2MPa　　　C.3MPa　　　D.10MPa

30. 普通无缝钢管一般由__B__钢制成。

A. A₃   B.10、20 号钢   C. 合金   D. 不锈

31. 聚四氟乙烯生料带用作__A__连接的管道的密封材料。

A. 螺纹   B. 法兰   C. 承插   D. 焊接

32. 麻丝白铅油作密封填料的管道可输送__C__以下的热水、煤气等。

A.80℃   B.100℃   C.120℃   D.150℃

33. 排水铸铁管用于重力流排水管道，连接方式为__A__。

A. 承插   B. 螺纹   C. 法兰   D. 焊接

34. 选用螺栓或螺柱时，其直径按法兰规格比螺栓孔小__B__mm。

A.1~2   B.2~3   C.4   D.5

35. 选择螺杆长度时，应在法兰紧固后使螺杆突出螺母外部的长度不大于__B__倍螺距。

A.1   B.2   C.3   D.4

36. 每种阀门都用一个特定型号表示，阀门型号由__C__个单元组成。

A.5   B.6   C.7   D.8

37. 阀门型号中，用一位阿拉伯数字表示阀门连接形式，例如法兰连接代号为__D__。

A.1   B.2   C.3   D.4

38.Z44T-10 型阀门，其公称压力为__C__MPa。

A.0.001   B.0.1   C.1   D.10

39. __B__是一种自动排泄蒸汽管道的凝结水，并能阻止蒸汽流出的阀件。

A. 减压阀   B. 疏水器   C. 安全阀   D. 蝶阀

40. __A__阀一般适用于低温、低压流体且需作迅速全启和全闭的管道。

A. 旋塞   B. 闸   C. 截止   D. 隔膜

41. 既可测量正压，又能测量负压的仪表叫__D__。

A. 气压表   B. 压力表   C. 真空表   D. 压力真空表

42. 虾壳弯的弯曲半径 $R = mD$，m 常取__B__。

A.1.5   B.1.5~2   C.3.5   D.4

43. 公称直径 $DN > 400$mm 的虾壳弯可增加中节数量，但其腹高的最小宽度不得小于__A__mm。

A.50   B.80   C.100   D.150

44. 虾壳管 $DN \leqslant 1000mm$ 时，周长偏差不超过 __B__ 。

A. ±2mm   B. ±4mm   C. ±6mm   D. ±8mm

45. 管子弯曲，一般情况下，中低压管道的壁厚减薄率不超过 __C__ 。

A. 5%   B. 10%   C. 15%   D. 20%

46. 冷弯弯管的弯曲半径不应小于管子外径的 __D__ 倍。

A. 1.5   B. 2   C. 3.5   D. 4

47. 用有缝管弯制弯管时，其纵向焊缝应放在距弯管中心轴线上下 __C__ 角的位置区域内。

A. 15°   B. 30°   C. 45°   D. 60°

48. 手动弯管机，一般弯制管径不超过 __B__ mm 的管子。

A. 25   B. 32   C. 40   D. 50

49. 热弯管子外径 __B__ mm 以上的管子应充砂。

A. 25   B. 32   C. 40   D. 50

50. 管子现场热弯时，如第一次没有达到需要的角度，应重新加热后再弯制，但加热次数一般不应超过 __A__ 次。

A. 2   B. 3   C. 4   D. 5

51. 用钢板卷制异径管时，不论是大头还是小头，其椭圆度不应大于各头外径的 __B__ ，且不大于 5mm。

A. 0.5%   B. 1%   C. 5%   D. 10%

52. 钢管摔制异径管时，摔管的加热长度应大于大管直径与小管直径之差的 __C__ 倍。

A. 1.5   B. 2   C. 2.5   D. 3

53. 管子焊接连接一般优先采用电焊，管径 __C__ mm 以下，壁厚 3mm 以下采用气焊。

A. 32   B. 40   C. 50   D. 65

54. 焊接连接的管道，管壁厚度 __C__ mm 的管子须进行坡口后方可焊接。

A. ≥1.5   B. ≥2.5   C. ≥3.5   D. ≥4.5

55. 手动坡口机一般用于管径小于 __C__ mm 的管子的坡口加工。

A. 50m   B. 80   C. 100   D. 125

56. 加工后的管坡口应符合要求，在管口 __B__ mm 范围内，必须除去油漆、油脂、铁锈等。

A. <20   B. 20~40   C. 40~60   D. >60

57. 相同壁厚的管道组对时，其内壁应平齐，内壁错边量Ⅰ、Ⅱ级焊缝不应超过壁厚的__B__，且不大于1mm。

A.5%　　　　B.10%　　　　C.15%　　　　D.20%

58. 管子对口时应检查平直度，当距离接口中心200mm处测量，允许偏差1mm/m，但全长允许偏差最大不超过__C__mm。

A.1　　　　B.5　　　　C.10　　　　D.15

59. __D__型坡口适用于双面焊的大口径厚壁管道。

A.L　　　　B.V　　　　C.U　　　　D.X

60. 管子对口对好后，宜用点焊固定，每个口至少点焊__B__处。

A.2　　　　B.3~5　　　　C.5~7　　　　D.8

61. 直线管道连接时，两相邻的环形焊缝间距应大于管径，并不得小于__C__mm。

A.50　　　　B.80　　　　C.100　　　　D.150

62. 管子环焊缝距支、吊架边不小于__A__mm，不得紧贴墙壁和楼板，更不得将焊缝置于套管内。

A.50　　　　B.80　　　　C.100　　　　D.150

63. 低氢型焊条一般在常温下超过4h，应重新烘干，重复烘干次数不宜超过__C__次。

A.1　　　　B.2　　　　C.3　　　　D.4

64. 气焊是利用可燃气体与助燃气体混合燃烧所释放的热量作热源进行金属材料的焊接，助燃气体为__B__。

A.氢气　　　　B.氧气　　　　C.氩　　　　D.乙炔

65. 气焊用的乙炔气一般贮存在乙炔瓶中，瓶体外表涂__C__色。

A.黑　　　　B.天蓝　　　　C.白　　　　D.红

66. 气焊工作时，不能将瓶内的乙炔全部用完，应剩有__C__MPa压力的乙炔气，并将气瓶阀关紧，防止漏气。

A.0.01　　　　B.0.05　　　　C.0.1　　　　D.0.2

67. 气焊工作时，不能将瓶内的氧气全部用完，应留下__C__MPa的压力，以防混入其他气体及在充气和安装减压器时吹除灰尘和试验用。

A.0.1　　　　B.0.2　　　　C.0.4~0.6　　　　D.0.8

68. 气焊用的辅助工具氧气胶管的颜色为__A__色。

A.红　　　　B.蓝　　　　C.黑　　　　D.白

69. 手工气割时，如切割厚度小于__B__mm的钢件时，一般选用1~2

号割嘴，氧气压为 0.3～0.4MPa。

  A.2   B.4   C.6   D.8

  70．焊缝的夹渣和气孔不得超过管壁厚度的__B__，如超过，应将缺陷部分打磨，进行补焊。

  A.5%   B.10%   C.15%   D.20%

  71．若公称直径 50mm 以下的管子，焊接缺陷超过__C__处，该焊缝应全部打磨掉重新焊接。

  A.1   B.2   C.3   D.5

  72．管道架空敷设，中支架距地面高度一般为__B__ m。

  A.0.5～1.0 B.2.5～4   C.4～6   D.8

  73．石棉水泥接口材料的重量配比为：水∶石棉绒∶水泥等于__A__。

  A.1∶3∶7   B.7∶3∶1   C.3∶7∶1   D.1∶7∶3

  74．石棉水泥接口的养护时间为__B__ h。

  A.12   B.24   C.36   D.48

  75．管螺纹加工完后，断丝或缺丝不得超过螺纹全扣数的__B__。

  A.5%   B.10%   C.15%   D.20%

  76．消防用水水压，一般建筑通常要保证消火栓接出水枪的充实水柱不小于__B__ mH_2O。

  A.6   B.7   C.10   D.13

  77．生活饮用水不得因回流而被污染，要求给水管配水出口高出用水设备溢流水位的最小空气间隙为__B__。

  A.2.5mm B. 管径的 2.5 倍 C.2.5cm D.100mm

  78．生活贮水池距化粪池不应小于__C__ m。

  A.2   B.3   C.10   D.20

  79．铺设室外给水管道时，金属管道的覆土深度一般不小于__C__ m。

  A.0.1   B.0.5   C.0.7   D.1.0

  80．室外给水铸铁管水压试验值设计无要求时，其强度试验压力值应为__D__ MPa（工作压力 $P \leqslant 0.5MPa$）。

  A.P B.1.25P C.1.5P D.2P

  81．室内给水碳素钢管立管垂直允许偏差为：每米为__B__ mm，全长5m 以上累计误差≥8mm。

  A.1   B.2   C.5   D.10

  82．设计无规定时，室内给水系统试验压力不小于__B__ MPa。

A.0.5   B.0.6   C.0.8   D.1.0

83.给水系统中使用的阀门，在一般情况下，当管径大于__C__mm时，采用闸阀。

A.32   B.40   C.50   D.75

84.室内给水立管管卡安装时，在楼层不超过__D__m时，每层须安装一个。

A.2.8   B.3   C.4   D.5

85.给水横支管明装时，当横支管管径≤32mm时，管子外壁距墙尺寸为__B__mm。

A.15   B.20~25   C.25~30   D.50

86.给水引入管穿过承重墙或基础时，应预留洞口，且管顶上部净空不得小于建筑物沉降量，一般不小于__A__m。

A.0.1   B.0.15   C.0.2   D.0.25

87.给水引入管安装时应有一定坡度，坡度不应小于__B__，坡向室外管道或坡向阀门井、水表井。

A.0.002   B.0.003   C.0.005   D.0.15

88.普通消防系统的消火栓在室内的间距不应大于__D__m。

A.10   B.20   C.30   D.50

89.室内消火栓栓口中心距地面高度为__B__m。

A.1.0   B.1.1   C.1.2   D.1.3

90.湿式自动喷洒灭火系统，具有控制火势和灭火迅速的特点，适用于室温__B__的建筑。

A.小于4℃   B.4~70℃   C.0~70℃   D.大于25℃

91.室内排水排出管自建筑物至排水检查井中心的距离不宜小于__C__m。

A.1   B.2   C.3   D.10

92.室内排水排出管做灌水试验，灌水高度应不低于底层地面高度，满水__C__min，再灌满延续5min，液面不降为合格。

A.5   B.10   C.15   D.20

93.排水立管检查口设置高度为__A__m（检查口中心至地面的高度）。

A.1   B.1.2   C.1.5   D.1.8

94.在室内排水立管上应每隔两层设置检查口，但两检查间距不得大于__B__m。

A.5　　　　　B.10　　　　　C.15　　　　　D.20

95.地漏应安装在地面最低处，其箅子顶面应低于设置处地面　C　mm。

A.20　　　　　B.10　　　　　C.5　　　　　D.2

96.洗脸盆安装高度（自地面至器具上边缘）为　A　mm。

A.800　　　　B.1000　　　　C.1100　　　　D.1200

97.洗脸盆水龙头（上配水）中心距地面高度为　D　mm。

A.250　　　　B.500　　　　C.800　　　　D.1000

98.采暖管道安装，管径大于　B　mm宜采用焊接和法兰连接。

A.25　　　　　B.32　　　　　C.40　　　　　D.50

99.如无设计要求，热水采暖和热水供应管道及汽水同向流动的蒸汽和凝结水管道，坡度一般为　A　。

A.0.003　　　B.0.005　　　C.0.002～0.005　D.≮0.005

100.室内采暖和热水供应系统立管安装时，当管径大于32mm时，管道外表面与墙壁抹灰面的距离为　B　mm。

A.25～35　　　B.30～50　　　C.紧贴　　　　D.大于50

101.散热器支管长度大于　B　m时，应在中间安装管卡或托钩。

A.1　　　　　B.1.5　　　　　C.2　　　　　D.3

102.高温热水采暖系统的水压试验，工作压力小于0.43MPa，试验压力等于工作压力　C　倍。

A.1　　　　　B.1.5　　　　　C.2　　　　　D.3

103.采暖管道的管材均采用钢管。热水供应管道要求较高时可使用　B　。

A.镀锌钢管　　B.铜管　　　C.不锈钢管　　D.铝管

104.采暖系统作水压试验，在5min内压力降低不大于　B　MPa为合格。

A.0.01　　　　B.0.02　　　　C.0.03　　　　D.0.05

105.管道系统的强度试验是检查　B　。

A.管道连接的严密性　　　　B.管路的机械性能

C.管材的强度　　　　　　　D.管件的强度

106.管道系统的水压试验应在环境温度　B　以上进行，当气温低于0℃时，应采取防冻措施。

A.0℃　　　　　B.5℃　　　　　C.10℃　　　　D.25℃

107. 各种管道在投入使用前，必须进行清洗，工作介质为液体的管道，一般应进行　A　，以消除管内杂物。

A. 水冲洗　　　　　　　　　　B. 工作介质冲洗

C. 压缩空气吹扫　　　　　　　D. 蒸汽吹扫

108. 管道系统水压试验压力设计无规定时，中、低压地上管道的强度试验压力为　A　（P 指工作压力）。

A. 1.25P　　　　B. 1.5P　　　　C. 2P　　　　D. 3P

109. 工作介质为气体的管道，在投入使用前一般应用　A　进行吹扫。

A. 空气　　　B. 蒸汽　　　C. 工作介质　　　D. 二氧化碳

110. 对介质为剧毒、易燃、易爆又有其他特殊要求的管道系统，应在系统吹洗后进行泄漏量试验，在试验压力等于设计压力不保持　D　h。

A. 10　　　　B. 12　　　　C. 20　　　　D. 24

111. 管道系统强度与严密性试验，一般采用　A　进行。

A. 液压　　　B. 气压　　　C. 二者均可

112. 管道系统水压试验时，系统最高点应装　B　。

A. 排水阀　　B. 放气阀　　C. 止回阀　　D. 截止阀

113. 管道系统吹扫和清洗，应在　B　进行。

A. 强度试验和严密性试验前　　B. 强度试验和严密性试验后

C. 强度试验后，严密性试验前　D. 强度试验前，严密性试验后

114. 管道系统吹洗的顺序一般按　A　依次进行。

A. 主管、支管、疏排水管　　B. 支管、主管、疏排水管

C. 疏排水管、支管、主管　　D. 疏排水管、主管、支管

115. 管道吹洗时，吹扫压力不得超过设计压力，流速应　B　。

A. 低于工作流速　　　　　　B. 大于工作流速

C. 大于工作流速的二倍　　　D. 等于工作流速的 1/2

116. 碳钢管道防腐常用的底漆有　A　。

A. 红丹油性防锈漆　　　　　B. 沥青漆

C. 硝基漆　　　　　　　　　D. 酚醛漆

117. 钢管表面用酸洗除锈，所用的酸液为　B　。

A. 醋酸　　B. 盐酸　　C. 硝酸　　D. 甲酸

118. 管道表面用酸洗除锈，酸洗后要用清水洗涤，并用　D　中和，再用热水冲洗 2～3 次，并干燥。

A. 10% 浓度的烧碱溶液　　　B. 10% 浓度的碳酸钠溶液

C.50%浓度的烧碱溶液　　D.50%浓度的碳酸钠溶液

119. 为操作、管理和维修方便，应在不同介质的管道表面涂不同颜色和色环。过热蒸汽管基本色为红色，色环颜色为　A　。

A. 黄　　　　B. 绿　　　　C. 白　　　　D. 黑

120. 碳钢管普通防腐层第一层（从金属表面算起）所用材料为　A　。

A. 冷底子油　　　　　　　B. 沥青玛碲脂

C. 防水卷材　　　　　　　D. 保护层材料

121. 碳钢管沥青防腐层在防腐工场施工时，管子两端的防腐层要做好阶梯式接槎，并留有　B　mm左右的光管，以备接口后补防腐层。

A.100　　　　B.200　　　　C.300　　　　D.500

122. 碳钢管防腐层绝缘性能应检查，用电火花检验器检测。普通防腐层结构，检测时电压为　A　kV，不应有击穿现象。

A.12　　　　B.24　　　　C.36　　　　D.48

123. 碳钢管防腐层厚度每100m抽查不小于4m，其厚度偏差不超过设计规定的　A　。

A. $\dfrac{1}{10}$　　　B. $\dfrac{2}{10}$　　　C. $\dfrac{3}{10}$　　　D. $\dfrac{4}{10}$

124. 非水平管道的绝热施工应　A　进行。

A. 自下而上　　　　　　　B. 自上而下

C. 自中间往两边　　　　　D. 自两边往中间

125. 垂直管道作保温层时，层高小于或等于5m，每层应设　A　个支撑托架。

A.1　　　　B.2　　　　C.3　　　　D.4

126. 垂直管道作保温层时，应设支撑托板，支撑托板应焊在管壁上，其位置在立管管卡的上部　C　mm处。

A.50　　　　B.100　　　　C.200　　　　D.500

127. 按照《建筑采暖卫生与煤气工程质量检验评定标准》规定，分项工程的质量等级分为　B　。

A. 合格与不合格两个级　　B. 合格与优良两个级

C. 不合格、合格与优良3个级　D. 合格、良、优3个级

128. 根据《建筑采暖卫生与煤气工程质量检验评定标准》规定，建筑采暖卫生和煤气工程共分　C　个分项工程。

A.12　　　　B.15　　　　C.17　　　　D.21

408

129．分项工程质量等级为优良，则所含分项工程的质量应全部合格，其中有＿＿C＿＿及以上为优良（必须含指定的主要分项工程）。

A．30%　　　B．40%　　　C．50%　　　D．60%

130．《建筑采暖卫生与煤气工程质量检验评定标准》适用于工作压力不大于＿＿C＿＿MPa 的给水和消防管道等。

A．0.3　　　B．0.4　　　C．0.6　　　D．1.0

131．开挖管沟应及时排除地下水，挖沟至＿＿B＿＿m 深度时如土质松软，必须做好防止塌方的安全工作，然后才能施工。

A．0.5　　　B．1.0　　　C．2.0　　　D．3.0

132．使用照明行灯的电压不能超过 36V，在金属容器内或潮湿环境使用时电压应不超过＿＿C＿＿V。

A．36　　　B．24　　　C．12　　　D．6

133．高空作业安装＿＿C＿＿mm 以上管子应用链条钳，不得使用铰管子钳。

A．$DN32$　　　B．$DN40$　　　C．$DN50$　　　D．$DN100$

134．试压用压力表满刻度值为最大被测压力的＿＿B＿＿倍。

A．1.0~1.5　　B．1.5~2.0　　C．2.0~2.5　　D．2.5~3.0

135．电气设备着火应首先切断电源，并用＿＿A＿＿灭火。

A．干粉灭火器　　B．水　　　C．泡沫灭火器

136．管道工在＿＿B＿＿m 以上高空架设管道时，应搭脚手架或采取其他措施后方可进行施工。

A．10　　　B．6　　　C．4　　　D．3

137．＿＿A＿＿m 以上高空工作人员必须通过体验，患有严重心脏病、高血压、贫血症等，不得从事高空作业。

A．3　　　B．4　　　C．5　　　D．10

（三）计算题

1．求长为 10m 的碳素钢管子（规格为 $D219 \times 10$）的重量（已知碳素钢的密度为 7.85g/cm^3）。

【解】　$m = \rho \cdot V = \rho \cdot \pi \ (R^2 - r^2) \cdot l = \rho \cdot \pi \ (R+r) \ (R-r) \cdot l$

∵已知 $\rho = 7.85\text{g/cm}^3$　$R + r = D - \delta = 219 - 10 = 209\text{mm} = 20.9\text{cm}$

$R - r = \delta = 10\text{mm} = 1\text{cm}$　$l = 10\text{m} = 1000\text{cm}$

∴$m = 7.85 \times 3.14 \times 20.9 \times 1 \times 1000 = 515164.1\text{g}$

$= 515.2\text{kg}$

2. 求液面为大气压强的水，深 1m 处的静水压强（水重力密度 $\gamma = 9.80kN/m^2$）。

【解】 水深 1m 处，$P = \gamma \cdot h$ $\gamma = 9.80kN/m^2$（已知）

$h = 1m$ $\therefore P = 9.80 \times 1 = 9.80kPa$

3. 求长 2m，宽 1m 的水箱，贮水 1m 时的容水重量（水的密度为 $1000kg/m^3$）。

【解】 $m = \rho \cdot V$ $\rho = 1000kg/m^3$（已知）

$V = 长 \times 宽 \times 水深 = 2 \times 1 \times 1 = 2m^3$

$\therefore m = 1000 \times 2 = 2000kg$

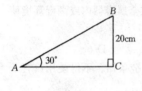

图 1

4. 如图 1，某直角三角形的一个锐角为 30°，其对边为 20cm，求三角形其余的角和边的长度及三角形的面积。

【解】 该直角三角形的另一个角为：

$180° - 90° - 30° = 60°$

该三角形 $AB = \dfrac{BC}{\sin 30°} = \dfrac{20}{\dfrac{1}{2}} = 40cm$，$AC$

$= \sqrt{40^2 - 20^2} = 20\sqrt{3}cm = 34.6cm$

面积 $= \dfrac{1}{2}AC \times BC = \dfrac{1}{2} \times 20\sqrt{3} \times 20 = 200\sqrt{3}cm^2 = 346.4cm^2$

5. 一根 $\phi 108 \times 4mm$ 的无缝钢管，需热弯成 90°弯管，弯曲半径为 3.5 倍管径，求加热长度为多少？

【解】 $R = 3.5 \times 108$

加热长度 $= \dfrac{\alpha \cdot \pi \cdot R}{180} = \dfrac{90° \times 3.14 \times 3.5 \times 108}{180}$

$= 593.5mm$

6. 如图 2，一根 $\phi 57 \times 3.5$ 的无缝钢管，长 1500mm，需弯成一只来回弯，一端长 300mm，两弯头之间 500mm，$R = 4D_W$，试问起弯点和加热长度各是多少？

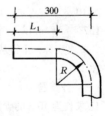

图 2

【解】 加热长度 $= \dfrac{\alpha \cdot \pi \cdot R}{180} = \dfrac{90 \times 3.14 \times 57}{180}$

$= 358mm$

端长 $- R = $ 端口至起弯点距离 L_1

$L_1 = 300 - 4 \times 57 = 72mm$

410

7. 画出 $D89 \times 3.5mm$ 等径正三通的展开图。

【解】 $D89 \times 3.5mm$ 等径正三通（按1:3画），如图3。

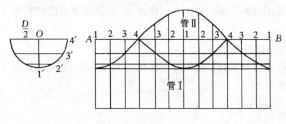

图 3

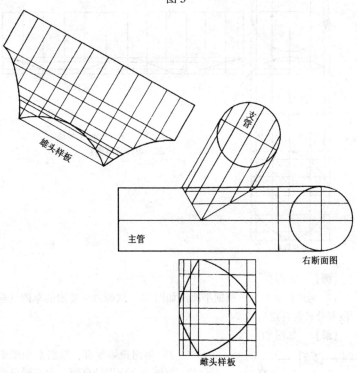

图 4

8. 画出 $D89 \times 3.5mm$ 交角 $60°$ 等径斜三通（按1:3画）

【解】 如图4。

411

9. 画出 $D108 \times 4.5 - D159 \times 6$ 异径正三通展开图。

【解】 如图 5。

10. 运用投影原理，根据立面图图 6，试画出平面图的草图（前后管段长度自定）。

【解】 如图 7。

11. 运用投影原理，根据立面图如图 8，试画出平面的草图（前后管段长度自定）。

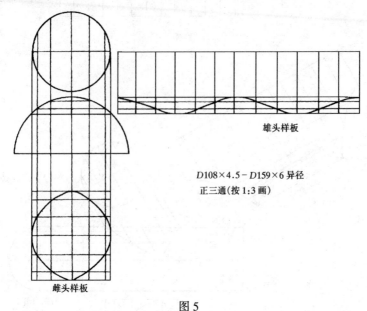

雄头样板

$D108 \times 4.5 - D159 \times 6$ 异径

正三通(按 1:3 画)

雌头样板

图 5

【解】 如图 9。

12. 运用投影原理、根据平面图如图 10，试画出立面图的草图（垂直管段部分长短自定）。

【解】 如图 11。

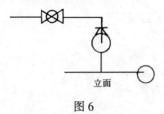

立面

图 6

13. 运用投影原理，根据平面图如图 12，试画出立面图的草图（垂直管段部分长短自定）。

【解】 如图 13。

14. 如图 14，补第三视图。

【解】 如图 15。

412

15. 如图 16，补画第三视图。

【解】 如图 17。

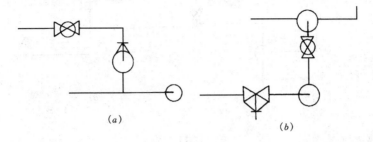

图 7

(a) 立面；(b) 平面（答案）

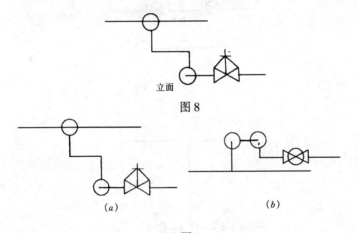

图 8

图 9

(a) 立面；(b) 平面（答案）

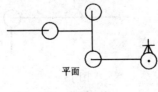

图 10

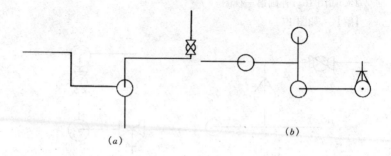

(a)　　　　　　　　　(b)

图 11

(a) 立面（答案）；(b) 平面

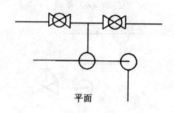

平面

图 12

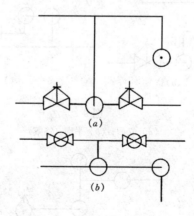

(a)

(b)

图 13

(a) 立面（答案）；(b) 平面

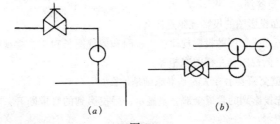

图 14

(a) 立面；(b) 平面

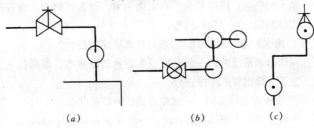

图 15

(a)；(b)；(c) 侧面图（答案）

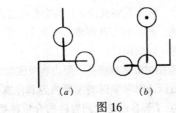

图 16

(a) 立面；(b) 平面

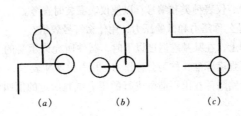

图 17

(a) 立面；(b) 平面；(c)（答案）

415

（四）简答题

1. 三面投影图的投影规律是什么？

答：三面投影图的投影规律：主视图和俯视图长对正，主视图和左视图高平齐，俯视图和左视图宽相等。

2. 管道交叉表示方法的基本原则是什么？

答：先投影到的管道全部完整显示，后投影到的管道断开，在双线图里用虚线表示。

3. 管道施工图可分为基本图和详图两大部分，基本图包括哪些内容？

答：基本图包括：图纸目录、施工说明书、设备材料表、流程图、平面图、系统轴测图、立（剖）面图。

4. 室内排水管道系统图识读一般按什么顺序进行？

答：识读排水系统时，一般是按卫生器具的存水弯、器具排水管、排水横管、立管、排出管的顺序进行。

5. 识读各种管道施工图，一般应遵循的原则是什么？

答：各种管道施工图的看图方法，一般应遵循从整体到局部、从大到小、从粗到细的原则。

6. 简述管道施工图的看图顺序。

管道施工图看图顺序，首先看图纸目录，其次看施工说明书、材料表、设备表等一系列文字说明，然后按照流程图、平面图、立（剖）面图、系统轴测图及详图的顺序逐一详细阅读。

7. 识读站房工艺流程图时要掌握哪些主要内容及注意事项？

答：站房工艺流程图识读时要掌握的主要内容和注意事项如下：（1）查明站房内主要设备（2）了解各设备之间管路的介质种类、流向、管径、管路分支、管路附件的设置、阀门型号及规格等情况。（3）流程图还提供仪表安装位置、仪表种类和编号，以便仪表安装时查考。

8. 什么是公称压力和试验压力，用什么符号表示？

答：工程上，在某基准温度以下时，制件所允许承受的工作压力作为该制件的耐压强度标准，称为公称压力，用符号 PN 表示。

管子与管路附件在出厂前所进行的压力试验所定的值叫试验压力，用 PS 表示。

9. 水面下的压强与水深有何关系？

答：水面下任何一点的压强和这点到水面下的垂直距离成正比，$P = \gamma \cdot h = \rho \cdot g \cdot h$。

10. 什么是金属的强度和应力？

答：强度是指金属材料在使用过程中受到不同形式的外力（载荷）的作用，抵抗变形的能力。应力是指材料在载荷作用下，在材料内部单位面积上所产生的内力。

11. 对于铸铁管和铸铁管件进行质量检验，其内容有哪些？

答：检查内容包括：粘砂、承口根部的凹陷，机械加工部位孔穴，沟陷重皮及疤痕，内外表面的漆层，水泥涂层，尺寸偏差和承压能等项目。

12. 对于低压流体输送钢管及管件作外观质量检验，检验项目有哪些？

答：检查项目包括：裂纹、夹渣、折叠、重皮等缺陷和锈蚀凹陷的程度。螺纹连接的管子管件还需检验螺纹密封面和螺纹的精度和光洁度，对于镀锌管还要注意有否锌皮脱落。

13. 简述无缝钢管的一些用途。

答：无缝钢管材质均匀，有较好的耐腐蚀性能，强度高，能输送有压物料，如蒸汽、压力水、过热水和易燃、易爆、有毒物质，在管道工程中被广泛使用。

14. 在钢管道上常用的法兰有哪些？

在钢管道上常用法兰有平焊型光滑面、凹凸面法兰、榫槽法兰和对焊型的光滑面、凹凸面法兰和榫槽法兰。

15. 简述使用成品钢弯头进行管道施工的优缺点？

答：使用成品弯头进行管道施工的优点是安装速度快，不需要弯管，管道占据的空间小，从而可以缩短管线的长度，使设备排列紧密，可减小厂房尺寸。其缺点是与弯管相比，增加了焊缝，加大切管、坡口加工、焊接、焊缝检验直至试压等工作量，特别是一些重要管道，大量增加焊缝有损管道运转的可靠性。

16. 简述截止阀的特点及适用范围。

答：截止阀特点是：结构简单，可以调节流量，启闭容易，制造和维修方便，但流体阻力大，且只能单向流动。

适用范围较广，广泛应用于高、中、低压管道，常用于蒸汽等气体介质管路全启全闭操作。

17. 手工气割时，应如何选择割嘴号数？

答：手工气割时，使用的割嘴号数和切割氧气压力的大小应根据工件厚度来确定。如切割小于 4mm 厚的钢件时，一般选 1～2 号割嘴，氧气压力 0.3～0.4MPa，当切割 4～10mm 厚的钢件时，一般选用 2～3 号割嘴，氧气压力为 0.4~0.5MPa。

18. 氧气减压器及乙炔减压器使用时应注意哪些事项？

答：使用减压器的注意事项：（1）在减压器前，要略打开气瓶阀门，放出一些气体，吹净瓶口杂质，随后关闭。操作时瓶口不能朝人体方向。（2）检验各接头是否拧紧，调节螺丝应处于松开位置。（3）装好减压器，再开启瓶阀，查看压力表工作是否正常。各部位有无漏气，待正常后，再接输气胶带。（4）停止工作时，先松开减压器的调节螺丝，再关闭气瓶阀。

19. 简述焊接常见的缺陷。

答：焊接常见的缺陷：（1）焊缝尺寸及形状不符合要求。（2）咬边。（3）焊瘤。（4）弧坑。（5）气孔。（6）裂纹。（7）夹渣。（8）未焊透。

20. 简述管道敷设顺序。

答：管道敷设的顺序一般是：先装地下，后装地上。先装大管道，后装小管道。先装支吊架，后装管道。先装干管，后装支管。先装高空管道，后装低空管道。先装金属管道，后装非金属管道。先装靠建筑物管道，后装外面管道。

21. 管道安装工程施工中管道相遇的避让原则是什么？

答：避让原则是：小口径管道让大口径管道，有压力管道让无压力管道，低压管道让高压管道，一般管道让低温、高温管道，辅助管道让物料管道，一般物料管道让易结晶、易沉淀管道，支管道让主管道。

22. 管道敷设应注意哪些事项？

答：管道敷设注意事项：（1）管路敷设不应挡门、窗，应避免通过电动机、配电盘等上方。（2）供液管路不应有气囊，吸气管路不应有液囊，以免发生气阻或液阻现象。（3）管路敷设应有坡度，坡度方向应符合设计要求。（4）管路与阀门重量不应支承在设备上，尽量用支（吊）架将重力分散。（5）当分支管从主干管上侧引出时，在支管靠近主管处安装阀门时，宜装在分支管的水平管段上。（6）管路上安装仪表用各控制点，应在管路安装时同时进行。（7）采用无缝冲压管件，不宜直接与平焊法兰焊接。（8）地下敷设或暗装管道试压、防腐或保温后，应办理隐蔽工程验收手续，并填写《隐蔽工程记录》，方可封闭管道。

23. 简述地下管道无地沟敷设的施工顺序。

答：无地沟（埋地）敷设施工顺序是：测量、打桩、放线、挖土、管基处理、下管前管道预制、防腐、下管、连接、试压、接口防腐处理、回填土等。

24. 室内给水系统一般由哪几部分组成？

答：室内给水系统一般由引入管、水表节点、室内管道系统、给水附件、升压和贮水设备、室内消防设备所组成。

25. 简述室内给水系统常见的给水方式。

答：室内给水系统的给水方式：（1）直接线水方式。（2）设水箱给水方式。（3）设水池、水箱和水泵的给水方式。（4）设水池、水泵的给水方式。（5）分区分压的给水方式。

26. 简述室外给水管道的铺设顺序。

答：室外给水管道应按以下顺序进行铺设：按图测量放线→开挖管沟→铺管接口→试压验收→防腐工程→覆土→水冲洗→竣工验收。

27. 室外给水管道水压试验压力值如何确定？

答：室外给水管道试验压力在设计无要求时可按下表计算。

管　材	工作压力（MPa）	试验压力（MPa）
钢　管	P	$P+0.5$ 并不小于 0.9
铸铁管	$P \leqslant 0.5$	$2P$
	$P > 0.5$	$P+0.5$
预应力钢筋混凝土管，	$P \leqslant 0.6$	$1.5P$
钢筋混凝土管等	$P > 0.6$	$P+0.3$

28. 简述室内给水管道的安装顺序。

答：安装顺序一般是先安装引入管，后安装干管、立管和支管。总之按区域进行分项施工，先地下后地上，先大管后小管，先支吊架后管道，管道毛坯安装完工后进行水压试验，然后再装水龙头，与卫生器具镶接或连接用水设备。

29. 简述水表安装要求。

答：水表应安装在查看方便、不受曝晒、不受污染和不易损坏处。引入管上水表宜装在室外检查井中，表前后装设阀门，为保证水表计量准确，螺翼式水表上游侧应有 8～10 倍水表口径的直管段，其他类型水表前后应有不小于 300mm 的直管段，水表应水平安装，水表外壳箭头方向与水流方向须一致。

30. 室内排水系统试验应如何进行？

答：室内排水系统安装完毕，用灌水法进行试验，检查管道和接头的严密性。

对生活和生产排水管道系统，管内灌水高度须达到一层楼高度（不超过 0.05MPa），雨水管道的灌水高度须达到每根立管最上部的雨水漏斗，凡暗装和埋地铺设的排水管道，在隐蔽前必须做灌水试验，合格后方可回填土或进行隐蔽，其灌水高度应不低于底层地面高度。灌水试验以满水15min，再灌满延续5min不下降为合格。

31. 简述室内采暖系统管道安装程序。

答：安装程序：支架制作安装→测绘管段加工草图、下料预制→阀件检验试压→系统设备制作→散热器组对、试压→系统干、立管安装→散热器及其支管的安装→系统附件、设备安装→系统试压和吹扫→刷漆、保温→交工验收。

32. 管道试压应先做好哪些准备工作及检查工作？

答：准备工作：包括试压方案、检漏方法的确定及相应的试压机具、材料等准备。

检查工作：包括施工技术资料是否齐全、管道的走向、坡度、各类支架、补偿器、法兰螺栓、焊缝的热处理、应设的盲板、压力计等项工作是否达到要求。

33. 管道系统吹洗的一般顺序是什么？

答：管道系统吹洗顺序一般应按主管、支管、疏排水管依次进行。

34. 管道系统吹洗常用介质是什么？一般采用哪些吹洗动力设备？

答：吹洗所常用的介质是水、压缩空气和蒸汽。一般可用装置中的气体压缩机、水泵和蒸汽锅炉等为吹洗动力设备。

35. 管道油漆前，对管道表面应作何处理？

答：涂料涂刷前，应将管道表面的灰尘、油垢、氧化皮和锈蚀等清除掉。对于焊缝应清除焊渣、毛刺。金属表面粘有较多油污时，可用汽油或浓度为5%的烧碱溶液清刷，等干燥后再除锈。如不清除杂物，将影响油漆层与金属表面结合。

36. 管道涂漆施工，涂层质量有何要求？

答：涂层质量要求：漆膜附着牢固，涂层均匀，无剥落、皱皮、流挂、气泡针孔等缺陷，涂层完整，无损坏，无漏涂。

37. 简述涂漆施工程序。

答：涂漆施工程序：第一层底漆或防锈漆（一道或二道），第二层面漆（调和漆或磁漆等），第三层罩光清漆。现场涂漆一般应任其自然干燥，多层涂刷的前后间隔时间应保证漆膜干燥。

38. 埋地敷设钢管的防腐有哪几个等级？常用材料有哪些？

答：埋地敷设钢管防腐等级有：普通、加强和特加强3个等级。

常用材料：冷底子油、沥青玛琋脂、防水卷材和保护层材料。

39. 管道保温层结构由几部分组成? 管道保温层常用施工方法有哪几种?

答: 保温层结构由绝热层、防潮层和保护层 3 部分组成。

管道保温层常用的施工方法有涂抹法、预制块法、缠绕法和填充法 4 种。

40.《建筑采暖卫生与煤气工程质量检验评定标准》的适用范围是什么?

答: 适用于工业与民用建筑的室内采暖卫生与煤气工程和民用建筑群的室外给水、排水、供热及煤气管网以及锅炉安装工程。适用于工作压力不大于 0.6MPa 的给水和消防管道, 工作压力不大于 0.6MPa, 温度不超过150℃的采暖和供热管道。

41. 施工验收规范由哪几部分组成? 一般包括哪些内容?

答: 验收规范由总则、通用规定和各分项工程系统安装组成。其内容一般包括: 总则、材料检验、材料加工、焊接、安装、试压、吹扫与清洗、涂漆等。

42. 当分项工程质量不符合质量检验评定标准合格的规定时, 经及时处理后, 如何确定其质量等级?

答:(1) 返工重做的可重新评定质量等级。

(2) 经加固补强或经法定检测单位鉴定能够达到设计要求的, 其质量仅应评为合格。

(3) 经法定检测单位鉴定达不到原设计要求, 但经设计单位认可能够满足结构安全和使用功能要求可不加固补强的, 或经加固补强改变外形尺寸或造成永久性缺陷的, 其质量可定为合格, 但所在分部工程不应评为优良。

43. 管道工程在按施工验收规范进行验收时, 施工单位还应向建设单位提供竣工资料, 一般包括哪些内容?

答:(1) 管路系统强度试验、严密性试验和其他试验报告以及清洗吹扫记录。

(2) 管道焊缝探伤拍片报告及探伤焊缝位置单线图。

(3) 安全阀、减压阀的调整试验报告。

(4) 隐蔽工程及系统封闭验收报告。

(5) 部分单位项目的中间交工记录。

(6) 管道补偿器的预拉伸 (压缩) 记录。

(7) 管道焊缝热处理及着色检验记录。

(8) 竣工图。

44. 施工现场安全生产的基本要求是什么?

答: 施工现场安全生产的基本要求:

（1）进入现场戴好安全帽，扣好帽带，并正确使用个人劳保用品。

（2）2m 以上的高空、悬空作业要有安全措施。

（3）高空作业的要点是防止坠落和砸伤。

（4）电动机械设备，有可靠安全接地和防护装置。

（5）非本工种人员严禁使用机电设备。

（6）非操作人员严禁进入吊装区域，吊装机械必须完好，桅杆垂直下方不准站人。

（7）遵守现场消防、保卫制度。

二、实际操作部分

1．题目：DN15 疏水器组装，如图 18。

考试要求：管子下料用手工钢锯，绞丝用手动铰板进行。

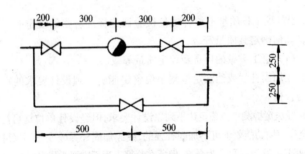

图 18 组装简图

考核项目及评分标准

序号	考核项目	检测方法	测数	允许偏差	评分标准	满分	实测记录	得分
1	丝扣	计数			丝扣长一牙或烂一牙 2 分	10		
2	外观	目测、尺量			不平整，每误差 2mm 扣 2 分	15		
3	尺寸	尺量	任意	±1mm	每超出 1mm 扣 2 分	25		
4	材料	计数		2 根锯条	每超用一支锯条扣 2 分	5		
5	工艺操作规范	观察			错误无分，局部有误扣 1～9 分	10		
6	安全生产	观察			无安全事故（有事故苗子扣 1～3 分）	15		

序号	考核项目	检测方法	测数	允许偏差	评分标准	满分	实测记录	得分
7	文明施工	观察			场地整洁，工具、用具维护得满分，否则扣1～5分	10		
8	工效				按劳动定额进行，低于90%本项无分，在90%～100%内酌情扣分，超过者酌情加1～3分	10	.	

2. 题目：DN20 镀锌钢管螺纹连接制作正方形封闭管路。如图 19。

考试要求：管子下料用手工钢锯，绞丝用手动铰板进行。

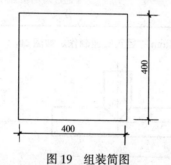

图 19 组装简图

考核项目及评分标准

序号	考核项目	检测方法	测数	允许偏差	评分标准	满分	实测记录	得分
1	丝扣	计数			丝扣长一牙或烂一牙扣2分	15		
2	外观	目测、尺量			不平整，每误差2mm扣2分	14		
3	尺寸	尺量	任意	±1mm	每超出 1mm 扣 4分	30		
4	材料	计数		2 根锯条	每超用一根扣3分	6		
5	工艺操作规范	观察			错误无分，局部有错扣1～9分	10		

序号	考核项目	检测方法	测数	允许偏差	评分标准	满分	实测记录	得分
6	安全生产	观察			无安全事故得满分，有事故苗子扣1~3分	5		
7	文明施工	观察			场地整洁，工具、用具维护得满分	10		
8	工效				按劳动定额进行，低于定额90%，本项无分。在90%~100%内酌情扣分，超过者酌情加1~3分	10		

3. 题目：φ89×4mm 等径正三通制作。如图 20。

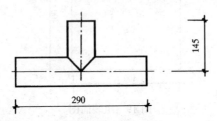

图 20　三通简图

考核项目及评分标准

序号	考核内容	检测方法	测数	允许偏差	评分标准	满分	实测记录	得分
1	放样	套板	全测		样板不正确扣1~20分	20		
2	各部尺寸	尺量	任意	±2mm	超过者每处扣1~5分	15		
3	间隙	目测	任意		间隙不对，缝道不均匀，有坑、陷每处扣1~5分	10		
4	坡口钝边处理	尺量	任意		超规定，每处扣1~3分	10		

424

序号	考核项目	检测方法	测数	允许偏差	评分标准	满分	实测记录	得分
5	垂直度	尺量	二处	±1°	每超 1°（立管与水平管之间）扣 2 分	10		
6	工艺操作规范	观察			错误无分，局部有错扣 1～9 分	10		
7	安全生产	观察			无安全事故得满分，有事故苗子扣 1～3 分	5		
8	文明施工	观察			场地整洁，工具、用具维护得满分	10		
9	工效				按劳动定额进行，低于定额 90%，本项无分，在 90%～100% 内酌扣分，超过者酌情加 1～3 分	10		

4. 题目：墙架式洗脸盆安装，如图 21。

5. 题目：$\phi 108 \times 89$ 异径正三通制作。如图 22。

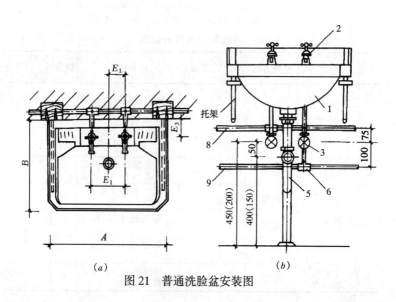

（*a*）　　　　　　　　　（*b*）

图 21　普通洗脸盆安装图

425

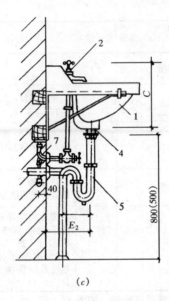

(c)

图 21 普通洗脸盆安装图（续）

(a) 平面图；(b) 立面图；(c) 侧面图

1—洗脸盆；2—龙头；3—角式截止阀；4—排水栓；5—存水弯；

6—三通；7—弯头；8—热水管；9—冷水管

考核项目及评分标准

序号	考核内容	检测方法	测数	允许偏差	评分标准	满分	实测记录	得分
1	外观	目测			镀铬件有损伤，每处扣 2 分。冷热龙头位置不对，扣 5 分。其他外观不合格扣 1~15 分	25		
2	管道连接	目测	任意		管道接口不符合质量要求扣 1~15 分	15		
3	尺寸	尺量	任意		尺寸不符合要求，每处扣 1~3 分	15		
4	垂直度	尺量		3mm	每超过 1mm 扣 2 分	5		
5	水平度	尺量		2mm	每超过 1mm 扣 2 分	5		
6	工艺操作规范	观察			错误无分，局部有错扣 1~9 分	10		

426

序号	考核内容	检测方法	测数	允许偏差	评分标准	满分	实测记录	得分
7	安全生产	观察			无安全事故得满分，有事故苗子，扣1~3分	5		
8	文明施工	观察			场地整洁，工具、用具维护得满分	10		
9	工效				按劳动额定进行，低于定额90%，本项无分。在90%~100%内酌情扣分，超过者酌情加1~3分	10		

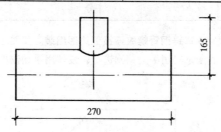

165

270

图 22 异径三通简图

考核项目及评分标准

序号	考核内容	检测方法	测数	允许偏差	评分标准	满分	实测记录	得分
1	放样	套板	全测		样板不正确扣1~20分	20		
2	各部尺寸	尺量	任意	−2mm~+2mm	超过者每处扣1~5分	15		
3	间隙	目测	任意		间隙不对，缝道不均匀，有坑、陷，每处扣3分	10		
4	坡口钝边处理	尺量	任意		超规定，每处扣1~5分	10		
5	垂直度	尺量	二处	−1°~+1°	每1°（立管与水平管之间）扣2分	10		

序号	考核内容	检测方法	测数	允许偏差	评分标准	满分	实测记录	得分
6	操作工艺规范	观察			错误无分，局部有误扣1~9分	10		
7	安全生产	观察			无事故得满分，有事故苗子扣1~3分	5		
8	文明施工	观察			场地整洁，工具、用具维护得满分	10		
9	工效				按劳动定额进行，低于定额90%本项无分。在90%~100%内酌情加分，超过者酌情加1~3分	10		

6.题目：DN20 镀锌钢管螺纹连接五边形组装。如图23。

考试要求：管子下料用手工钢锯进行，绞丝用手动铰板进行。

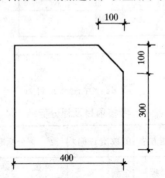

图 23　组装简图

考核项目及评分标准

序号	考核项目	检测方法	测数	允许偏差	评分标准	满分	实测记录	得分
1	丝扣	计数			丝扣长一牙或烂一牙扣2分	15		
2	外观	目测、尺量			不平整、扭曲，每误差2mm扣2分	14		

428

序号	考核项目	检测方法	测数	允许偏差	评分标准	满分	实测记录	得分
3	尺寸	尺量	任意	±1mm	每超出 1mm 扣 4 分	30		
4	材料	计数		2 根锯条	每超出一根扣 3 分	6		
5	工艺操作规范	观察			错误无分，局部有错扣 1~9 分	10		
6	安全生产	观察			无安全事故得满分，有事故苗子扣 1~3 分	5		
7	文明施工	观察			场地整洁，工具用具维护得满分	10		
8	工效				按劳动定额进行，低于定额 90%，本项无分。在 90%~100% 内酌情扣分，超过者酌情加 1~3 分	10		

7. 题目：D32×3 无缝钢管煨制 90°弯头。如图 24。

考试要求：用氧-乙炔焰割炬加热，手工进行。

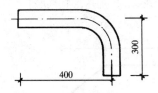

图 24　弯头简图

考核项目及评分标准

序号	考核项目	检测方法	测数	允许偏差	评分标准	满分	实测记录	得分
1	画线（加垫长度）	尺量		±1mm	每超出 1mm 扣 2 分	10		
2	外观	目测、尺量			不平整、扭曲算缺陷，扣 1~14 分	15		

序号	考核项目	检测方法	测数	允许偏差	评分标准	满分	实测记录	得分
3	尺寸	尺量	任意	±1mm	每超出 1mm 扣 2 分	24		
4	角度	尺量		±3mm/m	每超出 1mm 扣 2 分	6		
5	工艺操作规范	观察			错误无分，局部有错扣 1～15 分	20		
6	安全生产	观察			无安全事故满分，有事故苗子扣 1～3 分	5		
7	文明施工	观察			场地整洁，工具、用具维护得满分	10		
8	工效				按劳动定额进行，低于定额 90%，本项无分，在 90%～100% 内，酌情扣分，超过者酌情加 1～3 分	10		

8. 题目：D32×3 无缝钢管煨制来回弯。如图 25。

考试要求：用氧-乙炔焰割炬加热，手工进行。

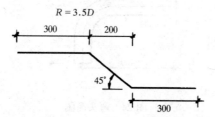

$R = 3.5D$

图 25　来回弯简图

考核项目及评分标准

序号	考核项目	检测方法	测数	允许偏差	评分标准	满分	实测记录	得分
1	画线（加垫长度）	尺量		±1mm	每超出 1mm 扣 2 分	10		
2	外观	目测、尺量			不平整、扭曲等缺陷，扣 1～14 分	15		

序号	考核项目	检测方法	测数	允许偏差	评分标准	满分	实测记录	得分
3	尺寸	尺量	任意	±1mm	每超出 1mm 扣 2 分	24		
4	角度	尺量		±3mm/m	每超出 1mm 扣 2 分	6		
5	工艺操作规范	观察			错误无分，局部有错扣 1~9 分	20		
6	安全生产	观察			无安全事故得满分，有事故苗子扣 1~3 分	5		
7	文明施工	观察			场地整洁，工具、用具维护得满分	10		
8	工效				按劳动定额进行，低于定额 90%，本项无分，在 90%~100% 内酌情扣分，超过者酌情加 1~3 分	10		

9. 题目：φ89×4mm 等径斜三通制作，α=45°。如图 26。

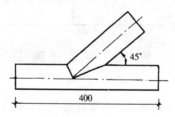

图 26　斜三通简图

考核项目及评分标准

序号	考核内容	检测方法	测数	允许偏差	评分标准	满分	实测记录	得分
1	放样	套板	全测		样板不正确扣 1~20 分	20		
2	各部尺寸	尺量	任意	±2mm	超过者，每处扣 1~5 分	15		

序号	考核项目	检测方法	测数	允许偏差	评分标准	满分	实测记录	得分
3	间隙	目测	任意		间隙不对、缝道不均匀、有坑、陷每处扣1~5分	10		
4	坡口钝边处理	尺量	任意		超规定每处扣1~3分	10		
5	角度	尺量		±1°	每超1°，扣2分	10		
6	工艺操作规范	观察			错误无分，局部有错扣1~9分	10		
7	安全生产	观察			无安全事故得满分，有事故苗子扣1~3分	5		
8	文明施工	观察			场地整洁，工具、用具维护得满分	10		
9	工效				按劳动定额进行，低于定额90%，本项无分，在90%~100%内酌情扣分，超过者酌情加1~3分	10		

第二章　中级管道工

一、理论部分

（一）是非题（对的划"√"，错的划"×"，答案写在每题括号内）

1. 在流体力学中，单位体积流体的质量和重力常用重量和重力密度表征。（×）

2. 作用在单位面积上的流体静压力，叫单位静压力。（√）

3. 流量是指单位时间内通过过流断面的流体体积。（√）

4. 热量从物体的这一部分传到另一部分的传热方式叫做热对流。（×）

5. 低碳钢具有较好的强度、塑性、韧性，因此应用广泛。（×）

6. 属于特殊性能钢的有：不锈钢、合金钢、耐热钢等。（×）

7. 铸铁牌号采用规定代号和阿拉伯数字表示。（√）

8. 热力管道上最常用的是波形补偿器，在安装时，必须按要求进行预拉伸。（×）

9. 仪表用压缩空气管道宜采用镀锌钢管螺纹连接。（√）

10. 氧气管道不允许与电缆同沟敷设，但可以与电线敷设在同一支架上。（×）

11. 厂区燃气管道一般采用架空敷设，管径大于 300mm 时，可埋地敷设。（×）

12. 乙炔管道所用的材料和配件应禁止使用铜质或铜合金，以防止乙炔产生氧化爆炸。（×）

13. 输送介质工作压力大于 10MPa 的管道称为高压管道。（√）

14. 有应力腐蚀的碳素钢、合金钢管的焊缝，均应进行焊后热处理。（√）

15. 耐大气腐蚀的镍铬钢，叫做不锈钢。（√）

16. 铝的耐蚀性能较高，但塑性较差。（×）

17. 铜的耐蚀性能较好，尤其在氧化酸中性能稳定。（×）

18. 压力顶管施工时，一次最大顶进长度约 50m。（√）

19. 充蒸发液体的压力式温度计安装时，温包应立装。（√）

20. 压力式温度计毛细管安装时，其弯曲半径不小于 50mm。（√）

21. 转子流量计与管道一般采用螺纹、法兰或焊接。（×）

22. 仪表管路敷设时应尽量减少弯曲和交叉，且弯管处不得使用活接头。（√）

23. 起重吊装作业中，最常用的绳索是白棕绳。（×）

24. 工业锅炉主要系统分为汽水系统和煤烟系统两大类。（√）

25. 铜管切割宜用手工、机械和氧乙炔焰等方法进行。（×）

26. 在体积相同的情况下，金属的密度越大，重量也越大。（√）

27. 铝及铝合金管子、管件一般适用于输送介质公称压力不超过 1.6MPa 的管道。（×）

28. 特殊性能钢是指具有特殊物理、化学性能的钢。（√）

29. 工业用纯铝的牌号越大，纯度也越高。（×）

30. 凡直接为产品生产输送各种物质的管道称为工艺管道，也叫动力管道。（×）

31. 压缩空气管路系统必须解决好凝结水的收集和排除问题。（√）

32. 氧的化学性质非常活泼，是强烈的氧化剂、可燃剂。（×）

33. 中低压乙炔管道应采用碳钢管，高压乙炔管道应采用无缝钢管。（×）

34. 用蒸汽或压缩空气将管道中的残油吹扫干净，称为扫线。（√）

35. 12锰钼钒钢管，经热处理后具有良好的综合机械性能，使用温度为－40～520℃。（×）

36. 铜及铜合金管一般不进行冷弯，以防脆裂。（×）

37. 18-8不锈钢的最大缺点是容易产生应力腐蚀。（×）

38. 画工艺管道图时，可用细实线或双点画线将设备外形用正等测图画出。（√）

39. 管架图是表达管架具体结构、制作安装尺寸的详图。（√）

40. 工业企业中，常见的动力管道有热力管道、给水管道和输油管。（×）

41. 热力管道一般选用钢管，如采用螺纹连接时，应采用厚白漆和麻丝做填料。（×）

42. 合金钢阀门应分批进行强度和严密性试验。（×）

43. 18-8不锈钢加入钛、铌等元素，可以防止晶间腐蚀。（√）

44. 不锈钢管道安装时，不得使用金属工具敲击。（×）

45. 铝及铝合金焊接必须在清刷后两小时内进行。（√）

46. 铜管不得与钢管混合堆放，但可以和铝管堆放一起。（×）

47. 一次性插入法适用于 $DN65$ 以下的硬质聚氯乙烯管的承插连接。（√）

48. 用于橡胶衬里管道的管子，管件应采用碳钢或合金钢制造。（×）

49. 压力顶管法施工适用于非岩性土层。（√）

50. 转子流量计必须垂直安装。（√）

51. 液体没有固定的形状，也没有固定的体积。（×）

52. 流速是指单位时间内流体所通过的距离。（√）

53. 依靠物质的流动进行传热的方式称为热传导。（×）

54. 高碳钢比低碳钢锻压性好。（×）

55. 生产中常把退火和高温回火合在一起称调质处理。（×）

56. 画管路轴测图时，一般按轴向缩短率1:1给出。（√）

57. 建筑平面图上被剖切到的部分，轮廓线应画成细实线。（×）

58. 热力管道数量少、管径小、距离较短时，宜采用通行地沟敷。（×）

59. 氧气管道所用的压力表应采用弹簧管式压力表。（×）

60. 厂区燃气管道应有不少于千分之三的坡度，坡向总管。（×）

61. 乙炔爆炸主要是由分解、氧化、聚合3种原因引起。（×）

62. 乙炔架空管道应每隔25m接地一次，接地电阻不大于50Ω。（×）

63. 低合金管道的焊接方法，常采用手工电弧焊、钎焊、气焊。（×）

64. 合金钢管道下料切割应尽量采用机械方法。（√）

65. 不锈钢管子冷弯时，最小弯曲半径不得小于管外径的4倍。（√）

66. 铝及铝合金管道一般采用焊接和法兰连接。（√）

67. 小口径的铜及铜合金管道焊接时，应采用钎焊。（√）

68. 硬聚氯乙烯管焊接时，主要采用热对挤焊。（×）

69. 当工作介质为气体时，最好采用硬橡胶衬里。（√）

70. 顶管施工采用人工挖土时，千斤顶尽量不采用圆周式布置。（√）

71. 仪表管道管件内部的油垢应使用洁净水浸洗。（×）

72. 白棕绳有三股、四股和九股捻制，最常用的以三股最多。（√）

73. 吊装方形物件一般采用4个吊点。（√）

74. 工业锅炉型号由3部分组成，其第二部分表示燃烧方式。（×）

75. 锅炉对流管与上、下锅筒的连接，一般采用胀接方法。（√）

76. 普通碳素钢，含有害杂质和非金属杂质较多，所以应用较少。（×）

77. 50Mn 表示含锰量为 0.5%。（×）

78. 在腐蚀性介质中永不生锈的钢一般称为不锈钢。（×）

79. 气体没有固定的形态，但有固定的体积。（×）

80. 普通黄铜的牌号用"H"加数字组成，数字表示平均含铜量。（√）

81. 在管道正等测图上，阀门一般用符号表示，用粗实线画出。（×）

82. 用于输送易燃易爆介质的管道，应尽量采用焊接方法。（√）

83. 管道因热膨胀所产生的推力与管道材料、温度变化和长度等因素有关。（×）

84. 压缩空气管道管材，一般采用焊接钢管或无缝钢管。（√）

85. 常温下的氧气管道一般采用铝合金管材。（×）

86. 氧气管道与其他管道共架敷设时，其管道间距不小于 250mm。（√）

87. 厂区架空燃气管道应有可靠的接地，其电阻值应大于100Ω。（×）

88. 乙炔发生器和乙炔管道内应严格防止空气混入，否则会形成化合爆炸。（×）

89．中、低压乙炔管道应采用平焊法兰连接，高压乙炔管道应采用对焊法兰连接。（√）

90．厂区输送油管道架空敷设时，不得与其他管道共架敷设。（×）

91．高压管道管材除了 20 号优质碳钢外，还可使用低合金钢。（√）

92．焊接淬硬性倾向较大的低合金钢管，其环境温度必须大于规定温度，还应进行预热。（√）

93．低合金钢管焊接时，不得在管子表面引弧，但可在焊口内引弧。（√）

94．18-8 不锈钢具有较好的耐热性、低温性能和切削加工性能。（×）

95．铝及铝合金管道焊接时，一般采用手工氩弧焊或电焊。（×）

96．铜管采用承插焊接时，承口的扩口长度应大于管径，并应顺介质流向安装。（√）

97．塑料管道热加工时，关键要掌握好加热时间和温度。（×）

98．热电阻适用于感测 500℃ 以下的温度，热电偶适用于感测 500℃ 以上的温度。（√）

99．蒸发量是指锅炉每小时所产生蒸汽的数量。（√）

100．离心泵在压水管路上一般应装设闸阀。（√）

101．金属从固态向液态转变时的温度称熔点。（√）

102．强度是指金属材料在载荷作用下抵抗塑性变形和破坏的能力。（√）

103．画图的原则是先看到的管线全部画出，后看到的管线断开。（√）

104．热力管道严禁与燃气管道同沟敷设，但允许与氧气管道同沟敷设。（×）

105．热水管道的最高点应设排气装置，蒸汽管道的最低点应设疏水装置。（√）

106．铝合金管不得用于中高压氧气管道。（√）

107．车间乙炔管道架空敷设时，不得与氧气管道共架敷设。（×）

108．乙炔管道应在安装完毕后，压力试验前进行吹扫。（×）

109．重油管道的伴热方法以外伴热最为稳定可靠，采用较多。（√）

110．高压管的连接方法主要有螺纹法兰连接和焊接。（√）

111．低合金钢管焊后必须进行热处理，以消除焊接应力。（×）

112．锅炉的种类很多，按安装方法可分为立式和卧式两种。（×）

113．蒸汽过热器的作用是将从锅炉锅筒引出的饱和蒸汽在定压下继续

加热，使之成为过热蒸汽。（√）

114．蒸汽过热器有多种布置方式，在实际使用中，以顺流式应用最为广泛。（×）

115．省煤器是利用吸收锅炉热量，加热燃料的换热设备。（×）

116．大型现代锅炉一般采用组合安装方法。（√）

117．校正锅炉钢构件方法有 3 种。对于变形不大，刚性较小的构件可采用假焊法。（×）

118．胀管的实质是将管端在锅筒的管孔内进行冷态扩张。（√）

119．常用的烘炉方法有火焰法和蒸汽法两种，其中火焰法应用较为普遍。（√）

120．煮炉的最早时间可在锅炉安装完毕烘炉以前进行。（×）

121．水泵机组安装顺序是：先装水泵，然后安装动力机和传动装置。（√）

122．水泵压水管一般采用钢管和焊接方法连接。（√）

123．PDCA 循环法分为一个过程，四个阶段，六个步骤。（×）

124．流体某处的绝对压强小于大气压强，则该处处于低压状态。（×）

125．热辐射和热传导，对流不同处在于它不需任何中间媒介物都能发生。（√）

126．密度是指某种物质单位体积的质量。（√）

127．工程上常用的强度指标是抗压强度和抗拉强度。（×）

128．在金属材料中低碳钢焊接性最好，中碳钢次之，高碳钢较差。（√）

129．仅由铜和锌所组成的合金称黄铜。（×）

130．形变铝合金的类型很多，常用的有防锈铝、硬铝和铸造铝合金等。（×）

131．画管道轴测图时，应按简化缩短率1∶1量取线段作图。（√）

132．化工工艺图包括工艺流程图、设备布置图和管路布置图。（√）

133．工业企业的燃气管道通常布置成环状。（×）

134．乙炔管道所用的阀门、附件可用钢、可锻铸铁和铜及铜合金制造。（×）

135．室内输油管一般采用架空敷设，也可地沟敷设。（√）

136．不锈钢管道可采用手工、机械和氧乙炔焰等方法切割。（×）

137．18-8 不锈钢消除应力处理的效果主要取决于加热时间和温度及冷

却方法。（×）

138. 不锈钢管道用手工电弧焊连接时，应采用直流电焊机，反极法接法。（√）

139. 铝的耐蚀性与纯度有关，纯度越高，耐蚀性越好。（√）

140. 铜的可焊性较差，所以铜管一般不采用焊接连接。（×）

（二）选择题（正确答案的序号写在每题横线上）

1. 以大气压强为零点起算的压强值称为 __B__ 。

A. 绝对压强　　B. 相对压强　　C. 真空压强　　D. 静压强

2. 金属材料在载荷作用下抵抗塑性变形和破坏的能力称为 __B__ 。

A. 硬度　　　　B. 强度　　　　C. 韧性　　　　D. 抗疲劳性

3. 碳素钢是含碳量小于 __A__ 并含有少量杂质的铁碳合金。

A. 2%　　　　B. 3%　　　　C. 5%　　　　D. 1%

4. 生产中常把 __C__ 加高温回火合在一起称调质处理。

A. 退火　　　　B. 正火　　　　C. 淬火　　　　D. 低温回火

5. 车间内架空乙炔管道每隔 25m 接地一次，其接地电阻不大于 __C__ 。

A. 25Ω　　　　B. 50Ω　　　　C. 100Ω　　　　D. 150Ω

6. 合金钢管下料切割时，应尽量采用 __B__ 切割。

A. 手工方法　　B. 机械方法　　C. 氧乙炔焰　　D. 等离子

7. 不锈钢管冷弯时，最小弯曲半径不得小于管外径的 __B__ 。

A. 3 倍　　　　B. 4 倍　　　　C. 4.5 部　　　　D. 5 倍

8. 铝合金管道连接一般采用 __B__ 连接。

A. 焊接、螺纹　　　　　　　　B. 焊接、法兰

C. 螺纹、法兰　　　　　　　　D. 焊接

9. 小口径铜管焊接采用 __A__ 。

A. 钎焊　　　　B. 气焊　　　　C. 手工电弧焊　　D. 手工氩弧焊

10. 仪表管道安装前，对管件内部油垢应使用 __B__ 清洗。

A. 丙酮　　　　B. 煤油　　　　C. 汽油　　　　D. 酒精

11. 最为常用的白棕绳以 __A__ 最多。

A. 三股　　　　B. 四股　　　　C. 五股　　　　D. 九股

12. 吊装方形物件一般采用 __C__ 吊点。

A. 两个　　　　B. 3 个　　　　C. 4 个　　　　D. 6 个

13. 工业锅炉型号由 3 部分组成，其第三部分表示 __D__ 。

A. 总体形式　　　B. 燃烧方式　　　C. 介质参数　　　D. 设计次序

14. 低合金钢牌号中，当合金元素平均含量小于　B　时，不标明含量。

A.1.0%　　　　B.1.5%　　　　C.2.0%　　　　D.2.5%

15. 在画管道正等测图时，一般选用　B　为上下方向。

A. OX 轴　　　B. OZ 轴　　　C. OY 轴　　　D. OX 和 OZ 轴

16. 在建筑平面图上凡是被剖切到的部分应画成　B　的轮廓线。

A. 细实线　　　B. 粗实线　　　C. 虚线　　　D. 点画线

17. 当热力管道数量少、管径小、距离较短且维修量不大时，宜采用　A　敷设。

A. 不通行地沟　　　　　　　B. 半通行地沟

C. 通行地沟　　　　　　　　D. 直接埋地

18. 热水管道的最低点应设放水装置，放水阀直径一般为热水管道直径的　D　左右，但不少于 20mm。

A.1/2　　　　B.1/5　　　　C.1/8　　　　D.1/10

19. 氧气管道安装完毕后，应用无油　B　进行强度试验。

A. 水　　　　B. 压缩空气　　　C. 氧气　　　D. 氮气

20. 硬聚氯乙烯管热加工的关键是要掌握好　B　。

A. 加热方法　　　　　　　　B. 加热温度

C. 加热时间　　　　　　　　D. 加热工具

21. 厂区埋地燃气管道应有不小于　B　的坡度坡向排水器。

A.0.002　　　B.0.003　　　C.0.004　　　D.0.005

22. 橡胶衬里管道，当工作介质为气体时，最好采用　A　衬里。

A. 硬橡胶　　　　　　　　　B. 半硬橡胶

C. 软橡胶　　　　　　　　　D. 软硬橡胶复合层

23.18-8 不锈钢的使用温度为　D　

A. $-40 \sim 700℃$　　　　　　　B. $-120 \sim 700°$

C. $-150 \sim 700℃$　　　　　　　D. $-196 \sim 700℃$

24. 低压乙炔管道上的阀门及管路附件的公称压力等级，按设计规范应不小于　A　。

A.0.6MPa　　　B.0.8MPa　　　C.1.0MPa　　　D.1.5MPa

25. 锅炉投入运行前的煮炉最早时间可在　C　。

A. 安装、调试完毕以后　　　　B. 烘炉以前

C. 烘炉末期   D. 烘炉以后

26. 含碳量低于 __C__ 称为低碳钢。

A. 0.1%   B. 0.2%   C. 0.25%   D. 0.3%

27. 16MnR 是用 __D__ 的专用钢。

A. 重要机械零件   B. 腐蚀性介质管道

C. 高温高压管道   D. 压力容器

28. 铸铁牌号采用规定代号和 __C__ 来表示。

A. 汉语拼音字母   B. 英文字母

C. 阿拉伯数字   D. 汉字

29. 当热力管道数量多且口径大，通过路面不允许开挖时，宜采用 __A__ 敷设。

A. 通行地沟   B. 半通行地沟

C. 不通行地沟   D. 直接埋地

30. 热力管道上最常用的是 __A__ 补偿器。

A. 方形   B. 波形   C. 钢质填料式   D. 鼓形

31. 压缩空气管道的管材一般采用焊接钢管或 __B__ 。

A. 合金钢管   B. 无缝钢管

C. 有色金属管   D. 不锈钢管

32. 输送潮湿氧气时，管道应有不小于 __C__ 的坡度，坡向凝结水收集器。

A. 0.001   B. 0.002   C. 0.003   D. 0.005

33. 直径小于 200mm 的厂区架空燃气管道应采用 __A__ 排水器。

A. 定期   B. 连续   C. 高位   D. 阶段

34. 乙炔爆炸主要是由 __B__ 、氧化、化合 3 种原因引起。

A. 分离   B. 分解   C. 聚合   D. 混合

35. 输送介质工作压力大于 __A__ 的管道称为高压管道。

A. 10MPa   B. 12MPa   C. 16MPa   D. 20MPa

36. 有 __B__ 的碳素钢、合金钢管道的焊缝，均应焊后热处理。

A. 化学腐蚀   B. 应力腐蚀

C. 晶间腐蚀   D. 电化学腐蚀

37. 合金钢阀门应逐个进行强度和严密性试验，试验介质一般为 __C__ 。

A. 压缩空气   B. 氮气   C. 洁净水   D. 煤油

38. 燃气由几种气体混合而成，其中的不可燃气体有 B 。

A. 硫化氢　　　B. 氧　　　　C. 碳氢化合物　D. 甲烷

39. 硬聚氯乙烯管主要采用 A 的焊接方法。

A. 热风焊　　　B. 热对挤焊　　C. 电弧焊　　　D. 压力焊

40. 压力顶管施工中，千斤顶尽量不采用 D 布置。

A. 单列　　　　B. 双列　　　　C. 三列　　　　D. 圆周式

41. 压力式温度计毛细管安装时，应尽量减少弯曲，其弯曲半径不得小于 B 。

A.30mm　　　　B.50mm　　　　C.60mm　　　　D.80mm

42. 常用于起重作业中，绑扎、吊索和穿绕滑轮组为 B 钢丝绳。

A.6×24　　　　B.6×37　　　　C.6×61　　　　　D.6×19

43. 目前建造的水管钢炉一般有两锅筒，中间用 B 连接。

A. 水冷壁管束　　　　　　　B. 对流管束

C. 集汽管束　　　　　　　　D. 蒸汽管束

44. 校正变形大刚性较大的锅炉钢构件，可采用 B 。

A. 冷态校正　　　　　　　　B. 热校法

C. 假焊法　　　　　　　　　D. 冷态热校同时使用

45. 为了保证管端易于产生塑性变形，防止发生裂纹，在胀管前需对管子端部进行 B 。

A. 正火　　　　B. 退火　　　　C. 回火　　　　D. 淬火

46. 常用的不锈钢主要有铬不锈钢和 B 不锈钢。

A. 铬钼　　　　B. 铬镍　　　　C. 铬锰钒　　　　D. 铬钼钒

47. 优碳结构钢的牌号直接用含碳量 D 的两位阿拉伯数字表示。

A. 十分之几　　　　　　　　B. 百分之几

C. 千分之几　　　　　　　　D. 万分之几

48. 热量从物体的这一部分传到另一部分的传热方式叫 A 。

A. 导热　　　　B. 对流　　　　C. 辐射　　　　D. 散热

49. 金属材料抵抗外物质压入其表面的能力称为 B 。

A. 强度　　　　B. 硬度　　　　C. 韧性　　　　D. 抗疲劳性

50. 工业上常用的铸铁含碳量一般在 C 的范围内。

A.0.25%～0.4%　　　　　　B.0.6%～2.0%

C.2.5%～4%　　　　　　　D.0.4%～0.6%

51. 在体积相同的情况下，金属的密度越大，其质量 A 。

A. 越大 　　　B. 越小 　　　C. 不变 　　　D. 稍有变化

52. 在金属材料中，焊接性能最好的是　A　。

A. 低碳钢 　　B. 中碳钢 　　C. 高碳钢 　　D. 高合金钢

53. 用于制造重要机械零件和工程结构的钢称为　B　。

A. 工具钢 　　　　　　　　　　B. 结构钢

C. 特殊性能钢 　　　　　　　　D. 低合金钢

54. 铸造铝合金的牌号 ZL201 中，表示合金类别的字是　A　。

A.2 　　　　　B.0 　　　　　C.1 　　　　　D.ZL

55. 用于输送易燃易爆介质的管道，连接密封性要求高，应尽量采用
　B　。

A. 螺纹连接 　　B. 焊接 　　　C. 法兰连接 　　D. 胀接

56. 压缩空气总管进入车间的入口，一般不宜多于　A　。

A. 两个 　　　B.3 个 　　　C.4 个 　　　D.5 个

57. 从温度条件考虑，常温下的氧气管，一般采用　B　。

A. 合金钢管 　　　　　　　　　B. 碳素钢管

C. 不锈钢管 　　　　　　　　　D. 有色金属管

58. 乙炔管道所用材料和配件，禁止使用铜质或含铜量大于　A　的铜
合金。

A.70% 　　　　B.80% 　　　　C.90% 　　　　D.75%

59. 合金管道外观检查时，发现缺陷应抽 10% 进行探伤，如仍有不合
格者，则应　D　进行探伤 。

A. 再抽 10% 　　B. 再抽 5% 　　C. 再抽 1% 　　D. 逐根

60.18-8 不锈钢中加入钛铌等元素，可以防止　A　。

A. 晶间腐蚀 　　　　　　　　　B. 化学腐蚀

C. 应力腐蚀 　　　　　　　　　D. 点腐蚀

61. 铝的　B　基本良好。

A. 铸造性能 　　　　　　　　　B. 焊接性能

C. 切削加工性能 　　　　　　　D. 机械强度

62. 黄铜的熔点随着含锌量的减少而　A　。

A. 增多 　　　B. 降低 　　　C. 无显著变化 　　D. 没有变化

63. 铜及铜合金的小口径管道采用　B　。

A. 气焊 　　B. 钎焊 　　C. 手工电、弧焊 　　D. 钨极氩弧焊

64. 聚丙烯的　C　较差。

442

A. 耐热性　　　　B. 耐蚀性　　　　C. 热稳定性　　　D. 抗拉强度

65. 塑料管埋地敷设时，埋深不得小于 __B__ 。

A. 0.5m　　　　B. 0.7m　　　　C. 0.8m　　　　D. 0.6m

66. 仪表管道敷设时，其水平管段应保持一定坡度，测量管道应大于 __D__ 。

A. 1:10　　　　B. 1:20　　　　C. 1:50　　　　D. 1:100

67. 省煤器是利用锅炉排出的部分热量加热锅炉 __B__ 的一种换热设备。

A. 燃料　　　　B. 给水　　　　C. 空气　　　　D. 蒸汽

68. 锅炉钢构件变形不大时，应采用 __A__ 校正。

A. 冷态　　　　B. 热校法　　　　C. 假焊法　　　　D. 直校法

69. 工业锅炉安装时，调整锅筒、集箱的次序是 __A__ 。

A. 上锅筒、下锅筒、集箱　　　　B. 下锅筒、上锅筒、集箱

C. 集箱、下锅筒、上锅筒　　　　D. 上锅筒、集箱、下锅筒

70. 胀管的实质就是将管端在锅筒的管孔内进行 __B__ 扩张。

A. 热态　　　　B. 冷态　　　　C. 压力　　　　D. 冲击

71. 煮炉最早时间可在烘炉 __B__ 。

A. 初期　　　　B. 末期　　　　C. 以后　　　　D. 以前

72. 水泵型号表明其类型、大小和规格，目前采用的水泵类型是 __C__ 。

A. B 型　　　　B. BA 型　　　　C. IS 型　　　　D. A 型

73. 水泵吸入管安装时，从泵吸入口起应保持 __C__ 的趋势。

A. 上升　　　　B. 水平　　　　C. 下降　　　　D. 先上升后下降

74. PDCA 循环法的 4 个阶段是 __B__ 。

A. 计划、检查、处理、执行　　　　B. 计划、执行、检查、处理

C. 计划、检查、执行、处理　　　　D. 计划、执行、处理、检查

75. 水泵输送单位重量液体时，由泵进口至出口的能量增加值是指水泵的 __B__ 。

A. 流量　　　　B. 扬程　　　　C. 功率　　　　D. 效率

76. 液体有固定的 __B__ 。

A. 形状　　　　B. 体积　　　　C. 表面　　　　D. 运动状态

77. 在工程上，从压力表上读得的压强值即为 __B__ 。

A. 绝对压强　　B. 相对压强　　C. 真空压强　　D. 静压强

78. 依靠热射线将热能直接由物体向外传递的方式叫__C__。

A. 导热　　　　B. 对流　　　　C. 辐射　　　　D. 散热

79. 金属材料抵抗冲击力作用而不被破坏的能力叫__C__。

A. 强度　　　　B. 硬度　　　　C. 韧性　　　　D. 抗疲劳性

80. 应力的计算公式是__B__。

A. $P=m/V$　　　B. $\sigma=P/F$　　　C. $a_k=A_k/F$　　　D. $P=\sigma F$

81. 下列金属材料中铸造性较差的是__C__。

A. 灰口铸铁　　B. 锡青铜　　C. 铸钢　　D. 铸造铝合金

82. 钢的牌号由__C__部分按顺序组成。

A. 二个　　　　B. 3个　　　　C. 4个　　　　D. 5个

83. 工业纯铝的牌号用"L"加顺序号表示，牌号越大，纯度__B__。

A. 越高　　B. 越低　　C. 没有变化　　D. 变化很小

84. 非金属垫片只能用__A__进行脱脂。

A. 四氯化碳　　　　　　　　B. 二氯乙烷

C. 酒精　　　　　　　　　　D. 烧碱溶液

85. 高压燃气管道埋地敷设时，管材应选用__B__。

A. 给水铸铁管　　　　　　　B. 钢管

C. 有色金属管　　　　　　　D. 橡胶衬里管

86. 乙炔管道因气温影响而热胀或冷缩时，一般采用__D__解决。

A. 安装方形补偿器　　　　　B. 安装波形补偿器

C. 安装鼓形补偿器　　　　　D. 自然补偿法

87. 乙炔管道采用螺纹连接时，填料不得使用__C__。

A. 聚四氟乙烯生料带　　　　B. 黄粉与甘油调合剂

C. 厚白漆麻丝　　　　　　　D. 一氧化铝粉与甘油调合剂

88. 无制造厂探伤合格证的合金钢管子应__D__进行探伤。

A. 抽10%　　　B. 抽5%　　　C. 抽1%　　　D. 逐根

89. 中低压合金钢管冷弯时，弯曲半径__A__。

A. $R \geqslant 3.5D_W$　　　　　　　B. $R \geqslant 4.0D_W$

C. $R \geqslant 5.0D_W$　　　　　　　D. $R \geqslant 3.0D_W$

90. 18-8不锈钢最大缺点是__D__。

A. 强度低　　　　　　　　　B. 可焊性差

C. 熔点高　　　　　　　　　D. 容易产生晶间腐蚀

91. 铝及铝合金管不得与钢铜不锈钢等接触，以防止受到__C__。

A. 化学腐蚀　　B. 应力腐蚀　　C. 电化学腐蚀　　D. 点腐蚀

92. 硬聚氯乙烯的 C 良好。

A. 耐热性　　B. 抗老化性　　C. 化学稳定性　　D. 机械性能

93. DN65 以下的塑料管采用承插连接时，可采用 A 连接。

A. 一次插入法　　　　　　B. 一次插入焊接法

C. 承插胶合　　　　　　　D. 承插胶合焊接

94. 塑料管在仓库内堆放时，其库内温度不得高于 A 。

A.40℃　　　　B.35℃　　　　C.30℃　　　　D.50℃

95. 转子流量计必须 B 安装。

A. 水平　　　　B. 垂直　　　　C. 倾斜　　　　D. 迎介质流向

96. 仪表管路的水平段应保持一定的坡度，其中差压管路应大于 C 。

A.1:100:　　　B.1:50　　　　C.1:20　　　　D.1:10

97. 水平起吊管子时，应采用 A 吊点。

A. 二个　　　　B.3 个　　　　C.4 个　　　　D. 一个

98. 锅炉中把被有效利用的热量与燃料中的总热量之比值，称为锅炉的 B 。

A. 蒸发率　　B. 效率　　C. 金属耗率　　D. 供热量

99. 对流管与上、下锅筒的连接一般是 C 。

A. 焊接　　B. 螺纹连接　　C. 胀接　　D. 法兰连接

100. 水泵机组安装顺序是 A 。

A. 水泵→动力机→传动装置　　B. 传动装置→水泵→动力机

C. 动力机→传动装置→水泵　　D. 水泵→传动装置→动力机

101. 铸铁代号由表示 A 的汉语拼音字母的第一个大写正体字母组成。

A. 铸铁特征　　B. 机械性能　　C. 抗拉强度　　D. 伸长率

102. 正火主要用于 D 。

A. 高碳钢　　B. 低碳钢　　C. 高合金钢　　D. 低合金钢

103. 从安装企业工种分工来看，管道工应该掌握 A 和管路布置图的表示方法。

A. 工艺流程图　　　　　　B. 工艺管道施工图

C. 设备布置图　　　　　　D. 化工工艺图

104. 合金钢管道一般是指以 A 为材质的管道。

A. 低合金钢　B. 中合金钢　C. 高合金钢　D. 特殊性能钢

105. 架空燃气管道直线管道较长时，一般采用__C__补偿器。

A. 方形　　　　　B. 球形　　　　　C. 波形　　　　　D. 填料式

106. 乙炔管道使用前，应用__B__于体积的氮气吹扫。

A. 2倍　　　　　B. 3倍　　　　　C. 4倍　　　　　D. 5倍

107. 合金钢阀门应__B__对壳体进行光谱分析，复查材质。

A. 取10%　　　B. 逐个　　　　C. 分批　　　　D. 取5%

108. 铝合金管道焊接一般采用__A__。

A. 手工氩弧焊或气焊　　　　　　B. 手工电弧焊或气焊

C. 手工电弧焊或氩弧焊　　　　　D. 手工氩弧焊或钎焊

109. 塑料管道热加工的方法很多，最常用的是__A__。

A. 电加热　　　　　　　　　　　B. 蒸汽加热

C. 火焰加热　　　　　　　　　　D. 铅浴法加热

110. 差压式流量计的测量元件是__C__。

A. 差压计　B. 引压导管　C. 节流装置　D. 测量仪表

111. 紫铜仪表管道的连接形式主要是__B__连接。

A. 钎焊　　　　　B. 承插　　　　　C. 螺纹　　　　　D. 气焊

112. 仪表管路应在__A__进行试压、冲洗。

A. 敷设检查后　　　　　　　　　B. 敷设后，检查前

C. 敷设安装前　　　　　　　　　D. 交付使用前

113. 捻制普通钢丝绳的强度按国家标准规定分为__B__级别。

A. 4个　　　　　B. 5个　　　　　C. 6个　　　　　D. 7个

114. 滑车按照滑轮数目，可分为4类，能够穿绕滑车组的是__D__。

A. 单轮滑车　B. 双轮滑车　C. 三轮滑车　D. 多轮滑车

115. 现代锅炉主要受热面是__A__。

A. 水冷壁和对流管　　　　　　　B. 蒸汽过热器和省煤器

C. 省煤器和空气预热器　　　　　D. 蒸汽过热器和空气预热器

116. 工业锅炉一般使用__A__空气预热器。

A. 管式　　　　　B. 板式　　　　　C. 再生式　　　　D. 箱式

117. 工业锅炉上一般采用的压力表是__A__。

A. 弹簧管式压力表　　　　　　　B. 弹簧管式真空表

C. 压力真空表　　　　　　　　　D. U形管压力表

118. 锅筒、集箱的安装顺序是__A__。

A. 检查、支承、吊装、调整

B. 检查、吊装、支承、调整

C. 检查、吊装、调整、支承

D. 检查、调整、吊装、支承

119. 锅炉受热面管子胀接时，胀管率应控制在 __B__ 范围内。

A.0.02%～0.1%　　　　　　　B.0.1%～1.9%

C.1.9%～2.9%　　　　　　　D.2.9%～3.9%

120. 当锅炉管子的一端为焊接，另一端为胀接时，应 __A__ 。

A. 先焊后胀　　　　　　　　B. 先胀后焊

C. 不分先后　　　　　　　　D. 同时进行

121. 一般所说的水泵功率是指 __B__ 。

A. 有效功率　B. 轴功率　C. 配套功率　D. 水泵效率

122. 班组是通过加强 __C__ 来保证生产任务的实现。

A. 组织管理　B. 质量管理　C. 计划管理　D. 安全管理

123. 班组施工进度计划的形式有很多种，一般采用 __C__ 。

A. 网络式　　　B. 示意图　　　C. 表格式　　　D. 文字式

124. "45"表示平均含碳量为 __C__ 的优碳结构钢。

A.45%　　　　B.4.5%　　　　C.0.45%　　　　D.0.045%

125. 低合金钢的含碳量一般都低于 __A__ 。

A.0.2%　　　B.0.3%　　　C.0.1%　　　D.0.5%

126.18-8 不锈钢是指钢中 __C__ 为18%。

A. 含碳量　　　B. 含镍量　　　C. 含铬量　　　D. 含铬、镍量

127. 在管件加工和焊接以后往往采用 __A__ 和去应力退火的热处理方法

A. 完全退火　　　　　　　　B. 等温退火

C. 球化退火　　　　　　　　D. 去应力退火

128. __C__ 在大多数情况下属于钢的最终热处理。

A. 正火与退火　　　　　　　B. 退火与回火

C. 淬火与回火　　　　　　　D. 正火与淬火

129. 适用于距离短、管径大、影响较小的重油管道可采用 __B__ 方式进行伴热。

A. 外伴热　B. 内伴热　C. 夹套伴热　D. 电热带伴热

130. 合金钢管弯管热处理后需要检查 __B__ ，其值应符合管子出厂的

技术标准。

    A. 强度   B. 硬度   C. 塑性   D. 韧性

131. 为了防止不锈钢的晶间腐蚀，尽可能采用 __A__ 低的不锈钢。

    A. 含碳量   B. 含铬量   C. 含镍量   D. 含铬镍量

132. 仪表管路采用镀锌管作为气源管道时，连接方式是 __B__ 连接。

    A. 焊接   B. 螺纹   C. 法兰   D. 承插

133. 卸扣在安装横销，螺牙旋足后应 __B__ 。

    A. 向旋紧方向旋半个牙

    B. 向放松方向回旋半个牙

    C. 不得再旋转

134. 使用滑车组时，滑轮直径不得小于钢丝绳直径的 __D__ 。

    A.28 倍   B.25 倍   C.20 倍   D.16 倍

135. 锅炉是由锅、炉和附属仪表设备等组成，其中炉是锅炉的 __B__ 部分。

    A. 吸热   B. 放热   C. 换热   D. 产热

136. 通常所说的锅炉蒸发量，指的就是 __A__ 蒸发量。

    A. 额定   B. 最大   C. 平均   D. 最小

137. 工业锅炉型号的第一部分分三段，第二段表示锅炉的 __B__ 。

    A. 总体形式   B. 燃烧方式

    C. 额定蒸发量   D. 设计次序

138. 合金管道焊接时应 __C__ 。

    A. 焊前预热   B. 焊后热处理

    C. 焊前预热和焊后热处理配合

    D. 环境温度不得大于规定温度

139. 合金管道焊缝加热范围，以焊缝为中心，每侧不小于焊缝宽度的 __B__ 。

    A.2 倍   B.3 倍   C.3.5 倍   D.4 倍

140. 焊接 L2 牌号铝管时，可选用 __C__ 牌号铝为焊丝。

    A.L1   B.L2   C.L1 和 L2   D.LF2

（三）计算题

1. 某蒸汽管道介质温度为 300℃，管道安装时环境温度为 -10℃，两固定支架间距 50m。试计算管道的热变形量和轴向热应力。

    （$\alpha = 1.29 \times 10^{-2}$mm/（m·℃） $E = 1.82 \times 10^5$MPa）

【解】 (1) 计算管道的热变形量：

$\Delta L = \alpha \cdot L \ (t_2 - t_1) = 1.29 \times 10^{-2} \times 50 \times [300 - (-10)] = 199.95\text{mm}$

(2) 计算管道轴向热应力：

$\sigma = E \cdot \dfrac{\Delta L}{L} = 1.82 \times 10^5 \dfrac{199.95}{50 \times 1000} = 727.82\text{MPa}$

2. 现测得打磨后的管子外径为 59.9mm，内径为 54mm，胀接在直径为 60.9mm 的锅筒管孔上，测得翻边胀管后管子内径为 56mm，求胀管率 H。

【解】 $d_1 = 56\text{mm}$ $d_2 = 54\text{mm}$ $d_3 = 60.9\text{mm}$ $\delta = d_3 - d_{外} = 60.9 - 59.9 = 1\text{mm}$

$$H = \frac{(d_1 - d_2 - \delta) \times 100\%}{d_3} = \frac{56 - 54 - 1}{60.9} \times 100\% = 1.6\%$$

3. 有一条 $D219 \times 6\text{mm}$ 的 20 号无缝钢管，输送介质温度为 250℃，安装时环境温度为 10℃，两固定支架间距为 30m，试计算该管段的热伸长量和热应力以及固定支架所受到的推力。

【解】 (已知：$\alpha = 0.012\text{mm}/(\text{m} \cdot \text{℃})$ $E = 2.01 \times 10^5\text{MPa}$)

1. 计算管道的热伸长量：

$\Delta L = \alpha \cdot L \ (t_2 - t_1) = 0.012 \times 30 \times (250 - 10) = 86.4\text{mm}$

2. 计算管段产生的热应力：

$$\sigma = E \frac{\Delta L}{L} = 2.01 \times 10^5 \times \frac{86.4}{30 \times 10^3} = 578.88\text{MPa}$$

3. 计算固定支架所受到的推力：

$P = \sigma \cdot F = 578.88 \times \dfrac{\pi}{4} \ (219^2 - 207^2) = 2322999.1\text{N}$

4. 选用一根 17.5mm 的钢丝绳吊运 3500kg 重物是否安全（已知 $K = 4.5$)？

【解】 $P \approx \dfrac{5.2 \times 10^2 d}{K}$

$\dfrac{5.2 \times 10^2 d}{P} \geqslant K$ $\dfrac{5.2 \times 10^2 \times 17.5^2}{3500 \times 9.81} = 4.64 > 4.5$

该钢丝绳使用是安全的。

5. 有一油罐如图 27，罐内 A 点压强 $p_A = 4.5 \times 10^3\text{Pa}$，$B$ 点的压强 $p_B = 22.5 \times 10^3\text{Pa}$，试求 A、B 两点间的竖直距离 Δn（油的重力密度 $\gamma_{油} = 9 \times 10^3\text{N/m}^3$）

【解】 已知 $p_A = 4.5 \times 10^3 \text{Pa}$

$$p_B = 22.5 \times 10^3 \text{Pa}$$

$$\gamma = 9 \times 10^3 \text{N/m}^3$$

图 27

$$h_B = \frac{p_B}{\gamma} = \frac{22.5 \times 10^3 \text{N/m}^2}{9 \times 10^3 \text{N/m}^3} = 2.5 \text{m}$$

$$h_A = \frac{p_A}{\gamma} = \frac{4.5 \times 10^3 \text{N/m}^2}{9 \times 10^3 \text{N/m}^2} = 0.5 \text{m}$$

$$\Delta h = h_B - h_A = 2.5 - 0.5 = 2 \text{m}$$

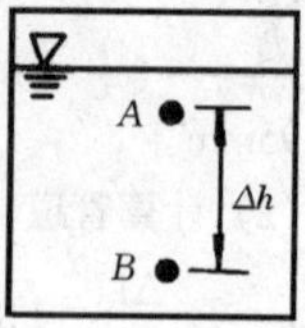

6. 某有上人孔的屋面水箱，需要在水箱液面下相对压强为 9.81kPa 处安装一根出水管，试计算该出水管处的水深为多少。

【解】 已知水箱设有人孔，故水箱水面与大气相通

$$p_o = p_a$$

$$\because p_{xd} = p_{jd} - p_a = p_a + \gamma h - p_a = \gamma h$$

$$\therefore h = \frac{p_{xd}}{\gamma} = \frac{9.81 \text{kPa}}{9.81 \text{kN/m}^3} = \frac{9.81 \text{kN/m}^2}{9.81 \text{kN/m}^3} = 1 \text{m}$$

7. 一条煤气管道由几种不同管径的钢管组成，进行严密性试验，试验时间为 24h，压降为 2kPa，问该管路严密性试验是否合格（已知：各钢管的内径与长度分别为 $d_1 = 200 \text{mm}$，$L_1 = 100 \text{m}$，$d_2 = 300 \text{mm}$，$L_2 = 50 \text{m}$，$d_3 = 500 \text{mm}$，$L_3 = 80 \text{m}$）。

【解】 在严密性试验时间内允许压降：

$$\Delta p_允 = 0.04 \times 24 \frac{d_1 L_1 + d_2 L_2 + d_3 L_3}{d_1^2 L_1 + d_1^2 L_2 + d_3^2 L_3}$$

$$= 0.04 \times 24 \times \frac{200 \times 100 + 300 \times 50 + 500 \times 80}{200^2 \times 100 + 300^2 \times 50 + 500^2 \times 80}$$

$$= 0.0025 \text{MPa} = 2.5 \text{kPa} > 2 \text{kPa}$$

管路实际压降大于试验时间允许压降，试验不合格。

8. 车间燃气管道的泄漏量试验压力为 1.15MPa（表压），试验开始时管内气体温度为 32℃，试验结束后管内气体压力为 1.12MPa（表压），温度为 31℃，试验时间为 2h，若系统每小时平均泄漏率合格标准为 2%，试问该管路系统泄漏率试验是否合格？

【解】 已知 $P_1 = 1.15 + 0.1 = 1.25 \text{MPa}$（绝对）

$$P_2 = 1.12 + 0.1 = 1.22 \text{MPa}（绝对）$$

$$T_1 = 273 + 32 = 305K \quad T_2 = 273 + 31 = 304K$$

$$A = \frac{100}{t}\left(1 - \frac{P_2 T_1}{P_1 T_2}\right) = \frac{100}{2} \times \left(1 - \frac{1.22 \times 305}{1.25 \times 304}\right)$$

$$= 1.04\% < 2\%$$

∴该系统试验合格。

9. 把下面平、立面图如图 28 画成轴侧图。

答案：如图 29。

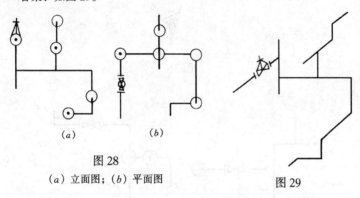

图 28

（a）立面图；（b）平面图

图 29

10. 把下面平、立面图（如图 30）画成轴侧图。

答案：如图 31。

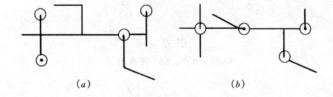

图 30

（a）立面图；（b）平面图

11. 把下面平、立面图（如图 32）画成轴测图。

答案：如图 33。

12. 把下面平、立面图（如图 34）画成轴测图。

答案：如图 35。

13. 把下面平、立面图（如图 36）画成轴测图。

答案：如图 37。

14. 把下面平、立面图（如图 38）画成轴测图。

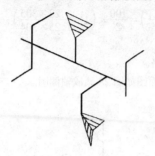

图 31

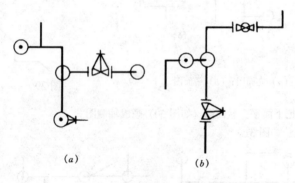

(a)   (b)

图 32

(a) 立面图；(b) 平面图

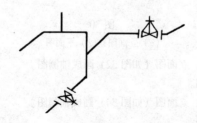

图 33

答案：如图 39。

452

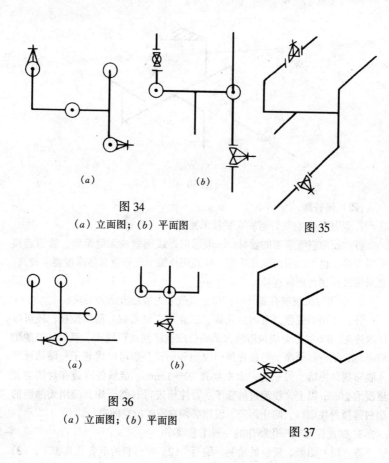

图 34
(a) 立面图；(b) 平面图

图 35

图 36
(a) 立面图；(b) 平面图

图 37

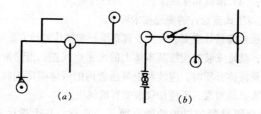

图 38
(a) 立面图；(b) 平面图

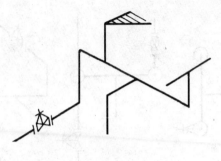

图 39

（四）简答题

1. 简述压缩空气管道的安装技术要求。

答：压缩空气管道的管材，一般采用焊接钢管或无缝钢管，管道连接采用焊接，也可以采用螺纹连接，仪表用压缩空气管道其洁净度要求较高，宜采用镀锌钢管螺纹连接。

2. 常用的脱脂剂有哪几种？简述氧气管道脱脂方法和要求？

答：常用的脱脂剂有四氯化碳、工业用二氯乙烷、精馏酒精，还可以用浓度为 20% 的工业烧碱溶液和某些合成洗涤剂进行脱脂。氧气管道脱脂前应将管子清除干净，可放在槽内浸泡和刷洗，也可以将管子一端堵死灌入脱脂剂，再堵上另一头，水平放置 10~15min，金属件应放在封闭容器里浸泡 20min 以上，浸泡过的管子、管件须进行自然干燥，应用无油脂的塑料薄膜封住端口，防止污染，脱脂必须在空旷的空间进行。

3. 试述管道工厂化制作的一般工艺顺序。

答：（1）图纸、资料的绘制、编写；（2）原材料的准备及其加工；（3）组对，焊接；（4）清洗和涂底漆；（5）最终检验。

4. 简述差压式流量计的安装技术要求。

答：差压式流量计应安装在便于观察维护和操作的地方，并避免振动、灰尘及潮湿，就地安装时应按其本体上的水平仪找正，当测量液体流量或引压导管中是液体介质时，应使两根导压管内的液体温度相同，接至差压计的管子接头必须对准，不应使仪表受有机械应力。

5. 表示金属材料的机械性能有哪几个指标？各个指标的含义是什么？

答：（1）强度：是指金属材料在载荷作用下抵抗塑性变形和破坏的能力；（2）塑性：是指金属材料在载荷作用下，产生变形而不被破坏，并在载荷去除后仍能保持变形后的形状的能力；（3）硬度：是指金属材料抵抗外物压入其表面的能力；（4）韧性：是指金属材料抵抗冲击力作用而不被破坏的能力；（5）疲劳：在变载荷的作用下，材料发生断裂的现象，（6）铸造性：是指金属能否用铸造方法获得合格铸件的能力；（7）锻压性：是指金属承受锻压后，可以改变自己的形状而不产生破裂的性能；（8）焊接性：是指金属材料能否用焊接方法焊成优良接头的性能；（9）可切削性：是指金属是否容易被刀具切削的性能。

6. 简述塑料管道的安装技术要点。

答：管道应有出厂合格证和质保书，内外壁应光滑、平整，弯曲度不超过 0.5%～1.0%，运输时不得使管材受到剧烈撞击，管子应放在仓库内，温度不高于 40℃，安装顺序应为同一车间内其他材质管道之后，不允许与土建交叉施工，管道沿墙敷设时，管子外壁距墙面净距不小于 100～150mm，与其他管道平行敷设时，管子净距不小于 150～200mm，交叉净距不小于 150mm，管子穿墙时，应加装套管，且必须解决好管道热伸长补偿问题，支承管子的支吊架间距要小，不宜埋地敷设。

7. 简述酸洗、钝化处理的目的和步骤。

答：目的是为了除去管子和焊缝表面的附着物，使其形成一层新的氧化膜。步骤：清除附着的油脂→酸洗处理→冷水冲洗→钝化处理→冷水冲洗→吹干。

8. 什么是应力腐蚀？消除应力腐蚀的措施有哪些？

答：应力腐蚀是材料在静拉应力与介质的共同作用下引起的腐蚀破坏。措施：正确选择管材；消除不锈钢管道的残余应力；控制介质条件；管道附件和支架结构的合理设计；将受拉应力改为受压应力；在溶液中加入侵蚀剂；采用电化学保护等。

9. 钢进行退火的目的是什么？退火与正火的区别是什么？

答：目的：（1）降低硬度，改善加工性能；（2）提高塑性和韧性；（3）消除内应力；（4）改善内部组织，为最终热处理做好准备。区别：正火冷却速度稍快，正火后工件的强度和硬度比退火高，并随含碳量的增加，这一差别更为显著。

10. 简述不锈钢管道安装的技术要求。

答：管子及管件必须有出厂合格证，化学成分和机械性能等资料，表面不得有裂痕，焊接方法一般采用氩弧焊封底，手工电弧焊盖面，管子安装前进行一般性清洗，安装应在支架全部固定好之后进行，不准直接与碳素钢支架接触，管道穿过楼板时，应加套管，奥氏体不锈钢水压试验时，水的氯离子含量不得超过 25mg/L，否则应采取措施。

11. 简述热电阻和热电偶的安装要求。

答：热电阻（偶）的安装可分别采用螺纹插座、法兰、活动紧固装置，感温元件的中心点应插至管道中心处，在垂直弯管处，应迎着流速方向插入，在上升流速的垂直管上应向上倾斜成 45°角，当温度计插入深度超过 1m 时，尽量垂直安装，水平装设时，其接线盒的进线口一般应朝下，不得装在有振动的管道或设备上，安装在公称通径小于 80mm 的管道时，应用扩大管。

12. 胀管的作用是什么？说明胀管的质量要求？

答：作用是使炉管与锅筒之间形成牢固而又严密的胀口，以便有能力承受蒸汽压力、重力及热膨胀所产生的负荷。

质量要求：（1）胀管率应控制在 0.1%～1.9%内；（2）管端伸出管孔长度应符合规定；（3）管口翻边斜度为 12°～15°，翻边根部开始倾斜处应紧贴管孔壁面；（4）胀口不得有偏挤现象；（5）翻边喇叭口的边缘不得有裂纹；（6）胀口内壁由胀大部分过渡到未胀部分应均匀而平滑；（7）胀口要严密，水压试验不应有渗漏，但允许有泪痕存在。

13. 班组施工准备工作有哪些内容？

答：（1）熟悉图纸及有关技术资料；（2）查看现场，了解现场施工条件；（3）配齐施工机具；（4）接受技术交底；（5）接受施工任务书；（6）供货计划安排。

14. 什么是合金钢？低合金钢的牌号如何表示？

答：合金钢是在炼钢时有意加入一种或多种适量的合金元素，从而改善了钢的某些性能或使之获得某种特殊性能。

低合金钢的牌号采用"数字＋合金元素符号＋数字"的方式表示。

15. 简述热力管道的安装要求。

答：（1）管道材料一般选用钢管，当 $PN < 1.6MPa$，$t \leqslant 200℃$ 时可采用螺纹连接，$PN \geqslant 1.6MPa$ 时应采用焊接；（2）汽水同向的蒸汽管道和凝结水管道，坡度一般为 0.003，汽水逆向时坡度不小于 0.005，热水管道应有不小于 0.002 的坡度；（3）蒸汽管道一般敷设在其前进方向的右边，热水管道敷设在其前进方向的右侧，回水管设在左侧；（4）蒸汽支管应从主管上方或侧面接出；（5）水平管变径时应采用偏心异径管；（6）不同压力

的疏水管不能接入同一管内；（7）穿过楼板时应设套管；（8）安装完毕应进行水压试验，然后进行绝热保温。

16. 管线轴测图由哪几部分组成？管线分段应考虑哪些原则？焊缝编号怎样表示？

答：轴测图由轴测图、材料表、主要设计参数和施工安装技术要求？方向指示标组成，管线分段应考虑运输、吊装和施工现场等实际情况。焊缝编号分安装焊缝和制作焊缝，安装焊缝设在分段图上的符号"日"中，下面的数码表示施焊焊工的代号，上面的表示流水号，制作焊缝设在制作图上的符号"θ"中，意义与安装焊缝相同。

17. 简述压力式温度计的安装要求。

答：安装时一般应用套管保护温包，套管材质应与工艺设备和管道的材质相同，充蒸发液体的温度计其温包应立装，毛细管的敷设应避免通过过热、过冷和温度经常变化的地点，且应尽量减少弯曲，测温包的中心应伸入管道中心处，并应将温包全部浸入被测介质中。

18. 白棕绳的特点和用途是什么？

答：特点：具有质地柔韧、携带轻便和容易捆扎等优点，但强度较低。主要用于：（1）绑扎各种构件；（2）吊起较轻的构件；（3）用以拉紧，以保持被吊物在空中稳定；（4）起重量比较小的拔杆缆风绳索等。

19. 起重作业应知哪4个要素？

答：（1）了解工作环境。工作环境是指工作周围进、出路是否畅通，土质是否坚固，吊装的管道、设备之间的高低宽窄的尺寸是否清楚，堆放或卷扬机等的生根场地承压抗拉是否可靠坚固，地面空间是否有设备和障碍物，吊运管道设备周围是否有人，本人站立在上风向，还是下风向，室内吊装环境是否有充分的条件。

（2）了解工作物的形状体积结构。了解工作物的形状、体积、结构的目的是掌握工作物的特点和重心位置，正确地选择起重吊挂点。

（3）了解工作物的重量。了解重量的方法有：a. 计算法；b. 查阅图纸或查铭牌加调查研究；c. 经验比较估算法。

（4）工具设备的配备。工具设备是一个重要的环节，配备工具设备时必须根据起重物的大小高低重轻、形状结构、材料性质及各种复杂系数等情况来配备。

20. 简述锅炉水冷壁的主要作用，一般用什么管子制造。

答：主要作用：水冷壁又称水冷墙，以吸收炉内高温烟气的大量辐射热，是现代锅炉的主要受热面。此外，水冷壁可防止高温烟气烧坏炉墙，也可防止熔化的灰渣在炉墙上结焦。

水冷壁管用锅炉钢管制成，直径不宜过小，一般为 $\phi 51 \sim 76mm$，管壁厚度为 3.5～6mm。水冷壁管的中心距为管径的 1.25～2 倍。

21．班组施工任务书主要有哪些内容？

答：（1）工程名称、内容及工程量；

（2）限额领料卡；

（3）定额用工量和定额机械台班；

（4）实际用工记录和机械使用记录；

（5）工期、质量、安全等方面的要求；

（6）施工员、劳资员、质检员、安全员、材料员和队长的考核意见。

22．简述胀管的作用及实质。锅炉胀管工具的分类。

答：胀管的作用是使炉管与锅筒之间形成牢固而又严密的胀口，以便有能力承受蒸汽压力、重力（结构和水的重量）及热膨胀所产生的负荷。

胀管的实质：是将管端在锅筒的管孔内进行冷态扩张。分类：进行锅炉胀管的工具是胀管器。胀管器根据其胀杆的推进方式，分为自进式和螺旋式两种。目前普遍使用的为自进式胀管器。根据胀杆的动力来源也可分人工手动胀管器和机械胀管器。

23．简述常用仪表管材质的类型及连接形式。

答：（1）紫铜管。用作传递气动信号、介质信号以及气源的管道，紫铜管是无缝的，其中 $\phi 6mm$、$\phi 8mm$、$\phi 10mm$、$\phi 14mm$ 规格的紫铜管常用作传递信号的管道。

管道的连接形式主要是承插连接（承口是管端退火后胀制而成），然后再用铜焊或银焊在承插口上进行焊接。也有用金属接头连接的，而 $\phi 25 \sim 100mm$ 规格的紫铜管常用作气源管道，管道对口连接用铜焊或银焊连接。

（2）塑料管。通常用尼龙、聚氯乙烯或聚乙烯等原料制成。

塑料管连接形式有两种：一是承插连接后再用同材质的塑料焊条在承插口上焊接；二是 $\phi 6mm$ 或 $\phi 8mm$ 的尼龙管用金属或同材质的接头连接。

（3）碳钢管。无缝钢管主要用来作测量管道的导压管和伴热管道，其常用规格为 $\phi 12mm$、$\phi 14mm$。连接形式是用气焊焊接，而 $\phi 8mm$、$\phi 10mm$ 的不锈钢或碳钢管应套管后用气焊或氩弧焊。

镀锌钢管常用作气源管道，常用规格 $DN15 \sim 100$，管道连接形式是螺纹连接。

（4）铝管。铝及铝合金管的应用仅限于因腐蚀问题而不能采用铜管的地方。

铝及铝合金管道的连接：管径在 $\phi15mm$ 以下采用承插连接；$\phi15mm$ 以上采用对口连接，然后再用氩弧焊焊接。

（5）管缆。管缆分 4 芯、7 芯和 12 芯等几种，一根小管子为一芯，管缆是将几根尼龙管或紫铜管芯在其外而用聚氯乙烯软膜包缠而成。管缆中导管连接是用同材质的接头进行连接。

24．简述在起重作业中吊环在使用中应注意哪些事项。

答：（1）吊环使用时必须注意其受力方向，一般来讲是垂直受力情况为最佳，纵向受力稍差些，严禁横向受力。

（2）吊环螺纹在旋转时必须拧紧，最好用扳手或圆钢用力扳紧，防止由于拧得太松而吊索受力时打转，使物体脱落，造成事故。

（3）吊环在使用中如发现螺牙太长，拧的不足时，须加垫片，然后再拧紧方可使用。

（4）如果使用两个吊环螺钉工作时，两个吊环间的夹角不得大于 90°。

25．简述钠离子交换器的作用和工作过程。

答：作用：用于去掉生水的硬度，使生水中的结垢物质（如钙、镁离子等），留在交换剂层中而不进入锅炉。

钠离子交换器的结构是一个密闭的钢制筒形容器。容器内配置有交换剂层，钠离子交换水处理的运行工作，按软化-反洗-还原-正洗 4 个阶段进行。

26．如设计无明确规定时，仪表管道敷设应按哪些原则确定。

答：（1）仪表管路的敷设应尽量短，以减少测量仪表的时滞，提高灵敏度。

（2）仪表管路的水平段应保持一定的坡度，测量管路一般应大于 1：100。差压管应大于 1：20，回油管路应大于 1：10。

（3）管路避免敷设在易受机械损伤、潮湿、腐蚀或有振动的场所。

（4）差压测量管路不应靠近热表面，其正、负压管的环境温度应一致，以免产生测量误差。

（5）管路应尽量集中敷设，不应直接敷设在地面上，其线路一般应与主体结构平行，以便于管路的组合安装。

27．安装水泵吸水管时应注意哪些要求。

答：（1）吸水管路（包括各种法兰连接件）必须严密，不得漏气。

（2）吸水管口要安置在水源的最低水位以下，大流量水泵要浸入水下至少 1m。

（3）泵水平吸入口欲连接异径管（喇叭管）时，要采用一个偏心异位管（偏心喇叭管）。

（4）整个吸入管从泵吸入口起应保持下坡的趋势；以免在管路中积聚气泡。

（5）在吸入管段上，接近泵吸入口的弯头必须直立，而不能安装成水平或倾斜的形式。

（6）采用引水流动的水泵，吸水管末端应安装底阀。

28．简述锅炉的概念及组成。

答：锅炉是把燃料中的化学能经过燃烧过程转化为热能，通过换热进而将水加热产生一定温度和压力的蒸汽或热水的设备。

组成：锅炉是由"锅"和"炉"以及能保证锅炉正常、安全运行所必需的附件、仪表和附属设备等 3 大部分组成。

29．18-8 不锈钢防止晶间腐蚀的措施有哪些方面。

答：（1）尽可能采用含碳量低的不锈钢，含碳量低于 0.04% 的不锈钢不易受晶间腐蚀。

（2）将在危险区域内加热过的不锈钢或已发现有弱晶间腐蚀倾向的不锈钢重新加热至 1150℃ 左右进行淬火处理，使析出的碳化物重新溶入固溶体内。

（3）在合金中加入与碳作用的结合力比碳与铬结合力强的元素，例如钛（Ti）铌（Nb）、钽（Ta）等，18-8 不锈钢中加入钛、铌等元素可以防止晶间腐蚀。

30．塑料管道热加工的特点及方法。

答：热塑性塑料都可以通过加热使其软化，施加外力进行加工。热加工的关键是要掌握好加热温度。温度过低无法成型，并产生较大的内应力，温度过高会产生材料分层、起泡、烧焦等现象。硬聚氯乙烯管加热温度应控制在 135~150℃。

加热方法：电加热、蒸汽加热及各种火焰加热，最常用的是用电烘箱、电炉及甘油浴加热。

31．锅炉在烘炉前必须具备哪些条件。

答：（1）锅炉及其附属装置全部安装完毕，水压试验合格。

（2）炉墙和保温工作已结束，并经过自然干燥。

（3）烘炉需用的各附属设备试运转完毕，能随时运行。

（4）热工和电气仪表已安装，校验和调试完毕，性能良好。

（5）炉墙上的测温点和取样点，锅筒上的膨胀指示器已设置好。

（6）做好必须的各项临时设施，有足够的燃料、必须的工具材料、备品和安全用品等。

32．卸扣在使用时应注意哪些事项？

答：（1）卸扣在安装横销时，螺牙旋足后，应向放松方向回旋半个牙，防止螺牙旋紧受力后横销旋不动。

（2）卸扣在使用时，应检查受力点是否在横销上，如发现受力点在卸扣本体上则应作及时调整以防受力后卸扣变形。

（3）卸扣在使用过程中，须注意其方向性。如卸扣的使用方法有误，会影响起重作业的顺利进行。

（4）卸扣不得超负荷使用。

33．锅炉蒸汽过热器的作用及布置方式。

答：作用：是将从锅筒引出的饱和蒸汽在定压下继续加热，提高到规定蒸汽温度，去除水分，使之成为过热蒸汽。

按照烟气和蒸汽的流向，可将过热器布置为顺流、逆流、双逆流和混合流等形式。在实际使用中混合流式和双逆流式应用较广泛。

34．班组材料管理的任务是什么？

答：班组材料管理是指在施工过程中对材料的供、管、用所进行的管理活动。它的任务是：

（1）有计划、按顺序及时领料，保证正常施工。

（2）搬运、保管方便，减少不必要的损失。

（3）合理使用，降低消耗。

（4）材料码放整齐，品种、规格、数量一目了然，防止材料乱用、错用。

（5）便于材料核算，提高经济效益。

35．什么是全面质量管理，有哪些特点。

答：所谓全面质量管理（简称 TQC），T 为全面，Q 为质量，C 为管理。TQC 是保证企业优质、高效、低消耗、取得好的企业和社会经济效益的一种科学管理方法，也是加强班组建设的重要方法。

全面质量管理的特点：全面质量管理具有全面性、全员性、科学性和服务性。

全员性，即全面质量管理是全体职工的本职工作，人人都得参加管理。

全面性，即对产品质量、工序质量和工作质量，进行全面管理。

科学性，即产品质量是干出来的，不是检查出来的，一切用数据说话，按科学程序办事，实事求是，预防为主，防检结合。

服务性，即质量第一，一切为了用户，下道工序就是用户。

二、实际操作部分

1．试题：管道轴测图的绘制，如图 40。试把下列一组设备配管的平、立面图画成斜等测图。

评分标准：

按平、立面图画成的斜等测图，错一处扣 20 分。

2．试题：复杂管件的展开下料和制作，如图 41。

主管直径 $\phi139\times4.5$，支管直径 $\phi89\times4$，夹角 $45°$。

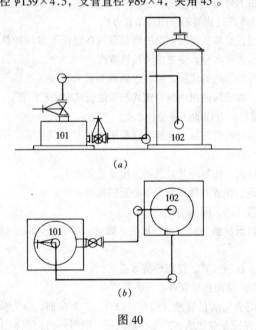

(a)

(b)

图 40

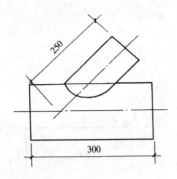

图 41

考核内容及评分标准

序号	测量项目	评分标准	标准分	得分
1	角度	$\leqslant \pm 1°$，$\geqslant \pm 3°$本项无分	40	
2	对口间隙	1 ± 1，$\geqslant 3$本项无分	35	
3	安全	无安全事故	10	
4	工效	由考评者定	15	
	合计			

3. 试题：按图计算工料。

按下列某厂生活定流排水施工图估算工程所用的材料（包括主辅料）。

考核项目及评分标准

序号	测定项目	评分标准	标准分	得分
1	卫生洁具规格数量	缺1项，扣10分	20	
2	主材品种	缺1项，扣10分	20	
3	主材数量	误差5.5%，$\geqslant 10\%$本项无分	30	
4	卫生洁具配件	缺1项，扣2分	10	
5	辅材品种	缺1项，扣2分	10	
6	辅材数量	误差10%，$\geqslant 20\%$本项无分	10	

4. 试题：定尺煨弯的下料与制作，图42。

按下图计算定尺煨弯的下料长度及制作。

管径 $D-\phi32\times3$，$R=4D$。

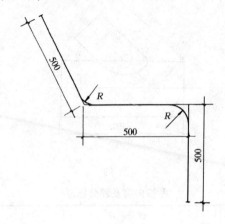

图 42

考核项目及评分标准

序号	测定项目	评分标准	标准分	得分
1	下料长度	±2mm，≥5mm 本项无分	20	
2	制作角度	±1°，≥3° 本项无分	20	
3	分段长度	±2mm，≥5mm 本项无分	20	
4	不平度	±2mm，≥5mm，本项无分	10	
5	煨弯质量	椭圆度等，由考评者掌握	10	
6	安全	无安全事故	10	
7	工效	由考评者定	10	
	合计			

5. 试题：安全阀的调试。

一个贮气罐，接通空压机。贮气罐上装一个工作压力为 0.8MPa 的安全阀（杠杆重锤式或弹簧式均可），要求将该安全阀调至开启压力为 0.82MPa，回座压力为 0.78MPa。

464

考核项目及评分标准

序号	测定项目	评分标准	标准分	得分
1	操作顺序	由考评者定	20	
2	开启压力	误差 0.01MPa，≥0.03MPa 无分	30	
3	回座压力	误差 0.01MPa，≥0.03MPa 无分	30	
4	安全	无安全事故	10	
5	工效	由考评者定	10	
	合计			

第三章　高级管道工

一、理论部分

（一）是非题（正确答案写在每题括号内）

1. 力对物体的作用效应，决定于力的大小、方向和作用点 3 要素。（√）

2. 力的三要素可用带箭头的有向线段表示，线段的长度表示力的大小。（√）

3. 作用在同一物体上的 3 个以上的力称为力系。物体在力系作用下处于平衡状态，这样的力系称为平衡力系。（√）

4. 力不一定成对出现，有作用力，不一定有反作用力。（×）

5. 力的作用线通过矩心，则力矩为零。（√）

6. 大小相等、方向相反　作用线平行而不重合的两个力所组成的特殊力系称为"力矩"。（×）

7. 固体材料在去掉外力之后能完全消失的变形，称为弹性变形。（√）

8. 杆件在受到垂直于杆件轴线的外力作用时，杆件的轴线在变形前原为直线，变形后为曲线，这种变形称为扭转。（×）

9. 当法兰垫片密封比压为定值时，欲减少螺栓载荷，必须增加垫片的有效密封面积。（×）

10. 当管内通入介质后，法兰承受着内压力和介质温度的作用，称为法兰的预紧状态。（×）

11. 法兰密封面对垫片产生一定的表面约束，使垫片不移动，表面约束越好，接口严密性就越高。（√）

465

12. 法兰接口的严密性，主要取决于法兰螺栓载荷、垫片的性能和法兰密封面的形式。（√）

13. 材料的蠕变变形是可以恢复的变形。（×）

14. 绝对变形只表示了杆件变形的大小，但不能表示杆件变形的程度。（√）

15. 杆件受到外力作用而变形时，其内部质点之间因相对位置改变而产生的相互作用力，称为应力。（×）

16. 在选取许用应力时，不必考虑管道温度。（×）

17. 管道运行中的受力将在管壁内产生切向、轴向及径向 3 个方向的应力。（√）

18. 管道由于温差而产生的轴向应力，其数值大小可按虎克定律计算。（√）

19. 管道材料的额定许用应力随着温度的升高而降低。（√）

20. 给水管与输热管同沟敷设时，给水管应敷设在输热管的上面。（×）

21. 消火栓的服务半径一般约与消防水带长度相等。（√）

22. 民用建筑中，最低层不必设置检查口，一般每隔两层设一只检查口。（×）

23. 流出水头是出水口处水头值。（√）

24. 管径大于 100mm 的排水管道上设置清扫口，其尺寸应采用 100mm。（√）

25. 生活和生产给水管道内的流速不宜大于 2.5m/s。（×）

26. 生活给水管网局部水头损失占沿程损失的 10%。（×）

27. 管径与管内水深的比值称为管道充满度。（×）

28. 小便槽排水支管管径不得小于 75mm。（√）

29. 污水立管上部的伸顶通气管径一般与污水管径相同。（√）

30. 底层生活污水管道应考虑采取单独排出方式。（√）

31. 洗脸盆（无塞）的排水量为 0.1L/s，其排水当量为 0.33。（×）

32. 排水管道的坡度，一般情况下采用最小坡度。（×）

33. 室内给水管网根据水平干管所敷设位置不同，可布置为下行上给式、上行下给式和环状式 3 种管网方式。（√）

34. 排水管道的横管与横管，横管与立管的连接宜采用 45°三通，90°斜三通管件。（√）

35. 50mm 口径的消火栓宜配 13mm 或 16mm 口径的水枪喷嘴。(√)

36. 室内排出管与室外排水管道连接时,排出管管顶标高应低于室外排水管管顶标高。(×)

37. 室内消防给水系统有室内消火栓给水系统、自动喷洒及水幕消防系统等。(√)

38. 引入管至最不利配水点高差为 10m,则静压差为 98.1kPa。(√)

39. 室内给水系统所需之总水压大于室外管网所有具有的资用水头时,则必须设置升压设备。(√)

40. 给水引入管与排水排出管交叉铺设时垂直净距不得小于 0.5m,且给水管应在排水管上面。(×)

41. 给水管道不得穿过伸缩缝、沉降缝、抗震缝。(×)

42. 给水横管宜有 0.002~0.005 的坡度坡向泄水装置,以利维修。(√)

43. 消防水箱应储存 10min 的消防用水量。(√)

44. 民用建筑厕所间排水立管应尽量离开大便器。(×)

45. 排水排出管与立管的连接,宜用 90°直弯连接。(×)

46. 室内排出管穿越承重墙时应预留孔洞,管顶上部净空一般不小于 0.1m。(×)

47. 排水立管应避免偏置,如必须偏置时宜用乙字管或两只 45°弯头。(√)

48. 消火栓栓口所需水压包括水龙带的水头损失和水枪所需水压。(√)

49. 为保持要求的室温而供给室内的热量称为供暖热负荷。(√)

50. 散热器一般布置在外墙窗台下,也有布置在内墙的。(√)

51. 散热器一般为暗装,楼梯间的散热器应尽量布置在顶部。(×)

52. 供暖热负荷是根据冬季供暖房间的热平衡算出的,即房间的得热量＝房间的失热量。(√)

53. 建筑围护结构基本耗热量是建筑围护结构的全部耗热量。(×)

54. 采暖系统运行前应对整个系统进行冲洗,以清除杂物。(√)

55. 热水采暖系统(下分式系统)上层散热器不热,造成这种热力失调的原因是上层散热器充水不足。(√)

56. 散热器内存有空气,会影响散热器的放热效果。(√)

57. 蒸汽管路的冷凝水会使系统发生"水击"现象。(√)

58. 蒸汽压缩式制冷系统主要由制冷压缩机、集油器、空气分离器和蒸发器 4 个最基本部件组成。(×)

59. 氟里昂在制冷工程中常作为载冷剂使用。(×)

60. 水不能用作制冷剂，只能作为载冷剂。(×)

61. 制冷系统中，冷却水管一般采用镀锌钢管。(√)

62. 制冷系统中，盐水管要求较高，不能采用镀锌钢管。(×)

63. 氨系统管道之间的连接一般不宜采用焊接。(×)

64. 氨与空气混合达一定浓度时，遇明火有爆炸危险。(√)

65. 冷库的管道连接一般用焊接。只有在安装和检修上必要的地方才用法兰或丝扣连接。(√)

66. 制冷管道用螺纹连接时，填料可采用黄粉和甘油调合物或聚四氟乙烯生料带。(√)

67. 氨制冷管道法兰一般采用平焊法兰。(×)

68. 氨管上的三通一般采用焊制的顺流三通、Y形羊角三通，也可用斜三通。(√)

69. 为防止"液击"现象，蒸发器至制冷压缩机的吸气管道，应设有不小于 0.003 坡度，坡向压缩机。(×)

70. 氟里昂制冷系统压缩排气管应有 0.01 坡度坡向冷凝器。(√)

71. 氨液过滤器应装在靠近氨泵的最低位置。(√)

72. 氨泵出液管上应装止回阀、压力表及氨液旁通阀。(√)

73. 低压氨气管等，为防止产生"冷桥"减少冷损失，通常在管道和支架间设以用油浸过的木块。(√)

74. 制冷系统吹扫工作合格后，应对整个系统进行严密性试验，即检漏。(√)

75. 氨制冷系统压力检漏（气压试验）一般用二氧化碳试压。(×)

76. 制冷系统在压力试验合格后，应将系统抽成真空，进行真空检漏。(√)

77. 制冷管道变径采用偏心大小头。(×)

78. 检查氟里昂渗漏可用肥皂水、烧红的铜丝、卤素校漏灯或卤素检漏仪。(√)

79. 氟里昂系统检漏后需修补，可将氟里昂排净后，用空气吹扫后更换或补焊。(√)

80. 氨水吸收式制冷装置中，氨是吸收剂，水是制冷剂。(×)

81. 溴化锂吸收式制冷装置中，水是吸收剂，溴化锂为制冷剂。（×）

82. 溴化锂是一种无色有毒物质，对皮肤有强烈的刺激作用。（×）

83. 氟里昂破坏臭氧层，危害人类生存环境，将被停用。（√）

84. 溴化锂吸收装置系统中，大部分不凝性气体积存在吸收器的稀溶液上部。（√）

85. 蒸汽喷射式制冷机通常用蒸汽作为制冷剂。（×）

86. 溴化锂和氨均极不易溶于水。（×）

87. 管道、设备内部产生水击，是锅炉汽水系统管道漏水、漏汽的一个主要原因。（√）

88. 锅炉泄漏的主要部位是在铆缝、胀口、焊口处。（√）

89. 锅炉管子焊口渗漏在原有熔焊金属上再堆焊上去即可。（×）

90. 锅炉运行中，给水设备损坏，锅炉无法进水时，应立即修理给水设备，锅炉可继续运行。（×）

91. 锅炉运行中，不论如何加强给水，水位仍继续下降时，应紧急停炉。（√）

92. 锅炉运行中发现炉管泄漏时，应及时报告有关人员，然后停止运行。（√）

93. 发现锅炉灭火后，应立即增加燃料量，抢救灭火。（×）

94. 锅炉轻微缺水，可采用"叫水"法，使水位在水表内出现，并谨慎向锅炉进水。（√）

95. 没有及时排污，造成炉水含碱度增高，悬浮物多，油质过大是汽水共沸的原因之一。（√）

96. 在采用"叫水"法后，水位仍不能在玻璃管内出现的，称为轻微缺水。（×）

97. 锅筒或水冷壁联箱的支架安装不正确会引起水冷壁管的损坏。（√）

98. 一般来说，锅炉给水质量不好，不会引起水冷壁管的损坏。（×）

99. 过热器施工完毕必须进行通球试验，以免杂物堵塞，引起过热器损坏。（√）

100. 锅炉的油或煤粉如在炉膛内未能完全燃烧，会引起尾部烟道燃烧和爆炸。（√）

101. 液压传动的基本原理是帕斯卡定律。（√）

102. 液压系统中，油液压力的大小决定于负载的大小。（√）

103. 液压管道压力为 2.0MPa 为中压管道。(×)

104. 液压管道材料为有缝钢管。(×)

105. 液压管道应安装在用木块做衬垫的支架上。(√)

106. 液压管道高压支架须用木块托住钢管，再用螺钉固定。(×)

107. 液压回油管路应进行二次安装。(√)

108. 液压管路在安装前应进行酸洗。(√)

109. 液压管路不允许焊接。(×)

110. 液压管道在脱脂、酸洗、中和、钝化每道"工序"之后，都要用水对管道冲洗。(√)

111. 液压管道现场施工时应尽量使用硫酸溶液进行酸洗。(×)

112. 液压管道用的酸洗溶液中应加入一定量的缓蚀剂。(√)

113. 硫酸与水混合时，应将水慢慢倒入硫酸中。(×)

114. 热煤气发生站所用燃料一般是焦炭、无烟煤。(√)

115. 将空气进行过滤、压缩、贮存并输送的装置，称为压缩空气站。(√)

116. 空气进空气压缩机前要过滤，袋式空气过滤器阻力较小，但过滤效率较低。(×)

117. 设在空气压缩最末一级出口处的后冷却器常用的有列管式、散热片式和套管式等。(√)

118. 空分制氧是以空气为原料的。(√)

119. 乙炔属于易燃易爆气体，所以乙炔站的设置要特别处理好安全问题。(√)

120. 低温空气制氧高压流程主要用于大型制氧装置，应用较广。(×)

121. 压缩空气系统中设置冷却器的目的是降低压缩空气湿度。(×)

122. 乙炔站必须设置安全水封，以保证系统的正常运行。(√)

123. 乙炔洗涤器用于洗涤乙炔吸收乙炔中的氨和硫化氢，同时兼有沉淀残渣和冷却乙炔的作用。(√)

124. 燃料油管道系统必须有加热和保温措施。(√)

125. 燃油站油罐出油管应在罐底接出。(×)

126. 钛和钛合金管的切割及坡口加工，锯片，砂轮片和切割刀具必须专用。(√)

127. 钛管与钛板连接，以胀接法的效果为佳。(√)

128. 钛和钛合金管焊接前应进行酸洗处理。(√)

129．钛管焊接所用焊丝必须经过脱氢处理。（√）

130．钛管经酸洗处理后，在施焊前不能再用酒精或丙酮擦拭，以防焊接气孔的出现。（×）

（二）选择题（正确答案的序号写在每题横线上）

1．力矩的单位是＿＿A＿＿。

A．牛顿·米　　B．牛顿　　　　C．米　　　　D．千克

2．材料力学研究的对象是＿＿A＿＿。

A．可变形固体　B．刚体　　　　C．固体　　　　D．液体

3．＿＿B＿＿是指构件在外力作用下产生变形，而外力去除后变形能够消失的极限值。

A．比例极限　　B．弹性极限　　C．屈服极限　　D．强度极限

4．在垂直于杆件轴线的平面内，杆件受到一对大小相等、方向相反的力偶作用时，所发生的变形就是＿＿B＿＿。

A．弯曲　　　　B．扭转　　　　C．剪切　　　　D．拉伸

5．在管道内压力计算时，如管上有液柱作用，当液柱静压力超过＿＿B＿＿的工作压力时，则应考虑液柱静压力。

A．1.5%　　　　B．2.5%　　　　C．3%　　　　D．5%

6．当弯管的弯曲半径 $R \geqslant 3.5 D_W$ 时，弯制时壁厚减薄，对弯曲应力的影响不大，计算壁厚附加值时，C_3 可取＿＿D＿＿。

A．2mm　　　　B．1mm　　　　C．0.5mm　　　　D．0

7．法兰密封结构中螺栓硬度应比螺母硬度＿＿A＿＿。

A．高　　　　B．低　　　　C．相等　　　　D．高低均可

8．由绳索胶带、链条等构成的约束是＿＿C＿＿。

A．光滑面约束　　　　　　　B．铰链约束

C．柔性约束　　　　　　　　D．链杆约束

9．应力的单位，在国际单位制中，一般采用＿＿A＿＿。

A．帕斯片　　　B．牛顿　　　　C．牛顿·米　　　D．千克

10．管道由于敷设时的温度和运行中的温度不同，会产生热胀冷缩的变形。管子轴向伸缩受限制时，其内产生一个拉或压的轴向应力（σ_x^2），$\sigma_x^2 = $＿＿C＿＿。

A．$E \cdot \alpha$　　　B．$E \cdot \Delta t$　　　C．$E \cdot \alpha \cdot \Delta t$　　　D．$\alpha \cdot \Delta t$

11．壁厚附加值包括3项，其中 C_2 为腐蚀裕度，用于输送低腐蚀性介质（如水蒸气）的碳素钢管，C_2 可取＿＿B＿＿。

A.0.5~1.0mm　　B.1.0~1.5mm　　C.0　　D.2mm

12．壁厚附加值包括 3 项，其中 C_1 为钢管的负偏差，各种钢管壁负偏差的采用值均不得小于　B　mm。

A.0.2　　　　B.0.5　　　　C.0.6　　　　D.1.0

13．法兰垫片的密封比压与　A　无关，只和　A　有关。

A．介质压力、垫片的材料和形状

B．垫片的材料和形状、介质压力形状、温度

C．介质温度、介质压力

D．垫片的材料和形状、温度

14．在同样的螺栓载荷作用下，垫的有效密封面积越　B　，垫片密封比压就越　B　。

A．小、小　　B．小、大　　C．大、小　　D．大、大

15．管子耐压强度的计算公式中，无缝钢管的焊缝系数为　D　。

A.$\varphi=0.5$　　B.$\varphi=0.6$　　C.$\varphi=0.8$　　D.$\varphi=1$

16．生活给水系统中使用器具处静水压力不得大于　A　MPa，当大于此值时宜分区给水。

A.0.6　　　　B.0.45　　　　C.0.35　　　　D.0.2

17．给水引入管与排水管的水平净距不得小于　B　m。

A.0.5　　　　B.1.0　　　　C.1.5　　　　D.2.0

18．两根引入管从室外环状管网同侧引入时，两根引入管的间距不得小于　C　m。

A.1.0　　　　B.5.0　　　　C.10　　　　D.20

19．给水管道一般不得穿越生产设备基础，若必须穿越时，须征得同意后加设套管。管顶埋深大于　B　m 时，可不设套管。

A.0.5　　　　B.1.0　　　　C.1.5　　　　D.2.0

20．给水引入管穿越承重墙或基础时，一定要预留洞口，管顶上部净空一般不得小于　A　m。

A.0.1　　　　B.0.2　　　　C.0.3　　　　D.0.4

21．给排水管道平行敷设时，管外壁最小允许间距为　A　m。

A.0.5　　　　B.1.0　　　　C.1.5　　　　D.2.0

22．给排水管道交叉敷设时，管外壁最小允许间距为　B　m，且给水管在污水管上面。

A.0.1　　　　B.0.15　　　　C.0.2　　　　D.0.5

23. 普通室内消火栓系统中相邻两消火栓间距不应大于 __D__ m。

A.20 B.30 C.40 D.50

24. 当室内消火栓超过 __B__ 个,且室外为环状管网时,室内消防给水管道至少有两条进水管与室外管网连接。

A.5 B.10 C.15 D.20

25. 给水引入管与电线管平行铺设时,两管间的水平距离不得小于 __B__ m。

A.0.5 B.0.75 C.1.0 D.1.5

26. 给水引入管应有不小于 __B__ 的坡度坡向室外给水管网或水表井、闸门井。

A.0.002 B.0.003 C.0.005 D.0.02

27. 无加压泵和水箱的室内消火栓给水系统,消防时旋翼式水表水头损失宜小于 __C__ mH$_2$O。

A.3 B.4 C.5 D.10

28. 低层建筑室内消火栓系统是指 __C__ 层及以下的住宅等建筑的室内消火栓给水系统。

A.7 B.8 C.9 D.10

29. 当消防射流量小于 3L/s 时,应采用 __B__ 口径的消火栓和水龙带。

A.40mm B.50mm C.65mm D.80mm

30. 室内消火栓口离地面高度为 __B__ m。

A.1.0 B.1.1 C.1.2 D.1.3

31. 消火栓水龙带的长度不应超过 __D__ m。

A.10 B.15 C.20 D.25

32. 检查口的设置高度,从地面至检查口中心一般为 __A__ m,并高出该层卫生器具上边缘 0.15m。

A.1.0 B.1.1 C.1.2 D.1.5

33. 小便器手动冲洗阀的额定流量为 0.05L/s,则它的当量为 __A__ 。

A.0.25 B.0.5 C.1.0 D.1.5

34. 消防给水管网局部水头损失占沿程损失的 __A__ 。

A.10% B.15% C.20% D.25%～30%。

35. 凡连接大便器的排水管段,其管径不得小于 __C__ mm。

A.50 B.75 C.100 D.150

36. 室内污(废)水排出管自建筑外墙面至排水检查井中心的距离不

宜小于 C m。

A.1.0   B.2.0   C.3.0   D.5.0

37. 排出管的坡度应满足流速和充满度的要求，一般其最大坡度不得大于 B 。

A.0.20   B.0.15   C.0.10   D.0.05

38. 排水横管不宜过长，一般不超过 B m，且应尽量少转弯，有一定坡度，以保证水流畅通。

A.5   B.10   C.15   D.20

39. 伸顶通气管管顶高出屋面不得小于 B m，并大于最大积雪厚度。

A.0.2   B.0.3   C.0.5   D.1.0

40. 排水立管检查口之间的距离不大于 B m。

A.5   B.10   C.15   D.20

41. 在经常有人停留的平屋面上，通气管应高出屋面 D m 以上，考虑防雷装置。

A.1.2   B.1.5   C.1.8   D.2.0

42. 在冬季室外采暖温度高于 D 的地区，通气管顶端可装网形低碳钢丝球。

A.0℃   B.−5℃   C.−10℃   D.−15℃

43. 采用机械清通时，排水立管检查口间的距离不宜大于 C m。

A.5   B.10   C.15   D.20

44. 污水管起点的清扫口与管道相垂直的墙面的距离不得小于 B m。

A.0.1   B.0.15   C.0.2   D.0.4

45. 居住建筑生活给水管网所需水压。一般二层建筑最小水压值为 B kPa。

A.98.1   B.117.72   C.156.96   D.196.2

46. 低层建筑室内消火栓充实水柱的长度不应小于 C m。

A.5   B.6   C.7   D.10

47. 为了计算方便，将卫生器具排水量折算成当量，一个污水盆的排水量 C L/s 作为一个排水当量。

A.0.15   B.0.2   C.0.33   D.0.5

48. 民用建筑的主要房间，冬季室内计算温度宜采用 C 。

A. 不低于 10℃   B. 不低于 15℃

C.16~20℃   D. 不低于 25℃

49. 考虑到组装方便，柱形铸铁散热器的组装片数不宜超过 __C__ 片。

A.10   B.15   C.20   D.25

50. 国际上规定，用字母 __B__ 和它后面的一组数字或字母作为制冷剂的简写符号。

A.K   B.R   C.I   D.Q

51. 低水箱大便器的排水量为 2.0L/s，则其排水当量为 __B__ 。

A.10   B.6   C.0.66   D.10

52. 金属生活污水排水管最大允许流速为 __B__ m/s。

A.10   B.7   C.2.5   D.2

53. 公共浴室的排水管，考虑到有被油污、毛发堵塞的可能，其管径不得小于 __C__ mm。

A.50   B.75   C.100   D.150

54. 几根污水立管通气部分汇合为一根总管时，总管的断面积应取各汇合管中最大管断面积加上其余各管断面积之和的 __A__ 倍。

A.0.25   B.0.5   C.1.0   D.2.0

55. 排水铸铁管的自清流速在设计充满度下，管径为 150mm 时为 __B__ m/s。

A.0.5   B.0.6   C.1.0   D.2.0

56. 室内计算温度一般是指距地面 __C__ m 以内人们活动地区的平均温度。

A.1.0   B.1.5   C.2.0   D.2.5

57. 建筑物围护结构基本耗热量的朝向修正率，东西向一般采用 __C__ 。

A.5%   B.10%   C. -5% D. -10%

58. 供汽压力高于 __B__ 的蒸汽供暖系统称为高压蒸汽供暖。

A. 0.5×10^5 Pa   B. 0.7×10^5 Pa

C. 1.0×10^6 Pa   D. 1.2×10^6 Pa

59. 热水采暖系统回水温度过高，造成的原因可能是 __A__ 。

A. 锅炉供水温度过高   B. 外管网漏水

C. 热损失过大。   D. 干管敷设坡度不够

60. 贮存氨液的钢瓶一般漆成 __D__ 色，并在钢瓶上标出名称。

A. 红　　　　　　B. 白　　　　　　C. 黑　　　　　　D. 黄

61. 贮存氟里昂的钢瓶一般漆成 __A__ ，并在钢瓶上标出名称。

A. 银灰色　　　B. 红色　　　　C. 黄色　　　　D. 白色

62. 制冷系统中盐水管一般可采用 __D__ 管。

A. 铜　　　　　B. 低合金　　　C. 无缝钢　　　D. 镀锌钢

63. 氨泵出液管上应装 __C__ 、压力表及氨液旁通阀。

A. 截止阀　　　B. 安全阀　　　C. 止回阀　　　D. 闸阀

64. 热力膨胀阀安装在冷凝器（或贮液器）之间的管道上，阀体应
__A__ 。

A. 垂直放置，不能倾斜更不可颠倒安装

B. 垂直放置，不能倾斜但可颠倒安装

C. 垂直放置，不可颠倒安装，允许一定的倾斜

D. 水平放置。

65. 普通制冷是指温度高于 __A__ 的制冷。

A.120K　　　　B.20K　　　　C.0.3K　　　　D.150K

66. __A__ 是制冷工程中常用的制冷剂。

A. 氨　B. 氯化钙水溶液　C. 空气　D. 氯化钠水溶液

67. 氨制冷系统中，氨管一般用优质碳素钢无缝管，当工作温度低于
−40℃时，采用 __D__ 管。

A. 铜　　　　　B. 铝　　　　　C. 镀锌钢　　　　D. 低合金钢

68. 氟里昂制冷系统中，氟里昂管公称直径 25mm 以下时，一般用
__B__ 。

A. 镀锌钢管　B. 铜管　C. 无缝钢管　D. 铝管

69. 氨制冷系统管径 __C__ mm 以上，宜采用电焊连接。

A.32　　　　　B.40　　　　　C.50　　　　　D.100

70. 氨管道弯头一般采用弯曲半径不小于 __D__ 倍管径的煨弯。

A.2　　　　　B.2.5　　　　　C.3.5　　　　　D.4

71. 制冷系统气密性试验压力须在整个系统密封情况下保持 __C__ h。

A.6　　　　　B.12　　　　　C.24　　　　　D.48

72. 氨系统进行真空试验，剩余压力不高于 __B__ kPa，保持 24h。

A.7.1　　　　B.8.1　　　　C.9.1　　　　D.10.1

73. 氟里昂系统进行真空试验，剩余压力不高于 __C__ kPa，保持 24h。

A.4.4　　　　B.5.0　　　　C.5.4　　　　D.6.0

74. 氨制冷系统用酚酞试纸检漏，试纸呈__C__，说明有渗漏。

A. 红色　　　　B. 黄色　　　　C. 玫瑰红色　　D. 绿色

75. 烧红的铜丝接触到氟里昂 R12 蒸汽时，呈__A__色。

A. 青绿　　　　B. 黄　　　　　C. 红　　　　　D. 蓝

76. 氨制冷压缩机至冷凝器的排气管应设有不小于__B__坡度，且须坡向油分离器或冷凝器。

A. 0.005　　　B. 0.01　　　C. 0.015　　　D. 0.02

77. 氟里昂系统压缩机向上排气的主管较长时，为防止管道中润滑油在压缩机停车后倒流，可在排气主管上安装__B__。

A. 截止阀　　　B. 止回阀　　　C. 安全阀　　　D. 旋塞阀

78. 氟里昂系统进压缩机的吸气管应设有__B__坡度，坡向压缩机。

A. 0.005　　　B. 0.01　　　C. 0.015　　　D. 0.02

79. 制冷系统安装工作完成后，必须用__D__对整个系统进行吹扫。

A. 一氧化碳　　B. 二氧化碳　　C. 氧气　　　　D. 压缩空气

80. 氟里昂制冷系统气压试验一般用__A__试压。

A. 氮气　　　　B. 氧气　　　　C. 二氧化碳　　D. 氩

81. 氨制冷系统吹扫最好用空气压缩机进行，在空压机无法解决时，可以指定一台制冷机代用，使用时应注意排气温度不得超过__C__。

A. 45℃　　　B. 100℃　　　C. 145℃　　　D. 200℃

82. 氨制冷系统经抽真空无漏后充制冷剂，高压侧不得超过__D__MPa。

A. 0.4　　　　B. 0.5　　　　C. 1.0　　　　D. 1.4

83. 溴化锂吸收式制冷装置，能制取__C__冷冻水供空调、制冷用。

A. -15℃以下　　　　　　　B. 0～-45℃

C. 0℃以上　　　　　　　　D. 10℃以上

84. 溴化锂水溶液在__B__情况下，对金属__B__腐蚀性。

A. 真空、有　　　　　　　B. 有空气、有

C. 有空气、无　　　　　　D. 高温、无

85. 蒸汽喷射式制冷机中用__A__物质作为工质。

A. 单一　　　　B. 两种　　　C. 3 种　　　　D. 4 种

86. 溴化锂吸收式制冷是利用溶液的特性靠消耗__B__作为补偿来获取冷量的。

A. 电能　　　　B. 热能　　　　C. 化学能　　　D. 机械能

87. 溴化锂吸收式制冷机在很高真空度下工作，不凝性气存在　A　。

A. 会加剧金属腐蚀，大大降低机器的制冷能力

B. 会加剧金属腐蚀，对制冷能力无影响

C. 会降低机器的制冷能力，但不会加剧金属腐蚀

D. 对金属腐蚀和机器制冷能力没有影响

88. 蒸汽喷射式制冷系统通常用水（也可用氨或氟利昂）作为制冷剂，适用于空调系统和　C　以上低温水生产工艺中。

　　A.－15℃　　　B.－5℃　　　C.0℃　　　D.4℃

89. 锅炉严重缺水，用叫水方法见不到水位时，应　A　。

A. 紧急停炉　　　　　　　　B. 立即大量进水

C. 检查水位表　　　　　　　D. 应检查给水自动调节器

90. 流体流动时，若截面积不变，则　A　。

A. 流量越大，流速也大

B. 流量越大，流速越小

C. 流量变大，流速不变

D. 流量变大，流速变小

91. 液压系统中，有部分管件和设备是用橡胶软管连接安装时，应避免急转弯，其弯曲半径为　D　。

　　A.$R \geqslant 2.5D$　　B.$R \geqslant 3.5D$　　C.$R \geqslant 4D$　　D.$R \geqslant 9 \sim 10D$

92. 液压系统中，常用的连接螺纹有 4 种类型，普通细牙螺纹是其中的一种，代号为　D　。

　　A.G　　　　　B.kg　　　　C.K　　　　D.M

93. 常用的液压管道的压力等级分为　D　级。

　　A.2　　　　　B.3　　　　　C.4　　　　　D.5

94. 超高压液压管道指压力为　C　的液压管道。

　　A.>8MPa　　B.>16MPa　　C.>32MPa　　D.>50MPa

95. 液压管道试验压力如设计无规定，当公称压力为 10MPa 时，则试验压力取　B　MPa。

　　A.10　　　　　B.15　　　　　C.20　　　　　D.30

96. 液压管道管子裂痕深度为管子壁厚　C　以上不能用。

　　A.5%　　　　B.8%　　　　C.10%　　　　D.20%

97. 液压管道弯曲加工时，允许椭圆度为　B　。

　　A.5%　　　　B.8%　　　　C.10%　　　　D.20%

98. 液压管道钢管弯曲加工，一律采用机械冷弯，其弯曲半径应大于__C__倍管子外径。

A.1.5　　　　　B.2　　　　　C.3　　　　　D.4

99. 液压管道酸洗溶液可用__A__溶液，也可用硫酸溶液。

A. 盐酸　　　B. 甲酸　　　C. 硝酸　　　D. 乙酸

100. 液压管道酸洗后，可用__C__将壁上的残余酸液中和干净。

A. 氢氧化钠溶液　　　　　　　B. 氢氧化钾溶液

C. 氨水　　　　　　　　　　　D. 碳酸钠

101. 液压管道酸洗中和后，应进行钝化处理，一般选用__A__。

A. 亚硝酸钠　B. 重铬酸钾　C. 碳酸铵　D. 碳酸钠

102. 油液的流量为3L/min，应等于__A__ m^3/s。

A.5×10^{-5}　　　B.5×10^{-4}

C.18×10^{-4}　　D.18×10^{-5}

103. 连接液压管路用的扩口管接头，适用于薄壁管件连接，工作压力为__A__。

A. 小于8MPa　B. 大于8MPa　C. 小于5MPa　D. 大于5MPa

104. 口径32mm以上液压管道连接，一般采用__B__连接。

A. 螺纹　　　B. 法兰　　　C. 焊接　　　D. 活接头

105. 液压管道油路清洗，用可__D__作为清洗剂。

A. 水　　　B. 蒸汽　　　C. 酒精　　　D. 透平油

106. 现场液压元件安装前元件应以__B__清洗，并进行压力和密封性试验。

A. 水　　　B. 汽油　　　C. 盐酸　　　D. 硫酸

107. 空气进入空气压缩机前要过滤。金属网空气过滤器过滤效率为__A__。

A.70%～75%　　B.80%　　C.90%　　D.96%～98%

108. 在大气压力下氧的沸点为__A__。

A. −182.8℃　　　　　　　　B. −195.8℃

C. −148.8℃　　　　　　　　D. −198.8℃

109. 精馏塔是空分制氧装置的主要设备之一，作用是__B__。

A. 使空气冷却　　　　　　　B. 分离空气

C. 产生冷量　　　　　　　　D. 产生风量

110. 透平膨胀机是全低压空分装置中产生__B__的主要设备。

A. 风量　　　　　　B. 冷量　　　　　C. 氧气　　　　　D. 氮气

111. 钢铁厂空分制氧采用　C　。

A. 高压流程　　　　　　　　B. 中压流程

C. 低压流程　　　　　　　　D. 高、中压流程均可

112. 乙炔发生器生产出来的乙炔中含有水分，常采用化学干燥器除水，化学干燥器所用化学物质为　A　。

A. 无水氯化钙　　B. 氯化钠　　C. 氧化钙　　D. 氯化铁

113. 热煤气发生站煤气管道系统内的压力是靠鼓风机鼓入发生炉而产生的，发生炉出来的煤气应有　B　的压力。

A. 小于 250Pa　　　　　　　B. 250~500Pa

C. 500~1000Pa　　　　　　　D. 大于 1000Pa

114. 煤气除焦油设备离心式焦油分离器，　A　。

A. 效率高，耗电大，通常不采用

B. 效率低，但耗电省，应用较广

C. 效率高，耗电小，较常采用

D. 效率低，耗电大，已基本淘汰

115. 压缩空气经设在空气压缩最末一级的终点冷却器冷却至　C　℃左右后，进入贮气罐。

A. 20　　　　　B. 30　　　　　C. 40　　　　　D. 50

116. 乙炔经压缩机加压至　C　MPa 后，被灌入充满多孔物和丙酮的钢瓶，保证了运输与使用中安全。

A. 1.0　　　　　B. 2.0　　　　　C. 2.5　　　　　D. 3.0

117. 燃油的凝固温度较高，常温下流动性很差，需加热增加流动，国内普遍采用　B　加热方式。

A. 电　　　　　B. 蒸汽　　　　C. 热水　　　　D. 高温水

118. 燃油站油罐的进油管一般从油罐　A　引入。

A. 上部　　　B. 中部　　　C. 底部　　　D. 中部或底部

119. 用于从油罐车或卸油罐卸出油品，输入贮油罐的油泵称卸油泵，要求　C　。

A. 流量大，扬程高　　　　　B. 流量小，扬程低

C. 流量大，扬程低　　　　　D. 流量小，扬程高

120. 管道的施工，在室外要遵循　A　的施工原则。

A. 先地下后地上，地下的要先深层后浅层

B. 先地上后地下，地下的要先深层后浅层

C. 先地下后地上，地下的要先浅层后深层

D. 先地上后地下，地下的要先浅层后深层

121. 室内管道的施工，各部分管道按 __A__ 顺序进行。

A. 先干管后支管，先大口径后小口径

B. 先支管后干管，先大口径后小口径

C. 先干管后支管，先小口径后大口径

D. 先支管后干管，先小口径后大口径

122. 钛和钛合金具有 __A__ 等特性。

A. 比重轻，强度高，耐腐蚀

B. 比重轻，强度高，耐腐蚀

C. 比重在，强度高，但耐腐蚀性差

D. 比重大，强度高，但耐腐蚀性差

123. 管道水浮法施工，为了便于操作，管在水沟里的浮起高度，一般认为应该为 __C__ 。

A. 管径 1/4 以上   B. 管径 1/3 以上

C. 管径的一半以上   D. 管径 3/4 以上

124. 水乳法施工的优点之一是管沟开挖断面比通常施工方法的开挖断面小，铺设直径 1220mm 的管道，可减少约 __B__ 的土方工程量。

A. 6%   B. 12%   C. 20%   D. 30%

125. 钛和钛合金管道通常用惰性气体保护电弧焊，惰性气体使用 __A__ 。

A. 氩   B. 氦   C. 氖   D. 氡

（三）计算题

1. 有一 $\phi 350 \times 10$ 的无缝钢管长 $L = 10\text{m}$，敷设在地沟内，两端管口已封闭，在未通入介质前，因大雨地沟内灌满了水，试问此钢管是浮在水面，还是沉在沟底？怎样才能使此管道保持原来的位置（钢重力密度 $\gamma_{钢} = 7.64 \times 10^4 \text{N/m}^3$，水的重力密度 $\gamma_{水} = 9.8 \times 10^3 \text{N/m}^3$）？

【解】 钢管的重力：

$$G_{管} = \frac{\pi(d_W^2 - d_N^2)}{4} \times L \times \gamma_{钢}$$

$$= \frac{3.14 \times (0.35^2 - 0.33^2)}{4} \times 10 \times 7.64 \times 10^4$$

$$= 8156.46\text{N}$$

排开水的重力:

$$G_{水} = \frac{\pi d_{外}^2}{4} \times L \times \gamma_{水} = \frac{3.14 \times 0.35^2}{4} \times 9.8 \times 10^3 \times 10$$
$$= 9423.93\text{N}$$

$\because G_{水} > G_{管}$

$\therefore$ 此钢管是浮在水面。

又 $\because G_{水} - G_{管} = 9423.93 - 8156.46 = 1267.47\text{N}$

$\therefore$ 要使此管保持原来位置,至少要给管道附加作用有 1267.47N 重力的物体。

2. 有一个直径为 0.4m 的钢圆球浮标,一半浮在水面上,试求这个圆球所受重力为多少牛顿?

【解】 $G = P = \gamma V \cdot \frac{1}{2} = 9.8 \times 10^3 \times \frac{\pi d^3}{6} \cdot \frac{1}{2}$

$$= 9.8 \times 10^3 \times \frac{3.14 \times 0.4^3}{12} = 166.6 \approx 167\text{N}$$

所受重力为 167N。

钢管水力计算表(v: m/s; i: Pa/m)

v (L/s)	DN (mm) 50		65		80		100	
	v	i	v	i	v	i	v	i
6.0	2.82	3914	1.70	1020	1.21	413	0.69	103

3. 某建筑室内生活给水主管的流量为 6L/s,如图 43 所示,B 点的流出水压为 30kPa。求:(1)该立管的管径;(2)选择水表;(3)A 处所需水压。

LXS 型水表规格及性能

型 号	DN (mm)	特性流量 (m³/h)	最大流量 (m³/h)	额定流量 (m³/h)	最小流量 (m³/h)
LXS-32	32	10	5.0	3.2	0.12
LXS-40	40	20	10.0	6.3	0.22
LXS-50	50	30	15.0	10.0	0.44
LXS-80	80	70	35.0	22.0	1.10

【解】 ① v 取 1.70;$i = 1020$;DN65。

② $Q = 6\text{L/s} \times 3.6 = 21.6\text{m}^3/\text{h}$

查表:选用水表 $L \times S - 80$。

482

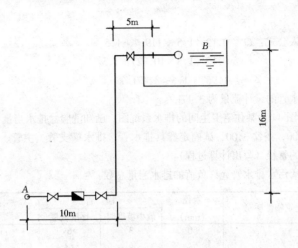

图 43

③ $H_A = H_1 + H_2 + H_3 + H_4$

其中：$H_1 = 16 \times 9.81 = 156.96\text{kPa}$

$$H_2 = 1.02 \times (10 + 5 + 16) \times 1.3 = 41.11\text{kPa}$$

$$H_3 = \frac{q^2}{K} = \frac{21.6^2}{49} = 9.52\text{kPa} < 25\text{kPa}$$

$$K = \frac{Q^2}{100} = \frac{70^2}{100} = 49$$

故：$H = 156.96 + 41.11 + 9.52 + 30$

$$= 237.59\text{kPa}$$

即 A 处所需水压 237.59kPa。

4. 某 6 层集体宿舍，每层设卫生间一个，卫生间内设高水箱蹲式大便器 4 套，自闭式冲洗阀小便器 3 套，污水盆 1 个，污水用一根排出管排出，试求排水管的设计流量（$\alpha = 1.5$）。

卫生器具名称	排水流量（L/s）	当量
大便器	1.5	4.5
污水盆	0.33	1.0
小便器	0.10	0.3

【解】 $Q = 0.12\alpha\sqrt{N} + q_{max}$

其中：$N = (4.544 + 0.3 \times 3 + 1) \times 6 = 19.9 \times 6 = 119.4$

$$q = 1.5$$

代入公式：$Q = 0.12 \times 1.5 \sqrt{119.4} + 1.5$

$$= 0.12 \times 1.5 \times 10.927 + 1.5$$

$$= 1.967 + 1.5 \approx 3.47 \text{L/s}$$

排水管的设计流量为 3.47L/s。

5. 图 44 为某住宅卫生间的排水系统图。已知洗脸盆排水当量为 0.75，坐便 6.00，浴盆 3.00，试确定器具排水管、排水横支管、主管、排出管、通气管的管径（写出计算过程）。

生活污水排水管允许负荷的排水当量总数

建筑物性质	管径 (mm)	横　管		主管
		最小坡度时	标准坡度	
住　　宅	50	3	6	16
	75	8	14	36
	100	50	100	250
集体宿舍、旅馆学校	50	3	5	10
	75	8	12	22
	100	30	80	120

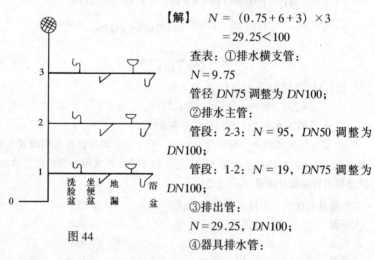

图 44

【解】　$N = (0.75 + 6 + 3) \times 3$

$$= 29.25 < 100$$

查表：①排水横支管：

$N = 9.75$

管径 DN75 调整为 DN100；

②排水主管：

管段：2-3：$N = 95$，DN50 调整为 DN100；

管段：1-2：$N = 19$，DN75 调整为 DN100；

③排出管：

$N = 29.25$，DN100；

④器具排水管：

按规定浴盆选 DN32，地漏 DN50，坐便器 DN100，洗脸盆 DN32。

⑤通气管：DN100（同主管）。

6. 某 4 层集体宿舍生活间，每层有高水箱蹲便器 6 个，自闭式冲洗阀小便器4个，洗手盆10个，污水盆2个，计算合流制排出总管的污水设计流量。

卫生器具	蹲便器	小便器	洗手盆	污水盆
当量	4.5	0.3	0.3	1.0
流量（L/s）	1.5	0.1	0.1	0.33

注：α 取 1.5

【解】　$N = 4.5 \times 6 + 0.3 \times 4 + 0.3 \times 10 + 1 \times 2$

$\qquad = 27 + 1.2 + 3 + 2 = 33.2 \times 4 = 132.8$

$q = 0.12 \times 1.5\sqrt{N} + q$

$\quad = 0.12 \times 1.5 \times 11.524 + 1.5 = 3.57 \text{L/s}$

合流制排出总管的污水设计流量为 3.57L/s。

7. 某3层集体宿舍室内给水管网布置如图45，室外管网供水压力为13mH₂O，试确定主管1-2，0-1，2-3的各段管径并计算管道0处所需压力（已知：给水龙头当量为1，额定流量为0.2L/s，大便器冲洗阀当量为4，额定流量为0.8L/s，局部损失按沿程损失的30%计取，水龙头的自由水头

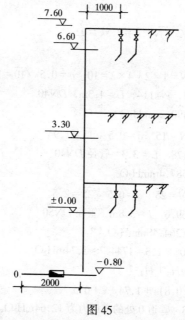

图 45

485

为 2m，水表的水头损失为 $0.5mH_2O$，$\alpha = 2.5$）。

流量 (L/s)	$d=30$		$d=40$		$d=50$	
	v	i	v	i	v	i
1.50	1.58	211	1.19	101	0.71	27
1.60	1.69	240	1.27	114	0.75	30.4
1.70	1.79	271	1.35	129	0.80	34
1.80	1.90	304	1.43	144	0.85	37.8
1.90	2.00	339	1.51	161	0.89	41.8
2.00	2.11	375	1.59	178	0.94	46
2.10			1.67	196	0.99	50.3
2.20			1.75	216	1.04	54.9
2.30			1.83	236	1.08	59.6
2.40			1.91	256	1.13	64.5
2.50			1.99	278	1.18	69.6
2.60			2.07	301	1.22	74.9

注：i 的单位为 mm/m。

【解】　$q = \alpha \cdot 0.2 \sqrt{N}$　$\alpha = 2.5 k = 0$

$q = 0.5 \sqrt{N}$

(1) 管段 2-3：$N = 1 \times 2 + 4 \times 2 = 10$　$q = 0.5 \sqrt{10} = 1.58$

查表：v 取 1.27，$i = 114$，$L = 4.3m$，$DN40$

$h = 114 \times 4.3 = 490.2 mmH_2O$

(2) 管段 1-2：$N = 15$　$q = 0.5 \sqrt{15} = 1.94$

v 取 1.59，$i = 178$　$L = 3.3$　管径 $DN40$

$h = 178 \times 3.3 = 587.4 mmH_2O$

(3) 管段 0-1：$N = 25$　$q = 0.5 \sqrt{25} = 2.5$

v 取 1.18，$i = 69.6$，$l = 3.8m$　管径 $DN50$

$h = 69.6 \times 3.8 = 264.48 mmH_2O$

(4) $\Sigma h = 1342.08 \times 1.3 = 1744.7 \approx 1.74 mH_2O$

$H_0 = H_1 + H_2 + H_3 + H_4$

$\quad = 7.6 - (-0.8) + 1.74 + 2 + 0.5$

$\quad = 12.64 < 13$　管道 0 处的需压力为 $12.64 mH_2O$。

8.已知一住宅的排水系统，计算排水管径、坡度。

卫生器具	当量	流量
洗脸盆	2.0	0.67
浴　盆	3.0	1.0
蹲便器	4.5	1.5

生活排水管允许负荷当量数

	管径	横管	立管
住宅	50	6	16
	75	14	36
	100	100	250

生活污水管道的坡度

管径	通用坡度	最小坡度
50	0.035	0.025
75	0.025	0.015
100	0.020	0.012

【**解**】 系统排水当量总数

$\Sigma N = (2+3+4.5) \times 3 = 28.5 < 100$

（1）排水横支管：$N=2+3+4.5=9.5$

查表：$DN75$　$i=0.025$

大便器排水管经调整为 $DN100$，地漏取 $DN50$，$i=0.020$，洗脸盆取 $DN40$。

（2）主管管径：2～3层：$N=9.5$　$DN50$ ⎫
　　　　　　　1～2层：$N=19$　$DN75$ ⎬ 调整为 $DN100$
　　　　　　　1层以下：$N=28.5$　$DN75$ ⎭

（3）通气管管径：同主管 $DN100$。

（4）排出管：$N=28.5$　$DN100$　$i=0.02$

9.某6层集体宿舍，每层设一个男厕所，每个厕所内蹲式大便器4个，小便器6个，污水盆1个，地漏1个，求合流制排水总管流量（$\alpha = 1.5$，大便器排水流量 1.5L/s，小便器排水流量 0.1L/s，污水盆排水流量 0.33L/s，地漏排水流量为零。）

【**解**】 $q=0.12\alpha \sqrt{N} + q_{max} = 0.12 \times 1.5 \sqrt{126} + 1.5 = 3.52 L/s$

（1）蹲便器排水当量：$\dfrac{1.5}{0.33} \times 4 \times 6 = 109.2$

（2）小便器排水当量：$\dfrac{0.1}{0.33} \times 6 \times 6 = 10.8$

（3）污水盆排水当量：$\dfrac{0.33}{0.33} \times 6 = 6$

$\Sigma N = 109.2 + 10.8 + 6 = 126$

合流制排水总管流量为 3.52L/s。

10.某水箱进水管如图46所示，已知进水流量为 5L/s，水箱浮球阀前所需流出压力为 40kPa，进水管总长为 25m，求管网所需压力。

Q	DN (mm)							
L/s	50		65		80		100	
	v	i	v	i	v	i	v	i
4.9	2.31	2609.46	1.39	681.80	0.99	283.51	0.57	71.02
5.00	2.35	2717.37	1.42	709.26	1.01	294.30	0.58	73.48
5.10	2.40	2825.28	1.45	737.71	1.03	305.09	0.59	76.22

注：v：m/s；i：Pa/m

【解】 $H = H_1 + H_2 + H_3 + H_4$

其中：$H_1 = 21.20 - (-0.8) = 22$m

$22 \times 9.81 = 215.82$kPa

查表 v 取 1.42，$DN65$，$i = 709.26$

$h = 709.26 \times 25 = 17.73$kPa

$H_2 = 17.73 \times 1.3 = 23.05$kPa

$H_3 = 0$

$H_4 = 40$kPa

代入公式：$H = 215.82 + 23.05 + 40$
$= 278.87$kPa（管网所
需压力）

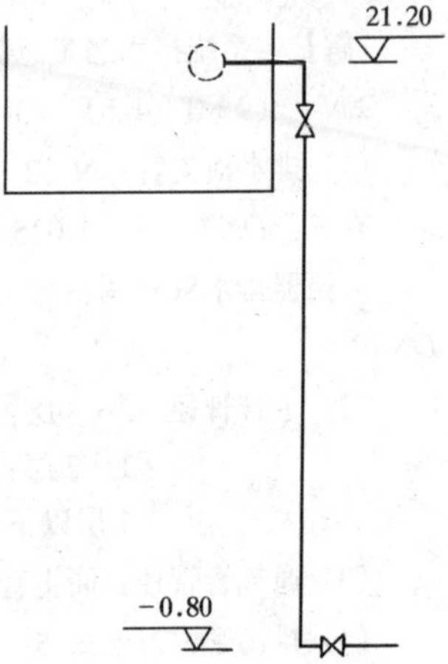

图 46

11. 已知消防水枪射流量为 3L/s，采用衬胶水龙带，水龙带长 25m，试计算栓口处所需压力。

水龙带比阻 A_2 值

水龙带口径	麻织水带	衬胶水带
50mm	0.1501	0.0677
65mm	0.0430	0.0172

【解】 喷嘴水流特性系数 $B = 0.0793$

$$H = A_2 L_q q_x^2 + \frac{q_x^2}{B}$$

$$= 0.0677 \times 25 \times 9 + \frac{9}{0.0793}$$

$$= 15.23 + 113.49$$

$$= 128.72\text{kPa}$$

柱口处所需压力为 128.72kPa。

12. 某住宅给水系统最不利配水点的标高为 9m，引入管标高为 $-1.0m$，管路沿程损失为 $1.5mH_2O$，最不利点的流出水头为 4.0m，水表水头损失为 $0.47mH_2O$，试计算该系统进水总管的需总压力。室外给水管网的常年供水压力为 0.2MPa，试选择合适的给水方式。

【解】 $H = H_1 + H_2 + H_3 + H_4$

其中：$H_1 = 9 - (-1) = 10$

$H_2 = 1.5 \times 1.3 = 1.95$

$H_3 = 0.47$ $H_4 = 4$

所需压力：$H = 16.42 \times 9.81 = 161kPa = 0.16MPa < 0.2MPa$

故可选用直接给水方式。

13. 某住宅楼每户单独设置小水表，进水管设计流量为 0.4L/s，试选择水表并计算水表的水头损失。

LXS 型水表技术数据

型 号	公称直径 DN （mm）	特性流量	最大流量	额定流量
		\<center\>(m^3/h)\</center\>		
LXS-15	15	3	1.5	1.0
LXS-20	20	5	2.5	1.6
LXS-25	25	7	3.5	2.5

【解】 $h_B = \dfrac{q_B^2}{K_b}$ $K_b = \dfrac{Qt^2}{100} = \dfrac{9}{100} = 0.09$

$= \dfrac{(0.4 \times 3.6)^2}{0.09} = \dfrac{1.44^2}{0.09} = 23.04kPa$

选择水表：LXS-15

水表水头损失：23.04kPa。

14. 已知无缝钢管 $\phi 159 \times 4.5$，管内蒸汽压力为 $2.5 \times 10^6 Pa$，试验称管壁厚度是否符合要求（许用应力 $[\sigma] = 10^8 Pa$）。

【解】 内压折算应力 $\sigma_{2s} = \dfrac{P[P_w - (\delta - c)]}{2(\delta - c) \times \phi}$

其中：$c = c_1 + c_2 + c_3 = 1 + 0.675 = 1.675$

$c_1 = 4.5 \times 15\% = 0.675$ $c_2 = 1$ $c_3 = 0$

代入：$\sigma_{2s} = \dfrac{2.5 \times [159 - (4.5 - 1.68)]}{2 \times (4.5 - 1.68) \times 1}$

$= \dfrac{2.5 \times 152.82}{5.64} = 67.74MPa < 100MPa$

故管壁厚度符合要求。

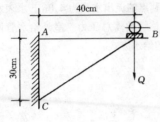

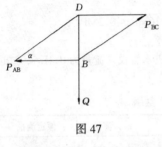

图 47

15. 试选择外径为 159mm，输送工作压力为 4.0MPa，温度为 450℃的过热蒸汽所用无缝钢管的壁厚（钢种选用 20 号优质碳素钢，许用应力 $[\sigma]$ $=61$MPa）。

【解】
$$\delta = \frac{PD_W}{2\,[\sigma]\,\phi + P}$$
$$= \frac{4 \times 159}{2 \times 61 \times 1 + 4}$$
$$= \frac{636}{126} = 5.05\text{mm}$$

$c_1 = 5.05 \times 15\% = 0.758$, c_2 取 1,

$c_3 = 0$

$c = 0.76 + 1 = 1.76$

计算壁厚：$\delta = 5.05 + c = 5.05 +$ $1.76 = 6.81$mm

可采用 $\phi 159 \times 7$ 的无缝钢管。

16. 某三角形结构托架如图 47 所示，载荷 $Q = 3000$N，计算 AB、BC 两杆件所受力。

已知：$Q = 3000$N，$AB = 40$cm，$BD = 30$cm

求：P_{AB}、P_{BC}

【解】 托架承受荷重时，AB 杆受拉，BC 杆受压，整个力系处于平衡，B 点合力为零。应用平行四边形法则求分力。

$\sin\alpha = \dfrac{BD}{AD} = \dfrac{3}{5}$

$AD = \sqrt{30^2 + 40^2} = 50$

$\text{tg}\alpha = \dfrac{BD}{AB} = \dfrac{3}{4}$

$P_{AB} = \dfrac{Q}{\text{tg}\alpha} = \dfrac{4}{3}Q = 4000$N

$P_{BC} = \dfrac{Q}{\sin\alpha} = \dfrac{5}{3}Q = 5000$N

AB、BC 两杆件所受力分别为 4000N 和 5000N。

17. 如图 48，已知钢管重量 $G = 10$kN，吊索夹角为 α，试分别计算 (1) $\alpha = 60°$；(2) $\alpha = 90°$；(3) $\alpha = 120°$ 3 种情况下吊索的拉力。

已知：$G = 10\text{kN}$，$\alpha_1 = 60°$，$\alpha_2 = 90°$，
$\alpha_3 = 120°$

求：P_{AB} P_{BC}

【解】 $P_{AB} = P_{AC}$

（1）$\alpha = 60°$

$$P_{AB} = \frac{1}{2} AD / \sin 60° = 5 \div \frac{\sqrt{3}}{2} = 5.77$$

（2）$\alpha = 90°$

$$P_{AB} = \frac{1}{2} AD / \sin 45° = 5 \div \frac{\sqrt{2}}{2} = 7.07$$

（3）$\alpha = 120°$

$$P_{AB} = \frac{1}{2} AD / \sin 30° = 5 \div \frac{1}{2} = 10$$

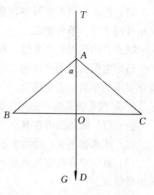

图 48

吊索的拉力分别为：5.77kN；7.07kN；10kN。

（四）简答题

1. 两力平衡条件是什么？

答：两力大小相等，方向相反，作用在同一直线上。

2. 力的平行四边形法则是什么？

答：作用在物体上同一点的两个力，可以合成为一个合力。合力也作用于同一点，其大小和方向由以该两力为邻边所构成的平行四边形的对角线来表示。

3. 什么叫力矩？

答：把物体转动中心 O 称为矩心，把矩心到力作用线的垂直距离 L 称为力臂，用力和力臂的乘积来度量使物体转动效果的大小，这个乘积就叫做力矩。

4. 杆件受力后，变形的基本形式有哪几种。

答：有 4 种：拉伸或压缩；剪切；扭转；弯曲。

5. 设置通气管的主要目的是什么？

答：设置通气管的目的是保护存水弯水封，使排水管内排水畅通，减少排水系统噪声。

6. 什么叫管道的自清流速？

答：为使悬浮在污水中的杂质不致沉积在管道底，并使水流能及时冲刷管壁上的污物，必须有一个最小保证流速，这个流速亦称为自清流速。

7. 简述直接供水方式的优缺点及适用范围。

答：优点：供水较可靠，系统简单，投资省，安装维修方便，可充分利用外网水压，节省能源。

缺点：内部无贮备水量，外网停水时内部立即断水。

适用范围：适用于外网水压、水量能经常满足用水要求，室内给水无特殊要求的单层、多层建筑。

8. 蒸汽采暖系统不热的主要原因有哪些？

答：(1) 散热器内存有空气，影响散热器的放热效果。

(2) 疏水器不灵，凝结水不能顺利排出。

(3) 系统中存有空气及疏水不利而造成系统凝结水过多，使蒸汽无法顶出凝结水。

(4) 蒸汽干管反坡，无法排除干管中的沿途凝结水。

(5) 蒸汽或凝结水管在返弯或过门处未安装排气阀及低点排水阀门。

(6) 系统各环路压力不平衡导致末端散热器不热。

9. 室内消火栓一般应布置在建筑物何处？

答：设有消防给水的建筑，其各层均应设置消火栓。室内消火栓应布置在楼梯间、门厅、走廊、车间出入口等明显易于取用地点，在消防电梯前室也应设消火栓。

10. 室内给水管网所需水压根据 $H_阻 = H_1 + H_2 + H_3 + H_4$ 确定，式中各项代表什么？

答：$H_阻$ 为建筑物给水引入管前所需水压。

H_1 为最不利配水点至引入管的静水压力差。

H_2 为管网沿程和局部水头损失之和。

H_3 为水表的水头损失。

H_4 为最不利配点所需流出水头。

11. 什么叫建筑物的围护结构？

答：构成建筑物的墙壁、屋顶、地面和门、窗等称为建筑物的围护结构。

12. 局部散热器不热的故障原因有哪些？

答：故障原因有：(1) 管道堵塞；(2) 阀门失灵；(3) 系统排气装置安装位置不当或集气缸集气太多造成气塞；(4) 系统的供回水管接反；(5) 干管敷设的坡度不够，倒坡或坡度不均匀。

13. 一般民用建筑供暖热负荷的计算包括哪些内容？

答：包括：围护结构耗热量；加热由门、窗缝隙渗入室内的冷空气耗热量；热管道散热量。

14．建筑物围护结构的附加耗热量包括哪些内容？

答：包括：朝向修正、风力附加、外门附加和高度附加。

15．简述蒸汽压缩式制冷的基本原理及工作原理。

答：蒸汽压缩式制冷的基本原理是：利用某些低沸点的液体在气化时吸收热量而能维持温度不变的性质来实现的。制冷剂在压缩机、冷凝器、膨胀阀和蒸发器等制冷设备中进行压缩、冷凝、节流和吸热4个主要热力过程，以完成制冷循环。

16．如何消除蒸汽管道中的水击危害？

答：（1）送蒸汽时应缓慢开启送汽阀，进行暖管和疏水工作；

（2）平时加强管道系统的维护管理；

（3）发生水击时，停止送汽，打开管道上的疏水阀进行疏水，同时检查管道上的支吊架是否完好，管道坡度和坡向是否有利于疏水。

17．锅炉有哪些部位会发生水击？

答：（1）蒸汽管路内；（2）锅炉房给水管道内；（3）省煤器；（4）锅炉内。

18．蒸汽采暖系统中跑汽漏水的原因有哪些？

答：产生的原因既有安装质量、材料质量的问题，也有热胀问题没有解决好和送汽时阀门开得过急等原因。

19．目前常用的制冷剂有哪几类？氨和氟利昂属于哪一类？

答：目前使用的制冷剂有4类：无机化合物、烃类、卤代烃以及混合溶液。

氨属于无机化合物，氟利昂属于卤代烃。

20．溴化锂吸收式制冷系统有何优点？目前主要用于什么地方？

答：溴化锂吸收式制冷系统运转机械少，结构简单，运行时噪声和振动很小，耗电量少，便于维修，变负荷容易，调节范围广，可利用低温热源等优点。目前多用于宾馆、办公楼等空调、制冷系统中。

21．制冷系统进行严密性试验（即检漏），有哪几种方法？

答：检漏的方法一般有3种：压力检漏，真空检漏，充液检漏。

22．简述氨制冷管道安装的一般要求。

答：氨制冷管道安装要求如下：

（1）管道安装时，尽量避免向上和向下连续弯曲，液体管道不应有局部向上凸起的管段，气体管道不应有局部向下凹陷的管段。

(2) 吸气管安装在排气管下面（同架敷设）。平行管道之间净间距为 200～250mm。

(3) 与设备连接不得强行对口。穿楼板设套管，套管与管子之间应有 10mm 左右的空隙。

(4) 三通采用焊制的顺流三通、Y 形羊角三通。也可用斜三通。管径小于 50mm 时，应加扩大管（扩大一档）后再开三通连接。管道变径采用同心大小头，弯曲半径不小于 4D。

(5) 在金属支、吊架上安装吸入管时，应垫置木块。

23．汽水共腾如何处理？

答：(1) 降低锅炉负荷；(2) 完全打开连续排污阀，并开启锅炉底部排污阀，同时加强给水，防止水位过低；(3) 开启过热器疏水器和蒸汽管上的直接疏水阀；(4) 取水样化验，在炉水质量未改善前，不容许增加锅炉负荷。

24．什么是"叫水"？方法如何？

答："叫水"是关闭水位表旋塞后，在锅筒内水位不低于通过孔的位置下，利用压差，使炉水上升的一种方法。

方法是：先把水位表放水旋塞打开再关闭汽旋塞，然后反复地关、开放水旋塞。

25．省煤器管损坏的原因是什么？

答：(1) 给水质量不合格使管壁腐蚀；(2) 给水温度和流量变化太大，使管壁产生热应力而损坏；(3) 烟气温度低于露点，使管外壁腐蚀，或因飞灰磨损使管壁减薄；(4) 材质不好或检修不良。

26．锅炉泄漏的主要部位及其处理方法如何？

答：锅炉泄漏的主要部位是在铆缝、胀口、焊口处的泄漏。

(1) 铆缝渗漏的处理：

1) 仅钉头边缘渗漏，沿钉头边缘再捻紧一下。

2) 钉头松弛、腐蚀，须更换铆钉。

3) 铆缝渗漏，铆缝重捻一下。如铆钉松弛，则应更换，再重新捻缝。

(2) 焊口渗漏：应将原焊缝铲清重焊，不允许在原有的熔焊金属上再堆焊上去。

(3) 胀口渗漏：补胀。

27．液压系统由哪几部分组成？

答：(1) 动力部分。由液压泵及其电动机组成。

（2）执行部分。液压缸或液压马达。

（3）控制部分。由压力阀、流量阀、换向阀等组成。

（4）辅助部分。指各种管接件、油箱、油管、滤油器、蓄能器、压力表等。

28．液压管道清洗有哪几道工序？

答：管道清洗工序为：脱脂→酸洗→中和→钝化→干燥涂油

其中在脱脂、酸洗、中和、钝化每道工序之后都要用净水对管道进行冲洗

29．液压系统中控制阀有哪些种类？

答：分为 3 大类：方向控制阀，压力控制阀，流量控制阀。

其中：（1）方向控制阀可分为单向阀和换向阀两类。

（2）压力控制阀有溢流阀、减压阀、顺序阀、压力继电器等。

30．压缩空气站主要有哪些设备组成？

答：压缩空气站主要有空气过滤器、压缩机、空气冷却设备、贮气罐及废油收集装置等组成。

31．空分制氧的基本原理是什么？

答：空分制氧是以空气为原料，在压力下采用深度冷冻的方法，使空气变成液体，然后利用氧和氮的沸点不同，经过多次部分蒸发和冷凝的方法，将氧气和氮气进行分离得到纯度合格的氧气产品。

32．乙炔站由哪些设备组成？

答：乙炔站主要由乙炔发生器、贮气罐、安全水封、水分离器、乙炔压缩机、干燥器、净化器、洗涤器等设备组成。

33．施工组织设计的编制依据是什么？

答：（1）施工组织总设计；

（2）施工图，包括设计施工图、设计说明书和标准图

（3）国家和行业现行的施工及验收技术规范和有关安全、消防、环保等国家或地方性法规、法令、条例等。

（4）建设单位的投产使用计划、土建单位的施工进度计划、开竣工时间、安装施工工期以及土建、安装相互交叉配合施工的要求。

（5）预算定额、劳动定额、材料消耗定额和工期定额等。

（6）设备、材料的采购订货条件资料和有关物资劳务、运输市场的调查资料；

（7）类似工程项目施工的经验资料、标准工艺卡以及新技术、新工艺

等资料。

34. 施工组织设计编制基本内容有哪些？

答：（1）编制依据；

（2）工程概况和特点分析；

（3）工程项目施工的组织管理体系；

（4）施工部署及总进度计划；

（5）施工方法和技术措施；

（6）保证质量和安全的主要措施；

（7）设备和物资需用计划和运输计划；

（8）劳动组织和劳动力需用计划；

（9）现场临时设施规划；

（10）成本的控制和降低措施。

35. 组织施工的基本原则是什么？

答：（1）保证按期完成施工任务；（2）合理安排施工程序；（3）组织流水施工；（4）安排好冬雨季施工项目；（5）提高施工机械化程度；（6）采用先进技术、合理的方案，确保安全，降低成本；（7）合理布置施工平面。

36. 钛管在焊接中必须注意什么问题？

答：钛管在焊接中必须注意焊接过程中焊缝的污染和热影响的问题，在焊接前必须进行严格清理，在焊接过程中必须采取有效保护措施，防止吸氢和与氧、氮等的化合。

37. 试述管道施工的发展方向。

答：管道施工的发展首先是不断扩大工厂化预制加工，以提高管道制作质量和缩短施工周期，其次是施工工艺不断革新，提高劳动生产率；第三，大力加强施工程序、施工方法、施工技术的规范化、标准化；第四，积极采用新材料。

38. 简述管道水浮法施工的条件。

答：（1）充足的水源；（2）管道沿线的土质应该是渗水性差或较差的黏土或粉质黏土；（3）管道要有足够的浮起高度；（4）管道经过地段地势要平坦，大部分管道沟底基本上在同一水平面上；（5）管道的水平弯曲少；（6）管道沿线障碍要少。

39. 电加热夹套管适于输送何种流体？电加热夹套管有哪几种构造形式？

答：用于远距离输送原油，特别适用于把海底原油向陆地的输送。

构造形式有：（1）用加热电缆保温的夹套管；（2）MI 电缆法；（3）内外管自成回路的电热保温夹套管。

40．画图说明回收焦油的冷煤气发生站工艺流程。

答：如图 49，煤气从发生炉 1 出来之后进入竖管冷却器 2，被喷淋的冷水冷却至 80～90℃，并把部分灰尘除掉，然后经过水封槽 3，进入静电除焦器 4，除去煤气中的焦油。水封槽的作用是当检修静电除焦器时可以切断煤气通路。煤气通过洗涤塔 5 进一步除去残留的轻质焦油和尘埃。冷却后的煤气用排送机 6 加压通过除滴器 7 清除煤气中的水滴之后送入煤气管网至用户。

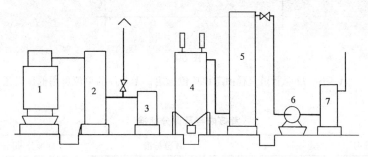

图 49　回收焦油的冷煤气站工艺流程

1—发生炉；2—冷却器；3—水封槽；4—除焦器；

5—洗涤塔；6—排送机；7—除滴器

二、实际操作部分

1.试题：自动喷淋消防系统的调试。

考核内容及评分标准

序号	测定项目	评分标准	标准分	得分
1	调试顺序	由考评者定	15	
2	故障处理	由考评者定	25	
3	调试效果	由考评者定	40	
4	安　全	无安全事故	10	
5	工　效	由考评者定	10	
	合　计			

2. 试题：高压管道的测验计算及弯管制作，对下列两台设备的两个接口进行测绘，计算下料、弯制和连接。如图 50。

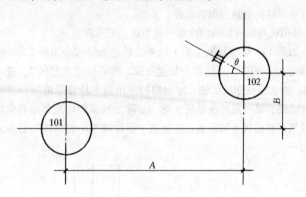

图 50

（A、B、D 及管道直径由考评单位选定，无条件的单位可用低压管道代用）。

考核内容及评分标准

序号	测定项目	评分标准	标准分	得分
1	测绘计算下料	±1.5mm，≥3mm 本项无分	20	
2	制作角度	±1°，＞2°本项目无分	15	
3	不平度	±1.5mm，＞3mm，本项目无分	15	
4	煨弯质量	椭圆度等，由考评者确定	15	
5	连接效果	连接不上，本项无分	15	
6	安　全	无安全事故	10	
7	工　效	由考评者定	10	
	合　计			

3. 试题；编制 8t/h 煤锅炉的烘炉和煮炉简明计划，并用升温曲线图表示。

考核内容及评分标准

序号	测定项目	评分标准	标准分	得分
1	文字部分	条理清晰、简明，由考评者定	20	
2	烘炉升温曲线	由考评者 定	40	
3	煮炉计划图表	由考评者定	40	
	合　计			

4. 试题：对小型制冷装置充灌氟里昂并试漏。

考核内容和评分标准

序号	测定项目	评分标准	标准分	得分
1	充灌顺序	由考评者定	20	
2	故障处理	由考评者定	20	
3	试　漏	由考评者定	20	
4	充灌效果	由考评者定	20	
5	安　全	无安全事故	10	
6	工　效	由考评者定	10	
	合　计			

5. 试题：对某个管道工程（分部、分项）进行质量检验和评定

考核内容和评分标准

序号	测定项目	评分标准	标准分	得分
1	检验方法	由考评者定	10	
2	保证项目	漏检或误检 1 项扣 10 分	30	
3	基本项目	漏检或误检 1 项扣 3 分	20	
4	允许偏差项目	漏检或误检 1 项扣 2 分	20	
5	分部（分项）工程评定	符合实际情况，由考评者定	20	
	合　计			